中国传统建筑
解析与传承

中华人民共和国住房和城乡建设部 编

THE INTERPRETATION AND INHERITANCE OF TRADITIONAL CHINESE ARCHITECTURE

Ministry of Housing and Urban-Rural Development of the People's Republic of China

甘肃卷
Gansu Volume

中国建筑工业出版社

图书在版编目（CIP）数据

中国传统建筑解析与传承　甘肃卷／中华人民共和国住房和城乡建设部编．—北京：中国建筑工业出版社，2017.9

ISBN 978-7-112-21208-8

Ⅰ.①中… Ⅱ.①中… Ⅲ.①古建筑–建筑艺术–甘肃省 Ⅳ.①TU-092.2

中国版本图书馆CIP数据核字（2017）第220078号

责任编辑：张　华　李东禧　唐　旭　吴　绫　吴　佳
责任设计：王国羽
责任校对：李欣慰　关　健

中国传统建筑解析与传承　甘肃卷
中华人民共和国住房和城乡建设部　编

*

中国建筑工业出版社出版、发行（北京海淀三里河路9号）
各地新华书店、建筑书店经销
北京锋尚制版有限公司制版
北京顺诚彩色印刷有限公司印刷

*

开本：880×1230毫米　1/16　印张：22¼　字数：648千字
2017年10月第一版　2017年10月第一次印刷
定价：218.00元
ISBN 978-7-112-21208-8
（30852）

版权所有　翻印必究
如有印装质量问题，可寄本社退换
（邮政编码　100037）

总 序

Foreword

　　几年前我去法国里昂地区，看到有大片很久以前甚至四百年前建造的夯土建筑，也就是干打垒房子，至今仍在使用。20世纪80年代，当地建设保障房小区时，要求一律建造夯土建筑，他们采用了现代夯土技术。西安科技大学的两位老师将这种技术引入国内，在甘肃、河北等多地建了示范房。现代夯土技术的改进点在于科学配比土与石子、使用模板和电动器具夯筑，传承了夯土建筑的优点，如造价低、节能保温，弥补了缺陷，抗震性增强，也美观，颇受农民的好评。我对这个事例很感兴趣并悟出一个道理，做好传承关键要具备两种精神：一是执着，坚信许多传统能够传承、值得传承。法国将传统干打垒房子当作好东西，努力传承，而我国虽然是生土建筑数量最多的国家，但今天各地却都视其为贫穷落后的标志，力图尽快消灭；二是创新，要下力气研究传统的优点及缺点，并用现代技术克服其缺点，赋予其现代功能，使传统文明成果在今天焕发新的生命力。这两方面的功夫我们都不够。

　　文明古国的中国，在实现现代化的进程中，只有十分自信、满腔热情地传承了优秀传统文化，才能受到全世界的尊重。建筑是一个民族生存智慧、工程技术、审美理念、社会伦理等文明成果最集中、最丰富的载体，其传承及体现是一个国家和民族富强与贫弱的标志。改变今天建筑缺失传统文化的局面，我们需要重新认识我国传统建筑文化，把握其精髓和发展脉络，挖掘和丰富其完整价值，探索传统与现代融合的理念和方法。2012年，住房和城乡建设部村镇建设司组织了首次传统民居全国普查，编纂了《中国传统民居类型全集》，其详细、准确、系统地展示了我国传统民居的地域性。在此基础上，2014年又启动了"传统建筑解析与传承"调查研究，这是第一次国家层面组织的该领域的大型调查研究，颇具价值：

　　价值一，它是至今对我国传统建筑文化最全面、最系统的阐释。第一，本次调查研究地域覆盖广，历史挖掘深，建筑类型多。31个省（市、区）开展了调查研究，每个省的研究也都覆盖了全域；一些省对传统建筑文化的追溯年代突破了记录；建筑类型不仅涵盖了官式建筑、庙宇、祠堂等，更涵盖了各类代表性民居。第二，更加注重从自然、人文、技术、经济几条主线解析传统建筑文化，而不是拘泥于建筑本身；不但阐释了传统建筑的物质形体，而且阐释了传统建筑文化的产生机制。第三，研究体例和解析维度保持了基本一致，各省都通过聚落格局、建筑群体与单体、细部与装饰、风格与装修对传统建筑进行解析。通过解析，大大丰富和提升了对我国传统建筑文化精髓的认识，如：中国传统建筑与自然相适应，和谐共生，敬天惜物；与生存实际相适应，容纳生产生活；与社会伦理相适应，井然有序；与发展相适应，灵活易变，是模块化的鼻祖。第四，内在形式统一，体现了中华文明的持久性和一致性；木结构等技术高度成熟，体现了中华民族的智慧；丰富的地区差异，体现了中华文化的多样性。一些研究基础较差的省，第一次对传统建筑有了全面认识；一些研究基础较好的省，又深化了认识。可以说，这次全面调查研究是对中国传统建筑文化的一次重新认识。

价值二，也是更重要的价值，它是就如何传承传统建筑文化、如何实现传统与现代融合这一难题，至今所进行的广泛深入的探索。第一，提出了更为本质、更具指导意义的传承理论和原则，如建筑文化的三大传承主线：自然、人文、技术；"形"的传承、"神"的传承、"神形兼备"的传承；适应性传承、创新性传承、可持续性传承等理论；坚持挖掘地域文化与建筑的关联性，坚持寻找并传承其最有价值和生命力的要素，坚持与时代发展相接轨等原则。第二，提出了更具操作性的传承方法和要点，如建筑肌理、应对自然环境、空间变异、建造方式、建筑材料、符号特征六方面的传承方法。第三，收集、展示、分析了近代以来大量的现代建筑探索传承的案例，既包括比较成功的，也包括比较失败的，具有很好的参考意义。同时也提出了应防止的误区。

价值三，唤起了对传统建筑文化的空前热情。通过这次研究，各地建设部门更加重视传统建筑文化的传承工作了，这将有利于扭转当前我国城乡建设缺乏传统文化的局面。在学术界，不仅老专家倾力投入，新参与的专家学者也越来越多，而且十分积极。过去研究传统建筑的专家学者与从事设计的建筑师交流不多，通过这次研究，两个群体融合到了一起，不仅有利于传承的研究，更有利于传承的实践。有的老专家说，等了几十年，终于等到国家组织这项工作了。

探索传统建筑文化与现代建筑的融合是难度极大的挑战，永远在路上。虽然本次调查研究存在着许多不足和局限，但第一次组织全国专业力量努力探索的成果，惠及当今，流芳百年，意义非凡，不仅具有中国意义，也具有世界意义。在此，谨向为成就这一大业，辛勤无私付出并作出卓越贡献的所有专家学者、建筑师和技术人员、各地建设部门领导和职工，表示衷心的感谢和崇高的敬意。此外，我还深深感受到，组织实施全国范围的、具有历史意义的调查研究，是其他组织和个人难以做到的，是中央部委必须承担的重要职责，今后还要多做。

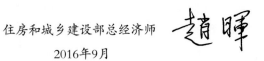

住房和城乡建设部总经济师 赵晖

2016年9月

编委会

Editorial Committee

发起与策划： 赵　晖

组 织 推 进： 张学勤、卢英方、白正盛、王旭东、王　玮、王旭东（天津）、
于文学、翟顺河、冯家举、汪　兴、孙众志、张宝伟、孙继伟、
刘大威、沈　敏、侯淅珉、王胜熙、李道鹏、李兴军、陈华平、
尹维真、蒋益民、蔡　瀛、吴伟权、陈孝京、余晓斌、文技军、
宋丽丽、赵志勇、斯朗尼玛、韩一兵、杨咏中、白宗科、岳国荣、
海拉提·巴拉提

指 导 专 家： 崔　恺、吴良镛、冯骥才、孙大章、陆元鼎、张锦秋、何镜堂、
朱光亚、朱小地、罗德启、马国馨、何玉如、单德启、陈同滨、
朱良文、郑时龄、伍　江、常　青、吴建中、王小东、曹嘉明、
张俊杰、张玉坤、杨焕成、黄汉民、王建国、梅洪元、黄　浩、
张先进、洪再生、郑国珍

秘 书 长： 林岚岚

工 作 组： 罗德胤、徐怡芳、杨绪波、吴　艳、李立敏、薛林平、李春青、
潘　曦、王　鑫、苑思楠、赵海翔、郭华瞻、贾一石、郭志伟、
褚苗苗、王　浩、李君洁、徐凌玉、师晓静、李　涛、庞　佳、
田铂菁、王　青、王新征、郭海鞍、张蒙蒙、丁　皓、侯希冉

甘肃卷编写组：

组织人员：蔡林峥、任春峰、贺建强

编写人员：刘奔腾、张　涵、安玉源、叶明晖、冯　柯、王国荣、刘　起、孟岭超、范文玲、李玉芳、杨谦君、李沁鞠、梁雪冬、张　睿、章海峰

调研人员：马延东、慕　剑、陈　谦、孟祥武、张小娟、王雅梅、郭兴华、闫幼锋、赵春晓、周　琪、师宏儒、闫海龙、王雪浪、唐晓军、周　涛、姚　朋

北京卷编写组：

组织人员：李节严、侯晓明、李　慧、车　飞

编写人员：朱小地、韩慧卿、李艾桦、王　南、钱　毅、马　泷、杨　滔、吴　懿、侯　晟、王　恒、王佳怡、钟曼琳、田燕国、卢清新、李海霞

调研人员：刘江峰、陈　凯、闫　峥、刘　强、段晓婷、孟昳然、李沫含、黄　蓉

天津卷编写组：

组织人员：吴冬粤、杨瑞凡、纪志强、张晓萌

编写人员：朱　阳、王　蔚、刘婷婷、王　伟、刘铧文

调研人员：张　猛、冯科锐、王浩然、单长江、陈孝忠、郑　涛、朱　磊、刘　畅

河北卷编写组：

组织人员：封　刚、吴永强、席建林、马　锐

编写人员：舒　平、吴　鹏、魏广龙、刁建新、刘　歆、解　丹、杨彩虹、连海涛

山西卷编写组：

组织人员：张海星、郭　创、赵俊伟

编写人员：王金平、薛林平、韩卫成、冯高磊、杜艳哲、孔维刚、郭华瞻、潘　曦、王　鑫、石　玉、胡　盼、刘进红、王建华、张　钰、高　明、武晓宇、韩丽君

内蒙古卷编写组：

组织人员：杨宝峰、陈　彪、崔　茂

编写人员：张鹏举、彭致禧、贺　龙、韩　瑛、额尔德木图、齐卓彦、白丽燕、高　旭、杜　娟

辽宁卷编写组：

组织人员：任韶红、胡成泽、刘绍伟、孙辉东

编写人员：朴玉顺、郝建军、陈伯超、杨　晔、周静海、黄　欢、王蕾蕾、王　达、宋欣然、刘思铎、原砚龙、高赛玉、梁玉坤、张凤婕、吴　琦、邢　飞、刘　盈、楚家麟

调研人员：王严力、纪文喆、姚　琦、庞一鹤、赵兵兵、邵　明、吕海平、王颖蕊、孟　飘

吉林卷编写组：

组织人员：袁忠凯、安　宏、肖楚宇、陈清华

编写人员：王　亮、李天骄、李雷立、宋义坤、张　萌、李之吉、张俊峰、孙守东

调研人员：郑宝祥、王　薇、赵　艺、吴翠灵、李亮亮、孙宇轩、李洪毅、崔晶瑶、王铃溪、高小淇、李　宾、李泽锋、梅　郊、刘秋辰

黑龙江卷编写组：

组织人员：徐东锋、王海明、王　芳

编写人员：周立军、付本臣、徐洪澎、李同予、殷青、董健菲、吴健梅、刘洋、刘远孝、王兆明、马本和、王健伟、卜冲、郭丽萍

调研人员：张明、王艳、张博、王钊、晏迪、徐贝尔

上海卷编写组：

组织人员：王训国、孙珊、侯斌超、魏珏欣、马秀英

编写人员：华霞虹、王海松、周鸣浩、寇志荣、宾慧中、宿新宝、林磊、彭怒、吕亚范、卓刚峰、宋雷、吴爱民、刘刊、白文峰、喻明璐、罗超君、朱杭

调研人员：章竞、蔡青、杜超瑜、吴皎、胡楠、王子潇、刘嘉纬、吕欣欣、林陈、李玮玉、侯炬、姜鸿博、赵曜、闵欣、苏萍、申童、梁可、严一凯、王鹏凯、谢屾、江璐、林叶红

江苏卷编写组：

组织人员：赵庆红、韩秀金、张蔚、俞锋

编写人员：龚恺、朱光亚、薛儿、胡石、张彤、王兴平、陈晓扬、吴锦绣、陈宇、沈旸、曾琼、凌洁、寿焘、雍振华、汪永平、张明皓、晁阳

浙江卷编写组：

组织人员：江胜利、何青峰

编写人员：王竹、于文波、沈黎、朱炜、浦欣成、裘知、张玉瑜、陈惟、贺勇、杜浩渊、王焯瑶、张泽浩、李秋瑜、钟温歆

安徽卷编写组：

组织人员：宋直刚、邹桂武、郭佑芹、吴胜亮

编写人员：李早、曹海婴、叶茂盛、喻晓、杨燊、徐震、曹昊、高岩琰、郑志元

调研人员：陈骏祎、孙霞、王达仁、周虹宇、毛心彤、朱慧、汪强、朱高栎、陈薇薇、贾宇枝子、崔巍懿

福建卷编写组：

组织人员：蒋金明、苏友佺、金纯真、许为一

编写人员：戴志坚、王绍森、陈琦、胡璟、戴玢、赵亚敏、谢骁、镡旭璐、祖武、刘佳、贾婧文、王海荣、吴帆

江西卷编写组：

组织人员：熊春华、丁宜华

编写人员：姚赯、廖琴、蔡晴、马凯、李久君、李岳川、肖芬、肖君、许世文、吴琼、吴靖

调研人员：兰昌剑、戴晋卿、袁立婷、赵晗聿、翁之韵、顼琛春、廖思怡、何昱

山东卷编写组：

组织人员：杨建武、尹枝俏、张林、宫晓芳

编写人员：刘甦、张润武、赵学义、仝晖、郝曙光、邓庆坦、许丛宝、姜波、高宜生、赵斌、张巍、傅志前、左长安、刘建军、谷建辉、宁荞、慕启鹏、刘明超、王冬梅、王悦涛、姚丽、孔繁生、韦丽、吕方正、王建波、解焕新、李伟、孔令华、王艳玲、贾蕊

河南卷编写组：

组织人员：马耀辉、李桂亭、韩文超

编写人员：郑东军、李　丽、唐　丽、韦　峰、
黄　华、黄黎明、陈兴义、毕　昕、
陈伟莹、赵　凯、渠　韬、许继清、
任　斌、李红建、王文正、郑丹枫、
王晓丰、郭兆儒、史学民、王　璐、
毕小芳、张　萍、庄昭奎、叶　蓬、
王　坤、刘利轩、娄　芳、王东东、
白一贺

湖北卷编写组：

组织人员：万应荣、付建国、王志勇

编写人员：肖　伟、王　祥、李新翠、韩　冰、
张　丽、梁　爽、韩梦涛、张阳菊、
张万春、李　扬

湖南卷编写组：

组织人员：宁艳芳、黄　立、吴立玖

编写人员：何韶瑶、唐成君、章　为、张梦淼、
姜兴华、罗学农、黄力为、张艺婕、
吴晶晶、刘艳莉、刘　姿、熊申午、
陆　薇、党　航、陈　宇、江　嫚、
吴　添、周万能

调研人员：李　夺、欧阳铎、刘湘云、付玉昆、
赵磊兵、黄　慧、李　丹、唐娇致、
石凯弟、鲁　娜、王　俊、章恒伟、
张　衡、张晓晗、石伟佳、曹宇驰、
肖文静、臧澄澄、赵　亮、符文婷、
黄逸帆、易嘉昕、张天浩、谭　琳

广东卷编写组：

组织人员：梁志华、肖送文、苏智云、廖志坚、
秦　莹

编写人员：陆　琦、冼剑雄、潘　莹、徐怡芳、
何　菁、王国光、陈思翰、冒亚龙、
向　科、赵紫伶、卓晓岚、孙培真

调研人员：方　兴、张成欣、梁　林、林　琳、
陈家欢、邹　齐、王　妍、张秋艳

广西卷编写组：

组织人员：彭新唐、刘　哲

编写人员：雷　翔、全峰梅、徐洪涛、何晓丽、
杨　斌、梁志敏、尚秋铭、黄晓晓、
孙永萍、杨玉迪、陆如兰

调研人员：许建和、刘　莎、李　昕、蔡　响、
谢常喜、李　梓、覃茜茜、李　艺、
李城臻

海南卷编写组：

组织人员：霍巨燃、陈孝京、陈东海、林亚芒、
陈娟如

编写人员：吴小平、唐秀飞、贾成义、黄天其、
刘　筱、吴　蓉、王振宇、陈晓菲、
刘凌波、陈文斌、费立荣、李贤颖、
陈志江、何慧慧、郑小雪、程　畅

重庆卷编写组：

组织人员：冯　赵、吴　鑫、揭付军

编写人员：龙　彬、陈　蔚、胡　斌、徐千里、
舒　莺、刘晶晶、张　菁、吴晓言、
石　恺

四川卷编写组：

组织人员：蒋　勇、李南希、鲁朝汉、吕　蔚

编写人员：陈　颖、高　静、熊　唱、李　路、
朱　伟、庄　红、郑　斌、张　莉、
何　龙、周晓宇、周　佳

调研人员：唐　剑、彭麟麒、陈延申、严　潇、
黎峰六、孙　笑、彭　一、韩东升、
聂　倩

贵州卷编写组：

组织人员：余咏梅、王　文、陈清鋆、赵玉奇

编写人员：罗德启、余压芳、陈时芳、叶其颂、
　　　　　吴茜婷、代富红、吴小静、杜　佳、
　　　　　杨钧月、曾　增
调研人员：钟伦超、王志鹏、刘云飞、李星星、
　　　　　胡　彪、王　曦、王　艳、张　全、
　　　　　杨　涵、吴汝刚、王　莹、高　蛤

云南卷编写组：

组织人员：汪　巡、沈　键、王　瑞
编写人员：翟　辉、杨大禹、吴志宏、张欣雁、
　　　　　刘肇宁、杨　健、唐黎洲、张　伟
调研人员：张剑文、李天依、栾涵潇、穆　童、
　　　　　王祎婷、吴雨桐、石文博、张三多、
　　　　　阿桂莲、任道怡、姚启凡、罗　翔、
　　　　　顾晓洁

西藏卷编写组：

组织人员：李新昌、姜月霞、付　聪
编写人员：王世东、木雅·曲吉建才、拉巴次仁、
　　　　　丹　达、毛中华、蒙乃庆、格桑顿珠、
　　　　　旺　久、加　雷
调研人员：群　英、丹增康卓、益西康卓、
　　　　　次旺郎杰、土旦拉加

陕西卷编写组：

组织人员：王宏宇、李　君、薛　钢
编写人员：周庆华、李立敏、赵元超、李志民、
　　　　　孙西京、王　军（博）、刘　煜、
　　　　　吴国源、祁嘉华、刘　辉、武　联、
　　　　　吕　成、陈　洋、雷会霞、任云英、
　　　　　倪　欣、鱼晓惠、陈　新、白　宁、
　　　　　尤　涛、师晓静、雷耀丽、刘　怡、
　　　　　李　静、张钰曌、刘京华、毕景龙、
　　　　　黄　姗、周　岚、石　媛、李　涛、
　　　　　黄　磊、时　洋、张　涛、庞　佳、
　　　　　王怡琼、白　钰、王建成、吴左宾、
　　　　　李　晨、杨彦龙、林高瑞、朱瑜葱、
　　　　　李　凌、陈斯亮、张定青、党纤纤、

　　　　　张　颖、王美子、范小烨、曹惠源、
　　　　　张丽娜、陆　龙、石　燕、魏　锋、
　　　　　张　斌
调研人员：陈志强、丁琳玲、陈雪婷、杨钦芳、
　　　　　张豫东、刘玉成、图努拉、郭　萌、
　　　　　张雪珂、于仲晖、周方乐、何　娇、
　　　　　宋宏春、肖求波、方　帅、陈建宇、
　　　　　余　茜、姬瑞河、张海岳、武秀峰、
　　　　　孙亚萍、魏　栋、千　金、米庆志、
　　　　　陈治金、贾　柯、刘培丹、陈若曦、
　　　　　陈　锐、刘　博、王丽娜、吕咪咪、
　　　　　卢　鹏、孙志青、吕鑫源、李珍玉、
　　　　　周　菲、杨程博、张演宇、杨　光、
　　　　　邸　鑫、王　镭、李梦珂、张珊珊、
　　　　　惠禹森、李　强、姚雨墨

青海卷编写组：

组织人员：杨敏政、陈　锋、马黎光
编写人员：李立敏、王　青、马扎·索南周扎、
　　　　　晁元良、李　群、王亚峰
调研人员：张　容、刘　悦、魏　璇、王晓彤、
　　　　　柯章亮、张　浩

宁夏卷编写组：

组织人员：杨　普、杨文平、徐海波
编写人员：陈宙颖、李晓玲、马冬梅、陈李立、
　　　　　李志辉、杜建录、杨占武、董　茜、
　　　　　王晓燕、马小凤、田晓敏、朱启光、
　　　　　龙　倩、武文娇、杨　慧、周永惠、
　　　　　李巧玲
调研人员：林卫公、杨自明、张　豪、宋志皓、
　　　　　王璐莹、王秋玉、唐玲玲、李娟玲

新疆卷编写组：

组织人员：马天宇、高　峰、邓　旭
编写人员：陈震东、范　欣、季　铭

主编单位：

中华人民共和国住房和城乡建设部

参编单位：

北京卷： 北京市规划委员会

北京市勘察设计和测绘地理信息管理办公室

北京市建筑设计研究院有限公司

清华大学

北方工业大学

天津卷： 天津市城乡建设委员会

天津大学建筑设计规划研究总院

天津大学

河北卷： 河北省住房和城乡建设厅

河北工业大学

河北工程大学

河北省村镇建设促进中心

山西卷： 山西省住房和城乡建设厅

北京交通大学

太原理工大学

山西省建筑设计研究院

内蒙古卷： 内蒙古自治区住房和城乡建设厅

内蒙古工业大学

辽宁卷： 辽宁省住房和城乡建设厅

沈阳建筑大学

辽宁省建筑设计研究院

吉林卷： 吉林省住房和城乡建设厅

吉林建筑大学

吉林建筑大学设计研究院

吉林省建苑设计集团有限公司

黑龙江卷： 黑龙江省住房和城乡建设厅

哈尔滨工业大学

齐齐哈尔大学

哈尔滨市建筑设计院

哈尔滨方舟工程设计咨询有限公司

黑龙江国光建筑装饰设计研究院有限公司

哈尔滨唯美源装饰设计有限公司

上海卷： 上海市规划和国土资源管理局

上海市建筑学会

华东建筑设计研究总院

同济大学

上海大学

上海市城市建设档案馆

江苏卷： 江苏省住房和城乡建设厅

东南大学

浙江卷： 浙江省住房和城乡建设厅

浙江大学

浙江工业大学

安徽卷： 安徽省住房和城乡建设厅

合肥工业大学

福建卷：福建省住房和城乡建设厅
　　　　厦门大学

江西卷：江西省住房和城乡建设厅
　　　　南昌大学
　　　　江西省建筑设计研究总院
　　　　南昌大学设计研究院

山东卷：山东省住房和城乡建设厅
　　　　山东建筑大学
　　　　山东建大建筑规划设计研究院
　　　　山东省小城镇建设研究会
　　　　山东大学
　　　　烟台大学
　　　　青岛理工大学
　　　　山东省城乡规划设计研究院

河南卷：河南省住房和城乡建设厅
　　　　郑州大学
　　　　河南大学
　　　　河南理工大学
　　　　郑州大学综合设计研究院有限公司
　　　　河南省城乡规划设计研究总院有限公司
　　　　河南大建建筑设计有限公司
　　　　郑州市建筑设计院有限公司

湖北卷：湖北省住房和城乡建设厅
　　　　中信建筑设计研究总院有限公司

湖南卷：湖南省住房和城乡建设厅
　　　　湖南大学
　　　　湖南大学设计研究院有限公司
　　　　湖南省建筑设计院

广东卷：广东省住房和城乡建设厅
　　　　华南理工大学
　　　　广州瀚华建筑设计有限公司
　　　　北京建工建筑设计研究院

广西卷：广西壮族自治区住房和城乡建设厅
　　　　华蓝设计（集团）有限公司

海南卷：海南省住房和城乡建设厅
　　　　海南华都城市设计有限公司
　　　　华中科技大学
　　　　武汉大学
　　　　重庆大学
　　　　海南省建筑设计院
　　　　海南雅克设计有限公司
　　　　海口市城市规划设计研究院
　　　　海南三寰城镇规划建筑设计有限公司

重庆卷：重庆市城乡建设委员会
　　　　重庆大学
　　　　重庆市设计院

四川卷：四川省住房和城乡建设厅
　　　　西南交通大学
　　　　四川省建筑设计研究院

贵州卷：贵州省住房和城乡建设厅
　　　　贵州省建筑设计研究院
　　　　贵州大学

云南卷：云南省住房和城乡建设厅
　　　　昆明理工大学

西藏卷：西藏自治区住房和城乡建设厅
　　　　西藏自治区建筑勘察设计院
　　　　西藏自治区藏式建筑研究所

陕西卷：陕西省住房和城乡建设厅
　　　　西安建大城市规划设计研究院
　　　　西安建筑科技大学建筑学院
　　　　长安大学建筑学院
　　　　西安交通大学人居环境与建筑工程学院
　　　　西北工业大学力学与土木建筑学院
　　　　中国建筑西北设计研究院有限公司
　　　　中联西北工程设计研究院有限公司
　　　　陕西建工集团有限公司建筑设计院

甘肃卷：甘肃省住房和城乡建设厅
　　　　兰州理工大学
　　　　西北民族大学
　　　　甘肃省建筑设计研究院

青海卷：青海省住房和城乡建设厅
　　　　西安建筑科技大学
　　　　青海省建筑勘察设计研究院有限公司
　　　　青海明轮藏传建筑文化研究会

宁夏卷：宁夏回族自治区住房和城乡建设厅
　　　　宁夏大学
　　　　宁夏建筑设计研究院有限公司
　　　　宁夏三益上筑建筑设计院有限公司

新疆卷：新疆维吾尔自治区住房和城乡建设厅
　　　　新疆建筑设计研究院
　　　　新疆佳联城建规划设计研究院

目 录

Contents

总 序

前 言

第一章 绪论

002　第一节 甘肃传统建筑解析的研究背景
002　第二节 多元文化的甘肃地域建筑融合
002　一、农耕文明与游牧文明的多元碰撞
002　二、多种地域文化形态下的多样性地域建筑
003　第三节 甘肃多样性地域融合建筑的传承
003　一、多元的互动融合
003　二、甘肃地域建筑传承思路

上篇：甘肃省传统建筑文化研究

第二章 河西走廊地区传统建筑文化

008　第一节 地域文化与环境
008　一、河西走廊社会历史背景
009　二、河西走廊自然地理背景
011　三、河西走廊人文文化背景
013　四、多民族交融的文化环境
014　第二节 自然与社会环境影响下的聚落格局
015　一、特定地域环境下的"择居"理念
017　二、人群主动适应的村落格局

017		三、社会历史发展下的村落格局
018	第三节	建筑群体组合与地域文化的关系
018		一、河西走廊建筑文化特质
018		二、文化融合与建筑群体
019	第四节	多民族共生下的传统建筑
019		一、传统院落布局
020		二、传统民居结构形式
029		三、传统公共建筑结构形式
034	第五节	丰富生动的建筑风格与元素
034		一、多元融合的建筑风格
039		二、凸显建筑特色的元素

第三章　陇中地区传统建筑文化

045	第一节	地域文化与环境
045		一、陇中地区社会历史背景
049		二、陇中地区自然地理背景
049		三、陇中地区典型城市剖析
054	第二节	自然与社会环境影响下的村落格局
054		一、适宜地域气候的村落格局
057		二、御外侵、防内乱的村落选址
063	第三节	建筑群体组合与民族文化的关系
063		一、陇中地区典型建筑文化特质
063		二、农耕文化与建筑群落
064	第四节	历史发展进程中的传统建筑
064		一、传统民居布局解析
067		二、特定地域下的建筑类型
093	第五节	黄土地域下的建筑结构体系
093		一、生土节能的夯土民居
094		二、材料演变之砖混木盖

第四章　陇东地区传统建筑文化

097	第一节	地域文化与环境

097	一、陇东地区社会历史背景
097	二、陇东自然地理背景
098	三、独特窑洞民俗社会、民居文化
098	第二节　自然与社会影响下的聚落格局
098	一、特定地域环境之下的择居理念
100	二、黄土文明下的村落格局
106	第三节　建筑群体组合与地域文化的关系
106	一、陇东地区典型建筑文化特质及成因
107	二、黄土文化与建筑形态
109	第四节　陇东地域文化下的传统建筑
109	一、传统民居布局解析
109	二、特定地域下的传统民居结构形式
116	第五节　丰富生动的建筑技艺与元素
116	一、黄土地域下夯土工艺
116	二、质朴实用的窑洞建构

第五章　陇东南地区传统建筑与文化

122	第一节　地域文化与环境
122	一、陇东南社会历史背景
130	二、陇东南自然地理背景
131	三、陇东南人文文化背景
134	四、多元融合的文化环境
135	第二节　自然与社会影响下的聚落格局
135	一、村落选址受传统封建礼治与传统文化影响
137	二、生活形态及地域文化民俗的影响
141	第三节　建筑群体组合与地域文化的关系
141	一、陇东南地区典型建筑文化特质
142	二、山水文化与村落群体
142	第四节　多元文化交错区的传统建筑
142	一、传统院落布局解析
145	二、传统民居结构形式
167	第五节　丰富的建筑技艺与风格元素
168	一、多元融合的建筑技艺

169	二、传统民居的建筑风格及元素
171	三、多元民族的装饰元素

第六章　陇南地区传统建筑文化

175	第一节　地域文化与环境
175	一、陇南地区社会历史背景
176	二、陇南地区自然地理背景
177	三、陇南地区人文化背景
178	四、多民族交融的文化与环境
179	第二节　自然与社会影响下的聚落格局
179	一、特定地域环境之下的择居理念
180	二、多民族交融下的村落格局
189	第三节　建筑群体组合与民族文化关系
189	一、陇南地区典型建筑特质
189	二、民族文化与村落建筑
196	第四节　多民族交融的传统建筑
196	一、传统院落布局解析
197	二、传统民居结构形式
214	第五节　丰富生动的建筑风格与装饰
214	一、多元融合的建筑风格
216	二、丰富多变的建筑元素和装饰

下篇：甘肃当代地域性建筑实践探析

第七章　甘肃地区现当代建筑创作历程概述

231	第一节　1949年以前的建筑探索
231	一、20世纪初甘肃地区对多种类型建筑的探索
232	二、陇中地区近代建筑活动的建造特点与技艺
233	三、以兰州为代表的陇中地区近代建筑细部构造及装饰
234	四、建筑实例探析
239	五、近代甘肃地区20世纪初建筑探索评析
240	第二节　20世纪50~70年代：民族主义风潮与地方性建筑实践

242	第三节　改革开放至21世纪初折中的地域化风潮
242	一、改革开放至21世纪初折中主义风潮中的各类型建筑探索
251	二、改革开放至21世纪初折中的地域化风潮建筑评析
251	第四节　21世纪以来甘肃地域建筑探索中的模糊与融合

第八章　甘肃当代地域建筑风格的生成语境

253	第一节　当代建筑地域性的内涵与属性
253	一、现当代建筑的"乡土语境"与"场所精神"
253	二、"陇地人居"的当代性诠释
254	三、"新地域"建筑形式的生发与阶进
254	第二节　本土环境之多元与差异——自然地理条件
256	第三节　文明语境之共生与交融——历史人文层面
258	第四节　乡土文脉的延续与聚合——城市风貌延续
259	第五节　全球化地区发展的特点——折中主义的探析

第九章　甘肃当代地域建筑传承取向与实践创作

261	第一节　具象建筑语言模仿取向
261	一、从具象解释建筑回归至感受建筑
262	二、具象建筑语言模仿取向的建筑实例
270	第二节　抽象建筑语言转换取向
270	一、意象与抽象——博物馆建筑形态构成初探
271	二、建筑实例解析
281	第三节　高科学与本土技术融合中的地域主义建筑探索
282	一、本土营造之源——乡土建筑的启示
282	二、建筑实例解析
287	第四节　基于陇地语境的地域主义建筑手法
287	一、陇地语境中的地域主义建筑探索
287	二、建筑实例解析
295	第五节　传统形制与现代建筑手法的互动生成与杂糅
295	一、陇地当代建筑设计中的杂糅之境
297	二、陇地当代"互动生成"建筑设计观下的探索
298	三、建筑实例解析

第十章 甘肃地域建筑传承总体策略与思路

317	第一节 甘肃当代建筑实践存在的问题与误区
317	一、观念层面——黄土文明的守望与传承
317	二、认识层面——对具象符号的依赖
317	三、方法层面——对乡土建筑文化的挖掘流于表层
317	四、操作层面——地域建筑意识的觉醒与建构方式的有待成熟
318	第二节 甘肃当代建筑之"形、境、意"传承
318	一、"形"之传承：视觉相似感受下传统元素的外在物质形态
320	二、"境"之传承：理性感知下生活庭院的空间形态
323	三、"意"之传承：感性感知下建筑艺术的情景交融
323	第三节 甘肃现代地域建筑风貌导则
323	一、导引要素
324	二、地域建筑的评价与要素构建层次
324	三、建筑类型与风貌导引
325	四、建筑色彩的地域性导引
325	五、风貌导引小结
325	第四节 基于陇地建筑的本体探索——地域建筑思潮新趋向
325	一、传统主题的深层挖掘
326	二、地域特色的内在追求
326	三、生态思想的实践探索
326	四、技术手段的得体应运
327	五、本体取向的理性创新

第十一章 结语

附 录

参考文献

后 记

前　言

Preface

甘肃，简称"甘"或"陇"，地处黄河上游，地域辽阔，生态环境复杂多样。主要包括河西走廊地区、陇中、陇南、陇东南和陇东地区。河西走廊南部祁连山与北侧的龙首山、合黎山和马鬃山自然形成了这条咽喉般的狭长走廊。它南北沟通青藏高原和蒙古高原，东西连接着黄土高原和塔里木盆地，不仅仅是中原通向中亚、西亚的必经之路，更是东西方文化交流史上的一条黄金通道，同时也是农耕文化向游牧文化过渡与交融的文化廊道。河西走廊作为通往中西亚的必经之路，是古代经济贸易、政治文化的繁荣之所，同时也是西北地区重要的粮食基地；陇中地区呈黄土丘陵沟壑地貌，是联系西域少数民族的重要纽带，对促进中西经济文化交流发挥了重要作用；陇南地区是甘南高原，地势高耸，是典型的高原区；陇东南植被丰富，山高谷深，是茶马古道的主要通道；陇东、陇中处于黄土高原，蕴含丰富的石油煤炭资源。

一、丝路西去，异族交融的文化廊道

河西走廊作为丝绸之路上的咽喉要道，打通了内陆通往西域的唯一通道，促成了河西走廊的繁荣，丝绸之路的贸易经济拉动了服务业、餐饮业、旅店业等相关事业的发展，也拉动了种植业、畜牧业、手工业等各行各业，使河西走廊地区进入了飞速发展时期。同时连接着亚非欧大洲的物质交易和文化交流，东西方文化在这里相互激荡，积淀下蔚为壮观的历史文明。

由于其特殊的地理位置，河西走廊成为多民族的交汇地带，不同民族的文化在这里碰撞、交融、沉淀，形成独特的社会历史风貌。河西走廊北部、南部和西部是游牧文化，南部主要是农耕文化，这条廊道就成为游牧文化与农耕文化的过渡通道，也是不同民族文化融合的摇篮。文化的过渡性决定了河西走廊地域建筑呈过渡性、多样性和交融的状态。

二、多元共生，兼容并蓄的建筑形态

多民族杂居的状态注定了陇地建筑的多样性，不同民族文化不断地经历着由差异和冲突到依赖和认同的循环过程，吸收外来民族建筑的元素，融入本土原生建筑，呈现建筑新生的状态。从古至今，河西走廊复杂的民族、宗教文化之间不断地相互融合，产生了多元文化共生的能量和新结构。质朴简洁的材质、多民族多宗教的色彩（主要是儒家文化、道教、藏传佛教、伊斯兰教和基督教文化）是陇地多元融合建筑主要特点，至今，陇地建筑工艺仍保持着融合新鲜事物的潜力。

三、杂糅背景下陇地建筑多样性

陇地地域形态多样，建筑的形态也呈多样化。在陇地多民族文化交融的背景下，建筑的融合更为明显，而以农耕文化为主的陇东、陇中、陇南和陇东南地区，建筑则呈现出农耕文明特有的建筑形态。

河西走廊地区：河西走廊地区悠久的历史，其乡土民居的营建、发展及演变过程经历了几千年历史文化的沉淀与当地人智慧的改良，出现了沙井文化住宅、楼院、合院式民居、庄窠式等建筑形式。

陇中地区：主要是多民族聚居和商贾移民，建筑采用四合院。由于其黄土沟壑的山地形态，建筑结构体系为夯土民居和砖混承重+木屋盖。

陇东地区：干旱、光照充足，四季分明，是农业文明相协调共生的生土建筑居住文化，它经过数千年的演化发展，形成了独特的陇东文化和建筑风貌，产生了以陇东窑洞为代表的生土民居与聚落，主要有靠崖窑和地坑窑。

陇东南地区：陇东南地区可以分为北陇和南陇，北陇紧邻秦文化，它将宗族文化逐渐发展成为区域性文化，所以，北陇建筑形式呈合院式、羌族碉楼式，二南陇呈合院式和白马板屋。

陇南地区：陇南地区也是少数民族聚居地，建筑具有民族地域特色。主要建筑形式有临夏回族四合院坊居、甘南藏族庄廓院、甘南藏族干阑式民居。

陇地多民族杂居的形态决定了文化、建筑的多样性，其地域形态也决定了作为文化通廊和游牧文明和农耕文明过渡的重要地位，希望在现有的丝绸之路文化的带动下，陇地文化能够呈现出更多交融的文化、建筑形式和新生的事物。

第一章 绪论

随着城市化进程的加快，中国的城市面貌发生了巨大的变化，城市更新更以规模巨大、涉面宽广加速进行着，状况空前。同时，一系列环境污染、归属感降低、人情淡漠等问题应运而生。中国的传统建筑受到全球化的冲击，处境颇为尴尬，全球化的社会背景，现代的空间需要、高科技的结构与建材等，都对中国建筑的发展提出了新的要求。在此影响下，城市与建筑领域，文化趋同与建筑多元化、建筑与环境的可持续发展、建筑的地方性传承与创新等成为学者们研究的热点问题，并以此促成关于建筑创作与建设"传承"议题的空前讨论。

第一节　甘肃传统建筑解析的研究背景

20世纪以来，科学技术迅速发展，交通体系的完善使得信息、资本、技术等要素在不同地区大范围传播流动，不同地区、民族的人频繁交流、沟通。科学技术在带来快速方便的同时，文化的差异越来越小，建筑的地域性逐渐偏离本土特性，地域性特点式微，呈千城一面趋势。经过一百多年的发展，全球建筑行业逐渐趋于文化回归，这也是自我认识需求的回归。在这种情况下，一方面来自于民族的自豪感，另一方面来自传统建筑的自我认知，以及当下提出的乡愁，人们钟情于古人"暧暧远人村，依依墟里烟"；"绿树村边合，青山郭外斜"；"久在樊笼里，复得返自然"的情怀。2013年12月的中央城镇化工作会议，在谈到提高城镇建设水平中指出，要体现尊重自然、顺应自然、天人合一的理念，依托现有山水脉络等独特风光，让城市融入大自然，让居民望得见山、看得见水、记得住乡愁。所以，我们今天通过对传统建筑的精义解释，来挖掘我们本土的地域建筑特色，这在当下极具历史意义，也十分必要。

第二节　多元文化的甘肃地域建筑融合

一、农耕文明与游牧文明的多元碰撞

甘肃本就是一个多民族聚居的地域，不同民族在这里生活、繁衍，同一环境下不同背景文化碰撞、摩擦、交融，产生新生的事物。西侧是以游牧为主的游牧文明，东侧是以农耕为主的农耕文明，不同的地域形态，不同的气候环境，不同的民族，历经千年的碰撞融合，形成了现在的甘肃，从西往东形成了以戈壁绿洲为主的河西走廊，以青藏高原为主的甘南高原，以巴山蜀水为主的陇南山地，以黄土高原为主的陇中、陇东和陇中地区。这些地区吸收邻区优秀文化，结合当地的地域形态，生发了新的兼具农耕文明与游牧文明的文化。

二、多种地域文化形态下的多样性地域建筑

甘肃省位于祖国西部地区，地处黄河中上游，地域辽阔。各地气候差别大，生态环境复杂多样。甘肃地处黄土高原、青藏高原和内蒙古高原三大高原的交会地带。境内地形复杂，山脉纵横交错，海拔相差悬殊，高山、盆地、平川、沙漠和戈壁等兼而有之，是山地形高原地貌。甘肃地貌复杂多样，山地、高原、平川、河谷、沙漠、戈壁交错分布。地势自西南向东北倾斜，地形狭长，东西长1659公里，南北宽530公里，大致可分为各具特色的六大区域。

游牧文化为主的河西走廊戈壁绿洲，地势平坦，机耕条件好，农业发展前景广阔。祁连山终年积雪，是河西走廊天然的固体水库，植被垂直分布明显，荒漠、草场、森林、冰雪，组成了一幅色彩斑斓的立体画面。河西走廊地区在明清时期，达到了汉、回、藏、蒙、裕固等多民族的文化交流，在这样的背景下，河西走廊与内地文化差异显著，具有多元融合的特点：质朴简洁的材质，多民族多宗教的色彩（有儒家文化、藏传佛教文化、基督教文化），丰富多变的院落层次，典型的平面形制，凸显建筑特色的元素。例如，歇山顶、庑殿屋顶，以及富含建筑特色的细部，如花板踩、木雕、砖雕等。

陇中、陇东是典型的黄土高原地区，陇中地区在历史上是联系西域少数民族的重要纽带，在沟通和促进中西经济文化交流中发挥了重要作用。由于其多民居聚居和商贾移民文化的特点，建筑主要呈四合院形制。陇中地区民居建筑风格主要表现在以下几个方面：院落布局别具一格、建筑形制以"环楼四合院"为主、院落开门朝向非常讲究。

陇东是中华民族早期农耕文明的发祥地之一，素有"陇东粮仓"之美誉。黄土高原对于陇东地区特色传统建筑的形成可谓得天独厚，窑洞是这里传统民居的主体。作为窑洞的发展和补充，世居在这里的人们在平地上，结合窑洞和普通民房的优点创造了一种独特的民居建筑——"窑房"。这样的生土聚落组成的人文景观与黄土高原粗犷、豪迈的山川景观，形成了陇东丰富的非物质文化遗产。

处于青藏高原边缘具有吐蕃文化的甘南地区，由于甘肃处于特殊的区域位置，在此地聚居较多的少数民族，带有汉族、藏族、回族融合的文化特征。传统建筑形制也融合了各民族的建筑特色元素，例如临夏回族四合院坊居，甘南藏族庄廓院（有多进式院落、天井式院落和单体院落），甘南藏族干阑式民居。

处于巴山蜀水边远地区的陇东南地区，这一地区又可分为南陇和北陇，南陇地区传统民居建筑的平面与北陇地区相似，也多为三合院与四合院，不同点在于院落的比例尺度、围合关系以及整体连续性。还有属于陇南特有的白马板屋，民居多为三间组合式结构，院落也多为三合院、四合院式组合结构，但由于高山地区建筑地基狭小，所以形制较小。正房多为三间组合的结构形式，台基高，整体高出左右厢房，主次分明。

第三节　甘肃多样性地域融合建筑的传承

一、多元的互动融合

21世纪以来，甘肃地域建筑探索中存在模糊与交融，第一，是工业时代的到来，建筑材料和建造工艺与传统建筑材料与构建方式之间的融合；第二，是国内东西部地区经济差异导致建筑形式和材料的融合；第三，古今传统建筑在造型和材料、建构技艺上的融合；第四，甘肃地区内不同民族对传统建筑的特色元素、材料等的融合。

空间跨度中的多重理念之冲突与融合，建筑不是独立于社会文化之外的，要建立自己的建筑观，我们不得不从传统的价值观等哲学范畴来分析其对于建筑的本质渗透。中国哲学讲求世界万物的和谐平衡，而如今的建筑风潮使得建筑师和开发商都刻意将建筑物建得醒目招摇，强调其视觉效果，消耗巨大资源，且无法回归泥土，循环平衡，完全破坏了生态的平衡。

时间跨度中的多重理念之矛盾与渗透，不管是在全球浪潮中进行着多种建筑理念实践的中国，还是更加边缘跟随趋势而走的甘肃，其建筑设计在接受西方理念的同时，仍然需要从传统价值观出发，建筑观的确立，在于对建筑本质的理解，那么，建立适宜的建筑观才是可持续发展的根本。在甘肃这个整体环境下，放远眼光，尊重自然，并结合自身经济状况、科技力量，节制那些违背自然规律的"人定胜天"的无止欲望，不追求过高过新，适可而止，在地域本土上建立朴实平和、适宜当时实地的建筑评价体系、建筑史观和建筑观。

二、甘肃地域建筑传承思路

"形"之传承：包括造型、材料、色彩、非建筑传统元素。陇地传统建筑除了官式建筑以外，各地民居建筑与园林建筑都相当丰富，其中建筑材料的应用、色彩搭配规律、结构和构造方式的提炼等对于发展我们自己的建筑理论、建筑创作来说都有很多的启示和可取之处。

"境"之传承：具有陇地特色的生活庭院是传统的民居四合院，四面房屋、四面廊道的院落，很好地体现了中心庭院的明亮空间、檐廊"灰"空间、室内"暗"空间的层层过渡关系，展现了建筑形态的内向品格、室内外空间的有机交融，以及对庭院内花木扶疏的自然景观的收纳渗透等；并且庭院的空间存在着空间连续性、层次性和虚实对比的特点，这些才是传承之魂。

"意"之传承：意境作为中国古典美学的重要范畴，具有丰富的文化内涵和多姿的美学神韵。意境是中国艺术重要的一个美学特征。它的本质追求是意与境相交融，重虚拟传神，追求客观对象的美与主观心灵的感悟性结合。

在当代的社会背景下，陇地传统建筑文化的生存之道在于继承传统与时代创新相结合，用现代建筑形式体现传统审美，赋予传统元素新的表现形式。陇地建筑的发展，根本在于找到传统文化与现代理念的结合点，用现代技术体现传统的审美内涵。

上篇：甘肃省传统建筑文化研究

第二章　河西走廊地区传统建筑文化

　　在今天的中国版图上，可以看到一个由西北至东南走向的形如"如意"的省级行政区划——甘肃，它的中段是一条自然形成的地理大通道。这条通道东西长约1200公里，宽数公里至近百公里不等，东起乌鞘岭，西至星星峡，南侧是祁连山脉，北侧是龙首山、合黎山、马鬃山，因为地处黄河以西，形似走廊，于是被人们称作"河西走廊"。它源于数亿年前的一次地壳剧变，欧亚板块因为印度次大陆板块的撞击而缓慢隆起，形成地球上最高、最庞大的地质构造体系——青藏高原。与此同时，一条平均海拔在4000米以上的弧形山脉被顶推隆起——即为祁连山，在祁连山脉北麓自然形成了这条咽喉般的狭长走廊。它南北沟通青藏高原和蒙古高原，东西连接着黄土高原和塔里木盆地，青藏高原的隆起切断了印度洋暖湿气流的北上，使西北地区形成了大片的戈壁荒漠（图2-0-1）。

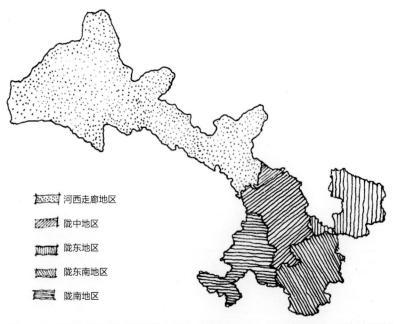

图2-0-1　河西走廊地理位置示意图（来源：根据https://cn.chiculture.net，刘文瀚 改绘）

幸运的是，在来自太平洋季风的吹拂下，丰沛的山区降雨使祁连山成为伸入西北的一座湿岛，祁连山脉覆盖的积雪和史前冰川融化，形成了中国第二大内陆河——黑河，河水奔涌而下，源源不断地流进河西走廊，在黑河的东西两侧是石羊河和疏勒河，这三大水系滋养了片片绿洲，成为孕育生命的摇篮。我们的地球上除了海洋以外，几乎所有的地形地貌都在这条走廊上呈现。

第一节　地域文化与环境

河西走廊是中原通向中亚、西亚的必经之路，更是东西方文化交流史上的一条黄金通道。在中华民族的历史进程中，河西走廊关乎一个国家政治经略、经贸促进、文化交融的宏图大梦，对于生活在中原的人们，打通河西走廊，前往更为辽阔的西部，是他们亘古不变的梦想。

一、河西走廊社会历史背景

河西走廊，因其丝绸之路上咽喉要道的特殊地理位置，成为多民族聚集交汇的地区。汉、蒙、藏、裕固、哈萨克、回、满等民族的文化在这里碰撞、交融、沉淀，形成独特的社会历史风貌。无论是对华夏文明的充实和印证，抑或对亚非欧三大洲的物质贸易与文化交流的见证，河西走廊都占据着不可替代的地位。

河西走廊的历史可追溯至先秦时期（约7500~4000年前），马家窑文化（凉州磨嘴子），齐家文化（皇娘娘台遗址、海藏寺遗址），沙井文化（沙井子、暖泉）文物遗址的出土展示着史前先民的繁衍生息。4000年前，凉州率先进入青铜时代，成为古中国对外开放的前沿阵地、玉帛之路的重要节点。据史料记载，月氏和乌孙是先秦时期河西走廊地区最活跃的部落，至公元前3世纪初，河西最强大的月氏部族，其所控之弦达十万，后匈奴控弦达到三十万，取代其成为河西的主人。到夏商时期，河西走廊已出现了畜牧业、农耕业和冶铸活动。

至西汉，汉武帝设武威、张掖、酒泉、敦煌"河西四郡"，河西四郡的设立使得中原王朝作为河西的直接经营者出现（图2-1-1）。内地农耕技术因而借机进入河西地区，促使河西走廊的生产力水平极大地提高，农业经济随之发展；生产力水平的提升又促进了河西地区建筑营造水平的改善。汉代丝绸之路的开辟，造就了河西走廊近千年的繁荣。丝路经济贸易拉动了服务业、餐饮业、旅店业等商业的发展，同时也拉动了种植业、畜牧业、手工业等的兴盛，使河

图2-1-1　河西四郡（来源：根据https://cn.chiculture.net，刘文瀚 改绘）

西走廊进入了飞速发展时期。今天，由敦煌壁画仍可以看出曾经的河西走廊的忙碌繁荣之盛景。

河西地区得到长足发展，是在各少数民族于魏晋南北朝时期纷纷涌入之时，西晋末年战乱四起，河西地区先后出现过五凉政权，地区社会环境的稳定使河西地区成为中原人士的避难场所，人口的递增和民族文化的融合，使河西地区一度成为全国的经济、文化中心之一。与此同时，随着佛教的东传和印度犍陀罗艺术的传入，河西地区融合了新的文化因素，极大地丰富和发展了河西走廊的建筑艺术与技术。正如季羡林先生所说："世界上历史悠久、地域广阔、自成体系、影响深远的文化体系只有四个：中国、印度、希腊、伊斯兰，再没有第五个；而这四个文化体系汇流的地方只有一个，就是中国的河西走廊和新疆地区，再没有第二个了。"

隋统一中国后，丝绸之路通行无碍，隋炀帝在张掖主持建立互市，一度使河西走廊地区成为中国对西域的开放窗口。唐代对河西走廊地区进行了进一步的开发，鼓励兴修水利进行开垦，并取得了良好的成效，天下富庶莫如河西。

安史之乱后，河西走廊的政治、经济、文化各个方面受到严重冲击。公元755年，长安政府抽调大量军队平叛吐蕃，西部防务空虚，吐蕃趁机进入河西地区，带来战荒之乱。大中二年（公元848年），归义军在张义潮的领导下，

在敦煌地区举行了反抗吐蕃的起义,占领河西地区。随后,归义军、甘州回鹘和凉州蕃汉政权逐步割据了河西。西夏统一河西后,对该地区采取了一些恢复社会经济的措施。总体来看,五代至西夏这一阶段,河西走廊地区由农牧经济逐步转为畜牧经济,农业经济遭受重创。直至元代,河西绿洲农业才逐渐复苏。

明洪武五年,在嘉峪关外设立关西七卫的征西将军冯胜平平定河西。但吐蕃亦步步逼近,冯胜平不得不放弃卫所,最后退守至嘉峪关内,在所守地区设立凉州、永昌、肃州、甘州等卫,驻军屯田。同时,将河西地区的少数民族内迁,招募汉族民众携家带眷前往,促进了屯垦的发展,并在张掖设置茶马司开展茶马互市。通过减免税粮、直接拨款、开中法等方法,不断地向河西地区运送所需物资或划拨钱款。经过中央和地方政府的支持,使明朝西北边疆地区进入了相对稳定的环境。

清政府曾在河西设凉州、甘州两府和肃州、安西两个直隶州(图2-1-2),在地区实行镇压与怀柔相结合的民族政策,调整民族关系。大力推广军垦政策,并大量招募内地居民屯田,推行和建立灌溉网络和水利管理制度,因地制宜,实行雇民耕种、佃民耕种、兵丁营田、移民"回屯"等形式,行动快,见效大,屯田数量显著增加。经过清朝几代统治者的努力,河西地区的农业生产有了显著发展,社会经济得到恢复,河西地区现存的古建筑大部分都是在这一时期建造完成的。

在不同的时代,丝绸之路都肩负着不同的使命。今天,在党和国家的政策指引下,丝绸之路再放光芒。丝绸之路沿线的历史遗迹虽然显现了岁月的沧桑,但过去繁荣的景象依然清晰可见。人们再来丝绸之路不单单是采购商品,更是来领略古老的历史文化、风土人情及久久无法散去的汉唐遗风和明清气韵。当下,古老之路面对新的机遇,定会再次焕发青春,带给河西走廊新的繁荣。

二、河西走廊自然地理背景

河西走廊北与蒙古高原接壤,南倚青藏高原,东连黄土高原,西通塔里木盆地,包括酒泉、张掖、武威三地区,

图2-1-2 清代凉州、安西、甘州全府图(来源:根据《甘州府志》、《安西县志》、《武威县志》,赵瑞 绘)

以及嘉峪关和金昌二市，是古代丝绸之路的枢纽。地形大致呈南高北低、东高西低。平均海拔1000~2000米。走廊南面的祁连山海拔2500米，山脉延绵起伏、雪岭横空、冰峰峻峭，春暖花开时，山峰消融、溪涧争流，给河西走廊带来了灌溉水源。因冰山融雪形成的溪流穿过，走廊内形成了局部绿洲，为农耕提供了可能性——石羊河水系中下游有武威、永昌、民勤绿洲，黑河水系中下游有张掖、酒泉绿洲，疏勒河水系中下游有玉门、安西、敦煌绿洲（图2-1-3）。而河西走廊横跨东西，这就促使其东部与西部的自然生态景观有了明显的差异——张掖以东地区有黄土分布，越往东越厚；张掖以西分布着戈壁、沙漠，且面积逐渐增大，还有盐沼分布。河西走廊在农牧业生产及其他经济活动中有着相对优渥的自然条件和资源，但同时也存在一定的限制性因素。

（一）气候限制

河西走廊位于欧亚大陆腹地，距离海洋较远，境内以温带大陆性干旱气候为主，因而该地区光照丰富、热量较好、昼夜温差大、干燥少雨、多风沙；南部祁连山区则属于青藏高原高寒气候。河西气候在水平分布上有着明显的东西和南北差异，走廊平原自东向西各项指标变幅为：年日照时数2360~4000小时，年均温6.6~9.5℃，无霜期140~170天，年降水量250~50毫米以下，年蒸发量2000~3500毫米以上。而南北方向上的差异更为明显，由南部山区的高寒气候过渡到走廊平原的干旱气候，再向北到阿拉善平原干旱程度加剧，年降水量在100毫米以下，年蒸发量高达3000毫米以上，风沙活动剧烈。由此可见，兴修水利、防风固沙是河西地区土地开发的必要条件。

（二）水资源限制

河西走廊地区水资源是制约河西绿洲的形成及其土地资源开发利用的重要因素之一，水资源的数量、调配状况以及利用方式是影响绿洲规模及其发展演变的关键点，水是维系绿洲文明的命脉。由祁连山流入境内的河流共有大小57条，皆系内陆河，分属石羊河、黑河和疏勒河三大水系。石羊河水系由大靖、古浪、黄羊、杂木、金塔、西营、东大河、西大河等主要支流组成，干流全长300余千米，出山径流量15.11亿立方米。黑河水系由山丹、洪水、大都麻、黑河、梨园、摆浪、马营、丰乐、洪水坝、讨赖河等主要支流组成，干流全长800余公里，出山径流量约33亿立方。疏勒河水系由白杨、石油、昌马、踏实、党河等主要支流组成，干流全长580余公里，出山径流量15.5亿立方米。加上其他地表水资源，河西地区总的地表水资源约为74.15亿立方米（图2-1-4）。河流出山后首先流经山前洪积扇裙，经灌溉、渗漏后至扇缘泉水出露带再次出露，汇为若干泉水河流，向北注入下游绿洲平原。

河西水资源水质优良，便于开采，可自流灌溉，且地表、地下径流可大数量转化与重复利用。其总水资源现状最大重复利用率为40%。但水资源数量又是有限的，若不合理利用，极易出现水资源匮乏造成的生态环境不可逆的破坏。

图2-1-3　河西走廊绿洲分布图（来源：根据谷歌地图 绘制）

图2-1-4　河西走廊水系分布图（来源：http://tieba.baidu.com）

三、河西走廊人文文化背景

（一）悠久灿烂的河西走廊丝路文化

丝绸之路起于西汉都城长安（东汉延伸至洛阳），链接亚非欧三大洲，是古代亚欧大陆上重要的商业贸易路线（图2-1-5）。

学界通常将丝绸之路分为三段：东、中、西三条线路，每一段线路又由东、南、北三部分组成。三条线路均是以长安作为出发点至玉门关、阳关，通过不同的路径在武威和张掖等地区进行汇合，再由河西走廊至敦煌。从整条路线来看，河西走廊是丝绸之路在我国境内交汇集结的最重要一段。

（二）绚丽的敦煌文化

公元4~14世纪，以敦煌莫高窟为代表的地域特色文化归为敦煌文化。

敦煌石窟被誉为中古时期的百科全书，石窟壁画全面地记录了当时人们的服饰、饮食、交通工具、音乐舞蹈、生产技术、商业等生产生活活动（图2-1-6）；藏经洞内存储了大量的佛经、佛画的资料，以及经、史、子、集、语言文学、社会经济类和民间往来档案文书，涉及汉、藏、蒙、梵、于阗、吐火罗、粟特、回鹘、西夏、叙利亚等多种文字。敦煌石窟的艺术文化价值、表现技法和形式，都达到了今人难以企及的高度，被称赞为"世界艺术长廊、人类文明的宝藏"。

敦煌自古以来都是多民族聚居和商贸集会的地方。这里既是丝路重镇，也是世界各国文明交相融合的地方。在敦煌能发现印度文明、两河文明、波斯文明和希腊文明、罗马文明等诸多古老文明的遗迹，也能发现佛教、道教、祆教、景教、摩尼教等各种宗教曾在这里传播的痕迹，由此也形成了多元交融的杂糅式地域建筑风格、形式和文化符号，显示出中华文明强大的包容性和凝聚力。

（三）嘉峪关及长城文化

嘉峪关距今已有631年的历史，比山海关早九年建成。嘉峪关长城位于嘉峪关最狭窄的山谷中部，嘉峪关西南6公里处。作为明长城最西端的关口，城关两侧的城墙横穿沙漠，北部连黑山悬壁长城，南部连接天下第一墩，被誉为"天下雄关"，自古以来都是河西第一出口（图2-1-7）。

嘉峪关关城始建于明洪武五年（1372年），由内城、外城、城壕三道防线组成，形成五里一燧，十里一墩，三十里一堡，一百里一城的军事防御体系。现今所见到的关城以内城为主，主要以黄土砌筑而成，西侧是以砖包墙，周长640万米，面积2.5万平方米，城高10.7米，雄伟坚固。内城有

图2-1-5 古丝绸之路路线图（来源：根据王超《兰州河口村历史地段研究》，刘文瀚 改绘）

图2-1-6 敦煌壁画（来源：http://www.nipic.com）

图2-1-7 嘉峪关（来源：李玉芳 摄）

东、西两门，东为光化门意为紫气东升，光华普照；西为柔远门意为以怀柔而致远，安定西陲，在两门外各有一瓮城围护。嘉峪关内城墙上还建有箭楼、戏楼、角楼、阁楼、闸门楼等共14座。

嘉峪关关城依山傍水，镇守南北宽约15公里的峡谷地带。该峡谷地带南部的讨赖河谷，又构成关防的天然屏障。嘉峪关附近烽燧、墩台纵横交错，关城东、西、南、北、东北各路共有墩台66座。嘉峪关地势天成，攻防兼备，与附近的长城、城台、城壕、烽燧等设施构成了严密的军事防御体系（图2-1-8）。

（四）西夏文化

西夏——贺兰山下的神秘古国，其疆土大体包括宁夏回族自治区全部、甘肃省大部、陕西省北部和青海省、内蒙古自治区的部分地区（图2-1-9）。曾先后与宋、辽、金鼎足而立近两百年之久。

西夏文化在夏景宗李元昊建国后，随着其封建经济的发展和党项族汉化的加深，获得了长足的进步，取得了瞩目的成就。西夏文化由于受周边民族及邻国文化的影响，取长补

图2-1-8 嘉峪关关城（来源：http://you.ctrip.com）

图2-1-9 西夏疆域图（来源：根据http://www.iskytree.com，李玉芳 改绘）

短，融合为一。因此，西夏文化不仅具有鲜明的民族特色，而且对元代文化产生了深远的影响。其成就不仅表现为儒学、佛教的兴盛，还表现在管制、兵制、法律、礼乐等典章制度，以及文字与书法，文学与史学、历法，绘画与雕塑，服饰等方面。但是，由于西夏文化文物典籍极其稀少，人们对西夏的研究望而却步，因此，学术界称西夏研究为"绝学"。西夏文字因其难以识别，而被视为"天书"。

四、多民族交融的文化环境

（一）各民族交往的纽带

河西走廊是亚非欧三大洲各民族往来、迁徙、商贸、战争、交融极其频繁的地区，有言道："欲保秦陇，必固河西；欲固河西，必斥西域"。河西走廊自古为秦陇的西部门户和中原王朝势大时向西发展占据了有利位置，只要占领了河西，就可以割断蒙古高原与青藏高原游牧民族的联系，就有了控制天山南北广阔天地的机会。从汉代起，特别是汉、唐、明时期，河西走廊一直是中原王朝重兵强将驻守的区域，具有极其重要的战略意义。

河西走廊的社会人文风貌受到农耕文化和游牧文化的多重影响。来自北方蒙古高原的匈奴、鲜卑、突厥、回鹘、蒙古等族系，来自南方青藏高原的羌、吐谷浑、吐蕃等族系，西方来的昭武九姓和其他胡人，以及从这里出发西去的塞种、乌孙、月氏等族系，都曾在河西走廊地带留下自己独有的民族风俗文化。直到今天，河西走廊境内共居住有44个少数民族（表2-1-1）。主要有：回、藏、东乡、土、满、裕固、保安、蒙古、撒拉、哈萨克等民族，因而形成了以汉文化为主流，多文化并存发展的格局。

依托河西走廊这一带形空间，串联起了各民族交往磨合、兼容并蓄。

河西走廊不同地区少数民族在甘肃省所占比重（单位：%） 表2-1-1

		回	藏	东乡	土	满	裕固	保安	蒙古	撒拉	哈萨克	其他
民族自治州县	天祝	0.16	15.20	0.05	55.60	1.59	0.10	0.17	9.13	0.01	—	0.53
	肃南	0.06	2.29	0.001	1.63	0.09	74.73	0.03	3.78	—	—	—
	肃北	0.002	0.23	—	0.005	0.04	0.08	—	49.77	—	—	0.11
	阿克塞	0.008	0.002	—	0.05	0.006	—	—	0.07	0.13	93.5	0.11
散居杂居地区	酒泉	0.42	0.09	0.01	0.11	3.41	19.60	0.01	1.98	0.13	—	5.46
	武威	0.25	0.40	0.01	1.57	6.79	0.44	0.01	1.34	0.19	0.03	3.35
	金昌	0.23	0.04	0.02	0.30	8.18	0.27	0.06	1.53	—	0.03	4.47
	张掖	0.22	0.11	0.01	0.34	1.59	2.71	0.03	2.17	0.10	—	4.21
	嘉峪关	0.13	0.02	0.01	0.02	6.09	0.68	—	0.60	0.06	—	2.64

（来源：《河西走廊地区传统生土聚落建筑形态研究》）

（二）民族风俗文化迥异

河西走廊从宋、元时期开始远离政治中心，而海上丝绸之路的开辟，也使得该地区在相当长的一段时间交通闭塞。因此，这里的民族民俗文化较少受到现代文明冲击，保留有原生态的民俗风貌。

河西地区的民俗活动种类繁多，特别在春夏季节，各地都有丰富多彩的节会活动。这些节会活动是在宗教活动、崇拜神灵、崇拜自然的条件下产生的，如回族的古尔邦节，蒙藏、裕固族的祭敖包等。人们从四面八方聚集到一起，一是为了欢度节日，二是为即将开始的农事活动采购一些东西。

各民族不同的饮食文化和其生活区域有着直接的关系。

汉族主要以面食为主，藏族、蒙古族、哈萨克族等民族主要以牛羊肉等肉制品和乳制品为主，回族、东乡族、保安族等以伊斯兰教为信仰的民族，主要以清真食品为主。各民族的饮食习惯不仅受民族和物产的影响，同时也与气候和生产生活方式有关。随着时间的推移，各地也有了属于当地的时令特色风味小吃，如敦煌的驴肉黄面、胡羊焖饼、河西的搓鱼子、炮杖面等。这些地方民族风味饮食是构成河西民俗文化的重要组成部分（图2-1-10）。

在居住习惯方面，藏族、裕固族、蒙古族、哈萨克族等少数民族由于主业是畜牧业，因此居住场所多以帐篷为主。但随着时代的发展，这些民族也开始建设定居点。河西走廊地区由于降水较少，民居的屋顶不需要铺设砖瓦，牛毛毡上糊层麦糠泥即可。

（三）多种宗教文化共生

河西走廊各民族主要以藏传佛教文化圈与儒、道、释三位一体宗教哲学文化圈作为民族宗教符号进行互动。

我国古代西北重要的少数民族吐谷浑就是学术界认为的土族先民。据史料记载，在辽东时期，吐谷浑与其同源的鲜卑族一样"敬鬼神，祠天地日月星辰山川"，公元7世纪初期，佛教传入西藏地区，现在河西走廊的土族信仰藏传佛教和其早期与周边藏族的互动离不开；同时，也有部分土族民众信仰汉传佛教和道教。

今天我们可以看到，在河西走廊地区，各民族的宗教符号产生了紧密的互动。各个民族的宗教文化在同一个区域空间内形成了多方面、多种类的互动关系，使河西走廊各民族在宗教信仰领域互相交融，多民族宗教文化相互浸透、相互融合，构成了多元统一的河西走廊宗教文化。

第二节　自然与社会环境影响下的聚落格局

河西走廊地区是我国多民族聚居地区，在生态环境恶劣，土地（绿洲）、森林、水等资源严重匮乏的条件下，依靠大大小小的绿洲为生存环境，以农牧业为社会经济基础，以城镇为主要聚居地（或防御地），有一定规模的商业和手工业，是古代社会经济的主要特征，形成不同于中原地区的城市形态、发展历程和空间分布结构。该地区两千多年的城镇发展历史表明，自然环境及资源与建筑形态和生态环境有着直接的相互作用关系，聚落发展及区域发展是一个复杂的、多主导因素的共同作用的过程，是人文要素与自然环境相互作用及其结果不断累积的过程。

河西走廊幅员辽阔，村落分布较为分散，选址遵循人与自然环境相互依存的原则，善于利用自然环境条件，因地制宜，顺势而为，并与生产方式紧密呼应。从聚落的地理分布来看，主要沿交通线路及河流聚居而成，因物资集散便利，逐渐成为人口较为密集的村镇。其次，聚落的建筑布局形态

图2-1-10　河西小吃（武威三套车、嘉峪关烤肉）（来源：杨谦君 摄）

因地貌不同也有差异，河谷地区的聚落用地较为规整，有的分散于河畔，有的呈街巷格局面状扩展；而地处丘陵、山谷间的聚落，大多依山就势呈带状分布。此外，另有一些地处要塞的聚落，因战争与统治的需求发展成为具有军事防卫特征的堡寨。

河西走廊没有堆积的黄土层，在这样的自然条件下，虽然有着与陇东、陇中地区相似的以自然生土作为建筑材料的建筑构成因素，但在聚落和建筑的空间形态上却有相当大的区别。因此，自然条件总是与其地域的聚落形态统一相关。

图2-2-1 肃南裕固自治县（来源：http://www.gssn.gov.cn）

一、特定地域环境下的"择居"理念

所谓移民社会，是指以外来移民为主体的社会。经过若干年交融沉淀，当移民的后裔取代移民成为社会的主体，移民社会的主要特征即发生变化，转变为定居社会，原有的移民社会的特性便逐渐消失了。河西走廊的移民社会是一个动态的形成过程，从汉武帝到康熙时期经历了数次大规模的人口迁移。

河西走廊的移民迁移并不是通常意义上的人口膨胀和经济吸引性迁移，而主要是军事性的"移民实边"政策，且颇具成效。汉武帝时期是"移民实边"最为活跃的时期，"汉兴至于孝武，事征四夷，广威德，而张骞始开西域之迹"。其后，"骠骑将军击破匈奴右地，降浑邪王、休屠王，遂空其地，始筑令居以西，初置酒泉郡，后稍发徙民充实之，分置武威、张掖、敦煌"。虽然河西走廊的人口在历史上也不尽详细，但仍可以把河西走廊形成的社会看作移民社会，因其移民人数远超过原著居民，也具有一般移民社会的一些特征。

（一）依山而建的村落选址

甘肃张掖市肃南裕固族自治县景色分外妖娆，山间云雾沉浮，氤氲缭绕，千棵古树环绕，千亩梯田簇拥，数百栋牧民新居错落排布，掩映山间，美如水墨画卷（图2-2-1）。村落散落于山川之中，村落之间距离很远，沿山脉和道路走向南北布置。各村落的户数和人口数普遍较少，以农耕为主的村庄规模较大，地势平坦，村庄与田地相邻。赛鼎村范围较大，建筑朝向以东南向为主，无中心，依道路两侧向外扩展，自由布置，农田集中，位于村庄的东北方向。马腰子村大约12户，沿村路布置。红石窝村人数较少，为牧区。大草滩村以寺院为中心，南北布置，以放牧为主。隆丰村和青龙村紧邻S213省道，规模较大，以农耕为主。东台子村紧邻S213省道，与隆丰村和青龙村相邻，耕地为平坦台地，有河流经过。

（二）傍水而居的村落选址

在河西走廊地区，主要由绿洲、戈壁和沙漠三种地貌构成，在这三种地貌中，仅有绿洲是适应人类生长繁衍的，绿洲成为人们赖以生存的主要载体。

河西地区深居内陆，流域均属内陆河流域，因而除走廊北山的柳园镇、马鬃山镇以及乌鞘岭山麓的华藏寺外，其余城镇均以疏勒河（包括党河）、黑河、石羊河及其支流（包括引水干渠）为主轴展布。具体来说，疏勒河流域分布着玉门、敦煌、阿克塞、肃北安西等城镇；黑河流域分布着张掖、酒泉、嘉峪关金塔、高台、肃南、民乐、山丹、临泽等城镇；石羊河流域分布着武威、金昌、永昌、民勤、古浪、天祝等城镇，在空间上构成了分别以敦煌、嘉峪关—酒泉、张掖、金昌—武威为中心的城镇相对密集区。其中，有6座城市和9座县城直接滨河（包括引水干渠）而立，是近水原则的体现（表2-2-1）。

河西地区主要城镇与河流关系状况　　　　　　　　　表2-2-1

城镇名称	级别	海拔/米	所属流域	绿洲名称	具体位置
武威市	县级	1500	石羊河	武威绿洲	石羊河中游
民勤县城关镇	建制镇	1300	石羊河	武威绿洲	石羊河下游
古浪县城关镇	建制镇	1600	石羊河	—	古浪河阶地
张掖市	县级	1500	黑河	张掖绿洲	黑河新墩渠
临泽县城关镇	建制镇	1500	黑河	张掖绿洲	流沙河
高台县城关镇	建制镇	1500	黑河	张掖绿洲	黑河南支渠
山丹县城关镇	建制镇	1760	黑河	马营河绿洲	马营河北干渠
民乐县城关镇	建制镇	2000	黑河	民乐绿洲	洪水河益民干渠
酒泉市	县级	1500	黑河	酒泉绿洲	北大河
玉门市	县级	2000	疏勒河	玉门绿洲	石油河
金塔县城关镇	建制镇	1500	黑河	金塔绿洲	讨赖河
安溪县城关镇	建制镇	1300	疏勒河	安西绿洲	安西总干渠
敦煌市	县级	1200	疏勒河	敦煌绿洲	党河
金昌市	地级	1600	石羊河	青河绿洲	金川河
永昌县城关镇	建制镇	1800	石羊河	永昌绿洲	东大河支渠

（三）自然环境下的村落形态

河西走廊传统生土聚落大多选址于向阳的缓坡或平地上，并且地势较高。河西走廊冬季漫长且气候寒冷，所以修建民居时必须要考虑到居民在冬季的保温、防寒，选择向阳的场地既可以争取更多的日照以利于冬季采暖，又能使聚落在冬季有效避免西北寒风，降低建筑围护结构（墙和窗）的热能渗透，还可以让民居满足最佳朝向范围，并使院落内各主要空间有良好的朝向（图2-2-2）。

在冬季，寒冷的气流会在凹形基地形成冷空气的沉积，造成"霜冻效应"，影响民居室内气候从而造成采暖耗能的增加。同时，生土民居很容易在雨水浸泡下损坏，选择地势较高的基地有利于村落的排水而使民居免受雨水浸泡之苦。

对于聚落和周围的农作物及野生植被来说，充足的阳光

图2-2-2　河西走廊传统聚落选址（来源：戴海雁 摄）

是它们生长的必要条件。地处北方高纬度的河西走廊太阳辐射强度较弱，气候寒冷，因此通常会选择在能够充分吸收阳光且与阳光仰角较小的地方形成聚落，使阳光能够尽量深地投射到建筑物的内部。而且，尽量选在无风和微风的山谷、盆地、河谷低洼地等地方以避免风沙。

二、人群主动适应的村落格局

河西走廊绿洲自西汉以来由自然绿洲为主逐步转向人工绿洲为主，因而绿洲的发展与移民、人口增长息息相关。河西走廊的人口发展除自然增长外，主要是"移民实边"政策下的机械增长。在生产力长期少有发展的情况下，人口的增长对绿洲的演变起到了主要的推动作用，因而可以将河西走廊人口与绿洲的发展分为三个阶段。

西汉以前的绿洲单一结构阶段——这一阶段，绿洲集中于山前洪积扇前沿末端，基本属于自然绿洲，游牧民族是其经营者，绿洲的经济结构单一，生产活动以牧业为主，人类对绿洲的影响程度较低。

公元前121年~公元1949年，人口不断增加与绿洲二元结构发展阶段——这一阶段河西走廊人口不断增加，在自然资源开发潜力较大的条件下，绿洲规模迅速发展，开发重心由低位向扇缘迁移，绿洲已由自然绿洲向半自然半人工绿洲演化，并形成了以农牧业为主的绿洲二元经济结构。

1949年至今，人口迅猛增长与绿洲多元结构发展阶段——据《甘肃统计年鉴》，截至2001年底，河西走廊全区总人口473.19万人，其中农业人口35.44万人，占该地区人口总量的7.653%；有38%的农业劳动力长期从事农业活动；全区耕地耕地面积达87.7万公顷。水资源开发利用程度增强，绿洲土地承载力提高，人口容量增大，绿洲已由一个半自然半人工生态系统演变为人工生态系统，绿洲资源的开发达到空前的程度，绿洲形成了复杂的多元经济结构。与此同时，也产生了许多不利变化，人口对资源的不合理开发利用，致使资源匮乏，森林锐减，草场退化，灌溉不合理造成土壤次生盐渍化，生态环境逐渐恶化，自然环境遭受严重污染等，环境质量不断下降，人口、资源、环境与发展不协调，影响了绿洲的持续发展。

三、社会历史发展下的村落格局

河西走廊地区交通要道沿线上的古村落，大多为沿途的中转驿站或商品集散地而存在。这些村落最初由临时性的居住点逐渐集聚而成，并凭借靠近道路获得便利的交通及信息，而对该区域内古村落的空间格局产生影响。根据形成原因的不同，交通要道沿线上的古村落，大抵分为驿站型古村落、行宫型古村落以及服务型古村落三种类型。其中，驿站型古村落是指在古驿道沿线设置驿站，并借驿站带动村落建设的聚落空间。

山丹县老军乡峡口村位于焉支山北麓，地处河西走廊的蜂腰地段，距县城40公里。汉明长城与G30高速公路、312国道平行排列，横亘于东西两侧，交通十分便利，是古代丝绸之路的重要驿站（图2-2-3）。

硖口古城坐落于峡口村正中，东西长400多米，南北宽300多米，呈长方形，加上西边关城（外城），总面积约19万平方米。整个城垣开东西两门，只有一条东西走向的街道纵贯全城，与东西二门相连，成为全城的中轴线。街道将城内的民舍、衙府、寺庙、店铺、营房等建筑物一分为二，井然有序，布局严谨，城垣高厚，内为土夯，外为砖包，十分坚固。城上雉堞、裙墙、楼橹华具，城下壕池环绕，加上瓮城、关城相配套，气势十分壮观。

大靖镇曾是甘肃的四大名镇之一，位于古浪县城以东80公里处，南依祁连山余脉，北临腾格里沙漠，历史上汉武帝时期称为"朴环"，商贸活动最为活跃，是该地区重要

图2-2-3 山丹峡口村（来源：http://blog.sina.com.cn）

图2-2-4 大靖镇（来源：根据谷歌地图，李玉芳 绘）

的商品集散地（图2-2-4）。陕西、山西一带的商人确有"要想挣银子，走一趟大靖土门子"之说。松山扒沙战役后，作为军事要地的大靖，进入了新的商业繁荣期。据史料记载："民户多于县城，地极膏腴，商务较县城为盛"，鼎盛时期，城郭完整，民舍稠密，商旅行栈，店铺林立，寺庙宫观，鳞次栉比，商贾云集，络绎不绝，形成重要的商贸古镇，现存的有什字中心财神阁、马家祠堂、马庙会馆、青山寺等名胜古迹。

第三节 建筑群体组合与地域文化的关系

一、河西走廊建筑文化特质

多元共生、兼容并蓄是河西走廊地区典型建筑文化的重要特色。河西走廊处于多元文化交汇地带，在历史的演进过程中，不同民族文化不断地经历着由差异和冲突到依赖和认同的循环过程。从古至今，河西走廊复杂的民族、宗教文化之间不断地相互的融合。在当下，冲突之后的统一不断涌现出来。

建筑作为民族文化的载体之一，它将不同文化融合的过程展现了出来。汉族建筑工艺成型较早、技术工艺方面相对先进，其他民族的工匠技艺的融合，使其具有了多元性和统一性。汉族建筑工艺在得到认同的同时也顺应了不同民族宗教文化相交融的要求，在发展中不断地将各种民族特色工艺融入其中，并自发地将各地方建造工艺相结合。因此，在长期的实践中衍生出诸如汉藏结合式寺庙、汉式木结构伊斯兰教建筑等多种成熟的建筑工艺体系，其自身也跨越民族和宗教界限，升华为多元文化兼容并蓄的建筑工艺。

长期以来，以交融为特征的试探性实践使河西走廊的建筑工艺形成了包容开放的传统，至今仍保持着一种融合新鲜事物的潜力。河西走廊的建筑文化由于受社会、经济等条件的制约，在技术规范化和标准化方面不如明清北方官式建筑工艺，也不及中原汉族主导地区的地方传统建筑工艺，这种建筑文化终究作为地方民间工艺而出现。然而，这种不规范却为其吸纳、融合多元因素准备了更多灵活的空间。河西走廊传统建筑工艺的发展演进，体现了中国古建筑灵活、变通、适应性强等特点，也印证了中华民族传统文化海纳百川的开放性和包容性。

从文化心理角度考察河西走廊民族社区的状况，它具有显著的民族性和宗教性。强烈的族体认同感在大杂居之下的小聚居社区中完全体现出来，而宗教性乃是民族社区最重要的文化特征之一。

二、文化融合与建筑群体

河西走廊自古以来就是一个多民族杂居的地区，众多民族在进入河西走廊的同时也将自己独特的民族文化嵌入河西走廊的文化版图之中。河西走廊民族文化互动与其他民族地区文化互动的最大不同之处在于其民族的多样性与文化的多元性，其地域文化体系的建构过程实质上就是多元民族文化相互交错互动、多种文化圈层结构不断重新分化和重组的过程。以文化人类学的文化圈视角来关注河西走廊多元的民族文化，按宗教文化特质我们可以将河西走廊地域文化分为伊斯兰教宗教文化圈、藏传佛教宗教文化圈与汉族的儒释道三位互补宗教文化圈这三个文化版块。各个文化圈从内部的圈层结构到外部的文化符号显示都存在着不同程度的差异，因此他们之间的互动模式也必然存在着各自的特点。在河西走廊民族社区中生活的民族，如藏族、裕固族、蒙古族、哈萨克族、土族和回族均在历史演进中形成了全民族性的宗教，藏族、裕固族、蒙古族、土族是藏传佛教，哈萨克族和回族是伊斯兰教。以宗教为文化心理纽带，河西走廊各民族民众对民族共同体有较高的认同感和归属感；以宗教为社会规范，河西走廊民族社区中的各民族民众的社会行为有较高统一度；借助壮丽辽阔的自然景观，各个民族将自己民族的宗教传统发展到了极致，且各宗教在这里互相交流发展繁盛。戈壁、草原、绿洲相间分布的空间形态，为不同民族文化的人居、成长提供了理想的生存环境。

河西走廊地区以汉族为主的村落，主要在绿洲区从事农耕作业。聚落的选址、构成、生活方式等方面在不同程度上都体现出汉族文化的烙印。中原文化中建城的思想在村落的行程中有所体现。村落的组成方式主要有地缘关系和血缘关系两种。

（一）地缘性

位于武威市的元湖村是一个由家族和家庭在同一地域为共同生存劳作，主要依靠地缘关系组成的村落。元湖村属于多姓村落，由移民转入定居生活后，由于长期存在的不利生存条件，使它没有可能使单个家族发展得很大。不像中国其他大部分地区的村落共同体，元湖村则是各大宗族融合而形成集镇式聚居，村落大部分家庭不分姓氏择地而聚居，大多数家庭没有自己家的院落，家庭之间面对面而居住，形成街道式布置，家庭之间的私密性差，开放性高，院落排列紧密整齐，以四合院为主，沿村道布置，农田包围，整个村落像一个大家族。

（二）血缘性

血缘性的村落在社会组织的性质上一般具有较强的宗

图2-3-1　武威汤家庄（来源：戴海雁 摄）

法性，家族、种姓势力较强，大都依血缘亲疏分配权力；在结构上具有单一性，习俗组织较多，法定组织较少；在职能分工方面不明确，科层制不发达。如武威市的汤家庄就具有这样的特点。这个村庄由于是单宗姓家族村庄，宗法性、血缘性都很强，村中的族老占有重要的社会地位。村庄以大家族为中心的集中式聚居，大家族之间相对分散而居（图2-3-1）。

由年轻的晚辈担任生产队队长使得其他村庄的人往往不知道对方的队长是谁，但是会知道对方的族老是谁。尽管随着农村经济、政治制度（如党小组的成立等）的发展，农村组织的形式、结构和功能发生了一些变化，传统的组织形式和管理方式正在由简单到复杂，由松散到严密，由家长制向科层制逐步过渡，但在自然经济长期占统治地位，人际关系受狭小地域的限制，但血缘关系对汤家庄在各个方面的约束明显强于元湖村的其他几村庄。

第四节　多民族共生下的传统建筑

一、传统院落布局

河西走廊传统民居的院落布局既要在夏季防止热风和风沙的侵袭，又要在冬季防止西北风的侵扰。传统生土民居院落形式为四合院，呈现外封闭、内开敞的布局，院落由高大的夯土墙围封或土坯砌筑而成。左右邻居共用一道院墙，几户院落形成一排，前后排院落间形成小巷道。整个村落布局紧凑密集，便于相互遮挡以防止冷、热风与风沙的袭击，同时高大院墙的相互遮挡减少了夏季民居吸收太阳辐射热的面积，利于民居夏季降温避暑。

统计发现，河西走廊地区传统生土民居院落朝向为东向38%，西向24%，南向21%，北向17%。出于节省土地的考虑，河西走廊地区普通民居院落大多呈窄长方形，面宽小而进深大，入户门开在面宽方向且朝向村子的巷道。因此，院落朝向东、西方向，将使宅院中有更多的房间沿院落进深而依次布置在"坐北朝南"的最佳朝向，使住宅在冬季接受更多的日照而采暖。同时可以看到东、南向院落分别多于西、北向院落，其主要原因是防止冬季西北风的侵袭（图2-4-1）。

封闭的围合院落具有热微气候的调节能力，并且院落承接阳光雨露、纳气通风，具有"藏风聚气、通天接地"的功能，同时院落有效地阻止了院外干扰因素，使民居保持清新宜人的室内空气质量和安静的生活环境。

河西走廊地区是我国古代文明重要的发源地和成长地，是汉、藏及蒙古三大文化的交汇区域。一直以来，该地区是多民族聚衍生居的杂居地区，存在着众多民族实体和其所负载的多元民族文化。

李星星先生关于"民族走廊"特征的界定如是："众多少数民族聚居，少数民族传统文化色彩浓郁，积淀的历史文化丰厚，具有古老性、残存性、变异性和流动性等特点。"河西走廊地区作为一个历史上形成的民族走廊地区，其特征基本符合上述界定。

二、传统民居结构形式

河西走廊地区历史悠久，其乡土民居的营建、发展及演变过程经历了几千年历史文化的沉淀与当地人智慧的改良，出现了沙井文化住宅、楼院、合院式民居、庄窠式等建筑形式。

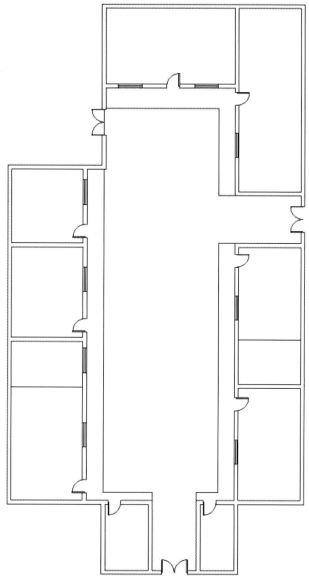

图2-4-1 河西堡王家宅平面图（来源：戴海雁 绘）

（一）沙井文化住宅

河西走廊本土建筑文化的沙井文化住宅，大约公元前900~前409年间出现，属于青铜时代的文化，经济形态以畜牧业为主。今天主要分布范围在河西走廊的民勤、金昌、永昌境内，其分布中心为民勤的沙井子至金昌三角城。

沙井文化住宅均为地面建筑，平面呈圆形或椭圆形，其中第4号房址直径4.5米，门向东南，室内有一锅形灶炕、长方形火塘，居住面由三层红烧土叠压而成，平整坚硬，据此可复原为锥形顶蒙古包式房屋；柳湖墩遗址发现环形土墙居住地，直径40~50米；黄蒿井遗址也发现有用泥土垒筑围墙的圆形住址，直径38米。

（二）楼院

汉代时期，修建楼阁之风也波及河西地区民居。向高处发展，能登高望远并以此来显示其地位。河西走廊已出土的明器、墓碑壁画、画像砖中有大量表现这种宅院楼阁的建筑形象。这些陶楼可分为3种：

底层有仓的楼院，院落面积较小，没有附属的楼阁建筑；

纯居住用的楼院，底层没有仓，楼阁、院落的形式和第一种相同；

大型的组合式楼院，有多个楼阁，门口有阙、望楼。

这些居住用的楼院前部分用墙体围合成院落，后半部分为楼舍，不具备储藏粮食的功能。还有带后院的二层楼院，楼设在院落的前面，入口大门开设在楼的前部，楼后用墙体围合成院落。河西走廊的武威南滩魏晋墓曾出土过土陶楼一件，其通高35厘米，平面为正方形，四周有院墙，正面开门，上建门楼。院中起三层楼，每层四面出檐，第一层正面辟门，第二层开方形窗两扇，第三层开方件窗一扇。同时还出土了陶仓7件，分为两种，一种是仓身呈椭圆形，正面有门两扇，仓顶起脊，四面出檐，高20厘米；另一种上小下大，呈圆台形，都有门两扇，仓顶四面坡式，四周出檐。

（三）合院式民居

河西走廊现存古代民居多数属合院式民居。合院式民居是汉唐以后，汉族最主要的民居建筑形式，是自然条件和社会条件共同作用的衍生物。

1. 张掖地区

张掖地区古民居多数属合院式民居，其结构多为四架梁前廊硬山式。院落平面布局以中轴线展开，包括堂屋、倒座、垂花门，两边对称为厢房、书房等。堂屋用于祭祀祖先、敬神，不住人，其修建最为考究，分为一步彩、两步彩、三步彩、五步彩等形制。堂屋、倒座屋顶使用双脊檩，檩上放置罗锅椽，双驼墩，置月梁，使顶部隆起呈弧线形轮廓，不设脊，穿廊部做飞檐翘角，使整个屋面形成一个卷棚曲坡顶。为防止夏日阳光蒸晒和雨水淋溅，在堂屋、倒座、厢房外装置穿廊，厢房穿廊进深一般为1米多，堂屋、倒座达2.3米，倒座屋下金爪吊柱开卯与抱头梁出桦相接，吊柱上与檐檩樵相接，两吊柱间人额坊、小额坊中樵卯相接，额间坊镂空雕刻福禄寿贵、奇珍八宝等精美图案内容（图2-4-2）。

图2-4-2　张掖甘州高寺儿村高文宅（来源：兰州理工大学 提供）

院落主要由南北院组成，北院主要为养牲口，南院主要为居住用地，由居住用房、牲口棚、杂物院组成。3间居住房，一间朝东，两间朝南和面北西面，一间伙房朝西。牲口棚位于建筑的东北部。杂物用地和窑洞位于西南部和西北部（图2-4-3）。

民乐县合院式民居称为"四梁八柱加宽廊四合院"。院中间有过厅，分为里、外两院或多院，称"一品当朝"、"五子夺魁"等。普通人家的房屋均不起脊、不出廊、无彩枋、无基脚，安装"一块玉"门扇，称为"齐头房"。有些非常简陋，夯土筑墙，屋顶架杨木、柳木椽子，上覆盖麦草泥。有的是等级最低，在空地上随意修建而成，没有庄墙。

单体建筑多做麦秸泥屋面。先在椽子外端置连檐，再在内侧铺望板或芦席一层，相应的望板之间斜面相接，做柳叶缝，然后铺芦苇或高粱秸，先用6~8厘米厚半干草泥做底子，当地称头掺泥，二掺泥需在泥内加大量的麦秸草，泥和好以后要反复"摔泥"、"揉泥"、"捂泥"，成好泥后再上房，其厚度在8~10厘米，屋面拍实馒平，素面，多不挂瓦，有的只在堂屋屋面和街门屋面铺设方青砖。

2. 武威地区

武威地区古民居普遍采用合院式，偏远乡村多是堡寨式，凉州区特有的传统民居院落称"蜗庐"院，多一院、二院或三院。院墙高大宽厚，设角楼。院内有堂屋、厢房、倒座等，多出廊，檐下施精细的木雕。院落大门一般为墩台式，门道深而窄，门扇较小而坚厚，只可行人，不能进车。亦有设二道门或三道。民居结构均为土木结构，四梁八柱，有称其为"檩锨房"，也称"土阁梁"，"锨"即檩下额枋的俗称。椽子按21、19、17单数排列。墙体断面下宽上窄，呈梯形，当地称"脱裤墙"（图2-4-4）。

武威市城区东大街复兴巷2号、8号分别是谢家院民居、墨家院。谢家院民居建于民国初年，东邻发展巷，西邻吴家院，南接劳动巷，北接罗斌民居。院落坐北朝南，南北长42米，东西宽15米，面积约630平方米。院落布局分内、外二院。堂屋已拆除，现存东西厢房、过厅及倒座。东

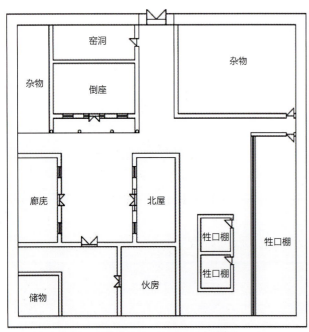

图2-4-3　高文宅平面图（来源：兰州理工大学 提供）

图2-4-4　武威古浪泗水乡铁门村八组7号（来源：兰州理工大学 提供）

西厢房、倒座均面阔三间,进深一间,前出廊。过厅面阔三间,进深一间,前后出廊,梁架结构均保存完整。墨家院建于民国年间,东邻韩家院,西邻区财政局办公楼,南依劳动巷,北至东大街。院落坐北朝南,现存堂屋、东西厢房、倒座。该院南北长23米,东西宽20米,面积约460平方米。堂屋、东西厢房、倒座均面阔三间,进深一间,前出廊。檐部雕刻精美、彩绘清晰,墀头砖雕细腻,梁架结构保存完整。武威市东大街钟楼巷内保存有贾坛故居(图2-4-5),建于民国19年(1930年)。东邻威第六中学,西靠大云寺,南依钟楼广场,北至武酒集团,南北长40米,东西宽30米,面积1200平方米。该院落为前后两进院,前院由院门、倒座和东西厢房组成。倒座面阔三间,进深一间,前出廊。厢房面阔三间,进深一间,前出廊。前后院由垂花门分隔空间。后院堂屋面阔五间,进深一间,前出廊,为两层楼阁式,东西厢房结构同前院基本一致,东西厢房面阔三间,进深一间。

3. 敦煌地区

敦煌的莫高窟中亦有关于合院式民居的记载。隋代第420窟壁画中一所住宅,院落院墙多折状,四周各开一门,上有门楼。院内中轴线上前后列有两屋,前者三层,后者二层。这种多折院落早在西魏石窟壁画中的宫室就已出现。莫高窟晚唐第85窟、五代第98窟和第5窟、宋代第61窟等壁画均有合院式民居的形制,院落多为前后两院,前院横长,后院方阔,四周以廊环绕。

(四)庄窠院

庄窠院是甘肃境内特有的生土住宅建筑,河西走廊地区是其主要的分布地区之一。该地区的包括汉、藏、回族等多民族群众为适应甘肃特有的环境特征皆修建庄窠院。

庄窠院有坐北朝南、坐西朝东两种朝向。平面布局包括四合院、三合院和两面房三种形式。四合院的平面近似正方形,院中以庭院为核心,四周房屋环绕,大门沿中轴线或偏心布置。三合院则是院内三面建房,一面为院墙,平面呈"凹"形。两面房式则根据朝向在院内的东、西面或南、北面对称建房。庄窠院均仅在南院墙开一门,有的或在后院再开一侧门,为适应当地冬冷夏热的气候。堂屋是该院落的主体建筑,最为讲究,一般均位于北面,面阔三间或四间,进深两间。

庄窠院在外形上近似于堡寨式建筑,两者有类似的地方(图2-4-6)。

图2-4-5　贾坛故居(来源:http://www.lzbs.com.cn)

图2-4-6　庄窠院(来源:戴海雁 摄)

（五）土筑堡子

根据甘肃省第三次文物普查，河西走廊"武威、金昌、张掖、酒泉"四市共有土筑堡子72座。土筑堡子是河西走廊地区历史上曾风行的一种传统民居。堡子沿用了坞墙等建筑构件，并在此基础上增加了遮阳等设施。由于原始防御功能最终退化，土筑堡子今天已不再使用。但是，其空间布局、生土建筑材料及部分建筑构件等，因为以充分适应当地地理条件而仍被保留了下来（图2-4-7）。

（六）少数民族传统民居

河西走廊地区居住的少数民族主要有哈萨克族、蒙古族、裕固族、藏族等，他们主要从事牧业、半农半牧业，其民居建筑形态有帐篷、毡房和蒙古包等。

1. 哈萨克族民居

哈萨克族主要分布在酒泉市阿克塞哈萨克族自治县。哈萨克族历史悠久，逐水草而居。牧民冬天住土房，夏秋两季住毡房（图2-4-8）。毡房被称为"马背上的房子"，主要有两种形式：一种是供春、夏、秋季居住的流动式房屋；另一种是供冬季居住的固定式土木结构建筑。流动式住房包括阿尔哈、阔斯、毡房三种形式。

毡房，也称"六块墙"、"八块墙"式毡房。分别用不同材料制成，有白毡制作的"乌孜克"；有杂色毡毛制成黑毡镶边的"吐尔德克"；有镶黑边的毡房。

2. 蒙古族民居

帐篷，蒙古族的帐篷居室构筑过程非常简单。用木棒在

图2-4-7　土筑堡子（来源：兰州理工大学 提供）

两边交叉支撑，中间再加一根高约2米的顶木，周围用拼接好的牛皮维护起来，即是一座帐篷。

蒙古包，是蒙古族的主要居住形式，满语"包"是"家"、"屋"的意思。蒙古包主要有四部分组成，哈那（围墙支架）、掏敖（天窗）、乌乃（椽子）和门（图2-4-9）。

（七）汉族夯土建筑

河西走廊地区汉族传统民居以夯土建筑为主。夯土建筑是以生土作为主要建筑材料的建筑类型。建造过程中，生土主要使用在墙基和墙体部分，采用砌筑或夯筑两种方法。屋顶采用木或树枝为结构构件。

除此之外，有少数地区居民在长期与自然相适应的过程中，逐渐适应气候，因地制宜地营造了独具特色的混合结构体系。混合结构体系是在夯土建筑的基础上使用木、砖、植物等材料。如嘉峪关和酒泉采用"人字形"木屋架作为承重构件，在屋面铺设竹帘子、麦草和草泥等防护材料。

河西走廊汉族夯土民居营建长期受气候、地理环境等因素的影响，形成了典型的夯土围墙合院的建筑类型。

武威传统的夯土围墙合院民居，其院落空间呈内向、封闭式布局。分为两进院或独院式，其中两进院将院落分成前、后院两部分，前院为主要生活起居空间，较为重要，所以平面布局一般为一合院、二合院、三合院、四合院四种形式（图2-4-10）。后院多用作饲养用途，所以空间狭小。因为受到房屋主人的经济影响，民居也略有不同。如民勤的

图2-4-8 哈萨克毡房（来源：张涵 摄）

图2-4-9 蒙古族帐篷（来源：张涵 摄）

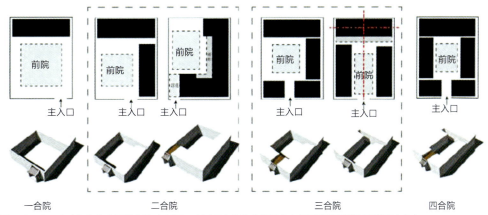

图2-4-10 武威传统夯土围墙合院（来源：《河西走廊武威地区乡土民居营建智慧与更新研究》）

经济条件较好的居民喜建造"土堡",即先用夹板夯筑法打起四周围墙,然后再在其中盖房屋。

内向型居住空间在河西走廊地区典型的是武威地区的民居。主要是因为该地区气候条件,夏天太阳辐射强烈、空气干燥、旱风中夹杂着沙尘;冬天早晚温差大,强风穿堂等不利因素。所以,房屋布局处理时将所有的房间围绕一个内院布置,外墙封闭,无开窗,内院少开窗或开小窗。对外形成封闭空间,对内保持了通风、采光的要求,达到了改善室内气候的目的,形成了院落内的小气候循环。除此之外,也给人一种亲切、私密、舒适及安全的心理感受。

(八)河西走廊典型建筑剖析

夯土堡寨的形成主要源于防卫需求,甘肃境内各种变乱频发,人们的生存没有安全保障,特殊的社会环境促使夯土堡寨快速发展。其做法一般为在村庄四周修筑或土或石的城垣。而它的空间格局则相对自由,不但没有标准的建制要求,而且各堡寨间的联系性也不强(图2-4-11)。

1. 分布

堡寨是甘肃境内比较特殊的传统聚落,曾经在河西走廊分布范围很广,数量也很多,但是,经历1927年的河西大地震及诸多因素的影响,数量急剧减少的。留存至今的河西走廊夯土堡寨在交通便利的绿洲内部的城镇附近呈少量零散分布,在边远地区有大量留存,如武威市民勤县、古浪县、金昌市永昌县、酒泉市肃州区等地。

2. 成因

夯土堡寨的形成主要源于防卫的需要。由屯田堡或驻军堡演变而来,多为边疆地区的居民修筑而成,更多的是居民自发修建的住宅建筑,它带有很强的防御功能。明、清以来,甘肃境内各种变乱频发,人们的生存没有安全保障,特殊的社会环境促使夯土堡寨快速发展。

3. 演变

堡寨式建筑的布局和形制有鲜明的个性——"住防合一",古代军事建筑为其原形,经过几千年的演变,近现代的夯土堡寨民居的形制趋于完整,然而,伴随着新中国成立后的社会政治环境的稳定,其防御功能已失去重要性,大部分堡寨已废弃。

4. 形制

堡寨最典型的工艺特征是夯筑非常厚重的外墙。甘肃境内堡墙的修筑方式有夯土版筑、土坯垒砌、青砖砌筑、砖石土坯混合砌筑等,其中,夯土版筑、土坯垒砌最常见。清末民国时期,出现了较大的院落,有过厅,设有内、外二院或三院,建筑物内设有宗祠、土地庙、住宅房屋、牲畜圈、磨坊、地窖等,一般在正面修建三间上房(堂屋),内供奉祖先神主和佛道神像;两侧为三间或五间厢房;堂屋对面为倒座。

5. 建造

1)夯土打板

夯土筑墙俗称"干打垒",施工技术比较简单,容易操作,首先用高约4米的两个"V"字形支架,以2米为一段,支架两侧用棍模编排成板,木棍用绳子捆扎或直接用木板,组成一个拦土槽。把土填入槽内,反复拍打坚实,形成10厘米厚的夯土层。墙体一般厚约2~6米,从墙底到

图2-4-11 夯土堡寨外观(来源:李玉芳 摄)

墙顶逐渐收分，下部宽、上部窄，一般高约10~11米。如果墙基加宽很多，需分层夯筑，夯土层内添加树枝以增加稳固性，这样可筑到几十米高；墙堡的顶部两侧再筑女儿墙，形成走道或转台，女儿墙的外缘高约2米，墙上开枪眼（图2-4-12）。

堡墙的四周或四角均设碉墩或角墩，凸出墙面，其上修建房屋，主要用于瞭望四周，屋内备有防御武器；有的在角墩内设通道通向天井院，并在天井院内挖有水井，在角墩上建房舍；有的在墩下设有地道通向庄外。大型堡子均设有射孔、门楼、角楼，有的还有马面，外绕堡壕，内部分成许多小院，有房屋数百间，俨然一座小域。小者仅一户之居，防卫、遮挡风沙均有效。

堡寨大门多朝东或南面开，开在墙正中，也是墩台式，墩上建有门楼，门道深而窄，设二道门或三道门。这样就组成一个封闭的院落，完全能够满足抵御风沙和外来入侵的需要。

2）土坯修筑

堡子墙体高大，工程量很大，土坯筑墙者比较少见。土坯的制作技术简单，但成本较高，一般用于砌筑房屋墙体或者与夯筑墙混合使用。土坯砖用黏土、草、水混合拌入粉煤灰，放入砖模之中，晒干成形。砌墙时，要分层垒砌，与砖石砌筑方式一样。

6. 装饰

堡外部墙部分装饰简单，大门有少量砖雕装饰，上部的角楼会有砖雕、木雕装饰。堡内的装饰也分砖雕、木雕，题材多样。

7. 代表建筑

1）武威市民勤县三雷乡三陶村瑞安堡

建于1938年，是河西走廊地区典型的地主庄园堡，坐北向南，占地5089平方米，建筑面积2394平方米，集防卫、居住、游乐于一体。现存堡墙南北长90米，东西宽56.5米，夯土版筑，夯层内加红柳，通高10米，基宽6米，墙上有人行道，最宽处2.3米，最窄处1.5米，女儿墙高2米。堡内建筑呈三进四合院布局（图2-4-13）。

瑞安堡的设计构思、建筑布局颇具匠心。堡门高3.6米，宽3.2米，十分坚固，南面正中开门，第一道大铁门上共有2751个铁钉，寓意该堡于民国27年开始修建。门前上方设有上下贯通的漏孔，一旦有人破门，可以用石头进行攻击，也可往下灌水，半圆形门洞深8米；堡门上方有门楼，砖木结构三架梁前后出廊硬山顶式。门外上方正

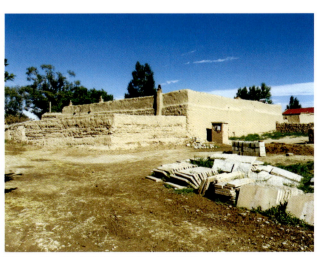

图2-4-12 夯土堡寨院墙（来源：戴海雁 摄）

图2-4-13 瑞安堡院落（来源：戴海雁 摄）

中镶嵌石雕"瑞安堡"匾。堡墙顶部四周分布着7座亭台楼阁，修建在7个砖包墙墩上，分别称为文楼、武楼、门楼、望月亭、逍遥宫、瞭望台和角楼，文楼像文官的帽子，武楼像武官的帽子。北墙上有逍遥宫，西北角有望台，西墙上有望月亭，西南角有武楼，正门墙上有门楼，东南角有角楼。逍遥宫、望月亭和门楼是堡主娱乐和赏月的地方（图2-4-14）。

堡内房屋按七庭八院布置，分前院、中院、后院三院，另有一座附院，平面呈"月"字形。全院以三道门楼、中院正堂和双喜楼作为中轴线，对称布局，共有门楼、庭阁7座，瓦房140多间。院落建筑布局取意于"一品当朝"和"凤凰单展翅"的艺术意象（图2-4-15）。

2）威武市凉州区金羊乡海藏村秦家庄院

1921年修建，占地7680平方米，坐北朝南，南北长96米，东西宽80米。围墙高12米，前后筑角墩，辟南门。四合院布局，有偏院。北为二层堂屋，五开间，歇山顶前出廊。东西厢房各五开间，单坡硬山顶，前出廊。倒座三开间，单坡硬山顶，前出廊。大门条石砌筑，表面雕花，额题"味经遗范"，并刻对联"积善前程应远大，存仁后地自宽宏"，均为杏卿隶书（图2-4-16）。

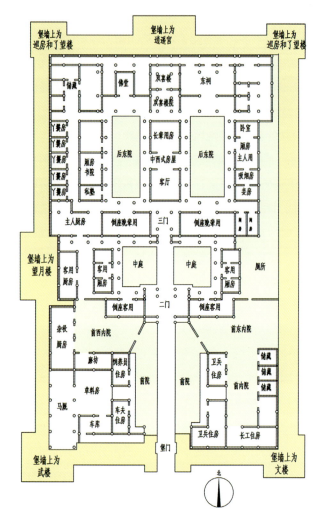

图2-4-15 瑞安堡平面图（来源：兰州理工大学 提供）

图2-4-14 瑞安堡门楼（来源：李玉芳 摄）

图2-4-16 秦家庄院（来源：兰州理工大学 提供）

三、传统公共建筑结构形式

（一）嘉峪关

河西走廊偏西是明代万里长城西端的关隘起点——嘉峪关。嘉峪关东靠酒泉市肃州区，西邻玉门市，南接张掖市肃南裕固族自治县，北连酒泉市金塔县。祁连山北麓坡地上有一条余脉为嘉峪山，由东南向西北绵延60里。嘉峪山脉西麓与河西走廊北山的玉石山（俗称黑山）东麓共同形成了嘉峪关的险关要隘，嘉峪关即因此而得名。

嘉峪关始建于明洪武五年（1372年），用以控制西域。明洪武二十七年（1394年）设嘉峪关所，属肃州卫。期间，嘉峪关开放，加强了和关外的政治联系、农业发展。明嘉靖七年（1528年）嘉峪关边防战争暂告平息。明嘉靖十八年（1539年）加固关城修筑两翼。清顺治二年（1645年）嘉峪关为清军所有。清嘉庆至同治，嘉峪关设卡巡检。

嘉峪关历时百余年完成了关城和其两翼长城及沿边烽燧墩堡的建设。明初筑土城，周围二百二十丈，高二丈余，东西两门各有月城。明正德初年，修建关楼并添筑角墩、戏台、悬阁、谯楼，共十数座，合计九堡，共添筑墩台、角楼一百二十六座。并修筑四座大城楼，同时修官厅、夷厂、仓库等附属建筑。明嘉靖初年，加固关城，建城濠、外濠各一道，又于长城外添筑外墙、远墙各一道，每五里设墩台一座。清顺治、康熙时，关城加以修葺。

目前，嘉峪关是长城沿线保留最完整、规模最大的关隘，是研究河西走廊地区防御类建筑的典型案例。嘉峪关关城包括了内城、外城、瓮城、城楼、城门、城壕及其他附属建筑物。内城是关城的中心区域，明代时建有军事指挥机关、守备司、游击将军府、警卫营房、仓库及嘉峪公馆等。东西两道大门，分别为"光化门"和"柔远门"，均是砖砌拱门券，门上建城楼，面阔三间，进深两间，周围廊，屋顶为三层三滴水歇山顶。城门外建有瓮城，门向南开，门额分别题"朝宗"和"会极"，上部外有墙垛，内有女儿墙。南北墙中部各有一座敌楼，面阔三间。城四角设有角楼。内城外建有外城，东、南、北三面外城城墙均为土墙。东面建有闸门，上建面阔三间闸楼。西面为城基石条砌筑，上部墙体砖砌，称罗城。罗城与瓮城原连接有一座木质天桥，今已无桥，但缺口遗迹尚存。罗城门是关城的正门，门上建有一座三层三滴水歇山顶楼阁式城楼，即嘉峪关楼。城内原建有街道、驿站、店铺、车马店和庙宇，现仅存文昌阁、戏楼、关帝庙牌坊和两座墩台。城外距城50米处修有宽、深大约两米的护城壕。壕外还有一道一米高的土堰（图2-4-17）。

文昌阁位于外城内，西邻关帝庙。始建于明正德元年（1506年），清道光二年（1822年）代理嘉峪关游击将军张怀辅、分驻嘉峪关巡检张恒利主持重修文昌阁。文昌阁面阔五间，进深两间，周围廊，二层两檐歇山顶。阁内供奉文昌帝君。过往嘉峪关的各级官吏和文人、百姓对都会进阁顶礼膜拜（图2-4-18）。

戏台位于文昌阁西南，正门对着关帝庙。清乾隆五十七年（1792年）重修。戏台坐南朝北，面阔三间，进深二间。屋顶采用"前转后不转"的特殊组合方式，即屋顶前为歇山，山面中部断开，留前部，后部接硬山或悬山顶。正面的视觉效果，只看到歇山顶。这种建筑屋顶形式主要是在正面需要歇山屋顶的观感，而受到场地或经济条件的限制所做而成。

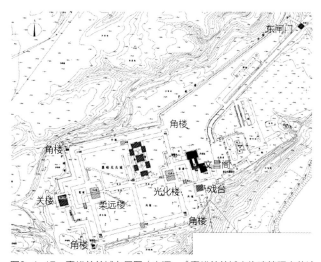

图2-4-17　嘉峪关关城布局图（来源：《嘉峪关关城木构建筑研究兼论河西地区楼阁建筑特色》）

图2-4-18　嘉峪关关城文昌阁（来源：李玉芳 摄）

嘉峪关城内关帝庙，清康熙四十年（1701年）移建至堡外西南处，清嘉庆十二年（1807年）嘉峪关游击将军熊敏谦重修关帝庙，次年完工。关帝庙大殿旁有两座配殿，过厅牌楼各一座。其门正对戏台，中间的广场是举行军事庆典和民俗活动的中心，军民借助关公寄托心灵，取得庇佑。

嘉峪关附近的城堡、墩台布局密集。墩台一般有台、坞、壁，主要用于观察敌情，每墩5~7人，多可达30人，小墩大部分无隧，只有一台，设有3~5人，受大墩指挥。

（二）藏传佛教莫高窟

敦煌地区开凿了数以百计的石窟，莫高窟属于敦煌石窟三处石窟之一，并是其中规模最大的石窟。另两处分别是在敦煌市西的党河北岸峭壁上，距莫高窟60公里的西千佛洞，现存16个洞窟，由北周至中唐；在敦煌市东，榆林河东西两岸峭壁上，距离莫高窟一百多公里的榆林窟，现存38个窟，由中唐至元代。

莫高窟位于敦煌市东南25公里处，大泉西岸的鸣沙山东麓，与三危山相望。石窟开凿时期从十六国至元代，现保存有492个洞窟。各时期的洞窟形制均有所不同，同一时期也会有一些不同的形式。多数石窟有意识地模仿同时代的木结构建筑（图2-4-19）。

莫高窟现存洞窟开凿后，曾有坍塌情况，使部分洞窟残缺不完整，目前认为基本保持了原状。其前室的仅有左、右壁和后壁，后壁上向前斜上的前室室顶，并无前壁（除初唐第371窟外）。洞窟的前室是外部空间与内部空间过渡，所以前室的形制影响洞窟的形象，往往是在窟檐模仿殿堂的构筑。敦煌的砂砾岩无法雕出石柱，所以多数前室正面是大开，无石柱。个别石窟也有特例出现，如盛唐末的第148窟的前室敞开面有两个石柱，将"前壁"分为三间，石柱均是粗凿而成，未进行精细加工。

莫高窟洞窟的主室形制大致有六种：中心塔柱式、毗诃罗式、覆斗式、涅槃窟、大佛窟及背屏式。

中心塔柱类石窟是北朝的典型形制，隋和初唐有少数洞窟属于此类型。面积一般在50平方米左右。此窟与我国当

图2-4-19　莫高窟（来源：李玉芳 摄）

时期盛行的以塔为寺院中心建筑的佛寺布局十分相似,是在窟平面中心设置中心塔柱,塔形是中国式方塔,洞窟前部加入了中国式的人字坡屋顶为主要特点。毗诃罗式,毗诃罗为梵文音译,意译为"精舍""僧院""住处",典型代表为北魏第254窟。

毗诃罗式石窟在印度甚多,但在中国实例中仅在新疆和敦煌的石窟中有一些遗存。莫高窟发现的三处,分别是开凿于十六国晚期第267~271窟、北魏第487窟、西魏第285窟,均为早期窟。第267~271窟由甬道、主窟、甬道左右两支小洞组成。主窟有后龛,主窟与支窟都仅1米见方。第487窟长约8米,宽约6~7米,呈纵长方形,规模较大。其左右壁的前部各附有一列小窟,原应是四个小窟并列,小窟仅方米余,现已失原样。窟中心靠后凿有一高0.2~0.3米的方台。

覆斗式洞窟这种形式出现很早,北魏第249窟是最早的典型实例。隋唐洞窟最基本的形制也是此类型石窟。隋唐至元,覆斗式洞窟仍有开凿。此种石窟平面方形,无中心柱,没有支洞,窟顶为"斗帐"的形式。

涅槃式石窟因窟内所承为释迦牟尼涅槃卧像,所以平面一般以横长方形。在莫高窟中发现两窟,为唐代第148窟和第158窟。两窟规模类似,进深约7米,横长约17米,靠后壁有1米多高的通长大台,大台上有较低小台,卧佛像即于此上。这种处理方式是从石窟本身空间来体现佛像的神圣。

大佛窟因窟内所承佛像竖立高大,因为此种需要而开凿的特殊形制,规模大,但数目少。莫高窟仅初唐第96窟及盛唐的第130窟两处。第96窟佛像高达33米,第130窟高26米。大佛所在空间是一个下大上小的高耸空间,底部平面是方形,石壁向上弧转收小。

背屏式窟平面方形,窟顶类似覆斗式,但区别在于其四角有凹进的弧面。窟四壁不开龛,中央靠后有坛,并将佛、菩萨等造像安置于坛上,坛后沿正中留出的一面石壁。

除以上六种主要形制外,还有一些次要形制。

(三)伊斯兰文化大清真寺

甘肃是中国穆斯林的三大中心,伊斯兰教很早就传入了河西走廊地区。元代,该地区所受伊斯兰教影响相当广泛,并吸收了大量蒙古人、汉人,所以形成了穆斯林社区,使得穆斯林居住地连接成片[1]。到明代关内外有大量穆斯林分布。清同治年间,爆发了大规模的回族反清起义,清廷对河西地区的回族实行杀、散、流的政策,大部分幸存者被迁往贫瘠山区,自此河西走廊再无回民聚居的分布区。在河西走廊穆斯林聚居区内亦建有清真寺,作为伊斯兰教徒讲经诵礼的场所。

河西走廊地区清真寺受到汉族工匠的影响,平面形制中突出圣龛的重要性,扩大面阔。如武威文昌宫桂籍殿、民勤圣容寺大雄宝殿和三圣殿、宁夏石嘴山武当山庙等(图2-4-20),在大殿中采用勾连搭屋顶用以扩大进深,大殿的最后一进突出正中的一个或多个开间,以示方位的重要性。屋顶做法方面有使用盔顶的做法,如酒泉五圣宫。在该地区受自然和经济条件的限制,檐下做法沿袭回族河州仿木构砖雕的传统,形成了具有当地特色的檐下木雕工艺。该地区建筑檐下、门窗、梁头等处多用木雕,建筑的外观粗犷朴实与檐下精美细密的木雕形成鲜明对比,并由此形成檐下横栱位置都是由实施雕刻的木板所代替的"花板代栱"做法,这些层叠凸凹的花板为木雕提供了一处精彩的施展舞台,形成了独具特色的河西檐下做法。

酒泉清真寺始建于明代,民国6年(1917年)翻修。位于酒泉市肃州区东关北后街与公园路交叉路口向北。清真寺礼拜大殿,面阔五间,有前廊,勾连搭屋顶,檐下横栱和升都采用抹角,厢栱使用花板,受到河州建筑工艺的影响和具有与河湟地区清真寺相统一的构造做法,显示了河西走廊伊斯兰教建筑的地方化特色。

---

[1] 竹篱. 回教在甘肃. 新甘肃. 1947, 2 (1).

图2-4-20　河西走廊寺院1（武威文昌宫、民勤圣容寺）（来源：张涵 摄）

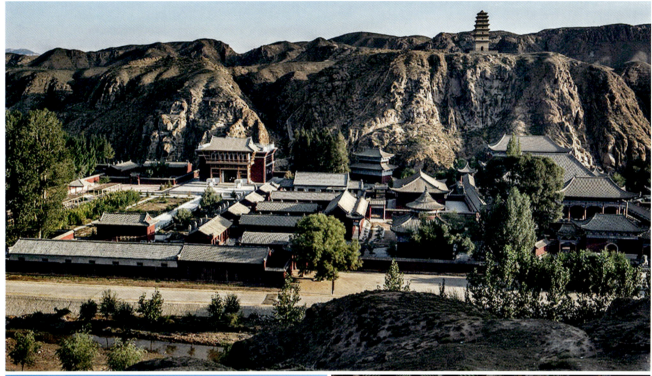

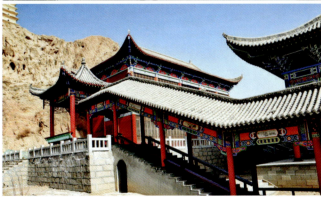

图2-4-20　河西走廊寺院2（武威文昌宫、民勤圣容寺）（来源：张涵 摄）

第五节　丰富生动的建筑风格与元素

一、多元融合的建筑风格

河西走廊地区在明清时期，达到了汉、回、藏、蒙古、裕固等多民族的文化交流，在这样的背景下，河西走廊与内地文化差异显著，具有多元融合的特点。具有以汉族为代表的农耕文化，以蒙古族、藏族为代表的游牧文化，以回族、裕固族兼具的农牧文化特征。宗教信仰也促使着该地区文化的进一步融合，如以汉族为代表的儒家文化，以藏族、蒙古族为代表的藏传佛教文化，以回族为代表的伊斯兰教文化。各种民族文化、多宗教文化的相互吸收融合，表现出兼容并蓄的特点，产生了多元文化共生的能量和新结构。在此基础之上，河西走廊的建筑文化也吸收了该特点，形成一个特有的系统，构成了地区特色。

（一）质朴简洁的材质

河西走廊地区建筑所使用木材为杨木、榆木、柏木等。大木梁架多用红松、黄松、杉木、杨木，因其木材长而笔直，纹理顺，耐久性好。斗栱多用老槐木；门窗及装饰多用老槐木、桦木、松木，因其木质坚硬，纹理美观；木雕多使用白松、椴木，因其较软，易加工，不易变形。除此之外，由于靠近新疆，还经常使用新疆杨。河西走廊的建筑大木构件使用放置超过两年的杨木，判断木材的含水率，没有特殊的工具，只是靠经验，敲击木材，如果声音暗哑，则表明还未干燥，如果发出清脆的当当声，则表明已达到干燥程度，可以使用。

（二）多民族多宗教的色彩

以汉族为代表的儒家文化，以藏族、蒙古族为代表的藏传佛教文化，以回族为代表的伊斯兰教文化及基督教文化都在河西走廊地区融汇，形成多民族、多宗教的丰富建筑色彩。

1. 儒家文化

钱穆先生有言"孔子之教，主要在教人以'为人之道'。为人之道必想通，故谓此种学问为通学。"[1]钱先生赞孔子的学问为"通学"。自古至今，孔子的学问不仅通其门人弟子，并且与两千多年来中国人之心相通。因此，将孔子之学称为中国儒学，化约为文化传统。

河西地区汉族的文化也是深受其影响，礼制建筑的布局严格按照形制建设。如位于武威市凉州区南偏东的武威文庙（图2-5-1）。武威文庙创建时间，普遍认为是明正统元年（1436年）兵部右侍郎徐晞上书提请修建，于明正统二

图2-5-1　武威文庙（来源：李玉芳 摄）

---

[1] 钱穆. 中国学术通义[M]. 北京：九州出版社，2011.

年（1437年）开始建设，正统四年（1439年）完工。其南邻崇文街，北为致富巷，西为闻喜巷，东接凉州区发展街小学。坐北朝南，地形近似梯形，南北长约183米，东西平均宽约131米，总占地面积约24000平方米。目前，凉州府学主要建筑已不存在，只留有南端的牌坊楼和忠烈祠正厢房。现存的文庙建筑群和文昌宫建筑群，共占地面积约14800平方米。

武威文庙现存东、中、西三组建筑群，分别是东文昌宫、中文庙、西凉州府儒学，均严格布置在三组南北向平行轴线上。文庙南直抵崇文街，是城市次要干道，崇文街南建广场，并与西夏博物馆相连。西、北均紧接巷，巷内为市民自发的菜市巷道，多为行人通过。东与凉州区发展街小学和凉州区幼儿园相接。

东文昌宫建筑群，从南至北轴线依次是山门、过殿、戏楼、文昌宫。北部现为文物复制厂，与文庙开门相连。现三组建筑对外主要出入口仅开山门，供日常出入。文庙建筑群，从南至北轴线依次是万仞宫墙、棂星门、泮池、状元桥、戟门、大成殿、牌楼、尊经阁、库房。西凉州府学据地方记载及2010年测绘图所示，仅南端牌坊楼和忠烈祠正厢房在，作者调研时牌坊楼正在复修。北部现是办公区，与文庙开门相连（图2-5-2）。

文昌殿单檐歇山顶，面阔五间，进深四间，建台基上。文昌殿又名桂籍殿，源于古时文人金榜题名称"蟾宫折桂"。殿内供奉文昌帝君，历史上素有称文昌帝君兴教办学，严肃考纪考风，编选天下贤才，并结束了魏晋时期上品无寒门，下品无士族的选官局面。总体来说，武威文庙供奉的龛位包括了儒、道两家，比较少见。从历史角度来看，明之前儒、道、佛不相容，明之后趋于合流，且道教神系中的文昌帝君也掌管考风、考试之事，所以与孔子一同祭祀也并无道理（图2-5-3）。

2. 藏传佛教

藏传佛教自吐蕃、西夏时期传入河西地区，在当地宗教文化中扮演了重要的角色，对本地区各民族的政治、经济和

图2-5-2　武威文庙总平面图（来源：兰州理工大学 提供）

图2-5-3　武威文庙文昌宫文昌殿南面（来源：李玉芳 摄）

文化产生了深刻影响。

1）藏传佛教寺院

明代王朝出于政治需要对各少数民族进行控制，重建和新建了众多藏传佛教寺院。河西走廊地区崇尚佛教，受其影响也较大，在该地区和祁连山修建了不少藏传佛教寺院。

张掖大佛寺就是这一时期作为明廷宗教政策样板的藏传佛教建筑（图2-5-4）。其在明代和清代早期完全是一座藏传佛教的寺院。永乐六年（1408年），掌管当地佛教事务的"甘肃左卫僧纲司"就设立在大佛寺内。明清时期，藏传佛教的宗教仪轨、空间处理方式与汉式建筑形式的相结合，在河西地区形成了"汉式"藏传佛教寺院的新类型。

2）藏式佛塔

民勤镇国塔于光绪十年（1884年）倾圮，邑人复修（图2-5-5）。塔身通高12米，塔基1米，上为塔座，高2米，塔身周长16米，平面呈八角形，塔身分上下两部分，下层为宝瓶状覆钵体，四面各有佛龛，上层为13相轮，塔顶底层是木质伞盖，伞盖上覆葫芦形铁顶，上插铜刹。

敦煌白马塔，道光年间和民国33年（1944年）维修，高约12米，塔基八角形，直径7米，每面宽3米，2~4层每面交接处作折形，第5层周有突出乳钉，乳钉上有仰莲，第6层为覆钵体塔身，相轮置其上，六角形伞盖之上有葫芦顶。

张掖大佛寺土塔，属金刚宝座塔。清乾隆十年（1745年）僧人思宗募化改建。通高32.5米，塔底部为高出地面1.3米的方形台基。上有两层须弥座，下层须弥座呈正方形，上层须弥座呈十字折角形，塔身为圆形覆钵体，全白色，往上为亚字形须弥座刹座，呈土红色，四面开龛置佛像，其上为13层白色相轮，塔顶华盖约4米，周围饰有36块放射状铜质板瓦，华盖上置约3米高的铜质葫芦形宝顶。整个土塔具有浓郁的藏传佛塔的建筑风格。

3. 伊斯兰教

明清时期，河西各地修建的清真寺均采用中国传统建筑的样式，并在中国传统建筑的基础上，受到以甘肃临夏为中心的河州建筑工艺的影响，具有地区间相互影响形成的本地化特征。

沿袭着回族河州砖雕重视门楼、院墙、照壁檐部仿木构砖雕的传统，河西走廊因工匠之间的交流，工艺做法相互的影响，形成了河西特色的檐下木雕工艺，河西建筑木雕多用于檐下、门窗、梁头等处，由于河西地区受自然和经济条件的限制，许多建筑的外观都比较粗犷，而河西檐下木雕的精美细密同建筑其他部分的朴实无华形成鲜明对比，并由此形成檐下横栱位置都是由实施雕刻的木板所代替的"花板代

图2-5-4　张掖大佛寺（来源：马珂 摄）

图2-5-5　民勤镇国塔（来源：杨谦君 摄）

栱"做法，这些层叠凸凹的花板为木雕提供了一处精彩的施展舞台，形成了独具特色的河西檐下做法。

盝顶是中国木构反曲形攒尖屋顶与西域砖石外凸穹顶的折中做法，作为伊斯兰教建筑中国化的鲜明特征，在河西地区穆斯林民族与其他民族大杂居、小聚居的居住环境中，以标示其宗教属性。

4. 基督教文化

19世纪末20世纪初，多国传教士在河西走廊地区传教，使其成为受基督教影响的地区。1882年罗马教廷委派神甫接管甘肃教务，主教堂就设立在武威市西松树庄。至1949年前，武威地区就有武威城内西南隅的主教堂及西乡、东乡、杂沟、董家堡、河南坝、土门、沿土沟等八座教堂。张掖地区有张掖、城北、河西、四号、高台、民乐羊房、山丹甘泉子、临泽威狄堡等八座教堂。

（三）丰富多变的院落层次

河西走廊地区受多方面因素影响，院落空间类型多样，设计方法相互吸收、融合，使得空间层次丰富多变。以宗教建筑为例，不同的宗教空间之间相互衬托，一定程度地强化了河西走廊地区宗教空间影响范围，使得河西走廊宗教文化相互烘染，迅速发展，形成了佛道儒等宗教空间兴盛、并存。

海藏寺灵钧台始建于晋，元代复修，毁于元末，明成化十九年（1483年）重建，敕赐"清化禅寺"，清康熙、乾隆年间又重修，同治时遭毁，后殿幸存，光绪时加以修葺。海藏寺坐北朝南，山门前木构牌坊三开间三楼庑殿顶，山门面宽三间，进深一间，明间较宽，单檐歇山顶；山门内为大雄宝殿，大雄宝殿面宽五间，进深三间，周有围廊，重檐歇山顶。东、西各有厢房五间。大雄宝殿后为三圣殿，面宽五间，进深二间，有前廊。地藏殿面宽三间，进深二间，前为卷棚顶，中、后殿为正脊硬山顶，东、西各有陪殿五间；灵钧台上有天王殿、无量殿，无量殿建于明初，为明成化年间太监张睿奉敕建造，重檐庑殿顶，面宽五间，进深四间，因藏有明版藏经，故又称藏经阁（图2-5-6）。

位于武威城北门外一里处的雷台观，又名雷祖庙。坐北向南，前有牌楼山门，梯级一端是面阔三楹的过厅，雷祖殿面阔三楹，进深三间，前后卷棚，东西配殿三楹。二殿为三星斗姆殿，重檐歇山顶，周有围廊（图2-5-7）。

清敦煌县志中记载有城隍庙位于县署西，清雍正三年（1725年）建。前后四进院，东西两侧的跨院城隍庙第一进院落由大门、牌坊和东孤魂殿、西土地祠组成。大门为三开

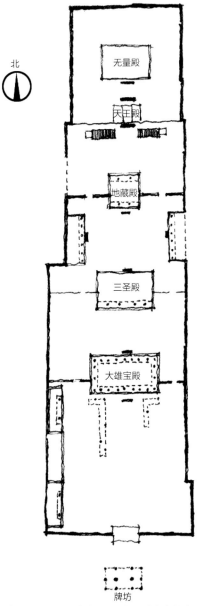

图2-5-6 海藏寺总平面图（来源：根据武威市海藏寺文管所，刘文瀚改绘）

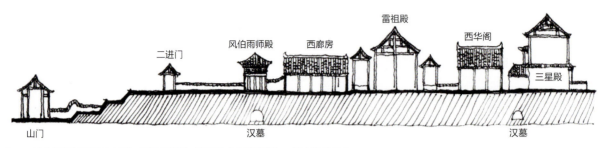

图2-5-7 雷台观横剖面图（来源：根据唐晓军，师彦灵《古代建筑》，刘文瀚 改绘）

间歇山顶建筑，左、右有小门；牌坊为四柱三开间三楼牌坊门，左、右有小门；孤魂殿面阔三开间，歇山顶建筑，土地祠与孤魂殿相同。第二进院落由正殿、东、西庑及院正中的捐棚组成。正殿为五间歇山顶，左、右有小门，小门一侧还有三开间耳房；东、西庑为三间歇山顶建筑；院中捐棚为重檐六角形亭子。第三进院落由寝宫和东、西庑组成。寝宫为歇山顶，面阔五间，左、右有小门；东庑为面阔三开间歇山顶建筑，西庑与东庑相同。第四进院落为花园，种植花木。城隍庙东跨院为由正房，东厢房组成的道院，西跨院为由正房，东、西厢房和倒座组成的道院（图2-5-8）。

文昌宫建于清乾隆五十八年（1793年），位于敦煌县东稍门以东。文昌宫第一进院落由山门、接官厅组成。山门面阔三开间，歇山顶。接官厅面阔三开间，歇山顶，中间敞厅，左、右有小门，左侧小门之东有三开间耳房。院东角有魁星楼，魁星楼为首层，面阔三开间，三滴水二层四角攒尖顶建筑，坐落在高起的墩台之上。西侧为神龙祠，神龙祠为面阔三间的歇山顶建筑。第二进院落为主体院落，东西两侧为东西厢房。东西厢房南侧分别为钟楼、鼓楼。东、西厢房为三间歇山顶建筑。钟楼、鼓楼均为首层，面阔三开间，二层单开间的二滴水二层歇山顶建筑。院落北侧两角部的跨院为道院，各有正房。第三进院落为城台之上的正殿和后殿。正殿面阔三间，歇山屋顶，为文昌宫的主体建筑；其后的后殿形式与正殿相同，规模稍小（图2-5-9）。

西云观于清雍正八年（1730年）建，位于敦煌县城西三里。西云观共有前后三进院落及东侧的跨院，西云观第一进院落由山门、过殿和钟、鼓楼组成。山门为三开间歇山顶

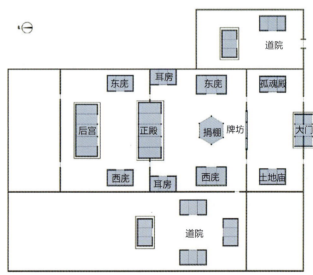

图2-5-8 城隍庙平面图（来源：《明清时期河西走廊建筑研究》）

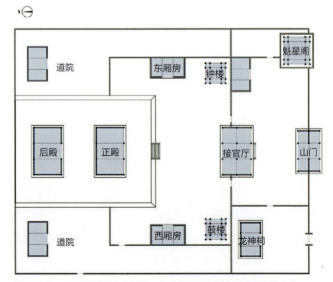

图2-5-9 文昌宫平面图（来源：《明清时期河西走廊建筑研究》）

建筑，左、右有小门；过殿面阔三开间，勾连搭屋顶，由两座歇山屋顶相互组合而成；钟楼为三开间歇山顶建筑，鼓楼与钟楼相同。第二进院落由正殿、东、西帅神殿组成。正殿为三开间歇山顶，勾连搭屋顶，由两座歇山屋顶相互组合而成，后侧院墙上有左、右小门；帅神殿为三间歇山顶建筑，东西帅神殿相同。第三进院落为花园，种植花木，内有三开间歇山顶纶亭。西云观东跨院为由正房和一厢房组成的道院（图2-5-10）。

（四）典型的平面形制

河西地区建筑平面大小根据建筑物的性质、位置、出资人的经济能力等多方面因素确定好之后，首先确定平面的开间数，常用的平面形式为面阔三开间，进深仅一开间。进深以平均110厘米为一步架，根据进深定出梁的数目，按照进深大小，用两道梁或三道梁，如果一缝用三道梁，称为三梁起脊。

二、凸显建筑特色的元素

河西走廊地处独特的自然条件、文化状况，使其建筑具有浓重的地域特色。随着河西地区的稳定与发展，明清时期的河西建筑出现了与关中建筑及中原建筑相区别的本地化建筑特征和建造做法，如装饰性与结构性相统一的檐下处理方式、弧腹向上的三件套角梁做法、抹角梁法的屋面支撑结构，椽扣、柱牵子等木结构加强构件，并且在清代中后期，河西地区逐渐发展出一套相对独立的河西建筑工艺体系。此外，河西走廊与邻近的宁夏地区，还有沿黑河北上影响至内蒙古额济纳旗，并自张掖起北行越人祖山辐射到阿拉善右旗以及蒙古西部地区，由地理位置的接近和人员的流动形成了一定的建筑特征。清乾隆后期，大批河西军民迁移到天山南北驻防屯田，致使河西建筑工艺传统也被带到了新疆天山沿线地区，一直抵达边境的伊犁州。构建出具有地域特色和向外辐射的河西建筑影响范围。

（一）屋顶

河西建筑因所处的地域环境，有着服务于不同民族，不同宗教的现实作用，因各民族的审美取向、建筑技术以及各种宗教仪轨的差异，在满足多种需求的同时，工匠不断发挥自身的创造力，使得河西建筑在屋顶组合上表现出异常丰富的形态，加之河西地区距离统治中心较远，其建筑较少受到屋顶等级上的限制，有着不同于官式建筑做法的特点，创造了丰富多彩的建筑屋顶形式。

1. 歇山顶

河西走廊地区有歇山献殿的建筑其献殿较多采用"前转后不转"的屋顶。其是在歇山顶建筑中，屋檐于两山面中部断开，只保留其前部的歇山屋顶样式，后部则接硬山或悬山顶，屋顶从整体上看就只有前半个歇山顶，也叫"凤凰单展翅"。典型实例，如嘉峪关戏台、酒泉药王宫前殿、张掖道德庵八卦亭等。

甘肃武威大云寺山门是另一种悬山屋顶但具有歇山形象的屋顶做法（图2-5-11）。悬山屋顶两侧斜出一道角梁，角梁几近水平，后尾插入山面檐柱，前端置于挑檐檩和正心檩上，并继续向外伸出。靠近屋面两端的檐椽随角梁做扇形布置。檐椽和角梁上分别置飞椽和仔角梁，仔角梁头做榫，安装套兽，使得悬山屋顶形成了翼角的冲出和翘起。博风板

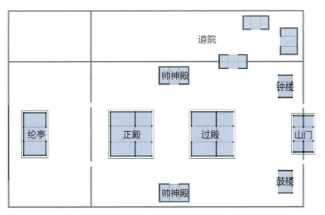

图2-5-10　西云观平面图（来源：《明清时期河西走廊建筑研究》）

图2-5-11　武威大云寺山门（来源：戴海雁 摄）

在挑檐檩处，随角梁斜出，紧贴角梁外皮。这样的悬山屋顶因两侧博风板和角梁向外斜出，立面上取得了如歇山屋顶的效果。斜出角梁使得悬山屋顶在达到歇山屋顶立面效果的同时，又不失为一种经济的做法。

2. 庑殿抱厦

张掖二郎庙二郎殿、武威松涛寺大殿的屋顶为庑殿抱厦。庑殿抱厦代表着较高的建筑形制，且做法非常少见的。而地方工艺并未受到等级规制的严格限制，在形式的组合上比较自由。

3. 庑殿献殿

武威火神庙大殿、武威文昌宫桂籍殿庑殿献殿的做法是在主体建筑之前，献殿连用在外，形象类似庑殿抱厦。但此时，献殿的结构与主体建筑相互独立，两者之间常以水平椽子承排水天沟的构造将它们连接起来，距离很近。

（二）组合屋顶

张掖山西会馆的山门与戏台合二为一，交通功能和表演功能相互糅杂。空间体量的相互因借导致了复杂的屋顶组合，此屋顶为中间歇山前后连卷棚歇山的勾连搭，三歇山顶共用侧檐屋面。东面外加面阔五间、进深一间、"前转后不转"的门廊，于是从南街上看山门就像一座重檐歇山的建筑，而北面卷棚歇山屋顶下则形成了戏台的演出空间。在河西建筑中常有不同类型屋顶叠用的情况，这种做法为建筑增添个性，无特定规律可循，手法非常自由（图2-5-12）。

甘肃武威下双魁星阁为两层三重檐圆顶建筑，建在2米高的土筑台基上，阁的平面呈方形。下两层屋顶为四边形，最上一层屋顶为圆形，屋顶下方上圆，相互层叠。魁星阁内的四棵金柱通高到二层，二层以上变为八边形平面，八边形的平板枋上施加斗栱，斗栱上承托圆形挑檐檩，支撑着以上的圆形屋顶。上圆下方的构造，暗合道教"天圆地方"之说，所以在下双魁星阁应用了此种屋顶层叠的组合形式。

甘肃民勤瑞安堡武楼为二层二重檐建筑，平面呈方形，一层屋顶为方形，二层屋顶为六角攒尖顶。一层方形平面上使用四根抹角梁，抹角梁一端位于侧面中心，另一端位于正面约四分之一处，这样使得二层形成了六边形平面（图2-5-13）。

图2-5-12　张掖山西会馆山门（来源：戴海雁 摄）

图2-5-13　武威瑞安堡（来源：戴海雁 摄）

1. 搭接式屋顶

河西建筑中常使用多个单体建筑组合到一起的手段，用以形成较大的内部空间，各单体建筑上的屋顶则采用相互搭接的做法。采用这种做法，一方面解决了建筑平面较大而带来的屋顶庞大的问题，另一方面增加了建筑立面的效果和空间层次，丰富了建筑的外轮廓。多个屋顶勾连搭可以增加室内空间的进深，与一般的勾连搭不同，河西地区的勾连搭具有多种组合，被串联起来的前后屋顶形态各异，变化剧烈，侧立面轮廓丰富，形象突出。

敦煌西云观真武殿为硬山正脊大殿前接卷棚硬山献殿后接卷棚歇山后殿；张掖民勤会馆，屋顶组合为前卷后脊勾连搭歇山大殿前接卷棚歇山献殿，都使得建筑的侧立面交替变换，给人以规模宏大、空间深远之感。如果屋顶在纵横两个方向上搭接，既可以加深建筑的进深距离，又可以扩大面阔尺寸，不同屋顶间的相互组合，更使其具有丰富的视觉效果。

2. 砖拱顶

河西走廊汉晋墓葬数量众多、分布广泛，在东起武威，西至敦煌之地均有发现。虽然以土洞墓为主，砖室墓所占比例并不大，但是时代序列较为完整，而且形制多样，墓顶结构所体现的砖拱技术并不逊色。

河西走廊汉晋砖墓所常见为纵联筒拱，并联筒拱，双曲扁壳拱顶。砖室墓所用砖块种类较少，规格较为统一。条砖、铺地方砖和条形子母砖是河西汉晋砖墓常用的砌筑材料，其中以条砖最为普遍。许多砖墓以条砖为主，垒砌墙壁、铺砌地面甚至起拱发券构筑墓顶，砖块之间不施黏结材料而以干砖砌筑，只在缝隙填塞陶片、沙砾或约略打磨成楔形的砖块。与异形砖砌筑的墓室相比，这些墓室虽然在外观上稍逊一筹，但是受力性能并未受影响。砖块之间结合紧密，发券曲线合理且受力均匀，墓顶历千年而不坏。"条砖发券，干砖砌筑"固然是受到异形砖生产工艺的制约，因陋就简而采取的措施，但更是当地工匠根据地质状况和筑墓方法，因地制宜的创造。

（三）富含特色的建筑细部

1. 花板踩

作为建筑檐下地方做法，花板代栱是用板材将檐下分隔成若干段，位于横栱位置的板材在河西地区称为花板，它是雕饰最为集中、最具代表性的部分，花板将栱取代，所以把这种做法定名为花板代栱，即用花板层层出挑的檐下做法。

花板代栱主要由花板和破间等构件组成。花板位于斗栱中横栱的位置，连接其两端的破间，破间即斗栱中出翘的位置，花板代栱使檐下构件成为彼此相互拉接的板材网格。破间所用的板材称为破间板子，柱头处的称为柱头破间。破间随出挑，由下到上，层层向外挑出，破间端头进行雕刻，形式主要有鸽子头、云头、桃形、象头等，里拽一般不出跳，只是把几层花板做成上大下小的曲线形外轮廓。在河西走廊内，张掖地区的花板代栱做法稍有不同，张掖地区的花板代栱里拽同外拽挑数一致，依据花板代栱出挑数目的多少，做法和称谓也各有不同，出一挑称为亮开，出两挑为挑一头，出三挑为一步二，出五挑为正三踩，一燕切子其像燕子尾，般不出四踩。花板下有称为燕切子的构件，在花板下侧沿面阔方向伸出，类似雀替，既可减少花板的支撑跨度，又可起到装饰效果。

2. 木雕

河西走廊传统民居的木雕艺术受多个区域文化的影响，再经过自身发展、演化，形成了独具特色的装饰纹样。在具体营建中，木雕艺术主要体现在门楼以及敞廊等细部装饰上（图2-5-14）。

在装饰图案上，河西地区普遍使用的木雕装饰与伊斯兰建筑中的挂落装饰十分相似，装饰图案多为植物，在伊斯兰文化中，宗教思想忌讳将生物形象表现出来，因此伊斯兰建筑装饰题材以植物形象居多。最常见的有蔷薇花、石榴、藤蔓等。花束象征着吉祥，果实象征着丰收，明确传达了伊斯兰民众对美满生活的向往。此外，河西传统民居木雕装饰

图2-5-14 河西木雕（来源：戴海雁 摄）

图案还受到了新疆维吾尔族民居的影响，在民居中出现了弧形装饰图样和云头如意纹，弧形装饰中间高起，两边对称，在伊斯兰文化中有神圣而庄重的意思，云头如意纹表示吉祥如意。

3. 砖雕

河西走廊传统民居融合了中原汉族文化、西方伊斯兰文化以及西域维吾尔族等少数民族文化等，这在其砖雕艺术上也充分体现。例如，在武威贾坛故居中，在入户大门两侧的墙壁上采用了镂空砖雕弧窗，而这种墙上挖窗的做法与江南地区民居的做法相似。

4. 彩画

河西走廊的传统建筑中，一般家庭是没有足够的资金和文化修养来制作高质量的装饰的，只有在一些官宦人家、地主绅士家中，才可能见到，其奢华程度不亚于江南民居。

5. 角梁

河西建筑工艺的屋面举架与翼角冲翘规律，使得其结角做法不同于官式建筑，同甘青地区的河州、秦州建筑工艺又有所区别，成为河西建筑工艺中最关键的结构问题和特色所在。

河西建筑在定屋面举架时，只是规定了脊步的举架比例，寺庙或大型建筑脊步举架为1：3或1：2，一般性建筑为1：1。寺庙等大型建筑中陡峭的脊步举架，使得屋顶显著表现出"脊如高山"的形象，至于其他步的举架，则没有明确的规定。檐口屋面由于河西建筑特殊的结角做法而十分平缓，而表现出"檐如平川"的形象。

河西建筑工艺中，角梁构件组从下至上由握角梁、结刻和假飞头组合而成，合称为挑脚，与河州工艺和秦州工艺中三件角梁构件做法相同，但在结刻之上的假飞头弧腹向上，似长颈鹿的脖子向天翘起，而成为河西传统建筑的典型标志。

（四）墙体

内墙、外墙均使用生土为建筑材料，按建筑施工方式分为生土夯筑和土坯砌筑（土坯墙）两种形式。

20世纪六七十年代较为常见的施工方法为生土夯筑，包括打土墙、土桩墙、干打垒、版筑墙、冲土墙。20世纪80年代后，随着生产力的提高，多采用土坯砌筑的方法。

土坯砌筑是用模具将土制成统一规格尺寸的建筑材料，砌筑时夯实土地，使用黄土、石灰、沙子混合铺撒，墙体基础埋深仅5厘米。夯筑砌墙到总高度的2/3时，再从外墙每隔1米用木楔打入防潮层，砌完后再从内墙打入木楔（木楔长15厘米，宽6厘米，厚约1~3厘米），然后挂灰抹面即可。室内地面处理较简单，多数普通人家采用素土夯实地面或者灰土地面；有条件者，用普通红砖铺墁或水泥砂浆铺面；富裕人家则用素土夯实后铺细石垫层，然后坐浆铺设方砖或大理石，最后用油灰嵌砖缝。这种砌筑方法一直延续传承，被民间广泛使用，是到目前为止河西走廊地区传统民居中最常见的墙体营建方法。

以生土作为墙体材料，建筑色彩为生土原生的土黄色，色彩朴素，本土的色彩在视觉上与西北地区环境色彩相协调。

本章小结

在曾经的历史通道上,作为通往广阔西部的咽喉,河西走廊是那么的意气飞扬,更洒下过无数先辈的血汗,沉淀了太多的期待与渴望,而对于21世纪的中国人,这条横贯东西、扼控咽喉的超级通道战略地位愈发凸显,也必将肩负起更多使命。两千年前,张骞义无反顾地踏上了西去的探索征程,才有了一个帝国沿着河西走廊金戈铁马的岁月和这条通道日后的别开生面。从走廊东西两端同时走来的学者和僧人携带着古老的典籍和经书穿越乱世动荡的年代,思想和信念依然生生不息,儒家与佛教的光芒沿着这里照射到整个东亚,而东西文化的交融与碰撞,也让河西大地变得博大、宽容。河西走廊像一个楔子,楔入了中国广阔的西部,和平的使者纷至沓来,以会谈与结盟的方式奠定了今天的中国版图,深处广袤西部和遥远欧洲海岸的人们,也怀揣着对未来生活的期望和对未知世界的探求,踏上了东行的路途。从此,穿越了河西走廊的丝路延绵伸展,马帮与驼队日夜兼程,瓷器和丝绸,黄金和琥珀,僧侣与经卷,财富与憧憬,成为漫漫旅途中坚持的梦想。在这条神奇的河西走廊上,一代又一代行者穿越时光,激情、欲望、喜悦、悲伤,重复轮回,把一个个遥远的国家联络成一个更加宏大的格局——天下。毫无疑问,河西走廊早已不再是单纯意义上的地理概念,它意味着一种历史、一种文化和一种使命,它是丝绸之路的象征和缩影。

第三章　陇中地区传统建筑文化

"陇中"一词，最早出现在清末左宗棠1876年给光绪皇帝的奏章中，有所谓"陇中苦瘠甲于天下"之称。"陇中"起初是一个自然地理区域名称，而后又变成政区名称后来，陇中作为一个地域文化、地域经济的概念被广泛使用。陇中作为一个历史文化概念，尽管与行政区划密不可分，但还是与行政区划不同，是一个集历史、文化、地理、语言、民俗于一体的文化综合[①]。

---

① 连振波，劲天庆. 陇中文化特点及对策研究［J］. 湖南工业大学学报（社会科学版），2012，10.

第一节 地域文化与环境

陇中地区在历史上是联系西域少数民族的重要纽带,在沟通和促进中西经济文化交流中发挥了重要作用(图3-1-1)。由于其多民居聚居和商贾移民文化的特点,建筑主要采用四合院形制。

陇中地区是中华民族的发祥地和旱作农耕文化的发源地之一,历史上曾创造了璀璨的马家窑文化、寺洼文化、辛店文化和齐家文化。深厚的历史渊源和灿烂的文化遗产,形成了独特的米苏文化,体现在民居建筑中,形式具有一定的多样性,但主要形式仍以合院式建筑为主。

一、陇中地区社会历史背景

(一)马家窑文化

马家窑文化,1923年首先发现于甘肃省临洮县的马家窑村,故命名。马家窑文化是仰韶文化向西发展的一种地方类型,出现于距今五千七百多年的新石器时代晚期,历经了三千多年的发展,有石岭下、马家窑、半山、马厂等四个类型。主要分布于黄河上游地区及甘肃,青海境内的洮河、大夏河及湟水流域一带(图3-1-2)。

马家窑文化包括马家窑、半山、马厂三个文化类型,从已经发现的有关地层叠压情况看,马家窑类型早于半山类型,半山类型早于马厂类型。从以往发现的资料就可以看出半山类型和马厂类型相承、相似的因素很多,关系密切。马家窑类型和半山类型,限于过去资料太少,认为它们之间的差异很大,因此,有人曾主张将马家窑类型单独称为马家窑文化,与半山——马厂文化分开。康乐边家林、兰州关庙坪出土的陶器,补充了马家窑到半山类型发展的中间缺环,这些陶器无论是器型还是花纹都有马家窑类型的一些遗风,而且还反映出半山类型的一些特色,过渡性的特点非常突出,从而表明半山类型是从马家窑类型演变而来的(图3-1-3)。

图3-1-2 马家窑文化的村落遗址(来源:http://baike.so.com)

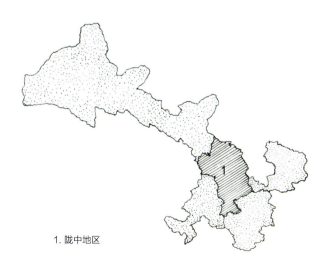

图3-1-1 陇中在甘肃省的位置图(来源:根据https://cn.chiculture.net,刘文瀚 改绘)

图3-1-3 马家窑陶器图案(来源:根据http://image.baidu.com马家窑文化陶器符号,刘文瀚 改绘)

马家窑文化的村落遗址一般位于黄河及其支流两岸的台地上，接近水源，土壤发育良好。房屋多为半地穴式建筑，也有在平地上起建的，房屋的平面形状有方形、圆形和分间三大类，以方形房屋最为普遍。方形房屋为半地穴式，面积较大，一般在10~50平方米，屋内有圆形火塘，门外常挖一方形窖穴存放食物。圆形房屋多为平地或挖一浅坑起建，进门有火塘，中间立一中心柱支撑斜柱，房屋呈圆锥形、分间房屋最少，主要见于东乡林家和永登蒋家坪，一般在主室中间设一火塘，侧面分出隔间。

马家窑文化文字的图案之多样，题材之丰富，花纹之精美，构思之灵妙，是史前任何一种远古文化所不可比拟的，它丰富多彩的图案构成了典丽、古朴、大器、浑厚的艺术风格。它神奇的动物图纹，恢宏的歌舞，对比的几何形状，强烈的动感姿态，像黄河奔流的千姿百态，生生不息，永世旋动。它像黄河浪尖上的水珠，引领着浪涛的起伏，臻成彩陶艺术的高峰。它留下极其丰富的图案世界，永远是人类取之不尽的艺术宝库。它所给予我们的欣赏价值是任何现代艺术都不能代替的。越是遥远的文化，就越能成为现代生活中最珍贵的收藏观赏品。马家窑文化彩陶的欣赏价值，正在被越来越多的人们所认识（图3-1-4）。

（二）寺洼文化

中国西北地区的青铜时代文化。因最初发现于甘肃临洮寺洼山而得名。年代约为公元前14~前11世纪。主要分布在兰州以东的甘肃省境内，并扩及陕西省千水、泾水流域。居民聚落已具相当规模。经济以农业为主，兼营畜牧。墓葬多土坑墓，形若覆斗，葬具有棺或棺椁，除单人葬外，有合葬和火葬墓。随葬品有陶器、青铜器、装饰品及马牛羊的骨骼。少数墓中有殉人和陪葬车马，表明当时已进入奴隶社会。马鞍形口罐是最有特色的陶器。青铜器有戈、矛、镞、刀和铃等。

寺洼文化的器形，以罐最多，罐器都是灰砂粗陶，表面磨光，颈部都有对称的双耳，高肩，深腹下杀，马鞍形口沿，平底，表面多为红褐色，面有褐色斑点，一般不具纹饰，有的仅在耳和颈部有附加的泥条堆纹，作曲线状或指压纹。

寺洼遗存中高、鼎较少，但高却侈口，素面，短腿窄档，乳状空足，颈和腹部有时附有泥条堆纹。鼎，形小，鼓身浅腹，柱状小腿，都是泥质红陶。还有长颈圆腹双耳壶。三足形小罐和单耳杯（呈筒状）、彩陶罐，形制酷似辛店陶罐，底微凹入，侈口鼓肩，肩在腹适中处，肩附双耳，彩绘黑色，口沿处有条纹和曲线纹，肩部有交错的三角形带纹，腹部横以二平行线。从器形和纹饰看，都具有辛店文化的特征。特别值得一提的是，寺洼文化陶器上不仅饰以"一"字、"人"字纹，而且还刻画有众多的符号和字形，被学术界认为是汉字的前文字形态（图3-1-5）。

有学者认为，在甘肃地区史前文化遗存中，四坝文化（公元前1950~前430）、卡约文化（公元前1600~前600）、辛店文化（公元前1400~前700）、诺木洪文化（公元前2195~前1935）、寺洼文化（公元前1400~前700）、沙井文化（公元前900~前409）均属青铜时代的文化遗存。这些文化遗存都与古羌人生活有关，其中寺洼文化与古代羌人关系最为密切。

《括地志》一书中说"陇右、岷、洮以西，羌也"。《后汉书·西羌传》："河关之西南羌地是也。"河关之西南应包括兰州西南部及青海东部地区，即黄河上游的洮河、大夏河、湟水流域。这些地区恰好是辛店文化（还有卡约文化、寺洼文化）分布最密集的地区。辛店文化彩陶经C_{14}测定其年代为公元前1400~前700年。这一时期正是古代羌人在黄河上游活动最重要的时期。

古代羌人的经济生活以畜牧和狩猎为主，羌人即为游牧

图3-1-4　马家窑文化（来源：http://baike.so.comhttp://blog.sina.com.cn）

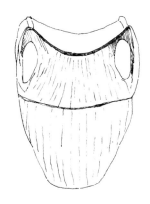  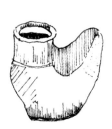 

图3-1-5 寺洼文化文物（来源：根据http://baike.baidu.com，刘文瀚 改绘）

人之意，从寺洼文化遗存发现的陶罐罐口均为马鞍形，有学者因此初步断定其为羌文化遗存。

（三）辛店文化

1924年4月，甘肃考古的开拓者瑞典考古学家安特生及其助手从兰州出发沿洮河逆流而上，开始了甘肃境内的首次考古调查。他们发现的第一个古文化遗址就是位于洮河东岸的临洮县辛甸遗址。随后，在此地及周围地区做了一系列的发掘和调查工作，在辛甸发掘了25座墓葬，清理了20座墓葬，在辛甸村以北的灰嘴岔遗址，也发现了同类遗物。其陶器大多为圆底，主体纹饰为双勾纹。安氏便以首次发现地命名。出土地本名为辛甸，但因翻译有误，正式出版物的中文译为辛店，之后按照约定俗成的原则再未更正，便一直称为辛店文化（图3-1-6）。

辛店文化是西北地区一支重要的文化遗存，其经济生活以畜牧业为主，兼营农业。铸铜业有较大的发展，器形有锥、矛、匕、凿和铜炮等。陶器以夹砂红褐陶为主，有石英砂、碎陶末、蚌壳末和云母片等掺和料。陶质粗糙、疏松，火候较低，器表多磨光，有的施红色或白色陶衣。器形以罐为主，有鬲、盆、杯、鼎、豆、盘等。彩陶的数量较多，彩与陶胎结合不紧密，易脱落。多圆状凹底器，主要器形有罐、盆、鬲、盘、钵、杯。纹饰别具一格，笔触粗犷，以双钩纹、S纹、太阳纹、三角纹为主，还有少量的动物纹——犬纹、羊纹、鹿纹、蜥蜴纹等，反映了畜牧生活的特色。

辛店文化的聚落遗址多位于河谷两岸的台地上。房屋形制较单一，多为长方形半地穴式建筑，门道设在西边，呈斜

 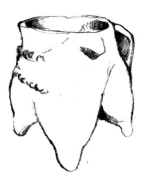 

图3-1-6 辛店文化文物（来源：根据http://baike.baidu.com/，刘文瀚 改绘）

坡状,在居住面中间有一圆形灶。

辛店文化的墓葬,形制主要是长方形竖穴土坑墓,还有长方形竖穴偏洞墓和近似椭圆形或三角形的不规则形墓。葬式多样,有仰身直肢葬、屈肢葬、侧身直肢葬、俯身葬、二次葬等。随葬品以陶器为主,还有铜器、装饰品等。辛店文化还流行随葬动物的习俗,有牛、羊等,但不是完整地随葬,而是动物躯体的某一部分,摆放在人的头部上方。辛店文化还发现有殉葬墓,这种现象说明辛店文化已进入奴隶社会。

(四)齐家文化

齐家文化是以中国甘肃为中心地区的新石器时代晚期文化,已经进入铜石并用阶段,其名称来自于其主要遗址齐家坪遗址。齐家坪遗址由考古学家安特生所发现。

时间跨度约公元前2200~前1600年的齐家文化,是黄河上游地区一支重要的考古学文化,其主要分布于甘肃东部向西至张掖、青海湖一带东西近千公里范围内,地跨甘肃、宁夏、青海、内蒙古4个省区。随着齐家文化研究的不断深入,齐家文化已成为探索中华文明形成与早期发展的重要研究对象之一,在海内外影响日益扩大。

齐家文化距今4000年左右。齐家文化的制陶业比较发达,当时已掌握了复杂的烧窑技术。在墓葬中发现的红铜制品,反映了当时生产力水平的提高,为后来青铜文化的发展奠定了基础。齐家文化的房屋多为半地穴式建筑,居室铺一层白灰面,既坚固美观,又防潮湿。

居民经营农业,种植粟等作物,使用骨铲、穿孔石刀和石镰等生产工具。饲养猪、羊、狗与大牲畜牛、马等。制陶业发达,双大耳罐、高领折肩罐和镂孔豆等为典型器物。已出现冶铜业,有铜刀、锥、镜、指环等一类小型红铜器或青铜器(图3-1-7)。住房多是方形或长方形的半地穴式建筑,屋内地面涂一层白灰面,光洁坚实。氏族公共墓地常位于居住区附近,流行长方形土坑墓,有单人葬,也有合葬,以陶器与猪下颌骨等为随葬品(图3-1-8)。出现一男一女或一男二女的成年男女合葬墓,其葬式是男性仰身直肢,女性侧身屈肢面向男子。这表明当时男子在社会上居于统治地

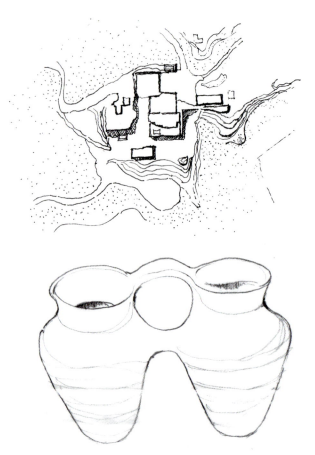

图3-1-7 齐家文化文物(来源:根据石峁遗址、http://wapbaike.baidu.com 刘文瀚 改绘)

图3-1-8 齐家文化玉覆面(来源:http://image.baidu.com)

位，女子降至从属境地。反映出当时已进入父系氏族社会，婚姻形态为一夫一妻制和一夫多妻制。

二、陇中地区自然地理背景

陇中黄土丘陵沟壑区位于祁连山以东、六盘山以西、甘南高原和陇南山地以北的甘肃省中部（图3-1-9）。陇中西北部为河西走廊，东部为陇东黄土高原，南部为陇南山地，西南为甘南高原。陇中地区的行政区划范围包括定西地区、临夏回族自治州、兰州市、白银市以及平凉地区的庄浪、静宁两县、天水市的秦安、张家川、清水三县，共33个县（市、区）。陇中全区土地总面积69712.7平方公里，占甘肃省总面积的15.33%，全区人口1111.8万人，占全省总人口的45.07%，人口密度159.49人/km²，居五地域之首。海拔高度一般在1200~2500米，平原地貌面积很少，黄土丘陵沟壑地貌占总面积的82%[①]（图3-1-10）。

三、陇中地区典型城市剖析

（一）兰州

1. 兰州概况

兰州是一座因河而生的城市，也是因为有了渡口应运而生的城市，更是黄河在它将近6000公里漫长行程中，唯一穿城而过的省会城市。因为这条伟大的河流和它的渡口，兰州就此踏上了它穿越时光的漫漫行程。远在新石器时代，黄河及其支流大通河、庄浪河、湟水和苑川河两岸的阶地上，就

图3-1-9 黄土高原域图（来源：根据《陇中黄图丘陵沟壑区新民居建筑生态建构技术研究》，李玉芳 改绘）

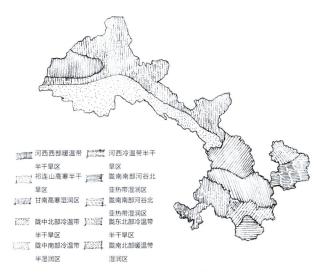

图3-1-10 甘肃省气候区划图（来源：根据《陇中黄图丘陵沟壑区新民居建筑生态建构技术研究》，刘文瀚 改绘）

---

① 甘肃省国土资源局.《甘肃省土地利用总体规划》（2000—2030）.

有兰州的先民们生息、繁衍，创造了黄河上游辉煌的马家窑文化（图3-1-11~图3-1-13）。

据《史记》载，汉武帝元狩二年（公元前121年），骠骑将军霍去病奉命"将万骑，出陇西"，在河口西南侧北渡黄河，西征河西匈奴。是年，在凯旋归途中，于西固北侧南渡黄河，并命其礼宾官李息主持，在今河口西南侧北渡黄河，在黄河南岸修筑了兰州历史上第一座城堡，取名"金城"，意寓"言城之坚，如金铸成"，希冀其"固若金汤，坚不可摧"。自此至隋初的六七百年间，金城郡置由于西北少数民族的侵扰和行政区域的分合，先后迁至襄武（今陇西）、允吾、榆中、西固城等地，后又迁至榆中县的苑川和子城，辖地也时有变更。

至北宋时期，随河道继续北移，为防守之利，于神宗元丰六年（1083年）三月，在旧城址北侧，又依河另筑新城，其"基岩状如石龟，伏城垣下"，故名"石龟城"。北宋末，兰州是北宋与西夏对峙的交界城市，对保卫中原王朝的边陲安全起到了至关重要的作用[1]。

明洪武十年（1377年），对"石龟城"加以扩建，其后历代又在内城的东、西、南三面增筑外廓和护城壕，开设郭门9个，敌楼16座。1399年，明肃王迁至兰州（今省政府驻地）。清朝屡加修葺，城墙包砖，北筑石堤，使兰州城成为防御外邦入侵的一个坚固的军事防御工程[2]。

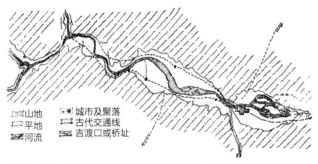

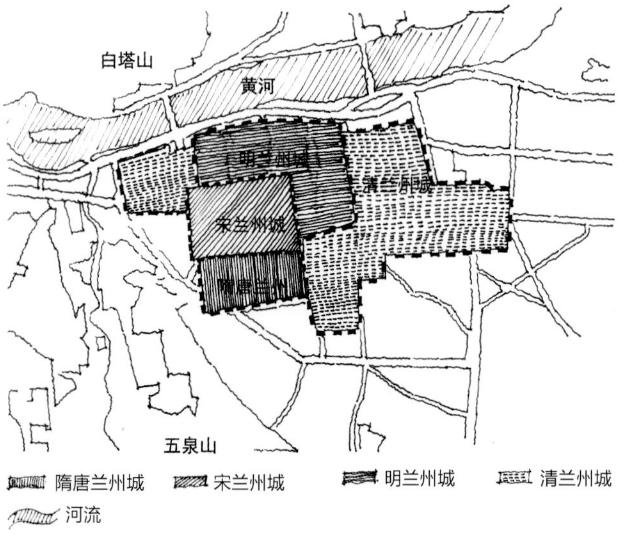

图3-1-11 兰州古代交通河道示意图（来源：根据《兰州河口村历史地段研究》，刘文瀚 改绘）

图3-1-12 兰州古代城池拓展示意图（来源：根据《兰州河口村历史地段研究》，刘文瀚 改绘）

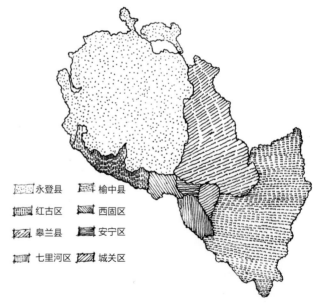

图3-1-13 兰州市行政区划图（来源：根据兰州市人民政府网站，刘文瀚 改绘）

---

[1] 王超. 兰州河口村历史地段研究：18.
[2] 王超. 兰州河口村历史地段研究：19.

2. 兰州历史沿革

秦始皇统一六国后，分天下为三十六郡，兰州一带属陇西郡地。

西汉初，依秦建制，兰州仍为陇西郡辖地。汉武帝元狩二年（公元前121年），霍去病率军西征匈奴，在兰州西设令居塞驻军，为汉开辟河西四郡打通了道路。昭帝始元元年（公元前86年），在今兰州始置金城县，属天水郡管辖。汉昭帝始元六年（公元前81年），又置金城郡。汉宣帝神爵二年（公元前60年），赵充国平定西羌、屯兵湟中后，西汉在金城郡的统治得到加强，先后又新置七县。

东汉光武帝建武十二年（公元前60年），并金城郡于陇西郡。汉安帝永初四年，西羌起义，金城郡地大部被占，郡治由允吾迁至襄武，今甘肃陇西县，12年后又迁回允吾。东汉末年，分金城郡新置西平郡，从此，金城郡治由允吾迁至榆中，今榆中县城西。

西晋建立后，仍置金城郡。西晋末年，前凉永安元年（公元314年），分金城郡所属的枝阳、令居二县，又与新设立的永登县，在今兰州市红古区窑街附近三县合置广武郡，同年，金城郡治由榆中迁至金城，从此金城郡治与县治同驻一城。

隋文帝开皇三年（公元583年），改金城郡为兰州，置总管府。因城南有皋兰山，故名兰州。隋炀帝大业三年（公元607年），改子城县为金城县，复改兰州为金城郡，领金城、狄道二县，郡治金城。大业十三年（公元617年），金城校尉薛举起兵反隋，称西秦霸王，年号秦兴，建都金城。不久迁都于天水，后为唐所灭。

唐于唐高祖武德二年（公元619年）复置兰州。八年，置都督府。唐高宗显庆元年（公元656年），又改为州。唐玄宗天宝元年，复改为金城郡。唐肃宗乾元二年，又改金城郡为兰州，州治五泉，管辖五泉、广武二县。唐代宗宝应元年，兰州被吐蕃所占。唐宣宗大中二年，沙州敦煌人张义潮起义，收复陇右十一州地，兰州又归唐属。然而此时的唐朝已经衰落，无力西顾。不久又被吐蕃所占。

在北宋宋真宗、仁宗年间，党项族屡败吐蕃诸部。宋仁宗景祐三年（1036年），党项元昊击败吐蕃，占领河西及兰州地区。宋神宗元丰四年（1081年），北宋乘西夏朝廷内乱，调军攻夏，收复兰州。此后宋夏隔河对峙，时相攻伐。

南宋宋高宗绍兴元年（1131年），兰州在宋廷统治半个世纪后，被金将宗弼（即金兀术）攻占。此后，兰州虽曾在金大定元年（1161年）被宋收复过，但旋即丢失。因此，南宋后兰州又进入了金与西夏新一轮的争夺之中。直至金哀宗天兴三年（1234年），蒙古灭金，占领兰州。

明太祖洪武二年（1369年），明军战败元军，攻取兰州，次年置兰州卫，洪武五年（1372年）置庄浪卫；建文帝元年（1399年），肃王朱楧率甘州中护卫移藩兰县（兰州），以三分军士守城，七分军士屯田，加之东南诸省移民不断移兰屯垦，兴修水利，促进经济发展，人口增殖，至成化时，兰州"城郭内外，军民庐舍不下万馀区"。

清初依明建制，兰州隶属临洮府，卫属陕西都指挥使司。顺治十三年裁卫归州。康熙二年复设兰州卫。清康熙五年（1666年）陕甘分治，设甘肃行省，省会由巩昌（今陇西）迁至兰州。从此，兰州一直为甘肃的政治中心。

清乾隆三年（1738年）临洮府治由狄道移至兰州，改称兰州府，又改州为皋兰县。当时兰州府辖管狄道、河州二州；皋兰、金县、渭源、靖远四县。清乾隆二十九年，陕甘总督衙门自西安移驻兰州，裁减甘肃巡抚。自此兰州成为西北政治、军事重镇，用以"节制三秦"、"怀柔西域"。

辛亥革命后，于民国2年（1913年）废府州设道，并兰山、巩昌二府为兰山道，辖管皋兰、红水、榆中、狄道、导河、宁定、洮沙、靖远、渭源、定西、临潭、陇西、岷县、会宁、漳县等十五县。道尹驻省会皋兰县。民国16年（1927年）改道为区，变兰山道为兰山区。民国25年（1936年），划甘肃省为七个行政督察专员公署，皋兰、榆中属第一行政督察区，专署驻岷县。民国30年（1941年），将皋兰县城郊划出，新设置兰州市，与皋兰县同治今兰州城关区。市区面积16平方公里，人口17.2万余人。民国33年（1944年）年，市区扩大，东至阳洼山，西至土门墩，不含马滩，南到石咀子、八里窑、皋兰山顶，北至盐场堡、十里店，面积达146平方公里。

1949年8月26日，兰州解放。从此，兰州进入了一个新的历史时期。新中国成立以来，兰州市建置曾几度变更。兰州市现辖城关、七里河、安宁、西固、红古五个区以及榆中、皋兰、永登三个县。

（二）白银

1. 白银概况

白银市，是甘肃省下辖的一个地级市，位于甘肃省中部，地处黄土高原和腾格里沙漠过渡地带。辖白银、平川两区和靖远、景泰、会宁三县。市政府驻白银区。

海拔1275~3321米。黄河流经全市258千米，流域面积14710平方千米。南部为中温带半干旱气候区，北部为冷温带干旱气候区。年降水量110~352毫米，年蒸发量2101毫米。

2. 白银历史沿革

夏、商、西周，境内为羌戎所居。

春秋、战国时期，境内部分地域为月氏族所居。后匈奴族南下，月氏族西迁，部分地域为匈奴所居。

秦始皇帝三十三年（公元前214年），蒙恬将数十万众北击匈奴，收复河南，市境黄河以东入秦版图。

西汉元鼎三年，置安定郡。设祖厉、鹑阴二县隶安定郡，是为境内建县之始。祖厉县故址在靖远县城西红咀村，鹑阴县故址在平川区旱坪川西。

西汉元鼎六年（公元前111年），景泰县境内置媪围县，隶武威郡，故址即景泰县芦阳镇吊沟故城。

新莽时期，改祖厉县为乡礼县。

东西汉废除乡礼县，仍称祖厉县。鹑阴、祖厉、媪围三县均隶武威郡。

三国时，市境属魏之武威郡。

魏晋之际，鲜卑族一支乞伏氏自牵屯、苑川迁居麦田。

晋咸和四年（公元329年），后赵石勒灭前赵，尽有关中陇右之地，置陇东郡。祖厉县南迁，隶陇东郡。晋太元元年，前秦灭前凉，于鹑阴县地置平凉郡，是为境内置郡之始。

鲜卑乞伏司繁自麦田迁于度坚。晋义熙五年（公元409年），西秦乞伏乾归复徙都度坚山，即秦王位。其时，景泰县境隶西秦秦兴郡。平凉郡先后为后秦、南凉、大夏据有。

宋元嘉五年（公元428年），北魏强大，于安定执夏主赫连昌，赫连定收集大夏余部奔还平凉，即皇帝位，大赦，改元胜光。元嘉七年（公元430年），北魏攻破夏平凉郡，仍置平凉郡，设鹑阴、阴密二县隶之，郡治鹑阴。仍置陇东郡，祖厉县隶之。西魏大统十三年（1448年），宇文泰为西魏相西巡，于鹑阴县地置会州。是为境内有州建置之始。

北周武帝保定二年（公元562年），移会州州治于鸣沙，改会州为会宁防。次年，周武帝西巡，于祖厉县故地置乌兰县并设乌兰关。隋开皇元年（公元581年），改会宁防为会宁镇。开皇十六年（公元596年），会宁镇改置会宁县。大业二年（公元606年），改会宁县为凉川县，并置会宁郡，郡治凉川，辖凉川、乌兰二县。

唐武德二年（公元619年），改会宁郡为西会州。改凉川县为会宁县。贞观六年（公元633年），废鸣沙之会州，改西会州为会州。贞观八年（公元635年），以会州仓储殷实，改为粟州。同年复称会州，属关内道，仍辖会宁、乌兰二县。唐开元四年（公元716年），于祖厉县故地别置凉川县，迁会州州治于此。唐开元九年（公元721年），以黄河洪水威胁州城废除。唐天宝元年（公元742年），改会州为会宁郡。乾元元年（公元758年），改会宁郡为会州。广德元年（公元763年），会州陷于吐蕃。

北宋初年，市境仍为吐蕃所据。雍熙二年（公元985年），党项族李继迁破会州，焚毁城郭。明道元年（1032年），西夏兵南下，吐蕃败走，市境悉为西夏属地。元丰四年（1081年），宋五路大军攻夏，境内为宋、西夏争战的前沿阵地。元符二年（1099年），宋苗履进筑会州城，割安西城以北六寨隶会州。并于西南百里筑会州新寨名会川城。崇宁三年（1104年），于会州州治置敷文县，隶泾原路。

南宋建炎四年（1130年），会州为金据有。市境黄河以东属金，黄河以西隶西夏。

金大定十二年（1172年），改会州州治敷川县为保川县。大定二十二年（1182年）于西宁城置西宁县，贞祐四年（1216年），升西宁县为西宁州。兴定四年（1220年）西夏等闲占领会州。元光二年（1223年），金将郭虾蟆攻取会州。正大四年（1227年）蒙古军南下灭西夏，破西宁州。蒙古窝阔台汗八年蒙古军破会州城。市境悉为蒙古汗国属地。

元初，弃新会州，迁州治于西宁县。至元七年（1270年）并西宁县入会州，辖市境黄河以东地。河西景泰县地属宁夏府路之应理州，后改隶甘肃行省永昌路。至正十二年三月，改会州为会宁州。

明太祖洪武二年（1369年），设迭烈逊巡检司，归固原州管辖。洪武十年（1377年），降会宁州为会宁县，县治迁于今址，隶巩昌府。正统二年（1437年），以故会州地置靖房卫，隶陕西都司。改迭烈逊巡检司隶靖房卫。明中叶百余年，市境黄河以西为蒙古鞑靼部所居。万历二十六年（1598年），抚臣田乐用兵河西，鞑靼各部远徙。景泰县境之大、小芦塘，五佛寺，一条山锁罕堡等地隶靖房卫。红水、永泰、宽沟、镇房等地属临洮府。

清顺治元年（1644年），改靖房卫为靖远卫。会宁县、靖远卫隶巩昌府。景泰县境之大芦塘等地仍隶靖远卫，红水等地改隶兰州府皋兰县。雍正八年（1730年），靖远卫改称靖远县。清乾隆三年（1736年），靖远县改属兰州府。乾隆四年（1737年），皋兰县于宽沟设县丞一员，领宽沟、永泰、红水、正路四堡。清乾隆二十二年（1757年），宽沟县丞移驻红水，称红水分县。道光后复驻宽沟。清同治十三年（1874年），左宗棠奏设海城分县于打拉池。

民国1年（1912年），裁撤海城分县，划打拉池仍隶靖远。民国2年（1913年），红水分县升为红水县，与靖远、会宁县并隶兰山道。民国16年（1927年），三县直隶甘肃省政府工作报告。民国22年（1933年），将靖远县北区大、小芦塘及五佛寺、一条山、锁罕堡、老龙湾等地划归红水县，成立景泰县。

1949年8月、9月，会宁、靖远、景泰三县相继解放，成立县人民政府。会宁、靖远隶定西专员公署，景泰县隶武威专员公署。

1956年1月，景泰县划归定西专员公署。1956年6月，成立白银市。

1958年4月，国务院批准白银由县级市升格为地级市。同时撤销景泰县并入皋兰县。1958年11月，甘肃省人民委员会委托定西专员公署代管白银市。1958年12月，撤销皋兰县，石洞寺以北地区归白银市。

1960年11月，靖远县划归白银市。

1961年12月，恢复皋兰县、景泰县建制，均隶属于白银市。

1962年11月，设立白银市郊区。至此，白银市共辖三县一区。

1963年10月23日，撤销白银市，靖远县划归原定西地区，景泰县仍隶武威地区，白银区、皋兰县隶属兰州市。

1985年8月，恢复白银市建制。由靖远县析置平川区。白银市辖靖远、会宁、景泰三县及白银、平川两区。

（三）定西

定西市位于甘肃省中部，北与兰州、白银市相连，东与平凉、天水市毗邻，南与陇南市接壤，西与甘南藏族自治州、临夏回族自治州交界。总面积19609平方千米。总人口291万人。海拔高度在1640~3900米之间。年降水量350~500毫米，年平均温度7℃，无霜期100~160天。以渭河为界，大致分为北部黄土丘陵沟壑区和南部高寒阴湿区两种自然类型。前者包括安定区和通渭、陇西、临洮三县和渭源的北部，占全区总面积的60%，为中温带半干旱区，降水较少，但日照充足，温差较大；后者包括漳县、岷县两县和渭源县的南部，占全市总面积的40%，为南温带半湿润区，海拔高，气温低。

截至2005年12月31日，定西市辖1个市辖区、6个县。即安定区和通渭、陇西、渭源、临洮、漳县、岷县6个县。

第二节 自然与社会环境影响下的村落格局

纵观历史发展，兰州地区的民居建筑类型呈现多样化特征。定居类的建筑有板屋、坞壁、一字式、田字式、合院式等类型。非定居类的建筑有毡包、帐房等[1]。

陇中地处各种建筑文化和艺术的交汇地，且大部分地区土地贫瘠，经济落后，资源稀少，建筑形制古朴，许多地方的民居建筑风格单调、工艺简陋；兰州市的城关区、西固区河口镇、永登县连城镇、榆中县青城镇和金崖镇以及通渭县榜罗镇等地保存了非常完整的民居四合院建筑群。陇中地区的"环楼式四合院"民居建筑、夯筑或土坯砌筑的"高房子"是陇中各地民居建筑最鲜明的文化特色[2]。

陇中的北部地区（包括白银市各县区和定西市的安定区、通渭县等毗邻宁夏回族自治区的地方）建筑类型主要有土堡子、土木结构高房子（即院内翼角处修建的高出院墙的独间小房）、土窑洞、棚道、卧铺子等，建筑完全利用当地生土材料修筑而成。

那不地区（包括陇西、岷县、临洮等地），民居类型主要有四合院、板屋、土堡子等以及岷县一带的部分藏族建筑。

一、适宜地域气候的村落格局

（一）河口村的宗祠

古往今来，沧桑巨变，河口街上却一直保留着五座族祠。先民为什么要修建族祠？周芳玲、阎明广编译的《中国宗谱》中记述，在漫长的中国封建王朝时期，官方颁发的宗法、教化政令制度规定："族人必须担当的责任有：1. 建家祠；2. 重佳域；3. 知地理；4. 修谱系；5. 严祭祀；6. 兴义学；7. 涟节孝；8. 周贫乏。每个族人必须努力做到：9. 清继嗣；10. 谨婚姻；11. 审出处；12. 戒停枢；13. 禁非为；14. 敦敬让；15. 务生理；16. 崇节俭；17. 急公务；18. 慎调揖"。由此可见，先民建祠立谱纯属政令制度使然。

百分张氏为西固区，红古区乃至兰州市之大姓，望族。史载宋元时期是"金城八大姓氏之一"。总祠建在兰州市庙滩子一带。民国至上溯千年，百代族众每年清明前必须选派代表，乘羊皮筏，赴兰州祭祖。新中国成立后，大规模经济建设兴起，总祠之地因建厂被拆除，从此停祭，改为就地祭祀。本节所述族祠为河口村内现存的五座——北街十六分家祠。

据族老张财贤、张财仁、张华生、张保生，据张保生回忆，该祠是河口乡最早的一座，相传始建于明朝宣德年间（1426年左右），谱牒修于清代咸丰五年（1855年）。院内曾栽培柏树，祠门口立抱鼓石，寓意"声名远扬，吉祥如意"。20世纪90年代，火烧正堂后檐椽，族众修补一次。2006~2008年，族众增修了厢房、伙房、存储房、客房，并全面彩绘，增添了桌等器具，至今已修旧如旧焕然一新。

（二）东城外台台子族祠

东城外台台子族祠，是十六分家祠的分支族祠，相传始建于明代正德年间，晚于北街族祠40年左右。院内柏树生机盎然。上述两座族祠，正堂为三开间歇山顶，有斗栱，砖木结构。山门及正堂宏伟典雅，蔚为壮观。至今保存完好令人赞叹。十六分先民中，曾先后出现过贡生、举人、秀才多名，（皋兰县志有的记入，有的失记）。名气较大的张艳彪，曾派随董福祥甘军千里赴京，英勇抗击八国联军护送慈禧太后到西安，功勋显著。张延龄自捐团练，于同治年间率兵平叛为保境安民建树功业。遂有张万悦、张奎正、张瑞霭、张显兰等近代与现代知名人物。

---

[1] 叶削坚. 兰州民居[M]. 兰州：敦煌文艺出版社，2011：19.
[2] 唐晓军. 甘肃古代民居建筑与居住文化研究[M]. 兰州：甘肃人民出版社，2011：1, 5.

（三）大庄子族祠

大庄子族祠史称大二三房张氏族祠，据本族口口相传"系明太祖洪武册封之金城肃藩王之嗣"，真实情况现已无法考证。据老人回忆大庄子族祠原貌由山门、重门、过厅、厢房、正堂组成。其中正堂为上下两层的木楼，木雕花格门窗，屋顶为悬山结构。檐下匾额上书"皇帝万岁万万岁"，祠外竖立三丈高黄旗桅杆两个。据族谱记载：族祠始建于清光绪十四年，修族系谱帧于清乾隆五十五年八月。该族祠于1959年被拆毁，2001年阖族重建并施以彩绘，外观颇为壮观。族中近代出过"旋风老爷"张立俊，对保境卫土做出过贡献。现代族内人才辈出，如张敦仁、张杰原、张宏原、张成训等。

（四）南街杂巷道张公祠

南街朵巷道张公祠乃百代张氏之十四分一支祠，据族老张武中介绍："该祠建于清朝嘉庆三年。清咸丰六年时，族绅张能吾及其父张增智倡导并捐资，袁岗镇、河口、达川、红古新庄子阖族，增修砖雕山门，耗资纹银239两。"祠内祠内现保存有正堂、厢房、厨房、存储房，建筑风格朴素典雅。正堂保存老六门后裔秀才张斌国的撰联一副。上联曰："家学本《二铭》，率乃祖考；馨香隆四季，宜尔子孙。"其下联曰："百忍仰宗功，仪型幸著；四时隆祀典，航豆常新。"联语引用宋朝张氏先人所著《东铭》、《西铭》之典故，作为家学铭文，"百忍"出自唐朝宰相张九龄的"百字忍"之典故。联语对仗严谨，寓意深远，实为精品佳作。该家族人才辈出，如贡生张能吾，举人张能蕃等。

（五）刘家祠堂

西街刘家祠堂始建于清光绪十二年（1896年），立先祖世系普帧为清同治十一年四月，祠堂檐匾系吏部候选训导贡生张玉麟撰书"蠢斯衍庆"。据族老刘德禄介绍：刘氏三房先祖刘光福，祖籍永靖县刘家峡，迁徙至河口。其五世祖刘念增得过武举人，名声显赫，祠内正堂供奉关羽像。刘氏家族的排行为：光、学、元、登、念、建、得、永。族祠规模虽小，但古朴，庄重，保存较为完好。

（六）城河村

城河村

城河村位于榆中县青城镇，处于黄河上游谷地，位北纬36°12′50″～北纬36°21′30″，东经104°8′10″～104°21′15″之间，西距兰州市110公里，北距白银市30公里，南距榆中县城90公里，省道"白榆公路"穿境而过。

城河村总土地面积1000多亩，其中耕地900多亩，占全村总土地面积的90%，人均耕地仅0.5亩，耕地面积较少，人地矛盾突出。

城河村北临黄河，西接青城村，东接新民村，南到南坪村域南北向呈带状延伸，居民点及周边的历史环境要素主要集中于村域北段的黄河绿洲。

青城唐代修筑的旧城成正方形布局。宋代狄青将军将旧城向东扩展修筑了新城，旧城与新城所形成的古镇呈条形格局，人们称之为"一条城"，修筑城墙。城河村是围绕条城城墙以外的村子，它将条城三面包围。

以校场路为主要轴线，直街巷、年家巷、琴街巷为骨架，形成棋盘式路网。传统四合院布局一般为坐北朝南，成东西向长方形，东侧前院有正门，供人出进。西侧后院为杂院有陆柱大车门，供车出入。

城河村所属的青城镇历史悠久。早在汉代，这里即为军事防守要冲。唐代在此地修筑了"龙沟堡"。据《甘肃通志》《兰州府志》《皋兰县志》《榆中县志》记载："宋代时，青城已初具规模，仁宗宝元年间，秦州刺史狄青巡边至定远，因龙沟堡为龛谷（榆中）之要隘，增筑旧堡。现存城隍庙为狄青当时修筑的议事厅，俗称'狄青府'。"青城《罗氏族谱》记载："宋宝元时，狄五襄公秦州刺史，有豫章罗月泉先生者为宋儒从彦之曾祖，武襄聘为幕客，巡边至定远，筑'一条城'，月泉襄办屯田事宜，因侨居一条城。后还豫章，至裔孙柄之复迁于条城。"旧堡（也称"旧城"）长约2公里，新城长约6公里，二者以中城门为界，当地人将中城门以东称为"新城"（宋城），以西为"旧城"（唐城）。该城东西长，南北狭，故名"一条城"。又因为狄青所筑，故称"青城"（图3-2-1）。

明代，青城镇是明廷防御鞑靼入侵的重要边防地区，留存在瓦窑村一带的长城遗迹是明长城防御体系上的一个重要环节，史料记载：明"长城自金县境者，自西北沿河而东至什川堡，旧址今有一里许，又东至一条城，或断或续，旧址今有二里余，又东至平滩堡，旧址今有一里余，此系明时番郎据松山，因沿河筑墙，自靖虏卫至庄浪卫土门山，长四百里，以御套虏，俗呼为边墙者是也。"明万历年间，改宋代狄青的议事厅为守备府，成为明代一条城的守备军指挥部。同时，明代还将青城的东门命名为"巩安门"、南门为"威远门"、中门为"镇虏门"，镇区内保存三座城门遗迹。明崇祯年间，还修筑了青城重要的灌溉渠"普泽渠"，至今仍在使用。城河村自明朝开始形成。

清代及以后，城河村规模进一步扩大（图3-2-2）。

1）选址特点及形成背景

城河村所在的青城镇依山傍水，具有比兰州更早的历史，城河村南靠崇兰山，北邻黄河，西为麋鹿沟，处于河谷地带，地势有利，易守难攻，狄青建城之后，成为重要的军事重地。地域内土壤肥沃，水源充足，利于耕作，适宜人居住。水陆运输皆发达，适宜贸易往来。

2）聚落形状

城河村从北、东、南三面围绕条城，聚落形状呈凹字形，内部棋盘式路网。主街东西走向，宽阔通畅。小街巷相

图3-2-1 青城村山水格局图（来源：李玉芳 绘）

图3-2-2 青城镇全貌（来源：青城镇政府 提供）

对窄小,顺主街对称分布。民居顺小巷而建,建筑布局整齐有序。

3)传统轴线

南北向的教场街,东西向的前牌街、后牌街是青城镇的主要空间发展轴线,也是城河村的主要轴线。围绕东西向主街两侧的是南北向的小巷,在城河村范围内分布有直街巷、年家巷、琴家巷等八条。

4)街巷

以校场路为主要轴线,直街巷、年家巷、琴街巷为骨架,形成棋盘式路网。其中,东西向道路主要有四条,纬一路现已修建;南北向道路主要有九条。

5)重要公共建筑及公共空间分布

青城小学位于青城后街南侧,青城中学在校场路最南端。城河村村委会在斜巷。煤厂位于城河村斜巷。狄青广场是青城最大的公共活动空间。此外,街道是村民们最重要的活动空间。

6)村落整体风貌保存情况

城河村保留有大量的古建筑,许多后来建造的房子也延续了传统院落建造风格,整个村子风貌古朴。城河村的古建筑主要有两类:一是民居四合院建筑群;二是民间公共建筑:庙宇、祠堂会馆、戏楼和书院等,两类建筑的艺术和风格特点各自不同。民居建筑的艺术和风格特点是:庭院宽阔、等级有序、房屋外观简朴、造型纯真、色彩淡雅、内观简洁、梁架工整、装修洗炼、雕刻精致。庙宇、祠堂会馆建筑的艺术和风格特点是:高大壮阔、雄浑华丽、色彩浓郁、结构繁复、飞檐翘角。如:高氏祠堂。书院建筑的艺术和风格特点是:质朴自然、简洁实用、庭院及周边的草木绿化非常讲究,如:青城书院(图3-2-3)。

二、御外侵、防内乱的村落选址

庄河堡

据史料记载,"庄河堡"的最初建立是在宋徽宗政和五年(1115年),当时宋将刘法、刘仲武率兵15万与西夏兵战于河口,并筑城屯守,因建在庄浪河与黄河的交汇处,所以取名为庄浪河堡,至元明时期简称为庄河堡。由于庄河堡地处西北边塞,中原势力常常难以触及,所以,庄河堡内的民居受里坊制影响较小,它的军事防御功能更为明显(图3-2-4)。

根据现存堡墙残垣的位置关系和当地老人的回忆,可以

(a)普泽渠

(b)百年梨园

图3-2-3 青城镇城河村1(来源:李玉芳 摄)

(c)旱水码头

(d)水车

(e)高氏祠堂

(f)影壁

图3-2-3 青城镇城河村2（来源：李玉芳 摄）

（g）罗家大院

（h）普通民居

（i）民居院落

（j）城隍出巡

（k）道台狮子

（l）水烟制作

图3-2-3　青城镇城河村3（来源：李玉芳 摄）

图3-2-4 河口村村貌（来源：http://images1.wenming.cn）

推测出当时庄河堡为一座东西长约300余米，南北宽约200余米，并筑有东、西、南、北四门的堡。

河口村原名庄河堡，建立之初缘于地处重要的战略要隘，后因黄河筏运的兴盛成为西北丝绸之路重要的物资集散中心。然而，随着历史的发展、生产的进步，现代陆路交通运输的崛起逐步取代河道筏运，河口村逐渐走向没落。当前，以兰州市申报国家级历史文化名城为契机，依托地段内保存较为完好的历史遗迹和特有的传统黄河人居文化，充分发挥交通优势发展现代化旅游产业，河口村必将重新焕发新的活力与生机（图3-2-5）。

作为居住与贸易相结合的街道，河口村老街有以下特征（图3-2-6）：

1）主要街道两端为堡门，起防御保卫的作用；主要街道分生次要街道，次要街道分生入院巷道，民居院落有规律的分布在道巷之间，人居格局符合人体尺度。

2）街巷错落有致，宽窄、蜿蜒，因地制宜。河口村街巷多错口交接，通而不透，创造了宁静的居住环境氛围，巷道交接处的空地与院墙凸出的护角石往往成为居民停留、交流的空间。

3）临街面建筑轮廓线丰富多变。主要街道两侧多商铺，为前店后院式民居；次要街道两侧以普通民居院落居

图3-2-5 庄河堡古貌（来源：《兰州河口村历史地段研究》）

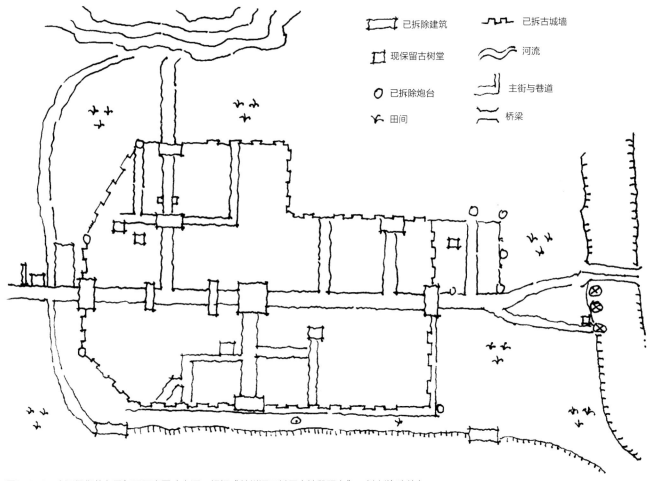

图3-2-6 庄河堡街巷布局复原示意图（来源：根据《兰州河口村历史地段研究》，刘文瀚 改绘）

多；站在街巷看两侧的建筑，后檐墙、山墙、铺面、户门，凹凸平斜高低起伏，黄色的泥草皮墙与灰色的门头交相呼应，显得老街简朴又丰富多变。

4）街巷空间尺度平易近人。屋高与路宽比例适度，路旁墙边偶有沙枣树、榆树点缀其间，增加了河口村街巷的自然情趣。

院落分为单独院落、多进院落。其院落特征如下：

屋顶多为胆魄屋顶，带前檐廊；屋顶的坡度在1/3~1/4之间；屋面做法，面层铺350毫米×350毫米×25毫米方砖，仅屋顶沿周长边铺设筒瓦一圈；屋面排水为有组织排水，檐口横向铺设一道青砖，上扣一道筒瓦，起泛水作用，眼珠间一至两个落水口，有滴水引流。

屋身：除山墙前侧以及前纵墙窗下用青砖外，其余均为土坯砖墙，外抹草泥皮；开窗面积大，俗称"窗比墙大"，约占开间的3/5，木格上支摘窗，开启时由绳索悬挂于外檐梁下，俗称"虎张嘴"；正房门上有木雕门罩，屋内设炕时，对应的窗下设灶口，后墙内砌烟道。

院落：院落布局合理，多为"三堂五厦三倒座，外带耳房两小间"；院内种植花草果木，排水口位于倒座右前方，积水由排水口排出院外，流入明沟（图3-2-7、图3-2-8）。

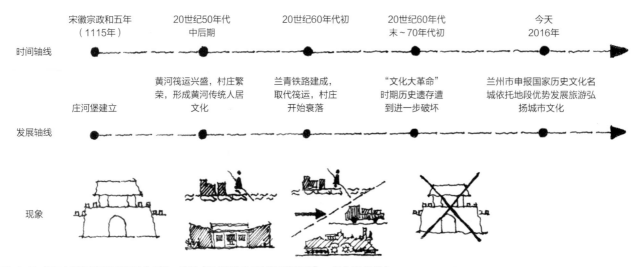

图3-2-7 河口村发展变迁示意图（来源：根据《兰州河口村历史地段研究》，刘文瀚 改绘）

图3-2-8 院落布局图（来源：根据《兰州河口村历史地段研究》，赵瑞 改绘）

第三节 建筑群体组合与民族文化的关系

一、陇中地区典型建筑文化特质

"中国古代村落选址强调主山龙脉和形势的完整,认为村落所倚之山应来脉悠远,起伏蜿蜒,成为一村'生气'的来源。如果村基完整,山水环抱,就是上乘的'藏风、聚气'之地。"从传统观念来讲,山、水是传统村落环境的灵魂,"其选址多遵循'枕山、环水、面屏'的模式"。唐晓军认为,兰州地区民居建筑风格主要表现在以下几个方面[①]:

第一,院落布局别具一格;

第二,建筑形制以"环楼四合院"为主;

第三,院落开门朝向非常讲究。

陇中地区四合院一般为一进院,形制多为长条形,正屋高大端重,厢房环卫左右。左右厢房间距较窄,但左右对称,四平八稳,轩敞大方,房屋大多为"一坡水",院落空间较大,以适应西北的高寒气候便于采光取暖。用材上主要有土坯、青砖、石材和木材,后墙和左右墙用青砖和土坯砌成,但一砖到顶的较少。屋顶多用方砖平铺,很少用筒瓦,这与陇中雨水少有很大关系。从风俗上看,中位门仅限于有功名的官宦人家。陇中四合院的总体构成形式主要有宅门、下堂屋、厢房、上堂屋和院落五部分,对于规模较大的四合院,有时候会增设过厅、屏门等,通过这些基本元素的组合,产生了众多的合院形式。总之,陇中四合院的规模、用材和装饰等表现形式,与当时社会的经济、政治、文化、风俗和建筑艺术水平紧密相连。既反映了陇中人崇尚节俭、实用、朴实的民风,也与当地的经济实力有关。四合院充分迎合了中国传统社会中的家族思想,且在外在形式上体现了家族的团结和家族的力量。

二、农耕文化与建筑群落

(一)陇中四合院的家族文化内涵:

兰州作为一个西北城市,其居民除了西北土著居民和少数民族居民外,外来移民占有很大比重,主要是在封建时代政府开垦戍边而进行的移民,那么在这些外来居民来到兰州居住后,必然会将原有的居住习惯和兰州的地理气候因素结合起来,这就促成了兰州四合院的形成和发展,现存的兰州四合院主要是以兰州榆中青城古镇为代表,青城四合院在建筑风格上吸收了北京、天津、太原等地的建筑样式及特点,在原有的四合院或三合院的建筑基础上,将院落空间扩大,以适应西北的高寒气候便于采光取暖,在建筑装饰上将砖雕和木雕很好地结合,装饰院落的前庭院落后前高大厚实,以青砖和土坯堆砌而成,正屋高大端重,厢房环卫左右,这种建筑方式充分体现了中国传统社会中的家族观念。

在陇中这样的边塞高寒地域,这种家族文化在维护人的生存方面的作用,而四合院的建筑也在外在形式上体现了家族的团结和家族的力量。

(二)陇中传统民居的建筑文化

堪舆学是中国古代对环境选择的学问。它强调的是山川之形态与气贯环绕的半虚半实的境状,在封建时代古人认为好的选址可以使得家族兴旺,子孙繁盛。但是,经现代的一些建筑学家、自然科学家和哲学家考证,古人在建筑上的选址具有建筑学价值和哲学美学价值。

兰州,作为一个黄河穿城而过的城市,两面夹山中间的可用平原比较少,但是,聪明的古人还是选择了黄河冲击出的平坦地带进行四合院建筑。兰州的四合院过去主要在兰州市和榆中的青城镇,而现存的古四合院主要在兰州下游50公里处的榆中青城古镇,从卫星地图上看,这是

---

① 唐晓军. 甘肃古代民居建筑与居住文化研究[M]. 兰州:甘肃人民出版社,2011:129.

除了兰州城区以外又一块黄河穿过的夹在两山之间比较大的冲击平原，平原的地形选择有利于农业的耕作和子孙的繁衍。

陇中四合院充分利用了每一块空间，除了四合院传统的坐北朝南雕梁画栋、三合四合环栱、门楼照壁之外，还充分考虑了西北气候和地理的特点。比如，将中间的庭院扩大，以增加日照，提高室温；后墙高达厚实以抵挡冬季寒风；房后种植花果蔬木，很好地利用了可以利用的空间进行生产，根据山地形进行朝向的调整；屋顶采用砖雕，檐下习惯采用如意头、云头挑枋，门口取黄河卵石为"石敢当"，就地取材；房屋正面"窗比门大"，既便于采光，又有利于通风，窗上贴有极具西北特色的窗花，窗上还挂有大窗帘便于冬季保暖。

（三）陇中传统民居的美学文化

陇中古民居的建设以最少的破坏环境为指导思想，注重天人合一的哲学和美学理念（老子曾曰："域中有四大，而人居其一焉，人法地，地法天，天法道，道法自然。"庄子也说："天地有大美而不言，四时有明法而不议，万物有成理而不说。"都是古人留下的关于人与自然和谐统一的生态哲学思想，而兰州的古民居——悬楼正在以它的存在彰显着古兰州的山、水、人的和谐完美。

兰州现存的悬楼有五泉山的卧佛寺、千佛阁、白塔山的罗汉殿（法雨寺）、雷坛河的兴远寺等几处。悬楼依山而建，在悬空地方，或以树木支撑，或用开山之石垒砌，充分利用一切材料。这样可以尽量减少破坏山体和砍树伐木，从而最大限度避免水土流失和山体滑坡。与此同时，在建筑与环境的关系，悬楼的建筑也充分利用周围环境提高悬楼居住的舒适度，在立体发展空间的基础上，将悬楼的视野最大限度地扩展，既可以呼吸山间河上的清新空气，同时又可以寄情于山之间陶冶人的身心，之前提到的现存的悬楼都已成为现代都市人节日休闲的去处身处悬楼之上，暂时摆脱世俗的纷扰，极目远眺，获得对天地之美的感慨。

第四节　历史发展进程中的传统建筑

一、传统民居布局解析

（一）街巷空间

街巷系统是构成传统村落的骨架，空间结构由道路的结构系统所组成。

连城村背倚石屏山（发源于祁连山的支脉），山脊呈西北—东南走向，西面笔架山、北面太平山与之遥相呼应；黄河二级支流（湟水最大支流）大通河由北向南流过，对村落呈环抱之势。连城传统村落选址具备"背山面水""负阴抱阳"的格局，拥有山水俱佳的自然景观，是择地而居的上好场所，适合村民安居乐业。

连城传统村落是依据鲁土司衙门和妙因寺自然生长而成，并无特别的规制，成自由式布局，主次分明。由于受到地形条件的制约，连城村主要是沿山脉和河流分布，将村落融入自然，加强了空间的延续性，也增强了人与自然的协调性。省道301贯穿整个村落，鲁土司衙门南侧三条西南—东北走向与一条西北—东南走向街巷构成"王"字格局，村民称其为王字街。主街御带街宽阔通畅，其他街巷与主街纵横交织，多呈"丁"字形分布，使得整个村落布局错落有致，却又不失其整体性。街巷作为村落的骨架结构，既是当地居民的交通空间，也是展现居民日常生活的群众舞台。王字街充分展示了连城特有的风土人情与特色景观，以其纵横交织的线性结构将人们的生活空间紧密联系起来。而小巷则连接了单体建筑，将动态空间与静态空间、公共空间与私密空间联系起来，构成了传统村落几百年的文脉和聚落肌理（图3-4-1、图3-4-2）。

（二）建筑

鲁土司衙门（包括妙因寺）建筑群集官式建筑与地方特色为一体，古朴、大方、典雅，充分体现了河湟地区的建筑风貌。特别是妙因寺建筑集汉、藏建筑特点于一身，融儒、释、道文化为一体，充分体现了汉藏民族融合，多元文化共

图3-4-1 连成镇街巷空间（来源：《兰州郊区传统村落保护与发展研究——以连城村为例》）

图3-4-2 连城镇王字街（来源：李玉芳 摄）

存特征。显教寺大殿面阔五间，进深五间，呈正方形，建筑面积164平方米，殿内顶棚绘佛像和坛城、藻井八卦形，内壁周施24攒精雕斗栱，中心绘坛城，十分精美。雷坛位于连城北面，属道教龙门派的雷部尊神之庙，现今古建筑仅存大殿和过殿。连城保存有大量的古民居，现有民国以前的古民居99幢，其中价值较高的民居建筑约50幢。其中最早的为元代，最近的是民国末年。其中具有代表性古民居院落有赵氏民居、袁氏民居、鲁氏民居等（表3-4-1、表3-4-2）。

连城镇文物保护单位　　　　　　　　　　　　　　　　　　　表3-4-1

文保单位级别	文保单位名称（公布时间）	现存占地面积（平方米）	建筑简介	现状照片
全国重点文物保护单位	鲁土司衙门（1996年）	31400	鲁土司衙门始建于明洪武十一年，是我国众多土司衙门建筑中历史最久、规模最大、保存最完整的土司庄园建筑群	
	妙因寺（1996年）	4578	该寺初建于明正德六年，是鲁土司管辖区内的主寺。经清代三次扩建，成为青海、甘肃藏区和内蒙古一带颇负盛名的藏传佛教格鲁派寺院	
	显教寺（2006年）	1150	该寺位于连城传统村落南街，坐北朝南，明永乐九年八月敕谕建寺。原建有山门、金刚殿、大殿和十多间僧舍，1958年后，遭到破坏，现仅存大殿一座	
	雷坛（2006年）	240	位于连城北面，属道教龙门派的雷部尊神之庙。古建筑和前面花园共同组成一个"雷"字。现占地240平方米，建筑面积仅剩128平方米	

（来源：以上图片均为杨谦君 摄）

连城镇挂牌民居 表3-4-2

挂牌民居	年代	现状照片
赵氏民居（2011年）	始建于民国时期，建筑保存较为完整，现为赵氏族人使用	
袁氏民居（2011年）	始建于民国时期，建筑保存较为完整，现为袁氏族人使用	
鲁氏民居（2011年）	始建于民国时期，建筑保存较为完整，现为鲁氏族人使用	

（来源：以上图片均为杨谦君 摄）

（三）村落选址特色和形成背景

黄家庄村地处榆中县川西部，黄河中下游宛川河谷地带，三面环山，村内有古道，外建工厂和铁道，地理环境优越，明代以后，为了守护明肃王墓群，村子由此形成，村内建筑沿古道沿街分布分散。

村落分8个村民小组，两个新农村，各族由一条通村公路相连，村内道路基本为水泥路，水系分为两种：一种为村民生活用水（自来水），另一种为明渠灌溉。

黄家庄村历史文化悠久，文化遗产保存较为完整、分布集中，内涵丰富，历史文化价值较高，能够较为全面地体现丝绸古道所特有的地域文化、宗教文化、商旅文化、民俗文化、水烟文化和建筑文化，内涵丰富、特色鲜明，大多古民居、古建筑都较好地保留了传统格局和历史风貌。

二、特定地域下的建筑类型

（一）公共建筑

1. 高氏祠堂

高氏祠堂始建于清乾隆五十年（1785年），是高氏第九世先祖高秉信发起修建的。它是青城地区唯一保存下来的一座家祠。高氏祠堂由山门、前过厅、后过厅、厢房、大殿等建筑物组成。山门是歇山式结构，前过厅是卷棚式结构，后过厅是大屋脊式歇山结构,大殿是歇山式重檐结构。山门系垂花门,山门上的木雕彩绘,既显示了精湛的艺术,又有其深刻的寓意。山门口的这一对石狮,守护着高氏祠堂,保佑高氏子孙平平安安(图3-4-3)。

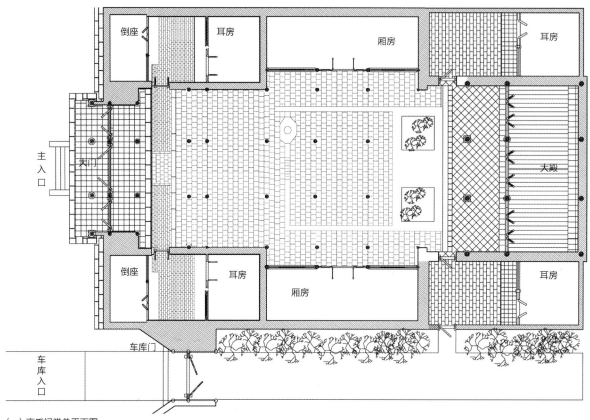

(a)高氏祠堂总平面图

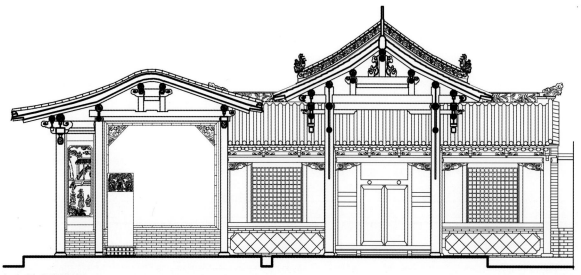

(b)高氏祠堂剖面图

图3-4-3 青城镇高氏祠堂1(来源:张涵 绘)

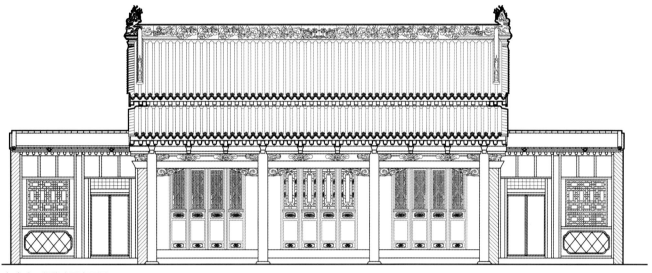

（c）高氏祠堂大殿立面图

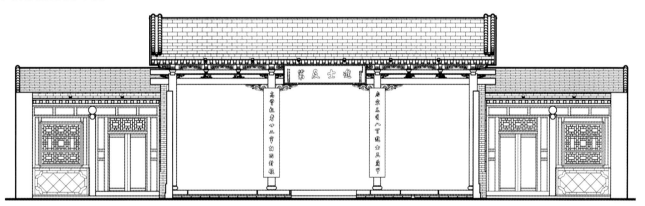

（d）高氏祠堂北立面图

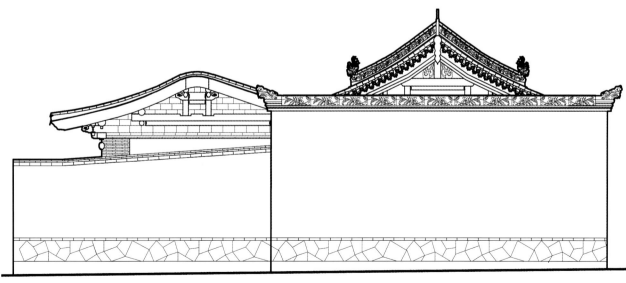

（e）高氏祠堂西立面图

图3-4-3 青城镇高氏祠堂2（来源：张涵 绘）

图3-4-3 青城镇高氏祠堂3（来源：李玉芳 摄）

2. 城隍庙

青城隍庙始建于宋仁宗宝元年间（1038~1039年），初为秦州刺史狄青的议事厅，故称"狄青府"。当时，西夏王赵元昊叛乱，龙沟堡（唐时在青城所建的城堡，民间俗称旧城）为龛谷（今榆中）之要塞，时任秦州刺史的狄青为防止西夏兵入侵，凭借天然的防御工事——黄河，在原旧城的基础上增筑了新城，并设立了议事厅（即今城隍庙）。后来为了纪念狄青，人们便称一条城为青城。明万历二十五年（1597年），鉴于青城当时在军事上十分重要的战略地理位置，朝廷便在条城实行屯兵，并将议事厅改为了守备府，使其成为青城守备军的指挥部所在地。随着历史的不断发展，在明朝后期，青城的战略位置已不再重要，在青城设立守备府失去了原有的军事意义，于是，明万历年间，朝廷将守备府改移它处。清雍正二年（1724年），金城的城隍庙维修，各地便开始了竞争请督城隍的活动，经过当时在金城经商的青城人的多番努力，最终挫败了其他县府，为青城请到了督城隍。青城原来有一座城隍庙，在旧城南门处，但是供奉督城隍庙宇太小，加之明代的镇守营署仍然存在，在当时已没有军事意义，于是便将旧城南门处的城隍庙搬迁至狄青议事厅，并将督城隍爷供奉其中，使之成了青城的城隍庙。青城隍庙坐南朝北，整个建筑南北方向呈"王"字形，东西两面相互对称。整个城隍庙占地面积1000平方米，由山门、戏楼、廊坊、陪殿、钟（左）鼓（右）楼、厢房、献殿、大殿、寝宫、皋、金二县城隍配殿、土地祠、子孙宫等建筑物组成。青城隍庙的建筑风格体现了我国古代建筑的高超艺术和不朽智慧，是一本古代建筑艺术的缩影。山门属挑檐式卧格结构（也属于歇山式结构）。戏楼、献殿等均属卷棚式歇山结构，大殿属大屋脊式歇山结构，寝宫属硬山一坡水结构。整个建筑群布局合理，构造科学（图3-4-4）。

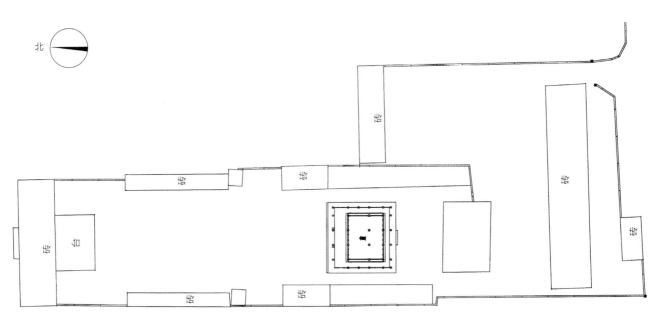

（a）城隍庙总平面

图3-4-4 榆中县青城镇城隍庙1（来源：甘肃省文物保护研究所）

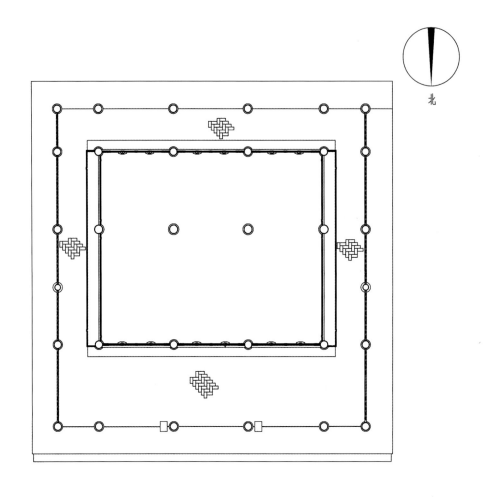

（a）城隍庙平面图

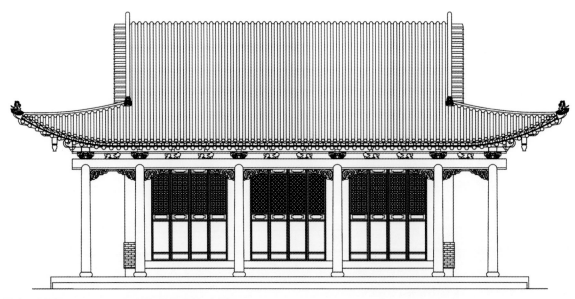

（b）城隍庙正立面图

图3-4-4 榆中县青城镇城隍庙2（来源：甘肃省文物宝华研究所 提供）

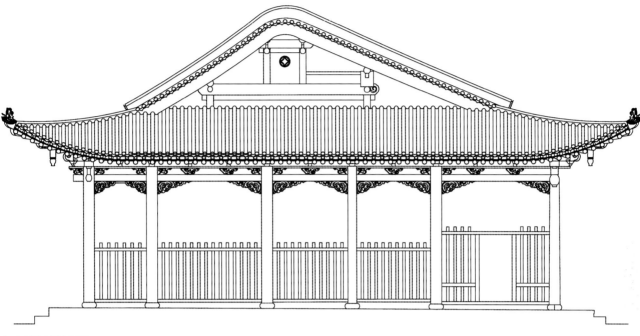

（a）城隍庙侧立面图

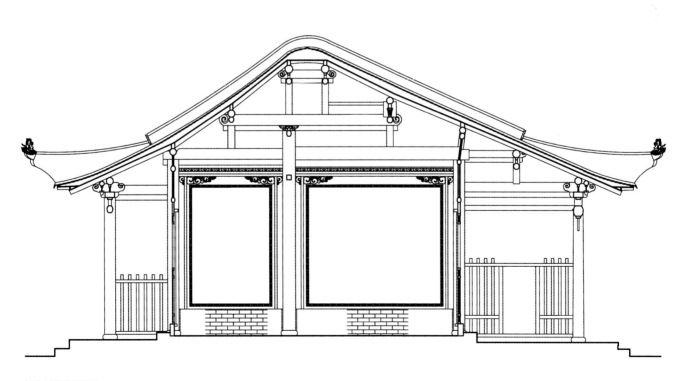

（b）城隍庙剖面图

图3-4-4　榆中县青城镇城隍庙3（来源：甘肃省文物保护研究所 提供）

图3-4-4 榆中县青城镇城隍庙4（来源：赵瑞 摄）

3. 青城书院

青城书院始建于清道光十一年（1831年），由当时皋、金二县的绅士李恺德、顾名、张锦芳、刘世保、高鸣桂等人倡捐公建，是当时兰州地区的六大书院之一。清光绪三十年（1904年）将青城书院改名为"皋榆联立高等学堂"，1931年更名为"皋榆联立青城小学校"，1938年，又更名为"榆中县青城小学"。整个书院坐北朝南，面对崇兰山和普济阁，形如长条，分为前院、中院、后院三院，共有房屋

33间。书院山门两侧有一对抱鼓石,上面图案栩栩如生,一面为天马行空,一面为犀牛望月。书院山门内过厅正中悬挂有太学生、著名书法家李公善题写的"青城书院"匾额一块(图3-4-5)。

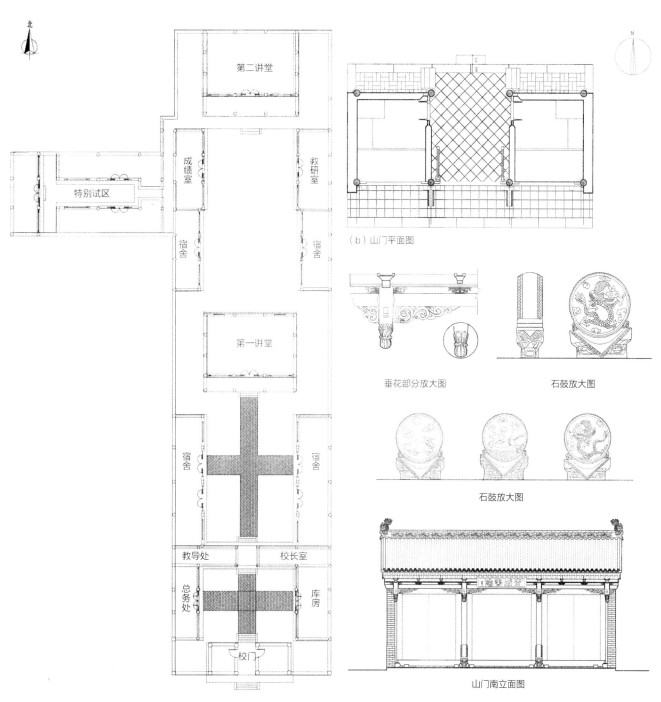

(a)总平面图

(b)山门平面图

垂花部分放大图　　石鼓放大图

石鼓放大图

山门南立面图

(c)山门南立面图

图3-4-5　青城书院1(来源:张涵 绘)

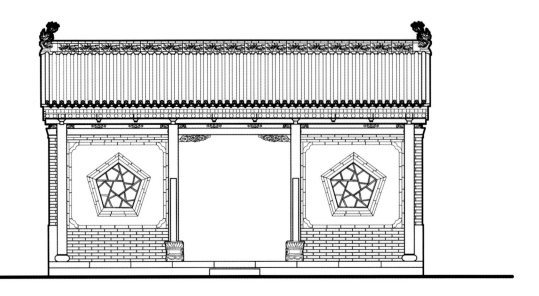

（a）山门北立面图

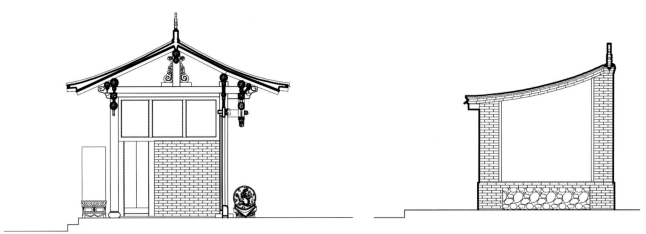

（b）山门剖面图

（c）照壁侧立面、正立面图

图3-4-5 青城书院2（来源：张涵 绘）

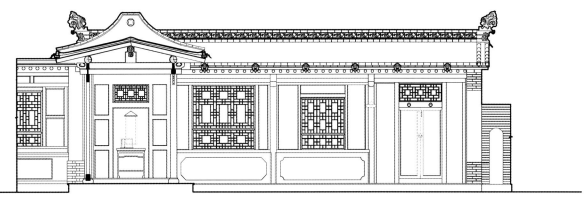

（a）过厅厢房立面图

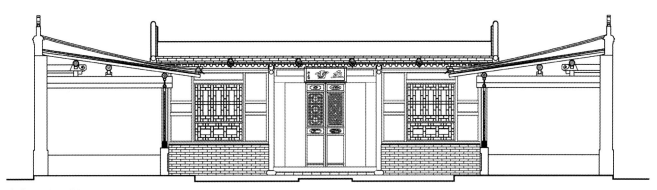

（b）二进院落横剖面图

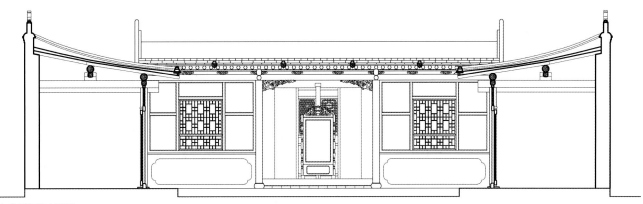

（c）过厅南立面图

图3-4-5 青城书院3（来源：张涵 绘）

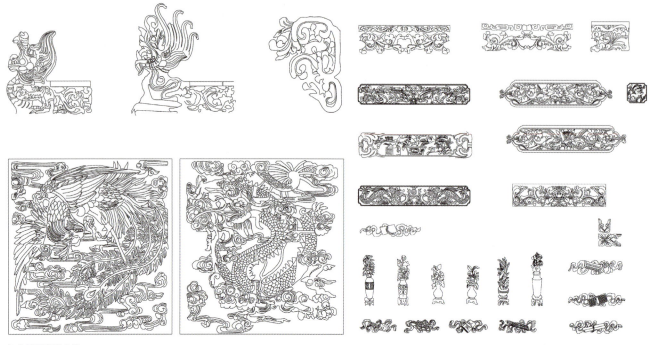

(a) 雕花花纹大样

图3-4-5 青城书院4（来源：张涵 绘）

4. 罗家大院（现为青城镇政府）

罗家大院始建于民国16年（1927年），由青城巨商罗希周自行设计、建造的私家宅院，院落坐北朝南，有大门、上下堂屋、东西厢房和耳房构成，三堂五厦式结构，具有典型的山西四合院建筑风格。院中翠竹掩映，门庭装饰、图案雕刻精美。

罗家四合院属三堂五厦结构，即上下堂屋各三间，东西厦房各五间，上堂屋两边各有一间耳房，下堂屋左边也有一间耳房。上堂屋一般是长辈的起居室，也有的是用来招待客人或供奉祖先牌位。

2004~2005年青城镇政府对罗家大院进行系统规划，并在此基础上扩建了东西五院四合院，形成一定规模的四合院建群。其中，东三院为民俗展览馆，东一院建筑结构为典型的五堂三院四合院，现为水烟展览馆——展示青城水烟的加工制作过程；东二院建筑结构为典型的三合院，现为古镇民间家私展览馆——展示黄河奇石、砖雕、木刻、剪纸制绣、织染工艺及陈醋酿造；西四合院有中间过厅分割为南北两院，院内水阁亭榭，假山荷池，曲径回廊，别致典雅。

罗家大院现已成为青城最大的古四合院建筑群（图3-4-6）。

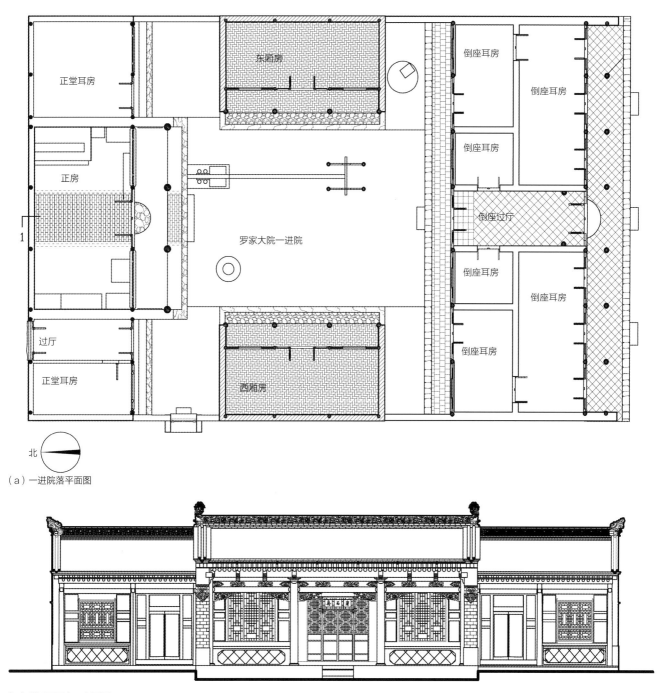

(a) 一进院落平面图

(b) 堂屋及耳房正立面图

图3-4-6 罗家大院1（来源：甘肃省文物保护维修研究所 提供）

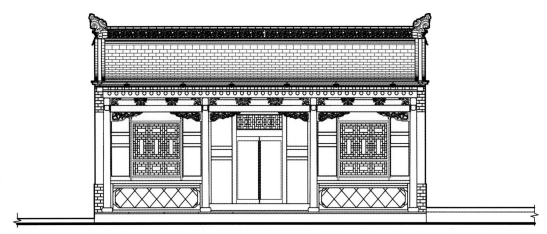

(a)厢房正立面图

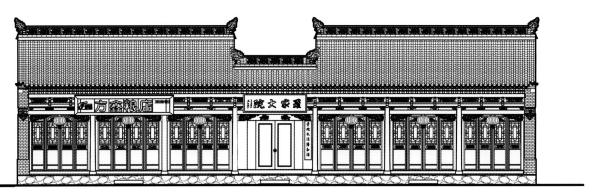

(b)倒座正立面图

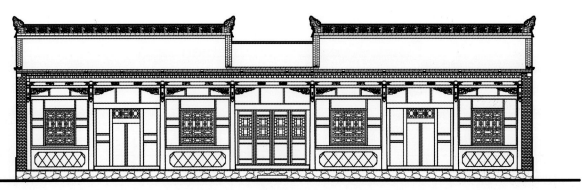

(c)倒座背立面图

图3-4-6 罗家大院2（来源：甘肃省文物保护维修研究所 提供）

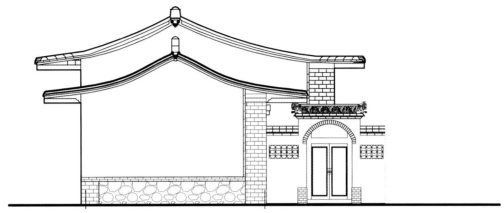

(a) 耳房侧立面图

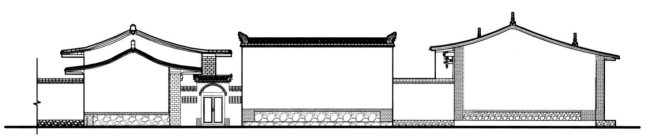

(b) 西立面图

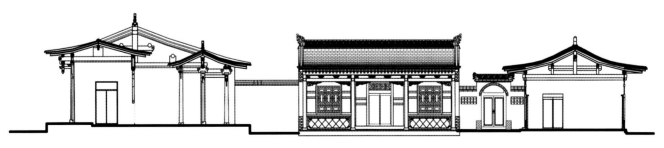

(c) 1-1剖面图

图3-4-6 罗家大院3（来源：甘肃省文物保护维修研究所 提供）

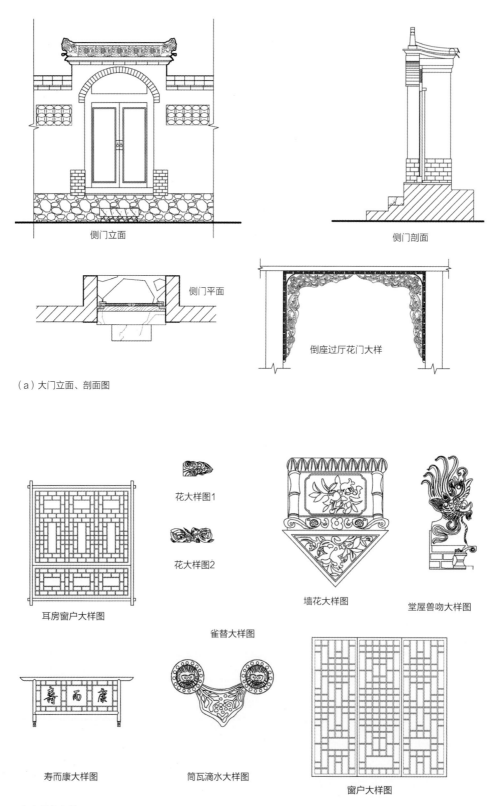

(a) 大门立面、剖面图

(b) 花纹大样

图3-4-6 罗家大院4（来源：甘肃省文物保护维修研究所 提供）

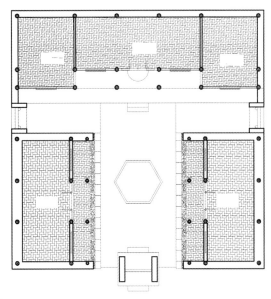

（a）二进院落平面图

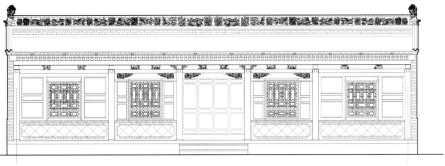

（b）上堂屋立面图

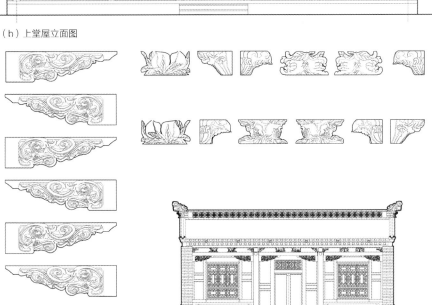

（c）厢房立面图

图3-4-6　罗家大院5（来源：甘肃省文物保护维修研究所 提供）

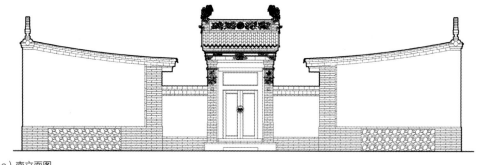

(a)南立面图

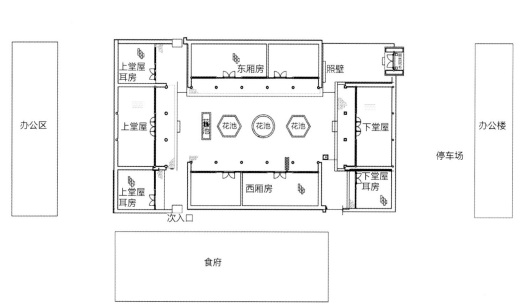

(b)四进院落

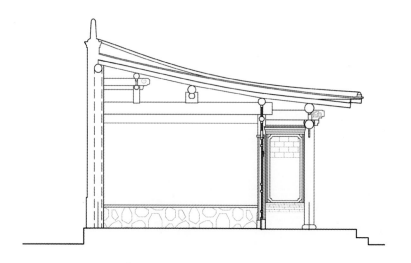

(c)堂屋剖面图

图3-4-6 罗家大院6(来源:甘肃省文物保护维修研究所 提供)

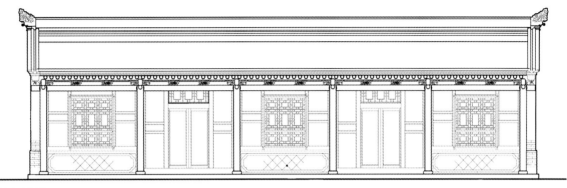

（a）西厦房东立面图

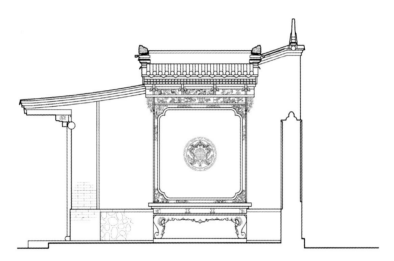

（b）东厦房南立面图

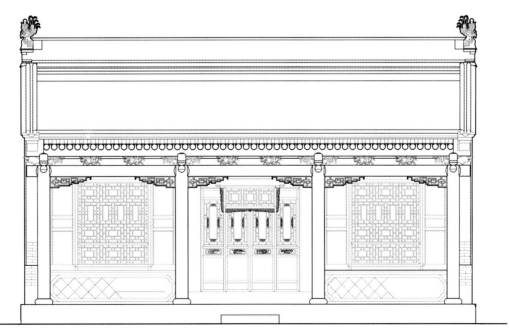

（c）上堂屋南立面图

图3-4-6　罗家大院7（来源：甘肃省文物保护维修研究所 提供）

(二) 普通民居

1. 夯土围墙庄堡式四合院

此类合院形制由房屋自身的后檐墙体围闭而成，房屋朝向院内，均为单坡屋面，排水聚合在院内。这种合院占地面积小，通风采光较差。建筑结构较为坚固，地基由石块砌成，建筑由承重的木框结构和起围合作用的木板和夯土墙构成，房屋有较为宽敞的前廊。

1) 分布

此类民居主要分布在兰州地区，院落布局别具一格，建筑艺术广泛吸收了中原地区的建筑文化，又因临近河湟地区深受河州建筑艺术的影响。但从目前调查看，夯土围墙四合院在兰州境内分布较为分散，保护不佳，在来紫堡乡的黄家庄村现存十余处，在金崖镇永丰村有四十余处现存建筑。其他分部不详。

2) 形制

此类民居建筑大多分前院和左、右院，前院多为商业活动区或者生活区，因为部分院落前院直接临街作商铺，此时前院主要从事商品生产加工，辅助有生活功能。左、右院主要为生活区，用于居民生活和圈养牲畜，各院落之间大多有独立的出入口。院子四面均为房屋，堂屋为三间房，侧房均为三间房屋，当地人称为三堂三厦，在当地曾有五堂三厦、七堂五厦等。部分院子是两进院落，分为前院和后院，前落为主要院落，后落为马车进出存放院落和牲畜饲养院落，一般情况两院各自有独立开门，在东侧或者西侧有门相通。

3) 建造

按照当地居民的习俗，建造之前要举行一些传统仪式。建造时先放线开槽，确定院落范围，继而开始夯院墙。此时有两种情况，有的居民会在院墙全部夯好之后再开始夯主体建筑的墙体，而有的居民则一边夯院墙一边夯主体建筑的墙体。但就院落内单体建筑来说，是先开槽，打地基，地基深度一般要30～40厘米，选用石砌或者砖砌，然后放柱基，再夯墙体，夯到一半构筑木构架作为主要骨架，然后继续建造夯土墙，墙体通常不会进行任何雕饰，保留夯土墙朴素的外貌，使建筑整体呈现出古朴的韵味。墙面夯实后再择吉日上大梁，一般大梁直径为30～40厘米。房顶一般为木构架，上覆青瓦。等整体完成后开始对梁架和门窗进行精细的雕饰，此时通常使用兰州传统民居建筑艺术中应用最广泛的木雕，其装饰的重点是主梁、斗栱和门窗，家具的装饰通常会和主梁的装饰风格统一。

4) 装饰

此类型民居的装饰通常较为简单，墙体多为夯土原色，建筑多为木色原色，纹路简约，朴素淡雅，有统一的模式，让人感觉清新舒适。部分民居会在雕饰表面施以彩绘，不仅保护建筑，更能使木雕的艺术表现达到极致。这些古拙、简洁但不失精巧的雕饰，无一不是匠心独具。走进宅院，隐约中仿佛可以领略到百年来兰州人传统生活所酿造的浓郁民俗文化。

5) 代表建筑

兰州市榆中县来紫堡乡黄家庄黄家大院此院落是典型的夯土围墙庄堡式四合院，从建造至今一直用作居住，历经多年主体建筑构架依旧完好，院落格局也保存较为完整。院落共两进，前院为生活起居用，后院为车马院，用来停放马车、圈养牲畜等。院落地面平整，地基均为石基，院内建筑布局合理，均为木架结构，由夯土墙与木板围合，屋面由单坡屋顶与卷棚屋顶结合而成。正房坐北朝南，一明两暗，耳房与厢房均在其西侧，雕花精细丰富，室内陈设与建筑雕花相辅相成，别具韵味。后院空间开阔，有独立入口，与前院入口位于同侧，互不干涉且出入方便（图3-4-7）。

2. 高房子

在通渭、定西一带，传统民居建筑以夯土版筑高墙庄院为主，称为"庄"，民居院落多有"高房子"建筑，这种土木结构的简单楼式建筑，一般位于入门内的左侧。高房的底部多有土坯箍窑，窑面上垫平后建高房，下层用于储藏农具杂物或用作牲口圈，上层住人，楼梯设在院内。

1) 分布

高房子具有很强的防御性，站在高房子上，能够眺望周

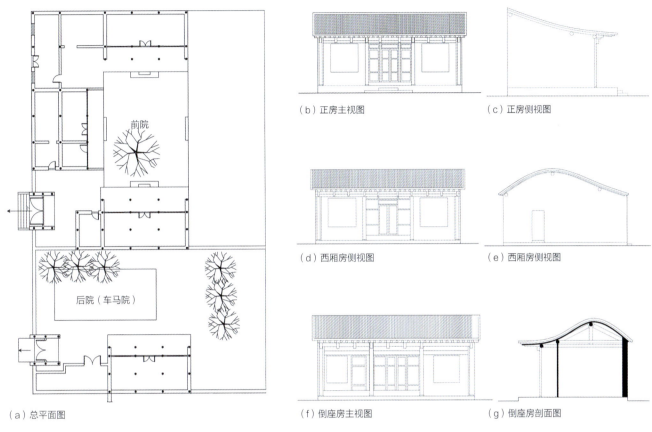

(a) 总平面图　　(b) 正房主视图　　(c) 正房侧视图
(d) 西厢房侧视图　　(e) 西厢房侧视图
(f) 倒座房主视图　　(g) 倒座房剖面图

图3-4-7　黄家大院（来源：刘奔腾 绘）

围的情况。其主要分布于定西市通渭县和安定区一带。

2）形制

高房子内四面均建房屋，主房为堂室，即其他地方的"上堂屋"，堂室的前面为宽阔的庭院。陇中南部地区的堂室与其他地方的上堂屋之间存在区别：堂在前，室在后；在堂、室之间设有前墙隔开，墙外属堂的空间，墙内属室的空间；隔墙的左右各设窗（牖），中间设户（室门），即所谓的"升堂入室"；堂的左、右、后均围以砖或土坯墙，左墙称为"左序"，右墙称为"右序"。堂中前方，一般置两个大明柱（楹）；室的平面为长方形，中前方，一般置两个大明柱（楹），左右长而前后窄，面积较大，寝室住人，庙室祭祖或供宴会起居之用。这种高房子建筑属于会宁通渭一带流行的庄院，简称"庄"。庄的大小以弓（4~5米）计算，有12弓、16弓、20弓、21弓等标准，最常见的是16弓（约250平方米），平面讲究正方形，忌讳前后延伸，有时还在围墙上修筑女儿墙，这种院落形制称之为"团庄"。庄内的房屋布局沿袭传统四合院形式，有厅房（主房或客房）、对厅、厢房及高房等，堂屋的台阶最高，对厅厦房次之，过厅厨房最低，院内四角分别置厕所、磨坊。牲口圈置于院外，与菜园、果园、打麦场等其他生产设施相连通，并修筑低矮的围墙圈起来，称之为"外落城"。而高房子与传统的"庄"的不同之处在于它的牲口圈是在高房子的底层。

3）建造

高房子底部多以土坯箍窑，所以要先建窑，因为窑面上垫平后才能在其上建高房。垫平窑面后先在院内建楼梯，楼梯是开敞的，没有屋顶，楼梯的高度一般与窑面高度持平。楼梯建好后开始在窑顶建高房子。高房子体量很小，一般位于入门内左侧，有时也建于右侧，这是由于高房子主要用于防御观察，其方位要根据具体情况而定。高房子的下层一般用于储藏农具杂物或牲口圈，上层住人。由于定西等地常年干旱少雨，房屋结构多为"一梁两挂椽一檐水"式，房顶坡度较平缓，前檐高2.6~2.9米，后墙高4米以上，房屋坡度在1∶0.3~1∶0.35之间。高房子与当地其他院落一样，上房（堂屋）建筑最为讲究，通渭县等地称上房为"厅房"，布局形式多样，有全厅、半厅、软三间、软一间等几种，一般面阔三间，进深一间，明间正中开门，次间置窗户。房屋的围墙多由两部分组成，下部为夯土墙（高2米），上部为土坯砌筑，有些房屋的后檐墙建在庄墙上。盐碱地区多以砖石砌墙基，其上砌土坯。安定区一带的上房有简易结构和间架结构两种，"间架结构"较为复杂，称为"三间两檐四檩三挂深檐"，前檐有二檩承挑檐廊，露出二明柱，柱头装饰有"扎梁头子"，梁、檩间为梯形楔搭接，脊檩中间置顺水栿梁，上拖杩墩、瓜柱等构件；其他梁檩以14根明柱、暗柱支

撑；柱子水平之间以"拉枋"连接。在明间设边门两扇，中间设启闭门两扇。高房子的建筑屋顶椽子的布置、形成与特定的传统习俗有关。梁架结构一般为"四椽嘴口"或"腰扎挂"飞椽挑檐，两门四窗。简易者为无"嘴口"，无飞椽。椽子排布以"滚椽"，若厢房选挂椽方式，则主房不能选滚椽，否则有"以大压小"之嫌。同时，"滚椽"房屋对面的房屋不能用"挂椽"，否则有"乱箭射主"之嫌。

4）装饰

高房子本身的建筑装饰并不多，但其院落整体建筑的装饰还是很有讲究的，大多数柱头装饰有"扎梁头子"；且门窗雕饰都有固定的样式：堂屋明间的门窗多为四门八窗的"箍子门窗"，两次间各设互为开合的"四明窗子"，窗下砌槛墙，门楣之上为奇数组成的"卧山板"，其上有贴栾坊、闭风板等构件。对厅、厦房门多双扇棋盘门，厨房门多单扇踏板门。窗子多为16或25眼的方格窗，有的是上下两合虎张口窗，现多改为玻璃窗、钢门钢窗。

5）代表建筑

麻子川村徐进德院落此院落是典型的高房子四合院，由于至今做居住用，所以保存较为完整。院落总体布局形式为三合院，前院为生活起居用，高房子位于前院，现用作居住，后院附带菜园。该三合院位于李家堡乡，高房子整座建筑坐北朝南，选择基址为向阳开敞避风处，在建造过程中保留了传统乡土气息。房屋体量大小适中，不突兀，与整个院落的比例和谐，在细部并无过多装饰。造型简洁大方，毛石基础，泥木结构，泥土夯实墙，整体风格朴素简约。正房为西向，一明两暗，结构形式为三檩双坡硬山顶，屋面为仰瓦屋面带脊；东西厢房都为一明两暗，单坡硬山顶。大门为双坡硬山顶，院内地面原状为素土铺装。整个院落的风格呈现浓重的陇中韵味，朴实的泥木夯土，没有过分的修饰，体现出主人素朴的生活态度（图3-4-8）。

3. 庄堡式民居

1）分布

庄堡式民居具有很强的防御性，是甘肃境内比较特殊的

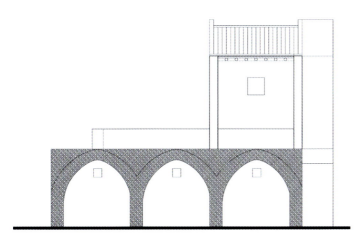

图3-4-8 高房子（来源：郭兴华 绘）

生土民居建筑，分布范围广，数量相对较多，目前其在定西市分布较多且主要在安定区一带。

2）形制

堡子墙体高大，工程量很大，土坯筑墙者比较少见。土坯的制作技术很简单，但成本较高，一般用于砌筑房屋墙体或者与夯筑墙混合使用，堡内房屋建筑的布局在各朝各代不大相同，但均以四合院为主，有一进的、两进，甚至多进院落，院落之间用过厅连接。单进院落通常只有一个出入口，且大多在南侧，院落内部正房大多坐北朝南，以三开间为主，主要由家中长者居住使用。东西两侧各有一座厢房，也以三开间居多，主要由家中少者居住使用。入口两侧为厨房、旱厕及牲口棚等建筑，其与主院落之间有时有隔断，相互干扰较少，且挺近出口，使用颇为方便。此类建筑从外观看，体量巨大，气势非凡，是我国北方地区典型的民居建筑。

3）建造

庄堡式建筑在修建方式上可分为三个类型：第一类，历代屯田或展开军事活动而修筑者；第二类，聚落、村庄内村民自发修筑的用于集体防御者；第三类，历代官僚、富商、地主修筑的庄堡式庄园。堡墙的修筑方式有夯土版筑墙、土坯垒起墙、青砖砌墙、砖石土坯混合砌筑等，其中砖砌的堡墙很少见。夯土筑墙的施工技术比较简单，容易操作，首先用高约4米的两个V字形支架，以2米为一段，支架两侧用棍模编排成板，木棍用绳子捆扎或直接用木板，组成一个拦土槽。土填入槽内，反复拍打坚实，形成十几厘米厚的夯层。建筑材料就地取材。基础素土夯实。大木构架为抬梁式，木材为松木。檩上放直径约为10厘米的圆椽，椽子搭头为乱搭头，上抹滑秸泥黄泥布小青瓦。屋脊做法为三皮砖。墙体做法为后墙土坯墙；前墙墙体下部（勒脚）砌三至五层砖，其上砌土坯。窗户为棂条格子窗。正房后改为铝合金玻璃窗。当地民居符合黄土高原民居："墙倒屋不塌"的特征，虽经历次维修，大木作整体未作改动（图3-4-9）。

4）装饰

围墙直接裸露的夯土材质，没有丝毫装饰，院内建筑也素面朝天，从外观看少有修饰，建筑的构架结构等都直接裸露，色彩也以原色为主，总会让人误以为很简陋，但建筑内部装饰非常丰富，以砖铺地，墙上一般都会挂有壁画，甚至饰以彩绘，与外部相对比总会让人觉得走入了梦境。

5）代表建筑

锦花村曹龙院落：此院落为典型的庄堡式院落。正房朝南，一明两暗，为客厅兼老人卧室，以及供奉祖先之用。左次间为火炕，右次间放衣柜、沙发、茶几、电视等，室内功能布置合理。东面厢房，现已废弃，用来放置杂物，左耳房为厨房，还在正常使用，右耳房原为杂物间，现已

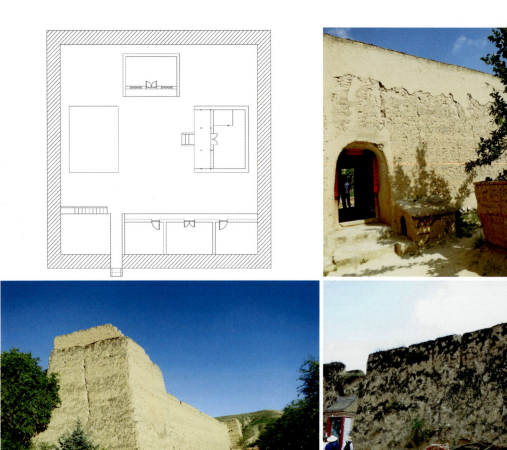

图3-4-9 庄堡式民居（来源：郭兴华 绘）

坍塌。西面厢房为夫妇俩的卧室，左耳房为杂物间，均正常使用。院落西南角为厕所，紧邻院落出入口而设。室内红砖铺地，木质天花板，已将原房屋结构遮住不可见。四周墙壁上挂字画作装饰，风格以陇中的一贯风格为主。室内家具简朴实用，其装饰风格与建筑整体风格统一。

4. 夯土围墙合院

1）分布

陇中民居主要分布在高平走廊上，受地形限制，其大门开设多按东西轴线，院内对称布置房屋和多进院落。为适应西北的高寒气候和便于采光取暖，并且节约用地，夯土合院形制多为长方形，院落空间开阔。院墙较低矮，屋面和墙体厚重，以满足保温的要求。同时由于该地区干旱少雨，因而平面围合，屋顶采用"一坡水"（单坡）较多，坡度较缓，而且采用方瓦平铺，少用筒瓦。

2）形制

夯土围墙合院的规模和装饰等表现形式与当时社会的经济、政治、文化和建筑艺术水平紧密相连。其独特之处在于房子后墙和左右墙高大且用青砖或土坯砌成。整体建筑形态受西北地区地域环境和气候因素的影响。屋脊和青瓦的应用充分展现了民俗文化的底蕴。

3）建造

外墙和院墙做成夯土墙或砖墙，建筑外檐多为枋木分隔，材料选用土坯、青砖、木材等，台阶用青砖和块石砌筑，室内外地面多采用素土夯实。其建造时一定先夯院落的围墙，再进行建筑墙体的夯实，除特殊情况外，不会打乱顺序。

4）装饰

主要装饰形式是木雕、砖雕、石雕三种雕刻艺术。装饰注重"耕读传家、重文轻商"的文化题材，重点反映在屋脊、檐口、窗户、牌匾、门头、台阶、院墙等部位。在色彩方面，以大面积素雅的青灰色为主要色调，穿插使用少量的白灰色或是夯土墙的本色，点缀木构本色或者桐油漆色。整体色调显示出儒雅清秀的乡土气息。

5）代表建筑

景泰瞳庄村26号：总体布局，院落形式为一字合院，为生活起居用。该合院位于瞳庄村中心位置，整座建筑坐北朝南，选择基址为向阳开敞避风处。正房南向，一明两暗，结构形式为三檩单坡硬山顶，屋面为仰瓦屋面带脊，正房室内吊顶。大门为双坡硬山顶，院内地面采用素土夯实。正房朝南，一明两暗，为客厅兼老人卧室，以及供奉祖先之用。明间布置几案，八仙桌，一对太师椅，墙上挂中堂，左次间为火炕，右次间放衣柜、沙发、茶几、电视等。院落西南角为储物棚，用于存放粮食和农具等。建筑材料就地取材。基础素土夯实地。大木构架为抬梁式，木材为松木。檩上放直径约为10厘米的圆椽，椽子搭头为乱搭头，上铺望板，上抹滑秸泥，黄泥布小青瓦。屋脊做法为三皮砖。墙体做法：墙角为卵石砌筑，同墙厚。上部墙身为土坯砌筑，外抹滑秸泥，细泥罩面，窗户为木框玻璃窗，门为板门。

景泰瞳庄村56号：总体布局，院落形式为两进院四合院，为生活起居用。上房整座建筑坐东朝西，选择基址为向阳开敞避风处；正房为西向，一明两暗，结构形式为双坡顶（内部结构不明），屋面为胶泥加沙子屋面带脊；正房和南北厦房带有前廊，均为石砌台基。正房朝西，一明两暗，常年不住人，右耳房为厨房；南厦房明间布置几案，八仙桌，一对太师椅，墙上挂中堂，左次间为火炕，右次间放置沙发和衣柜等；北厦房为储藏房屋；西南和西北面为新建居住房间；东北面是大门，两进院子。南厦房有八仙桌，几案上放置花瓶与镜子，寓意"平平静静"，八仙桌两侧是太师椅，墙上挂中堂。建筑材料就地取材。基础夯实，即选定地基后，原地坪下挖0.5米左右，除去浮土、石块，夯实。按设计尺寸放线、建造基础。基础四周及柱础铺设细砂，以上用块石砌筑，中央回填素土，夯实。大木构架为抬梁式，木材为松木。檩上放直径约为10厘米的圆椽，椽子搭头为乱搭头，上铺榻板，上抹滑秸泥，再用胶泥和沙子做防水。屋脊做法为两皮砖。墙体做法：墙角为卵石砌筑，同墙厚。上部墙身为土坯砌筑，外抹滑秸泥，细泥罩面。窗户为大棋盘木窗，现仍在使用。当地民居符合黄土高原民居："墙倒屋不塌"的特征，虽经历次维修，大木作整体上并未做改动（图3-4-10～图3-4-12）。

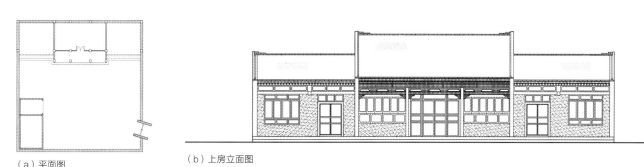

（a）平面图　　　　　　（b）上房立面图

图3-4-10　夯土围墙合院1（来源：兰州交通大学 提供）

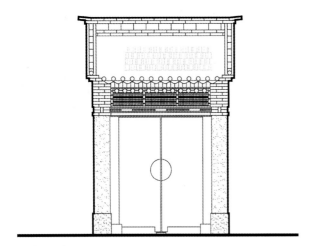
(a) 大门立面图

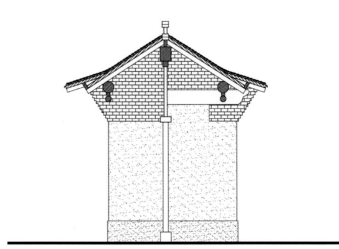
(b) 大门侧立面图

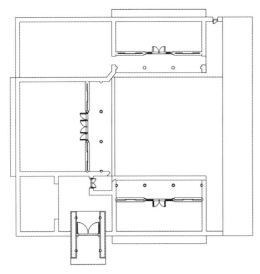
(c) 院落平面图

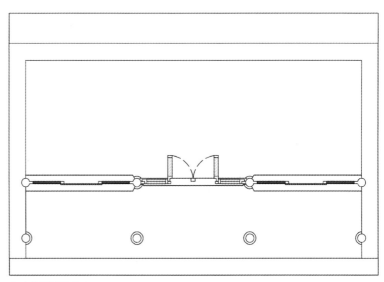
(d) 北堂屋平面图

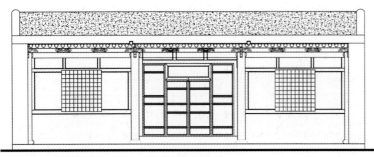
(e) 北堂屋立面图

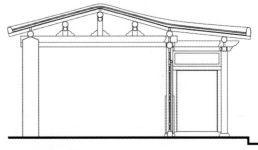
(f) 北堂屋剖面图

图3-4-11 夯土围墙合院2（来源：兰州交通大学 提供）

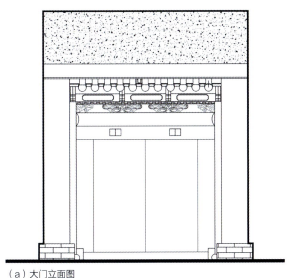

（a）大门立面图　　　　　　　　　　　　　　　（b）大门剖面图
图3-4-12　夯土围墙合院3（来源：兰州交通大学 提供）

第五节　黄土地域下的建筑结构体系

陇中黄土丘陵沟壑区多采用生土木结构、砖木结构、砖混结构，建造体系大致可分为以下几种结构类型：

一、生土节能的夯土民居

（一）墙体

夯土椽筑——土坯墙。由于当地黄土深度厚，黄土颗粒遇水凝聚力、可塑性强，人们利用夯土版筑、夯土椽筑技术建造的夯土墙作为主要承重墙，将半干半湿的黏性土放在由木椽制成的模具之间，逐层分段夯实而成，每层厚度一般在30~35厘米之间，宽度约60厘米。土坯砖（在陇中地区俗称"土墼子"）是在夯土技术的基础上发展而来的，选择土质均匀并含有一定水分的适宜土壤，用木材支模形成"模子"，利用具有一定重量的圆形石质"杵子"，打夯形成统一尺寸的块体（图3-5-1），土坯砖的尺寸统一为400毫米、250毫米、55毫米。统一的"模子"确定后，当地匠人可进行模数化生产、晾晒、施工，在陇中地区传统民居建筑中广泛应用。

当地传统建筑墙体通常为椽筑墙与土坯砖结合砌筑，下层部分由夯土椽筑技术砌筑，通常高1.5~2米，由于太高打夯操作受限，上层部分由土坯砖砌筑，山墙面坡屋顶起坡的位置为斜面，无法用夯土椽筑完成，只能使用土坯砖砌筑。

（a）土坯砖制作模具　　　　　　（b）土坯砖夯筑工具

（c）土坯砖　　　（d）夯土椽筑墙　　（e）上土坯砖下夯土墙
图3-5-1　夯土筑土坯墙技术（来源：《陇中黄图丘陵沟壑区新民居建筑生态建构技术研究》）

为了使得夯土椽筑、土坯砖墙外表面的光洁平整，一般在墙体砌筑的通知在墙体体内外表面用黏土泥浆与麦草的混合物抹面处理。台基部分通常为块石铺筑，高150~400毫米不等，根据房屋地位而不同，上房台基通常最高，由长辈居住，下方台基最低，通常由晚辈居住。台基之上墙体正面的墙基部分砌筑以2~3层青砖，能够避免雨水由屋檐落下随台基飞溅至墙体，增加生土墙体的防水性。

（二）屋架

木屋架系统在陇中地区传统民居建筑中广泛应用。当地传统建筑墙体通常为椽筑墙与土坯砖结合砌筑，下层部分由夯土椽筑技术砌筑，由于太高打夯操作受限，上层部分由土坯砖砌筑，山墙面坡屋顶起坡的位置为斜面，无法用夯土椽筑完成，只能使用土坯砖砌筑。当地传统民居，除去主要结构体系柱、梁、檩条、椽子以外，屋面结构自下而上一般为：椽子上为草席、草泥、青瓦。坡屋顶构造层次为：250毫米木檩+60毫米木椽+5毫米芦苇席+15毫米瓦+80毫米草泥+15毫米瓦。当地传统建筑多为单坡悬山顶，梁架系统为简化处理的抬梁式木屋架，由于房间形式多为"一明两暗"式，一侧为土炕，中间部分相当于"厅"，另一侧为沙发、电视等相当于起居室，由于房间面宽较大，在面宽1/3及2/3处进深方向以排山梁架为主，排山梁架在中柱的位置用替木支撑，截面做成圆形，在端部与柱交接的部分砍削成长方形。中檩置于两片山墙中间，直径约20~25厘米，檐檩直径略小于中檩。檩之上架松木椽，直径6~8厘米，间距15~18厘米均匀排列，长度根据房间进深及坡度确定，若为单坡则分两段排列，在中檩处为交接处，据当地老匠人介绍，两段椽子在中檩处重合，用竹筋将前后两根固定在一起，并用铁钉固定在中檩上。椽子在前檐挑出1~1.2米，形成檐下遮阳挡雨的缓冲空间，檐下的台基也可作为村民晾晒谷物及闲谈时的空间。

椽子之上铺用芦苇编织的草席，既可作为维护结构，又有一定的透气性，其上铺5厘米厚黄土层，起到保温隔热作用，其上铺小青瓦，瓦的铺设采用仰瓦形式，"压三露七"（南方地区通常为合瓦形式的"压七露三"做法），这种做法比起降雨量较多的南方地区合瓦屋面可节约近一半的瓦件。陇中地区仰瓦形式做法依据构造又可分为两种，即有灰梗和无灰梗式。由于陇中地区降雨量不大，且村民经济条件不够充裕，大部分民居建筑屋面均采用仰瓦形式。其中，仰瓦灰梗是指屋面只铺底瓦，不铺盖瓦，底瓦较为密集，列与列之间不留较大缝隙，在瓦件列与列之间的接缝处用麻刀灰填缝塑起3厘米左右厚的灰梗将接缝处填实，以防漏雨。若瓦件较为平整，接缝很小，降雨时几乎不会深入屋面，村民经济条件不允许的情况下，也可只铺仰瓦不做灰梗。屋面使用多年后，可对就够进行翻修，木材的使用年限较长，若需要更新，原有梁、檩等构建可重复利用，重新铺一层芦苇草席，将破损的小青瓦进行替换。瓦的固定需要抵抗两种外力，一是自身重力下滑，二是风力掀揭。陇中黄土丘陵沟壑区，由于坡屋顶坡度较缓，一般利用瓦件自重外加黏土来固定。室内一般不做吊顶，或只是用布料做简易吊顶，防止草席碎屑或土渣掉下（图3-5-2、图3-5-3）。

二、材料演变之砖混木盖

墙体

下砖上土坯：墙体下部为黏土实心红砖或青砖砌筑的1米左右高的砖墙，上部墙体用土坯砌筑，外表草泥抹灰。屋盖重量由黏土砖及土坯砖混合墙体承担；下层黏土砖墙承载土坯墙体负荷并将其传给台基，提高了墙体的稳定性及耐久性，且下部砖墙在防潮、防水方面具有良好的特性，提高房

（a）单坡木屋架

（b）双坡木屋架

图3-5-2 传统木屋架形式（来源：《陇中黄图丘陵沟壑区新民居建筑生态建构技术研究》）

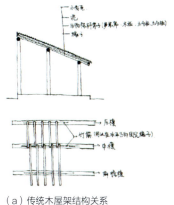

（a）传统木屋架结构关系　　（b）屋架构造层次

（a）山墙　　（b）台基

（c）单坡局部抬起屋盖　　（d）单坡

（c）立面拼砖装饰　　（d）墙体表面处理

图3-5-3　传统屋架结构及屋顶形式（来源：《陇中黄图丘陵沟壑区新民居建筑生态建构技术研究》）

图3-5-4　砖木混合结构（来源：《陇中黄图丘陵沟壑区新民居建筑生态建构技术研究》）

屋整体的耐久性。

前砖后土坯：房屋前檐下的墙体，采用砖砌，后墙及两侧山墙均用土坯砖砌筑，并且砖砌的同时开始重视墙面的艺术效果，将红砖切削成不同形状，打磨平整后进行几何图案拼贴，体现正立面的视觉效果（图3-5-4）。砖墙木结构：在原有土坯墙——木结构基础上，延续原有木结构的结构体系，墙体采用实心黏土砖砌筑，墙体既是围护结构又是承重结构，墙体表面开窗较小。屋架：在原有土坯墙——木结构基础上，延续原有木结构的结构体系，墙体采用实心黏土砖砌筑，墙体既是维护结构又是承重结构。檩及椽子构造处理与20世纪80年代之前相同，椽子之上不再采用芦苇草席，改用木板，宽约15~20厘米的木板覆盖于椽子之上，形成基础的覆盖层，其上依旧铺一层黄土，外表铺设小青瓦。由于当地夏季日照丰富，干燥高温天气极不舒适，因此，屋架在前檐处挑出1~1.2米，作为遮阳构件。

屋檐的出挑宽度一般与台基距外墙的宽度一致，即可保证在下雨时，檐下空间作为缓冲活动区。而在夏季炎热时，檐下空间可作为民居建筑南向的气候缓冲区。因此，其功能主要体现在三个方面：

1. 防雨——屋檐的出挑可以有效地防止夯土墙面被雨水打湿，保持墙体的耐久性，而夯土时期的墙体由于承重受限，一般开窗较小，下雨天室内昏暗，在屋檐的保护下，雨天可利用其开窗。

2. 夏季遮阳——出挑的屋檐在炎热季节可以防止太阳直射，形成檐下灰空间，由于夏季太阳高度角较小，出挑部分可以有效避免夏季太阳辐射通过南向窗户直接进入室内，造成室内温度的升高。

3. 檐下空间在使用功能上可以作为生活空间的一部分，作为半室外空间供居民在檐下做家务、晾晒衣物、与家庭成员沟通聊天。

第四章　陇东地区传统建筑文化

陇东是甘肃东部地区的简称，包括庆阳、平凉、天水东部部分地区（本章中陇东范围不包括天水），处于陕甘宁三省区交汇地带，辖16个市县，人口446万，幅员3.8万平方公里。从地理区位上看，陇东位于六盘山以东，系黄河中下游黄土高原沟壑区，其中以"天下黄河第一塬"——总面积910平方公里的董志塬最为著名。

陇东是中华民族早期农耕文明的发祥地之一，素有"陇东粮仓"之美誉。这里是"环江翼龙"和"黄河古象"的故乡，是中国第一块"旧石器"的出土地，是中国中医药文化的发祥地。陇东自古为屏障三秦、控驭五原的重镇，是兵家必争之地，也是中原通往西域和古丝绸之路的北线东端的交通和军事要冲，近现代以来，陇东更是陕甘宁边区的重要组成部分，甘肃唯一的革命老区，被誉为"永远的红区"。

陇东独有的黄土高原代表性传统建筑，正如它所生存的地域一般朴实无华、敦厚纯真，等待着人们揭开她的面纱。

第一节 地域文化与环境

一、陇东地区社会历史背景

庆阳市是中华民族早期农耕文明的发祥地之一，20万年前这里就有人类繁衍生息，7000多年前就有了早期农耕。4000多年前，周先祖不窋开启了农耕文明的先河。这里是中国中医药文化的发祥地，中医鼻祖——岐伯的出生地，在此成就了举世瞩目的《黄帝内经》；同时也是原陕甘宁边区的重要组成部分，甘肃唯一的革命老区，被誉为"永远的红区"。国家级陇东大型能源化工基地核心区，石油、天然气和煤炭蕴藏富集，长庆油田的发源地。

平凉是甘肃省下辖的地级市，位于甘肃省东部，六盘山东麓，泾河上游，为陕甘宁交汇几何中心"金三角"，横跨陇山（关山），东邻陕西咸阳，西连甘肃定西、白银，南接陕西宝鸡和甘肃天水，北与宁夏固原、甘肃庆阳毗邻。

平凉素有"陇上旱码头"之称，是古"丝绸之路"必经重镇，史称"西出长安第一城"。平凉自古为屏障三秦、控驭五原的重镇，是"兵家必争之地"和陇东传统的商品集散地，中原通往西域和古丝绸之路北线东端的交通和军事要冲，不仅是西北地区的公路枢纽，而且是欧亚大陆桥第二通道的重要中转站。

二、陇东自然地理背景

陇东地区属于半干旱大陆气候，光照充足，四季分明，作为先周始祖、黄河农耕文化和中国传统农业的发祥地之一，它奠定了周代几百年的历史根基，开创了中国农耕文化和传统农业的先河，是中华民族灿烂文明的最早见证。同时，这一地区又是戎、狄、羌、匈奴等古代少数民族的聚居地，古丝绸之路的商品物流集散地，形成了悠久而丰厚的陇东文化历史。与这一漫长农业文明相协调共生的是这里的生土建筑居住文化，它经过数千年的演化发展，形成了独特的陇东文化和建筑风貌，产生了以陇东窑洞为代表的生土民居与聚落（图4-1-1、图4-1-2）。

甘肃省水资源严重贫乏，而陇东地区属于全省内的贫水区，年径流量从南部的50毫米向北递减至5毫米，淡水清水资源仅占径流量的42%；人畜、农作物的用水十分困难。陇东属黄土高原沟壑区，耕地大约有1542万亩；年均降水量350~700毫米，降水量自南向北递减，因降水时空分布不均匀，夏秋多暴雨，加之黄土质地疏松，水土流失严重，是制约该地区农业发展的主要因素（表4-1-1、表4-1-2）。虽然地下潜水资源比较丰富，但开发利用的难度很大。有关资料显示，水土资源人年均拥有量综合指数陇东地区位居甘肃省末位。

图4-1-1 庆阳自然地理环境（来源：http://s6.sinaimg.cn）

图4-1-2 平凉自然地理环境（来源：http://imgsrc.baidu.com）

平凉市月最低、最高气温和对应相对湿度统计　　　　　　　　　　　　　　　　表 4-1-1

	1月	2月	3月	4月	5月	6月	7月	8月	9月	10月	11月	12月
最低温度 /℃	-16	-15	-6	0	3.5	8.8	13	13	8	2	-6	-12
相对湿度 /%	56	40	69	40	41	65	72	76	74	80	65	54
最高温度 /℃	7.8	7.7	17	27	25	31	31	31	26	22	15	7.6
相对湿度 /%	40	68	52	57	59	45	57	59	53	60	46	37

庆阳市月最低、最高气温和对应相对湿度统计　　　　　　　　　　　　　　　　表 4-1-2

	1月	2月	3月	4月	5月	6月	7月	8月	9月	10月	11月	12月
最低温度 /℃	-10	-12	-8	-2	7	12	15	14	9.2	3.8	-6	-8
相对湿度 /%	52	62	67	56	59	60	80	78	74	71	66	60
最高温度 /℃	4.7	6.8	24	25	24	30	32	31	26	18	13	4.7
相对湿度 /%	34	44	53	43	43	40	61	52	54	48	50	41

三、独特窑洞民俗社会、民居文化

黄土高原对于陇东地区特色传统建筑的形成可谓得天独厚，窑洞是这里传统民居的主体。窑洞是在人工掘成的崖面上纵向挖成的洞，"崖"形成自然的屋架。崖的组合为"庄"、"庄子"，主要有明庄、地坑庄等七、八种，地坑庄又分为平地下坑和"半明半暗"。这些民居形式是典型的周祖陶洞穴居的遗风。"地坑庄"首先要掘成地坑，坑壁即挖窑的崖面，这种类型一般集中于平坦的塬面。地坑庄大小不等，一般为长方形，长十丈，宽三丈，深二丈，正面土窑三孔，侧面一孔，通道叫作"洞子"，下洞上箍，安装大门。

作为窑洞的发展和补充，世居在这里的人们在平地上，结合窑洞和普通民房的优点创造力一种独特民居建筑——"窑房"。窑房民居采用夯土作为墙，以土坯发卷起拱作为屋顶，屋顶填土形成坡顶并铺设青瓦，夯土或土坯外墙面抹麦草泥，讲究的人家外墙平贴砖，其外观与普通装瓦房屋一样，但其室内却为窑洞景观。由于此类民居较传统窑洞具有开窗自由的优点，采光与通风均优于窑洞，同时又因为采用生土坯，因此具有冬暖夏凉、加工简单、造价低廉的优点，是一种典型的绿色原生态建筑。在当今倡导的绿色生态建筑中，窑房在陇东地区依旧具有良好的发展前景。

第二节　自然与社会影响下的聚落格局

一、特定地域环境之下的择居理念

（一）当地宗族发展需求

随着城市化步伐的加快，农村经济得到了极大的发展，人们的消费观念发生了变化，加之社会中兴起的盲目攀比之风，使得农村居民普遍认为居住在窑洞或者窑房等生土建筑中是生活贫困的象征，有些地方政府也将放弃地域传统生态建筑作为脱贫的措施。因此，这种环保生态型的传统建筑处于停滞不前甚至濒临废弃的状态，取而代之的是砖混甚至混凝土建筑。传统生土建筑、生态聚落、原始营建技术正处于解体与消亡的边缘，陇东地区的传统村落风貌正在迅速消失。

（二）自然环境应对需求

陇东窑洞，是陇东人们利用自然地势、天然土质来建筑的居住场所。因而对地势、地址的选择是极为慎重的，他们选择在地质干燥的阳面开洞。第一种是在古河道进行，因为古河道之水已干涸，即利用这个河道岸壁进行挖洞。第二种情况是在黄土地区，选择土层深厚处，向下挖掘，挖出大方地坑，上下垂直，然后再挖横洞（图4-2-1）。第三种情况是在丘陵、原壁进行。原壁是西北黄土地区特有的现象，就是在土塬之中由于长年水土流失自然形成深沟，原壁壁面垂直，土质十分坚硬，就利用这个"原壁"挖掘窑洞。第四种情况是在地上筑室，但其窑面仿地坑窑式样，用尖心拱。选址时，首先观察土质的细密程度，有没有空隙，有无裂缝之痕迹，是否成为一个整体，再予以决定。如果土层很薄，土质中有夹杂物，如有砂层与卵石等，则不利于挖洞（图4-2-2）。

窑洞区的整体布局像村庄一样，集中居住为多，也出现一条一条的街道，它是经过长期形成的。它的布局方式分为长方形，沿着"原壁"进行，"原壁"越长，窑洞的范围也就占有更长的地面。有的"原壁"带着壁台，那么在这种情况下就开挖两层窑洞，分上下两层，互不影响，这也是陇东地区窑洞所特有的。另一种是弯曲式的布局，当沿着河道开挖窑洞时，因为河道弯曲，窑洞也随着河道而出现弯曲的布局方式。有的隔一个土崖、荒坡，有的相隔数十米。第三种形式为集中式，窑洞集中在一个广阔的大沟塘或集中在宽广的"原壁"，窑洞有百余个，成为一个集中点。窑洞区的聚居布局，虽然没有进行规划与设计，是自然形成的，但确已如同有了规划。这是长期以来，在民间建筑传统经验影响下形成的（图4-2-3）。

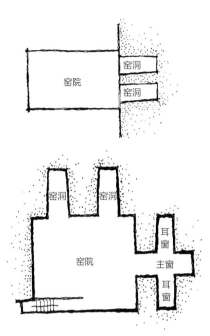

图4-2-1　灵台地坑窑院平面（来源：根据《中国风土建筑——陇东窑洞》，刘文瀚 改绘）

图4-2-2　西峰地区地上窑洞（来源：根据《中国风土建筑——陇东窑洞》，刘文瀚 改绘）

图4-2-3　灵台县城东两层窑（高庄子）（来源：根据《中国风土建筑——陇东窑洞》，刘文瀚 改绘）

二、黄土文明下的村落格局

深厚的黄土层为陇东当地居民提供了取之不尽用之不竭的黄土资源，人们在黄土塬上可以挖坑削壁，也可以直接利用沟壑坡崖削成直壁，再利用直壁开挖横洞，建造窑洞；也可以利用黄土制作土坯，砌筑墙体，建造房屋。可以说，黄土高原的特有地貌为其特定的建筑形式奠定了基础。

（一）陇东传统聚落的基本形态

以黄土高原梁、卯山地和部分塬地为主要地貌特征的陇东地区，主要是以旱作农作聚落为主。形势复杂多变的地貌和农牧为主的生产模式的差异性，使得即使一个区县内部也会有各种集聚型和散居型聚落，它们都是根据不同的地形、地貌特征，根据地形的疏密错落，灵活多变的布局而成。其中主要以带形聚落、阶梯形聚落、团状聚落、自由形聚落为主。

1. 带形聚落

带形聚落一般是随着地势地形或者河流、道路的方向延伸发展，或者围绕成形成线型的带状模式，根据聚落的形成因素不同，大致可以分为"临沟型"和"临水型"两种形式。

黄土高原丘陵沟壑区大多以临沟型聚落为主，常会受到地形限制，多数分布在"V"形沟壑两岸地区，沿着等高线纵深布置。这样可以避免雨季河水的影响，也为生活取水提供了方便。村落一般建造在不适合耕作的陡峭的沟坡阳面地带，因此，一般住户都比较分散布局。以向阳的主窑洞为主体，配合院墙、门楼、厕所、牲口圈舍等组成一个基本的农家生活院落。一般靠崖挖窑洞，面朝沟壑，选址进深方向不足，所以大多考虑沿着等高线方向延伸发展。错落有致、层层展开的院落形态布置是带形聚落的基本特点。

临水型聚落分布于河沟地带，离河较近，一般沿着河道方向展开布局，优点是接近水源，生活取水方便。

由于受地形条件制约，带形聚落一般为线状发展模式。村落的形成一般是村落的祖先最早迁址于此，后代以血缘为纽带，不断繁衍生息，逐渐分家分户，顺地势向两侧延伸，比邻而居。这样会形成整个聚落以某个姓氏为主体结构的聚落模式，可以互相支援、维护安全。

2. 阶梯形聚落

多分布在黄土高原丘陵沟壑区，村落一般会选址在面朝阳面的坡地上，呈阶梯状层层展开，形成了多层集聚形模式，远眺十分壮观。根据山坡弧形不同，一般会有向心布置的凹形弧坡状和放射状布置的凸型弧坡状。聚落里边每户以共同的夯土墙为界限，沿着等高线依次排列，各家各户的门楼基本朝着一个方向（图4-2-4、图4-2-5）。

图4-2-4 带形聚落（来源：《陇东地区传统生土建筑建造技术调研与发展》）

图4-2-5 阶梯形聚落（来源：《陇东地区传统生土建筑建造技术调研与发展》）

3. 团状聚落

大多分布在耕地资源比较丰富的塬地和川道之上，形状接近于圆形或者不规则的多边形。由于地势平坦，资源丰富，一般聚落人口比较密集集中。团状聚落形成历史比较久远，最早的定居者居于此，后来者在其前后左右逐渐拓展而居。聚落内部道路由内向外呈发射状，有几条骨干道路连通，道路纵横交错。人数多、规模大，一般社会化水平比较高（图4-2-6）。

4. 自由形聚落

自由形聚落的特征是建筑布局没有规律可遵循，邻里之间没有清楚的相对空间关系。根据地形地势，或一两家或三四家散布在各处，建筑本身保持良好的通风和朝向即可。陇东地区西北部丘陵沟壑区地形支离破碎，可利用耕地较稀少，耕地种植区域广阔但是非常分散。因此，住户为了更加接近自己的耕地而不得采取分散建宅。聚落形态因此而相对分散，彼此联系较弱，这也影响了农民的生活质量。随着新农村的建设以及农村家庭经济的逐渐好转，许多家庭放弃了原有的居住地，开始逐渐搬迁至塬上平整地带，形成新的集中聚落。

（二）永和镇罗川村

1. 罗川村历史遗迹及空间载体分布状况

罗川村位于甘肃省正宁县永和镇，据《禹贡》记载，天下分为九州，罗川属雍州西戎之地。隋文帝开皇十八年（公元598年），因"罗水出于川"，改阳周县为罗川县，乾隆初年，真宁县以避世宗"胤禛"讳，改为正宁县。罗川作为古县城直至1929年搬迁，承载了当地历史文化的变迁和发展。该村有历史文化遗产多处，其中有罗川赵氏石坊、承天观之碑、正宁文庙、赵氏祠堂、铁旗杆、路氏清代民居、冯氏清代民居、张氏明代民居、彭家大院、彭氏民国民居等（图4-2-7、图4-2-8）。

1）罗川赵氏石牌坊

建于明代万历四十二年（1612年）至明万历四十五年（1615年）间，"天官坊"和"清官坊"是明王朝为褒奖

图4-2-7　罗川村鸟瞰（来源：李玉芳 摄）

图4-2-6　团状聚落（来源：谷歌地球）

图4-2-8　罗川村历史遗迹及空间载体分布（来源：李玉芳 绘）

清官赵邦清而立的，恩宠坊是赵邦清为母亲刘氏、高氏所立。2006年被列为全国重点文物保护单位。石坊柱石坊面雕绘图文并茂。"清官坊、天官坊属官宦名门牌坊，恩宠坊属贞妇节女牌坊，这些牌坊不仅具有与众不同的外观形态、独具一格的审美价值、多种多样的社会功能"，记载了罗川极为丰富的人文内涵和古老深厚的历史底蕴，更是陇东人民精忠报国和清正廉明的缩影（图4-2-9）。

2）正宁文庙

位于罗川街道的二中院内，初建于元代至正年间，明末毁于兵，清顺治年间重修，清康熙、雍正、乾隆时维修，庙前保留汉柏一棵。文庙大殿坐南朝北，面阔五间，长16.5米，进深8.5米，高6.2米。2011年被列为省级文物保护单位（图4-2-10）。

3）赵氏祠堂

据《正宁县志》记载，赵氏祠堂建于明天启元年，坐南向北，面阔三间，明柱、土木结构，3米开间，进深5米，斗栱平檐，硬山顶，顶镶脊兽，"坚持清白"碑刻及"清 清 清"碑刻，两个碑刻对赵邦清为官清廉的实物记载，也是廉政文化的代表，2003年12月被列为市级文物保护单位。

4）铁旗杆

铸造于1846年，位于原城隍庙大门前，旗杆高7.6米，由陕西富平复兴炉金火匠李富来到罗川铸造，旗杆一对上细下粗，"被两条张牙舞爪的蟠龙所缠绕，铁旗杆顶端各一铁鹤分别背负'日、月'二字，底部插在铁狮背腹，两尊铁狮二目圆睁。每当节令之时，挂着旗幡，以显示威仪。"2003年被列为市级文物保护单位（图4-2-11）。

罗川村内有路氏清代民居、冯氏清代民居、张氏明代民居、彭家大院、彭氏民国民居等多处传统民居，是陇东目前保存现状较好的传统村落。大多为土木结构的四合院式民居，至今保存着瑞兽砖雕、青砖龙头脊兽、木质落地门窗木雕等明清时期建筑的建筑风格。

2. 罗川村传统村落民俗文化与空间载体的特色

陇东的皮影、木偶戏、秦腔、剪纸、草编等民间工艺具有鲜明的民俗文化价值，村落不仅承载着这些民间工艺的实用信、娱乐性和艺术性，也承载了人民丰富的内心世界和精神追求（图4-2-12）。

秦腔是当地人民最喜爱和欢迎的剧种，秦腔有"自乐班"和"大戏"之分，比如春节等闲暇时间"自乐班"就会在戏台或较为宽敞的院落自发的组织登台演唱，这种更注重戏剧的娱乐性和传承性；或者在夏天丰收之后或相关节令日期"写一台大戏把戏看"，"看大戏"成为当地村落的一种祭拜、礼仪文化。在农忙的路上，也能听见担着扁担，吼着"呀""呔"……的秦腔的小调，在这里不单是戏剧文化，

图4-2-9 赵氏牌坊（来源：王斐 摄）

图4-2-10 文庙和古柏（来源：王斐 摄）

图4-2-11 铁旗杆、泰山和唐烟台（来源：王斐 摄）

而是多文化融合的文化综合体。

陇东的皮影在明清时期就已经比较成熟和流行，至今还保存着这门古老的民间艺术。当地的皮影艺术不管是从原材料的选取，图案的创作制定，故事的编排，情景的设计，整体艺术效果的创作，还是演员队伍，都是当地人民通过代代的薪火相传和不断的创新才得以延续（图4-2-13）。木偶戏融合当地的"社火"脸谱和人物故事的传说，但超越了秦腔脸谱的局限性，比如把敬德的形象刻画得比较冷漠，赋予其森严肃穆的感觉。"木偶戏因活动方便，演出人员精干，不受时间限制，白天晚上即可，在庙宇院内进行演唱。"在罗川这一濒临消失的民间艺术和民俗文化还在传承和演出，但是也面临后继无人传承的危机。

（三）百里乡古城村

古城村位于甘肃省平凉市灵台县百里乡境内，是百里乡镇府驻地，距灵台县县城约25公里，四面环山，是古密须国所在地。境内山环水绕，地域广阔，背靠大湾里、冯家湾山脉，面临柿子湾山脉和李家沟山脉，形成了丁字形格局，古城村就坐落在此处，在丁字形节点处形成弧状，选址合理。

古城村自古地灵人杰，人文荟萃，历史源远流长，文化积淀深厚。共王灭密，元谅料马洞山，白起迁徙阴密等历史事件赫然载入史册，境内发现仰韶、齐家、周文化古遗址20多处，发掘出土文物140多件，蒋家咀文化遗址列为省级文物保护单位，出土的西周铜鼎为世界最早的青铜器。境内山环水绕，地域广阔，气候阴湿，物产丰富。农作物种植品种主要有玉米、高粱、豆类等秋杂粮，干杂果有核桃、大枣等，经济作物有胡麻、穄子、西瓜等品种，中药材有半夏、刺五加、柴胡、甘草等品种（图4-2-14~图4-2-19）。

图4-2-12 陇东香包（来源：罗川镇政府 提供）

图4-2-13 陇东皮影（来源：罗川镇政府 提供）

图4-2-14 古城村全貌（来源：王斐 摄）

图4-2-15 古城村古城门遗迹（来源：王斐 摄）

图4-2-16 古城村密须墓（来源：王斐 摄）

图4-2-17 古城村唐槐（来源：王斐 摄）

图4-2-18 古城村大溪河（来源：王斐 摄）

图4-2-19　罗川晒烟和剪纸（来源：古城村村委会 提供）

第三节　建筑群体组合与地域文化的关系

一、陇东地区典型建筑文化特质及成因

（一）文化特质

据史料记载，平凉一带"民居建筑多板屋"，但明清以来，林木大量减少，今在平凉地区很少见到板屋式民居，只有很少量的砖土木结构二层楼。现存传统建筑形制有两种，一是窑洞院，与庆阳地区的窑洞建筑属同一窑居文化体系，主要分布在农村沟壑、山塬地区，如灵台县的新集、龙门、百里、蒲窝等乡和泾川县南、北二塬等地；二是合院式民居建筑，由于地近天水，与天水地区的四合院建筑风格接近，在城镇商业贸易区，院落临街的一面均建成铺面，也有二层木楼，与兰州地区的四合院接近。

庆阳市境内的四合院布局规模较小，多为一进一院、一进两院式，四面均建有房屋，以北房（上堂屋）为尊，砖土木结构，五檩四椽。堂屋称为"安架房"，与天水地区的称法一致。大门均依街巷而开，城镇地区称为"街门"。进入大门，面对一照壁，边框砖雕花纹，正中下部设土地神龛（图4-3-1）。堂屋室内正中置一长条桌，桌上供祖先牌位，摆放供品。

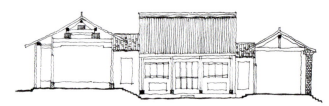

图4-3-1　宁县政平书房总剖面（来源：根据《甘肃古民居建筑文化研究》，刘文瀚 改绘）

（二）成因

1. 自然环境的必然选择

陇东地区黄土沟壑纵横交错，交通十分不便。由于自然环境的阻隔，陇东地区与外界的物质交流十分困难。传统以农业为主的经济结构使得陇东地区不能走向快速发展之路。所以，客观的自然环境导致了陇东地区的长期贫弱，这一特征反映在民居建筑上就体现在以经济性和就地取材为主要决定因素，其次追求建筑的舒适性和美观要求。而生土建筑固有的经济性和其就地取材的便利性及施工过程的灵活性都在最大程度上适应了自然环境条件的制约。

2. 受农耕文化的影响

史料记载，陇东地区早在20万年之前，就有人类在这一地区生存繁衍。周代重视农业，《汉书·地理志》记载："其民有先王遗风，好稼穑，务本业，故《豳诗》言农桑衣食之本甚备。"《甘肃省通志》记录"好稼穑务本业，有先王遗风。"这些都是记录陇东地区居民的功绩。原始人所住地穴都是自然形成的，没有阳光，潮湿阴暗，时刻受到野兽侵袭，生存艰难，在周代的先祖不窋执政时，曾令鞠陶负责挖窑洞。自从有了窑洞的庇护，人们就不再受到野兽侵袭，生命安全得到了保障，人们便可以定居下来，安心农业生产。

陇东地区历史悠久，气候温和，是中华农耕文化的发祥地之一。其传统生土民居的使用是经历了数千年的长期积累而得以丰富和发展的，经历过风雨洗礼，朝代变迁，伴随着农耕文化的开创发展繁荣，也留下了深厚的农耕文化的痕迹。

3. 文化融合，实用为主

陇东地区地理环境特殊，这里是关中文化、陕北文化和塞外文化的结合部。因此，其建筑风格特征也受到了多重的影响。一方面，由于地处典型的黄土高原地区，建筑受到陕北黄土窑洞的影响，保留了完整的黄土窑洞的居住模式；另一方面，陇东地区北部和宁夏回族自治区接壤，与宁夏南部固原回族聚居区相邻，也受到了回族生土建筑的影响，使其又产生了新的变化和发展。因此陇东生土建筑的外形和内部形态都与甘肃其他地区存在较大的差异。

二、黄土文化与建筑形态

广大的劳动人民是黄土窑洞最出色的建筑师。他们逢塬挖坑、削壁开窑，窑洞以地坑院的形式出现；若遇到山坡地形，则是从上至下削切崖面，然后挖窑，窑洞呈傍山形式组合；在黄土塬的边缘地带，则是半地下式的地坑院落。经过调研发现，在陇东地区中南部大多是地坑院式或者半地坑院式窑洞为主；在陇东地区北部则是以靠山式的窑洞为主。在河滩、河沟两岸的低级阶地和黄土塬的坡脚堆积黄土带，很少见到有窑洞。由此可见，当地村民是非常注意窑洞的场址选择的，他们会根据地形和地势因地制宜，选择最合理的建造形式，由此创造出了许多种不同类型的窑洞形式（图4-3-2）。

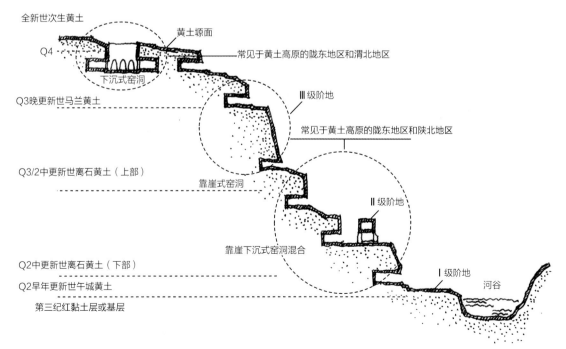

图4-3-2 黄土层与窑洞选址（来源：根据《窑洞民居》，刘文瀚 改绘）

陇东地区的窑洞类型是比较齐全的，有地下、半地下、地上、塬边沟边、山坡地带等各种形式。总结归纳可分为以下三大类（表4-3-1）：

1. 下沉式：主要特征是建筑位于地平线之下，呈地坑式分布。在董志塬、屯字塬等地分布较广泛。

2. 靠崖式：特征是依靠山坡、沟壑等，呈地面敞开式院落布局。大多分布在陇东北部，以庆阳市、环县、华池县分布最广泛。

3. 半敞开式：特点是地坑院式的一面或者两面半敞开，呈两层院落布局般由地坑式窑洞和地面建筑相结合组成院落，主要分布在黄土塬的边缘、沟壑地带。

黄土窑洞场地选择与窑洞建筑的几种类型　　　表4-3-1

类别	场地选择	图例
下沉式	平塬面地带	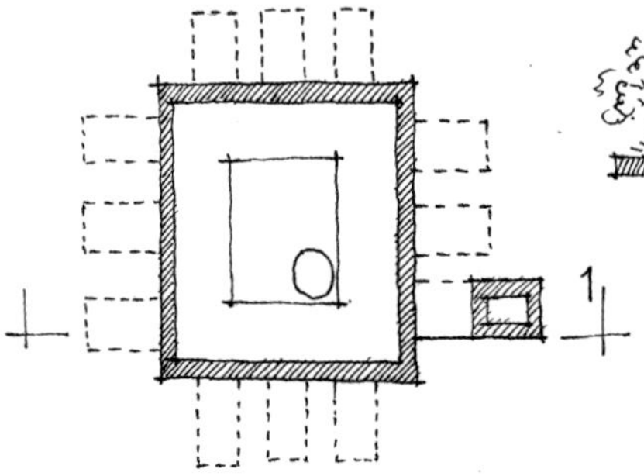 
靠崖式	沟壑山坡地带	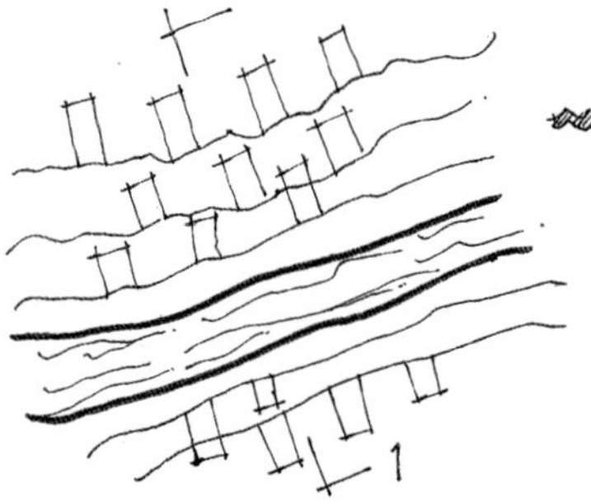 
半敞式	土塬边缘地带或沟壑地带	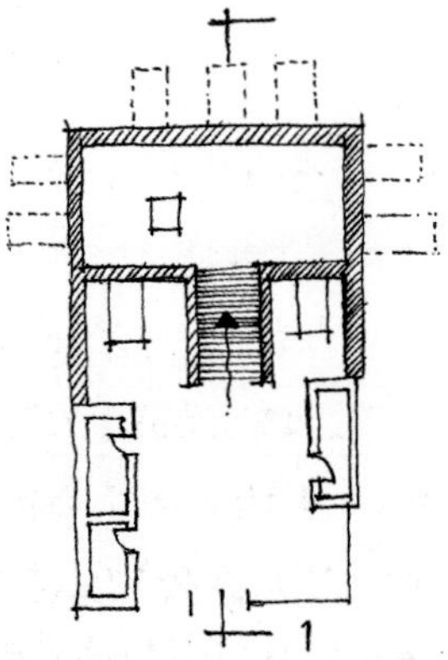 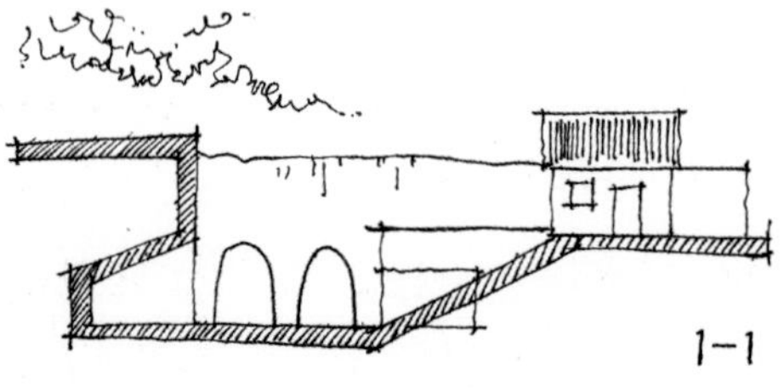

（来源：以上图片为刘文瀚 绘）

第四节　陇东地域文化下的传统建筑

一、传统民居布局解析

我国的窑洞民居主要分布在甘肃、山西、陕西、河南和宁夏四省（区），具体甘肃省的窑洞大部分分布在东南部，如庆阳、平凉、天水、定西等地。据统计：庆阳地区的窑洞民居占当地各类房屋建筑总数的83.4%，平凉地区占72.9%，崇信县农村竟达93%。此外，近几年兰州地区有榆中北山窑洞和红古区洞子村窑洞等。

窑洞式民居是一种很古老的居住方式，即在黄土断崖地区挖掘横向洞穴作为居室，据统计目前仍有约4000万人是窑洞居住者，构成了黄土高原最具特色的地域人居环境景观。今天的西北古老窑洞，绝大多数建于明、清时代，因为当时连年的战争和滥砍滥伐使林木越来越稀少，平民百姓无处伐木又无力烧砖瓦，而黄土沟崖与原土地则提供了建窑条件，于是窑洞便因时因地大量发展起来，故西北地区流传着："贵客来到我家堂，休笑我家无瓦房，土窑好似神仙洞，冬天暖来夏天凉"的民谚。然而，在社会不断进步的今天，传统窑洞自身的不足也越来越突出。

人类的发展史，是一个不断认识自然、利用自然和改造自然的过程，西北窑洞民居的产生和发展，同样与客观存在的自然条件息息相关。

我国穴居的历史可以追溯到夏、商、周乃至更久远的时代，最早的魏晋南北朝开凿的云冈石窟、龙门石窟、莫高窟均是这一建筑形式的代表。隋唐时期，黄土窑洞已被官府用做粮仓，例如隋唐时期的大型粮仓——含嘉仓。元、明、清时代，已有半圆形拱券门和全部用砖券的窑洞了，如陕西省宝鸡市金台观张三丰元代窑洞遗址，是至今发现有文字汇载的最早的窑洞。现在，我国现有的古老窑洞大部分是在清代中后期所建，如山西省平遥古城中的富商窑洞宅院、河南的"康百万"大地主庄园，它们至今保存完整，均为传统窑洞民居中的精髓。另外，由于黄土窑洞历代相继沿用，不断加以改造，所以朝代特征不甚明显。综上所述可以看出，从原始天然洞穴演变成现今的窑洞民居，曾经历了一个漫长的历史过程，其中积淀的文化底蕴是极为丰富的。

窑洞，可以说是我们祖先长期与自然作斗争中创造的一种建筑形式，是人类智慧的结晶之一，是中华民族从古至今文化传统的一部分。今天的西北古老窑洞，绝大多数建于明、清时代，因为当时连年的战争和滥砍滥伐使林木越来越稀少，平民百姓无处伐木又无力烧砖瓦，而黄土沟崖与原土地提供了建窑条件，于是窑洞便因时因地大量发展起来，故西北地区流传着："我家住着无瓦房，冬天暖和夏天凉"的民谚。

自古以来，窑洞建筑受各个窑洞区所在的自然环境、地貌特征和地方风俗的影响，形式纷繁，千姿百态。但从建筑布局和结构形式上划分可以归纳为靠崖式、下沉式、独立式三种基本窑洞类型。

二、特定地域下的传统民居结构形式

（一）靠崖窑

靠崖式窑洞的室外空间一般是经人工削坡后再开挖窑洞所形成的一面、两面或三面靠崖的开敞式院落，庭院的中轴线一般正对主要窑洞的洞口，庭院内种植有树木花草等，还设有石桌石凳等环境设施，室外气温较高时，人们一般会在院内吃饭、聊天，儿童在院内晒太阳、玩耍等（图4-4-1）。

1. 分布

靠崖窑多选择修建在靠北山、避风向阳的山坡平台处，且黄土层很厚，系朝山崖掘进而成。靠崖窑的建造工艺相对简单，以庆阳、平凉等地区最为常见，并且至今仍在普遍使用中。

半明半暗是崖窑的主要居住形式。主要修筑在庆阳地区广袤的董志塬、草胜塬等地，减少了对大片土地的浪费，由于塬边的崖壁不高，多为缓坡状，窑洞挖成后，往往是三面高，正面低。

图4-4-1 靠崖式窑洞（来源：http://img1.ph.126.net）

2. 形制

靠崖窑的崖面都很平直，在崖面上挖3～5孔窑洞，数量为奇数；有时仅为一孔。一般的窑洞高3～4米，5～10米，宽3～4米；窑腿必须距离平行，以增加支撑窑顶的稳固性；窑肩用土坯或砖砌成，安置门窗；窑洞内安置火炕。在这一排窑洞中，崖面中间为主窑，供祭祖、待客、长辈居住，东侧为厨房，其余各窑洞均为晚辈居住或作为仓库等。

3. 建造

（1）在坡上铲出一个立面有"L"形凹角的平台。（2）在与平台垂直的三个面上掏窑洞，一般为亲戚朋友来帮忙完成。（3）在掏好初步成形的洞内，请专业人士来进行饰面装修，将表面铲平。（4）抹白灰，垒炕，置办家具以及室外贴砖。

4. 装饰

建筑保留陇东黄土高原的地貌特色，多以黄土色为主。多选择在靠北山、避风向阳的山坡平台处，且黄土层必须很厚，系朝山崖掘进而成（当地称为"打窑"）。靠山窑崖面平直，多直接表现黄土的质感，现在常用红砖砌筑崖面表面。室内地面多为素土夯实，现在有地砖铺墁的做法；室内墙面多为滑秸泥抹面，现在多为白灰抹面。

5. 代表建筑

1）王氏民宅（西峰区什社乡李岭村），此院落为典型的靠崖窑民居，院落空间布局简洁明了，院门朝东，进入院子，地面已非原始的夯土地面而是以砖石重新铺砌过，院墙也已被素色砖石夯实，朴素大方。西北两侧均布置窑洞，西侧共4间窑洞，从左往右依次是厨房兼卧室、主卧室、柴房；北侧1间窑洞为卧室兼放粮，还有1间鸡窝。窑洞门窗全部摒弃了旧式的土门土窗，改以暗色铝合金玻璃门窗，与窑洞同时素面朝天，韵味独特。靠山窑窑洞的内部设施和布局，是以火炕为中心，以此辐射形成灶台和排烟道。根据人的日常生活，靠近门窗位置采光通风良好，设置火炕，靠近内部光线较暗，设置柜子等储物空间。室内地面为素土夯实，室内墙面划秸泥抹面。靠近门窗位置具有良好的采光通风，设置火炕，靠近内部采光较差，多设置柜子等储藏空间。火炕和灶共用一个烟囱排烟，烟囱通常打通窑洞上部土层直到顶部向外排烟（图4-4-2）。

2）李氏民宅（庆城县庆城乡李家后沟村），此院落为典型的靠崖窑民居。较其他窑类民居，此院落宽敞明亮，主入口位于方形院落的西南边的切脚上，与院落成一定的角度，非常独特。院落庭院地面本为素土夯实，现已用砖重新铺砌，院落内部墙面也以墙砖铺砌作为装饰，门窗等均为新式玻璃门窗，但仍不减窑居的魅力。整个院落建造工艺相对简单，修造起来较为快捷。院落北侧为主要使用房间，并列四间，西侧和南侧为辅助用房，西侧三间，面积均较大，以中间一间最突出，南侧四间面积较小。主要用房内已用白灰抹面，地面也以砖石铺砌，陈设较多，而辅助用房一直保持着窑居最原始的朴素，没有任何修饰，陈设也仅有日常用品，并充分利用窑居的曲面巧妙地制造家具。整个院落视野开阔，景观朝向良好，形成了一个临崖远眺的交流场所（图4-4-3）。

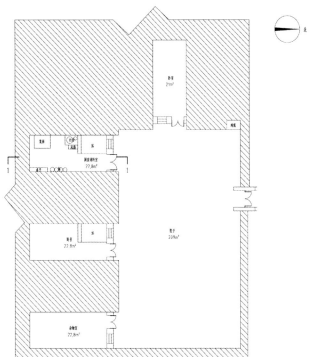

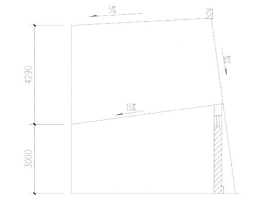

图4-4-2 王氏民宅测绘图（来源：兰州交通大学 提供）

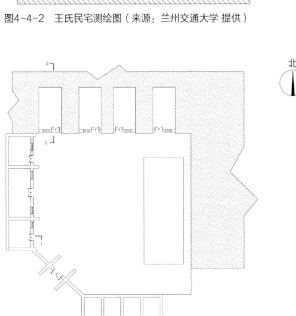
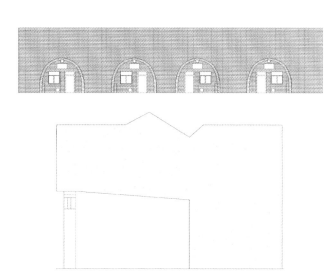

图4-4-3 李氏民宅测绘图（来源：兰州交通大学 提供）

6. 比较

靠崖窑早期形制单一，每个院落有三到四个窑洞。后来窑洞进深加大，出现半明半暗的形式。清末时由于陇原匪患严重，人们为了防御便开始建以村落或宗族为主的集体窑洞院落，这种形制接近堡子，当地人称为"堡子式崖窑"。

（二）地坑窑

地坑式窑洞的室外空间一般是一下沉的坑形院落，在地坑的南向一般挖有一条坡道通向地表面，作为下沉院落的出入口。院内一般种植灌木，也有少数种植高大乔木的，地面用土夯实，也有用砖和水泥抹光的。另外，院内同样设有石桌、石凳等环境设施。总之，地坑式窑洞的外部空间为一四面围合的空间，开敞性较差，但界限明显，空间很具体。由于其低于地表面，故特别适用于西北多风沙地区，在沙尘天气中居室不易暴露于风沙中，所受影响较小，故又被称为"西北的地下四合院"。

1. 分布

在陇东地区地坑窑的修建历史悠久，距今已有四千多年，《诗经·绵》中的"陶穴"就是修建下沉式的地坑窑。地坑院式窑洞建筑被誉为"北京的地下四合院"，在那些没有条件修建靠崖窑的地区，人们则在地上成坑挖地，然后在坑内四面挖窑，形成四壁闭合的下沉式窑洞院。大型的地坑院可以几个相连，成为几进院落。入口挖成隧道式或开敞式阶梯，通向地面。院内设渗水井。窑顶是自然地面，人和车马可通行。地坑窑在陇东地区分布较为广泛，尤其庆阳、平凉地区黄土高原地势平坦，地坑窑所占比例较大。

2. 形制

利用黄土构造特征，挖掘下沉式地坑窑，使得建筑与大地融为一体，从地面上看几乎看不到痕迹。四面窑洞以下沉式呈向心式排列，门、院落、院墙和房子的布置主次分明。院落正立面一般开3或5孔主窑，通常保持单数。整体布局成四合院式，大型的地坑院可以几个相连，成为几进院落。

3. 建造

1）挖天井院、渗井；
2）挖入口坡道、门洞、水井；
3）挖窑洞；
4）砌筑窑脸、下尖肩墙、檐口、挡马墙及散水；
5）修建散水坡、加固窑顶、修建窑顶排水坡、排水沟；
6）安门框、窗框；
7）装饰细部。

4. 装饰

一般表面为素土，也有采用砖铺面，拼接成各种花纹。院落成方形，地面部分四周砌一圈青砖矮墙。窑洞有尖券和圆券，开方形门窗洞，在立面部分有壁垛式烟道，排烟口也有在屋顶的。墙面微微向外倾斜，利于排水。

5. 代表建筑

王氏住宅建筑保留陇东黄土高原的地貌特色，以黄土色为主体量雄浑巨大，装饰较少，建筑性格粗犷，似地下的"北京四合院"。在平地上挖坑，坑内四面挖窑，形成四壁闭合的下沉式窑洞院落。大门开在南面，北面原为两间卧室，一间厨房。西面一间，由于年久失修，已改为储物间，东面是一储粮间。在南侧围墙下有一块菜地。院落为方形三合院。地坑院的内部设施和布局，是以火炕为中心，以此辐射形成灶台和排烟道。根据人的日常生活，靠近门窗位置采光通风良好，设置火炕，靠近内部光线较暗，设置柜子等储藏空间。室内墙面为滑秸泥面，地面为素土夯实。靠近门窗位置具有良好的采光通风，设置火炕，靠近内部采光较差，多设置柜子等储藏空间。火炕和灶共用一个烟囱排烟，烟囱设置在建筑顶部。室内墙面为滑秸泥面，地面为素土夯实（图4-4-4）。

（a）1号地坑窑院落

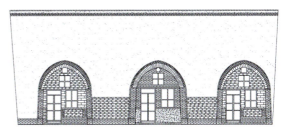

（b）院落平面图

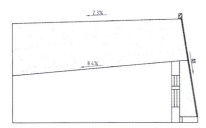

（c）院落剖面图

（d）院落立面图

（e）2号地坑窑院落

（f）室内布置

（g）院落平面图

（h）院落立面图

图4-4-4　地坑窑传统建筑（来源：兰州交通大学 提供）

6. 比较

与其他窑洞相比，地坑窑在修建时土方量特别大，且自身排水系统也不够完善，现在大多数已经废弃不用了，部分利用崖面修筑新式房屋建筑，但因其修建需要占用大量土地，仍导致有大量土地浪费，非常可惜。

（三）锢窑

锢窑建筑也称"独立式窑洞"、"覆土窑"、"掩土窑洞"等，也有"砖窑"、"石窑"、"薄壳窑"等名称，属于地坑院向地面房屋过渡的建筑。锢窑一般不挖掘地坑或窑洞，而是用砖石块、土坯和麦草黄泥浆砌成墙基，窑顶的外表面用覆土掩盖，属土窑洞的改良建筑。

1. 分布

锢窑的抗震性能很差，所以大多数已经不复存在，但在甘肃贫困山区的人们如今还有部分生活在锢窑中。如庆阳地区广袤的董志塬、草胜塬等地以及白银景泰县、会宁县，定西通渭县、陇西县等，至今仍普遍使用中。

2. 形制

锢窑是在没有适宜开挖窑洞的地方，在地面之上仿照窑洞空间形态建造形成。承袭了窑洞的特点，有较好的保温性，冬暖夏凉。此类窑洞一般就地取材，利用当地黄土、砖石、木材砌筑墙体和覆盖窑顶。锢窑从外观看来是尖拱形，门洞处有高窗，在冬天的时候可以使阳光进一步深入窑洞的内侧。外墙装饰相较其他类型窑洞丰富，内部空间也为拱形，加大了内部的竖向空间，开敞舒适。

锢窑可分为土坯窑和砖石窑。土坯窑的下半部分一般由夯土或者土坯砌筑的墙体。有的土坯窑屋顶盖青瓦，外形很像瓦房，所以有的地方称之为"房窑"。砖石窑是用砖和石材砌筑的建造的，拱顶常用覆土夯实。

虽然多座锢窑已经可围合成一个四合院，周边在用夯土夯筑围墙。但由于其建筑形态和建造过程的特殊性，锢窑仍属窑洞类建筑。

3. 建造

锢窑外观看似简单，但建造过程和修筑的工艺还是比较复杂的。首先是准确的选址，由经验丰富的匠人选好之后确定窑洞方位。然后在所选平地上打地基，仿照窑洞的空间形态，毛石砌筑出锢窑的基本形状。接着扎山墙、安门窗，在门上高处安高窗，和门并列安低窗，一门二窗。门内靠窗盘炕，门外靠墙立烟囱，炕靠窗是为了出烟快，有利于窑洞环境，对身体好。接下来处理锢窑的外部表面，墙面贴瓷砖，屋顶为釉面瓦。最后一步是根据人们的日常生活布置室内功能布局。

4. 装饰

在保留传统窑居乡土气息的基础上，建筑外观保留窑洞的特征，门窗为拱券形式，院落内前檐墙外表白瓷砖贴面。屋顶为双坡硬山顶，多覆小青瓦，现在也用上覆釉面瓦。室内墙面为白灰抹面，地面为地砖铺。

5. 代表建筑

1）杜氏民宅（华池县山庄乡山庄村），此院落为典型的砖石窑代表建筑。院落空间布局简洁明了，地面以砖铺砌，院门朝南，进入院子，西侧和南侧为锢窑，西侧锢窑共4间，均以白砖铺面做装饰，从左往右依次是卧室、厨房兼卧室、主卧室、卧室；南侧锢窑为3间，保持着原始风格，装饰较少，从左往右依次为卧室、卧室、杂物间。锢窑的内部设施和布局，是以火炕为中心，以此辐射形成灶台和排烟道。根据人的日常生活，靠近门窗位置采光通风良好，设置火炕，火炕和灶共用一个烟囱排烟，烟囱设置在建筑顶部。靠近内部光线较暗，设置柜子等储物空间，因为当地经济条件所限，室内陈设简单。主卧室等室内墙面分为上下两部分，下部用白砖铺面以保护墙面，与上部衔接处贴彩色花纹瓷砖做装饰。上部基本保持原状。其他房屋墙面均为白灰抹面，地面为地砖铺墁（图4-4-5）。

2）王氏民宅（华池县山庄乡山庄村），王浩阳宅选择在平坦的地面上仿照窑洞形态建造形成。在保留传统窑居乡土气息的基础上，建筑外观保留窑洞的特征，门窗为拱券形式，院落内前檐墙外表部分以毛石贴面，部分用红砖贴面。屋顶只做出前檐口，上覆釉面瓦，表面用现代建筑材料改造较多。空间布局简洁明了，院门朝南，进入院子，西侧锢窑共5间，从左到右依次是储物间，厨房兼卧室，卧室，后两间为没有门的杂物间。锢窑的内部设施和布局，是以火炕为中心，以此辐射形成灶台和排烟道。根据人的日常生活，靠近门窗位置采光通风良好，设置火炕，靠近内部光线较暗，设置柜子等储物空间（图4-4-6）。

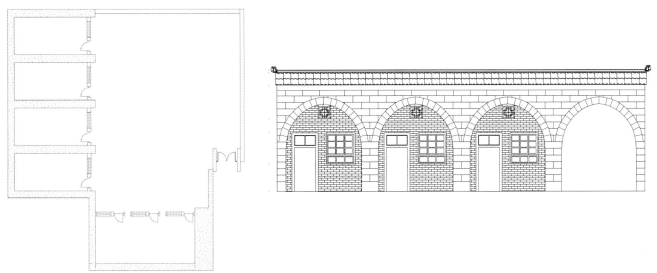

图4-4-5 杜氏民宅平面图和立面图（来源：兰州理工大学 提供）

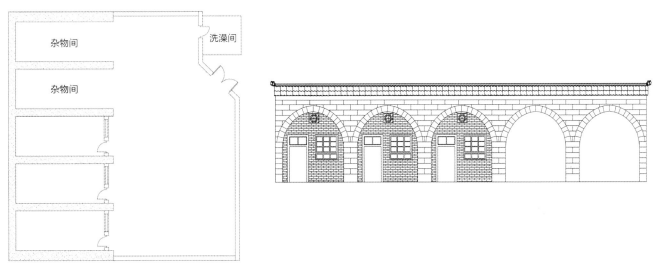

图4-4-6 王氏民宅平面图和立面图（来源：兰州理工大学 提供）

第五节　丰富生动的建筑技艺与元素

一、黄土地域下夯土工艺

夯土箍窑广泛分布于宁夏、陇中、陇东等地区，由靠崖窑和地坑窑发展而来。传统箍窑多面南一字形排列布局，三联排较为常见，也有个别呈四联排或五联排形式。建造过程中，对其1.5米以下的承重墙体多采用夯土夯筑，上部以土坯起拱，顶部可抹草泥进行防水保护处理。部分经济条件较好的地区会在顶部铺设瓦片，而陕西、山西等地则会覆盖1~1.5米原土夯实。由于箍窑无须采用木材等做屋盖，因此造价较为低廉。现新建箍窑多用作储物、厨房等附属空间（图4-5-1）。

另一种坡顶合院民居分单坡与双坡两种形式，广泛分布于豫西、山西、陕西、甘肃陇东及宁夏西海固等地区。其布局主要分为一字形、二字形、三合院及四合院几种类型。主房多坐北朝南，且最为高大。由于不同地区气候、文化、材料等因素差异，其建筑形式又有所差别。晋陕地区年降雨量相对较大，屋顶坡度较陡，而窄院的形式多用于遮阳以抵抗炎热的夏季。此类民居表现出高大厚重、内向封闭的建筑形象，与下列民居形式一致，均可起到防御及防范风沙的作用。陇东、宁夏等地区随着降雨量的降低坡度则逐步减缓。从建造方式来看，院墙及房屋后墙、山墙2米以下部分多采用夯土墙结构，2米以上部位及前墙采用土坯砖砌筑。

夯土堡子，主要存在于陇中、陇东和宁夏西海固地区。该类型民居为军事聚落演变的产物，带有极强的防御性。堡子四周以厚重高大的夯土墙做围墙，围墙四角多建有角墩，外立面仅保留一大门。堡内建筑多以群里形式存在，分一院或二院三院式，房屋单体与合院民居一致。堡子墙体多厚2~6米，自上而下有收分，最高可达10米以上。现存堡子多为新中国成立前建造（图4-5-2）。

二、质朴实用的窑洞建构

（一）窑洞平面

陇东窑洞均以"间"为单位，通常一间即一孔窑。但是也有一些窑洞带有耳窑的，用作储藏。窑洞的尺度形状也采取长方形，进深较大，每个窑洞之间的距离至少为3~4米。一户使用时，中间再挖出过道。在平面尺度方面的唯一特点，每个窑洞都是前宽后窄，前端高后部低，以使窑洞内尽量进光，使洞内能有必要的亮度。一般住户为一户一窑或者一户两窑。经济富裕人家一户有十数窑。窑洞进门之右侧为火炕，炕北接连锅台，由于火炕占据使用面积大，所以挖窑时将右侧窑壁放宽36~50厘米，使火炕占据窑壁，这样可以扩大窑内的有效面积。一般常常在窑内北部或两侧壁面挖出

图4-5-1　夯土合院民居（来源：张涵 摄）

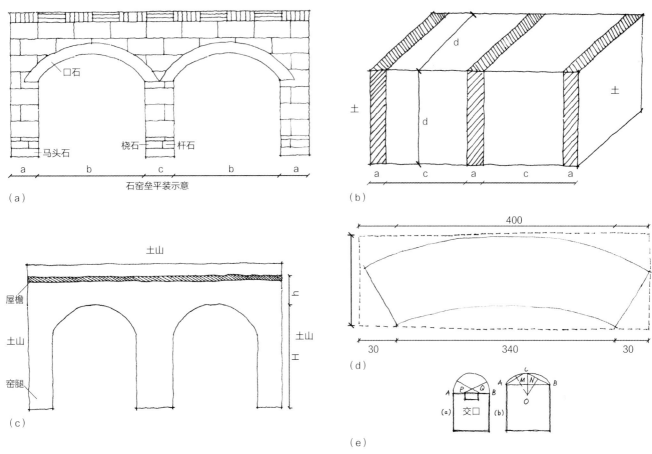

图4-5-2 窑洞民建施工工艺（来源：根据《浅析陕北窑洞的建造工艺和特征》，刘文瀚 改绘）

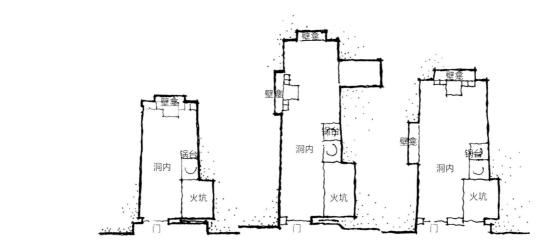

图4-5-3 泾川窑洞平面、灵台窑洞平面、庆阳窑洞平面（来源：根据《中国风土建筑——陇东窑洞》，刘文瀚 改绘）

壁龛以放杂物，争取壁体空间。洞内主要家具为方桌方凳，在正面对称摆放。单间窑洞施工简单，一般状况下一间窑洞的面积按27平方米计算，用木工5个工日、土工200个工日即可完成（图4-5-3）。

（二）窑内空间

陇东窑洞内部空间敞亮，因为洞顶做出一个筒券致使洞内空间扩大。一般窑洞自地面至券筒底为5米左右，远比双坡顶的房屋空间大。一个窑洞空间过大，筒壁过高，并不适于居住，陇东窑洞单体空间尺度是比较合适的。一般生产用窑洞内部空间可做到10米高，例如灵台县虎家湾地区窑洞，有的可容纳数百人同时进入窑内集会。也有的窑洞作为大储藏室，灵台县有些大窑洞一洞可容百辆大车，一洞可容一个生产队在内打场，作为地下场院使用，这已经是到庞大的地下空间了（图4-5-4）。

（三）外观式样

陇东窑洞由于土质的关系，开洞时均以尖心拱为主。它不像其他地区窑洞用正圆形券洞的方式，也不像陕北窑洞运用半圆形拱。经过多年实践经验，当地土质采用尖心拱不易塌毁，建筑质量相对安全。在洞内也同样做尖心拱筒券，内外一致。个别的还做出圭角形的券口。比较正规与讲究的窑洞在施工时留出30~40厘米的券边，加工细致，券面美观。窑洞的正面装饰主要以方形窗子为重点，满做花格，式样很多，内糊白纸，外露花格，朴素淡雅，清秀美观。左部设门，一般做双扇板门，坚牢耐久，犹存古制，这也是洞门的一种防御设施。窑洞"原壁"都削成侧脚，以使自然土面稳固，洞口堵壁是砌出的平墙面。因此，每当阳光照射时，原壁与墙面出现一块阴影，增强立体感，格外美观。人们居住在窑洞之内，洞地至自然地面还有5~7米，在自然地面上照常耕种庄稼、修建农田、建设道路、建造房屋，不影响窑洞之安全。正如民间流传的谚语"风雨不向窗中入，车马还从屋上行"所写照的情况（图4-5-5）。

（四）窑洞的配套设施

陇东窑洞的防护是科学的，经过长年的探索，已经具备完善的配套设施。

1. 通风与换气

窑洞内部的通风与换气是十分重要的。在一个窑洞中，三面为实心土壁面，只有前脸能与外部接触。使外部清新空气透入窑内将窑内污浊空气排除，必须依靠前墙穴口的窗子自然通风。每个窑洞除采光窗子通风外，在前墙的顶端还做出一个专门为通风的窗子，谓之通风窗。通风窗做方形，比大花窗面积小，不设窗扇只安装两扇小板门，春夏季一直开

图4-5-4 灵台大窑洞（来源：根据《中国风土建筑——陇东窑洞》，刘文瀚 改绘）

图4-5-5 正宁窑洞外观（来源：周琦 摄）

启，秋冬天气偶尔关闭。通风窗面积与窑洞使用面积之比一般为1∶10，一窑有这样一个通风窗足以够用。除此之外，在通风窗的上部再做20厘米见方的换气孔，以备在夜间一切门窗关闭后作为通风换气的设施，这些都是陇东窑洞特有的（图4-5-6）。

2. 自然采光

窑洞大多利用自然光线，靠大花窗采光，同时通风窗与通风孔也进入一定的光度。大花窗的面积在1.6平方米左右，春夏秋三季窑洞经常开窗开门，由门进光，因此窑洞内前半部十分明亮，后半部相对较暗（图4-5-7、图4-5-8）。

3. 采暖与防寒

人们常言"定居窑洞，冬暖夏凉"，这是因为窑洞的夯土墙密不透风，冬天土质本身具有保暖的效能，加之洞内设有火炕，一举两得，解决了床铺和采暖。陇东地区火炕面积大约为2米×1.6米=3.2平方米，温度完全可以防止冷气之透入。夏日阳光曝晒大地，地面极热，但是窑洞距地面深度都有7~8米，阳光晒不透，地下凉爽，窑洞里保持自然温度，冬暖夏凉（图4-5-9）。

4. 防水与防雨

陇东窑洞防水与防雨解决的比较好，由于开洞与地面尺

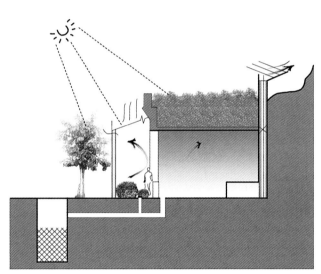

(a) 夏季运行原理

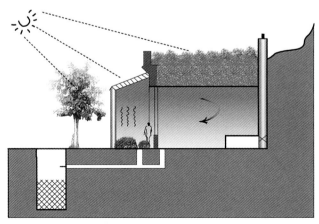

(b) 冬季运行原理

图4-5-6 窑洞的通风原理（来源：根据《由山西窑洞引发的关于建筑通风设计的思考》，刘文瀚 改绘）

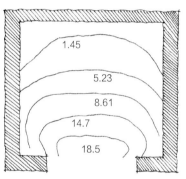 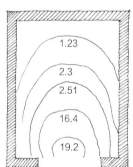

(a) 横窑室内采光系数图系数图　　(b) 纵窑室内采光系数图

图4-5-7 窑洞的采光原理（来源：根据《太原店头古村石碹窑洞建筑营造技术分析》，刘文瀚 改绘）

图4-5-8 正宁窑洞通风设施（来源：《中国风土建筑——陇东窑洞》，刘文瀚 改绘）

度深，雨水渗不到窑洞，最大雨量渗透到1米左右就干涸了，地面积水、雨水与窑洞没有大的关系。原壁处的雨水，一旦流至券口处便从券口滴下，不流入室内。地面的防水采取窑洞地面高于窑洞外，洞外地面做出一个斜坡，坡度大小随地势选择而定。下雨时雨水会及时排除，毫不影响洞内地面的安全与干燥。由于陇东地区雨量很小，采用这几种方式足可防水与防雨（图4-5-10）。

5. 隔音与防噪

陇东窑洞与其他地区的窑洞一样，对于隔音与防噪具有特殊的功能，这是窑洞本身特性形成的。一所房屋建造在地面上，防止音响与噪声是很难解决的，汽车、火车、工厂……严重影响人们的休息与安适的生活，无论如何处理总是收效甚微。但是土窑洞墙壁厚，向地下深挖，本身即具有防音防噪的效能。

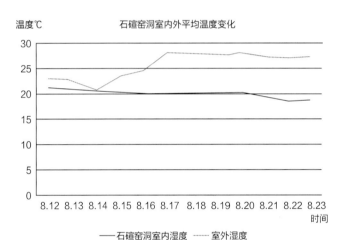

图4-5-9 窑洞室内外平均温度变化（来源：根据《太原店头古村石碹窑洞建筑营造技术分析》，刘文瀚 改绘）

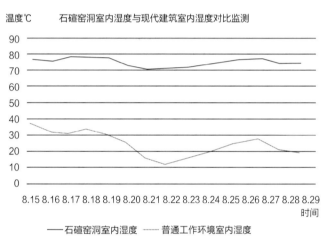

图4-5-10 窑洞与现代建筑室内的湿度对比（来源：根据《太原店头古村石碹窑洞建筑营造技术分析》，刘文瀚 改绘）

第五章　陇东南地区传统建筑与文化

陇东南地区广义指包括甘肃庆阳、平凉、天水、陇南四市及其所属的31个县区，总面积80759平方公里，占全省（39万平方公里）的20.71%，总人口1115.04万人，占全省（2628万）的42.43%。本书中取其狭义定义，单指天水与陇南二市（图5-0-1）。

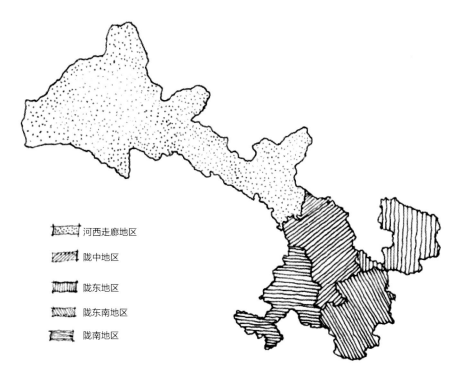

图5-0-1　陇东南地区范围图（根据地图，刘文瀚 改绘）

第一节　地域文化与环境

一、陇东南社会历史背景

（一）天水历史沿革

天水市古为"邽县"。

邽（guī）县原本是邽戎地，在今甘肃天水市。公元前688年秦武公取其地，置邽县，后改为上邽县。公元前221年，秦始皇置三十六郡时，上邽是陇西郡中一县。汉武帝时，置天水郡，上邽是其中一县，区划是今天水市区西南。

天水郡称呼始于汉武帝元鼎三年（公元前114年）。

天水在夏、商时期属雍州，周孝王十二年（公元前9世纪）嬴非子在秦池（今张家川县城南一带）为王室养马有功被封于秦，号嬴秦。秦即后世的秦亭，是今天水市辖区见于史籍的最早地名。

秦武公十年（公元前688年），秦灭邽戎、冀戎，置邽（今天水市城区）、冀（今甘谷县东）二县，这是中国历史上设置最早的两个县级建制。秦昭王二十八年（公元279年），设陇西郡。郡县制在今辖区确立（图5-1-1）。

西汉武帝元鼎三年（公元前114年），从陇西、北地二郡析置天水郡（图5-1-2）。

三国魏文帝黄初元年（公元220年），一度设秦州。因秦邑而得名（图5-1-3）。

西晋始，实行州郡县三级制。晋武帝泰始五年（公元269年）秦州正式设立，今辖大部分由秦州天水郡辖。南北

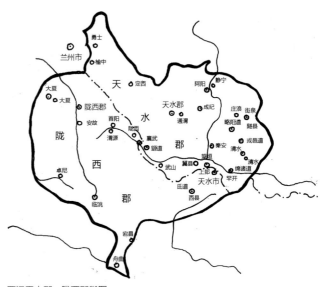

西汉天水郡、陇西郡舆图
图5-1-2　西汉天水郡、陇西郡舆图（来源：根据天水市博物馆提供资料，李玉芳 改绘）

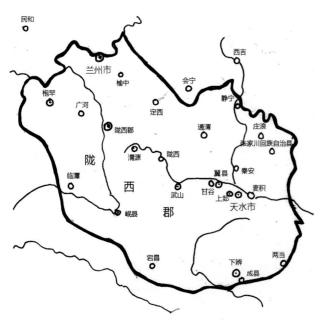

秦陇西郡舆图
图5-1-1　陇西郡舆图（来源：根据天水市博物馆提供资料，李玉芳 改绘）

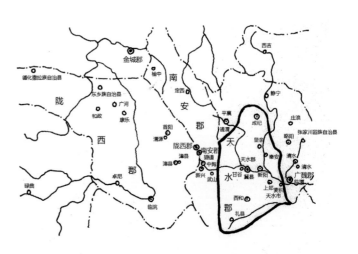

图5-1-3　三国魏雍州舆图（景元三年，即公元262年）（来源：根据天水市博物馆提供资料，李玉芳 改绘）

朝因亡（图5-1-4）。

隋唐时，实行州县二级制，秦州地域缩小，地域和今辖区大体相当（图5-1-5、图5-1-6）。元代，秦州辖成纪、秦安、清水3县。

明代，秦州辖秦安、清水、礼县3县（图5-1-7）。清雍正七年（1729年），秦州升为直隶州，直隶甘肃省，辖秦安、清水、两当、徽县、礼县5县（图5-1-8）。

1913年2月，北洋政府推行省、县二级制，暂存道制。

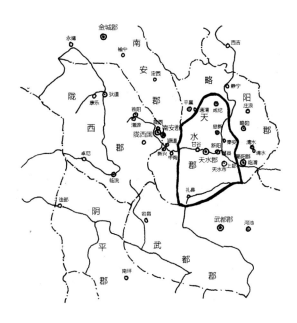

图5-1-4 西晋秦州舆图（太康二年，即公元281年）（来源：根据天水市博物馆提供资料，李玉芳 改绘）

图5-1-6 唐陇右道秦州、渭州舆图（开元二十九年，即公元741年）（来源：根据天水市博物馆提供资料，李玉芳 改绘）

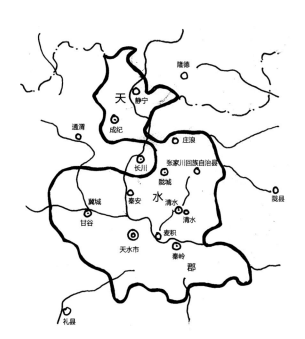

图5-1-5 隋天水郡舆图（大业八年，即公元612年）（来源：根据天水市博物馆提供资料，李玉芳 改绘）

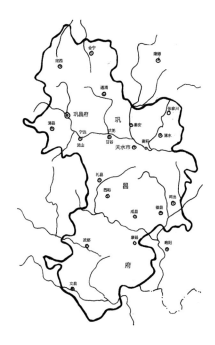

图5-1-7 明巩昌府、秦州舆图（来源：根据天水市博物馆提供资料，李玉芳 改绘）

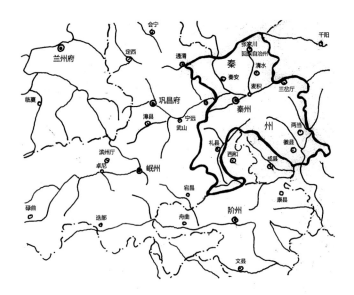

图5-1-8 清巩昌府、秦州舆图（嘉庆二十五年，即1820年）（来源：根据天水市博物馆提供资料，李玉芳 改绘）

巩秦阶道改称陇南道。撤秦州设天水县，属渭川道所辖。

1949年8月3日，天水县解放，设天水分区，辖天水、甘谷、武山、徽县、两当、通渭、秦安、清水8县。

1950年设天水专区，平凉专区划归天水专区；撤销岷县专区，所属陇西、漳县划归天水专区。天水专区辖天水市及天水、秦安、徽县、两当、武山、漳县、甘谷、清水、庄浪、陇西、通渭11县，81个区公所，614个乡。

1952年，天水专区辖91个区公所，635个乡。1953年7月6日，张家川自治区成立（1955年10月改称县）。同年底，天水专区辖1市12县887个乡。

1956年1月，天水专区的陇西县、通渭县划归定西专区，武都专区的礼县、西和、成县划归天水专区，天水专区的庄浪县划归平凉专区。同年底，天水专区辖天水市及天水、秦安、礼县、西和、成县、徽县、两当、武山、漳县、甘谷、清水、张家川12县，67个区，531个乡，9个镇，9个街道办事处。

1958年4月4日，撤销两当并入徽县。4月8日，撤销武都专区，所辖宕昌、文县、武都、康县、岷县5县划归天水专区。9月5日，撤销西和县、礼县，合并成立西礼县。撤销徽县、成县，合并成立徽成县。12月16日，天水专区的岷县划归定西专区。12月20日，撤销天水县划归天水市。撤销甘谷县，甘谷、漳县、武山合并成立武山县。撤销张家川县和清水县，合并成立清水回族自治县。同年实现人民公社化，实行政社合一体制。天水专区辖天水市及秦安、清水、武山、西礼、徽成、武都、文县8县，129个人民公社，4个街道办事处。

1961年11月15日，恢复武都专区。原划归天水专区的武都、宕昌、康县、成县、文县仍划归武都专区。12月15日，恢复天水、甘谷、漳县、两当、西和、礼县、清水县和张家川回族自治县。漳县划归临洮专区。至年底，天水专区辖天水市及天水、西和、礼县、徽县、两当、武山、甘谷、秦安、清水、张家川10个县，60个区，440个人民公社，4个街道办事处。

1963年10月23日，撤销临洮专区，将其所属漳县划归天水专区。天水专区辖1市11县，482个人民公社，3个镇，4个街道办事处。

1969年10月1日，天水专区改为天水地区，辖1市11县，223个人民公社，5个镇，4个街道办事处。

1985年7月8日，撤销天水地区，天水市升为地级市。原属天水地区的西和、礼县、徽县、两当4县划归新成立的陇南地区，漳县划归定西地区。新设秦城、北道2区。天水市辖秦城、北道2区，秦安、清水、甘谷、武山、张家川回族自治县5县，138个乡，11个镇，11个街道办事处。

至2002年底，天水市辖秦城、北道2区，秦安、清水、甘谷、武山、张家川回族自治县5县，40个镇，109个乡，11个街道办事处。

经国务院批准，从2005年1月1日起，秦城、北道区更名为秦州区、麦积区。

东汉永平十七年（公元74年）改天水郡，置冀县（今甘肃甘谷县东），属凉州。辖境相当今甘肃省定西、陇西、礼县等市县以东，静宁、庄浪等县以西，黄河以南，嶓家山以北地区。三国魏初复名天水郡。

东汉陇西郡，治所狄道，仍领11县，原领狄道、临洮、襄武、首阳、安故、大夏、氐道7县，分襄武县新置障县（今漳县西南），金城郡袍罕、白石2县划入陇西郡；撤销予道，另置河关县（今积石山县），属凉州刺史部。东汉时期，羌

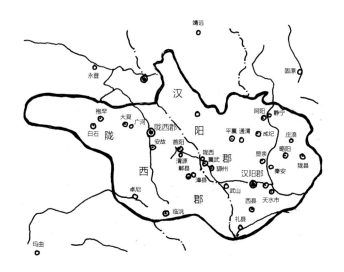

图5-1-9 东汉汉阳郡、陇西郡舆图（来源：根据天水市博物馆提供资料，李玉芳 改绘）

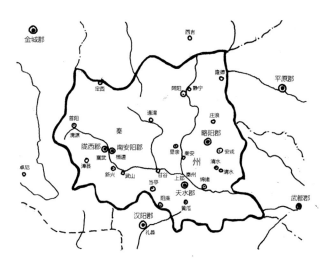

图5-1-10 北魏秦州舆图（来源：根据天水市博物馆提供资料，李玉芳 改绘）

人反复叛乱，人口锐减，治所曾迁至襄武县，后又迁至狄道。汉顺帝永和五年（公元140年）5628户，3万人。汉末凉州并入雍州，属雍州（图5-1-9）。

西晋的短暂统一并没有将秦州的地域范围固定下来，在郡县之间还没有完全适应彼此的时候，分裂割据便匆匆地把他们分了开来。自此后，武都、阴平二郡长期为氐杨氏所占，二狄道则长期为前凉政权所占有。只有天水、略阳、南安、陇西四郡基本上能作为一个整体同进退。可以说，北魏时期秦州所辖郡县本身也是长期分裂割据下的产物（图5-1-10）。

宋初秦州属陕西路，为雄武军节度，旧置秦凤路经略安抚使辖成纪、清水、陇城、天水四个县。北宋初秦州所辖的范围只达到秦州夕阳镇，夕阳镇作为伏羌县地，吐蕃的尚波于部便生活在这里。北宋熙宁八年（1075年），废秦州定边、绥远二寨为镇，隶陇州。陇州在秦州之东，中间有大小陇山相隔，陇州"西至本州界九十三里，自首届至秦州一百五十七里"，秦州地区范围在此前的基础之上又缩小了，自此之后，北宋秦州的行政范围基本形成定势，变化不大（图5-1-11）。

南宋时，秦州成了南宋与金国边境，从皂郊堡、天水县、吴砦至陇城县一线形成对峙，南归宋，北属金。宋金时的秦州，无论官方还是民间贸易并未因战争而停止，金国曾

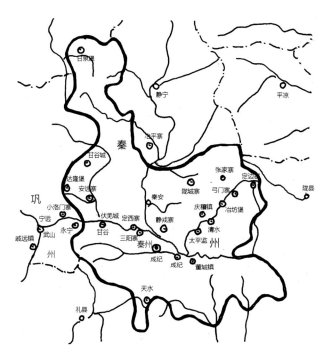

图5-1-11 北宋秦凤路秦州、巩州舆图（来源：根据天水市博物馆提供资料，李玉芳 改绘）

在秦州西域设立榷场，专门组织贸易活动。历经272年，秦州在宋、吐蕃、金三国分治下生息，同时也在汉文化与吐蕃文化、金文化的交融中成长。

金时期据有本区北部，隶属熙秦路。地有秦州之成纪、冶坊、清水、陇城、秦安五县。州治成纪，今天水市。惟冶坊、秦安为金代所置（图5-1-12）。

元代本区隶属陕西行省。地有秦州之成纪、清水、秦安；巩昌府之鄣、宁远、伏羌；徽州、两当；西和州。计一府三州七县。其中清水、帮安、鄣、两当均属旧县，即今县治；宁远即今武山；西和州即今西和县，均旧县未变故治，兹从略。分考成纪、伏羌、徽州三地（图5-1-13）。

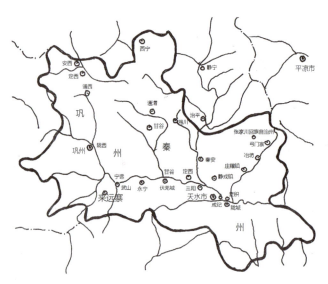

图5-1-12　金、南宋秦州、巩州舆图（来源：根据天水市博物馆提供资料，李玉芳 改绘）

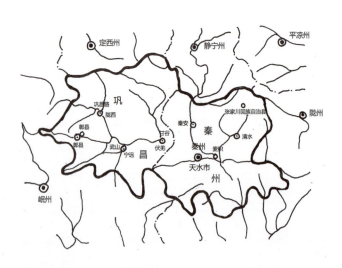

图5-1-13　元巩昌路、秦州舆图（来源：根据天水市博物馆提供资料，李玉芳 改绘）

（二）天水社会经济背景

根据《天水市国民经济和社会发展统计公报》，到2015年，天水在适应新常态中的经济下行压力，在全力推进精准扶贫和加快小康社会建设和深化改革扩大开放中增强发展动力活力等各方面都取得了一定的成果（图5-1-14）。

图5-1-14　2010—2015年天水市生产总值及增长速度（来源：中国甘肃网，杨谦君 改绘）

到2015年末，天水全市常住人口331.17万人，自然增长率6.93‰。全年居民消费价格总水平比上年上涨2%（表5-1-1）。

2015年天水居民消费价格比上年涨幅（±%）　　表5-1-1

指标	全市
居民消费价格	2
食品	1.9
烟酒	7.5
衣着	1
家庭设备用品及维修服务	2.8
医疗保健和个人用品	2.3
交通和通信	0.3
娱乐教育文化用品及服务	2.6
居住	1

（来源：中国甘肃网，杨谦君 改绘）

2015年全年实现农林牧渔业增加值97.7亿元，比上年增长6.14%。其中种植业增加值84.89亿元，增长7.16%；林业增加值1.28亿元，下降0.55%；牧业增加值11.2亿元，下降

0.42%；渔业增加值0.12亿元，增长3.08%（图5-1-15）。

全年规模以上工业企业完成工业增加值111.04亿元，比2014年增长10%。其中市属工业企业增加值44.28亿元，增长12.9%。分轻重工业看，重工业增加值46.09亿元，增长8.2%；轻工业增加值64.94亿元，增长12.5%。分经济类型看，股份制企业增加值48.73亿元，增长4.3%；国有企业增加值59.93亿元，增长6.6%（图5-1-16）。

全年规模以上工业企业实现利润总额7.57亿元，比上年下降0.2%；主营业务收入175.54亿元，下降5.6%；利税总额13.98亿元，下降2.2%；销售产值309.2亿元，增长2.3%。规模以上工业企业产品产销率93.2%。规模以上工业亏损企业亏损额5.48亿元（表5-1-2）。

2015年天水主要工业产品产量及其增长速度　　表5-1-2

产品名称	产量	比上年增长±%
高压开关板	11147面	14.5
卷烟	33.77万箱	1.99
塑料制品	2.44万吨	0.45
中成药	839.6吨	14.2
金属切削机床	1318台	-43.5
锻压设备	245台	-41.8
轴承	5850万套	10
半导体集成电路	149.75亿块	29.4
电力电缆	260公里	-42.7
毛线	894.13万吨	38.6
发电量	16.66亿千瓦时	-26.4
水泥	493.64万吨	-1.5

（来源：中国甘肃网，杨谦君 改绘）

2015年全年，天水市实现社会消费品零售总额262.42亿元，比2014年增长9.2%。按经营地统计，城镇零售额186.94亿元，增长8.9%；乡村零售额75.48亿元，增长9.9%（图5-1-17）。

（三）陇南历史沿革

"陇南"之名源于其地处陇山以南。在西和县长道镇宁家庄新石器早期文化遗址，证明陇南人类生活的最早年代可上溯到7000多年前。距今5000~6000年的仰韶文化遗址，在西汉水流域、白龙江流域各地普遍存在，如礼县高寺头遗

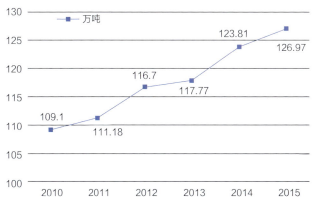

图5-1-15　2010—2015年天水市粮食总产值（来源：中国甘肃网，杨谦君 改绘）

图5-1-16　2010~2015年天水市全年规模以上工业增加值及增长速度（来源：中国甘肃网，杨谦君 改绘）

图5-1-17　2010~2015年天水市社会消费品零售总额及增长速度（来源：中国甘肃网，杨谦君 改绘）

址、武都安坪遗址等。

先秦时期今陇南境内为氐人、羌人和秦人所居。陇南是秦人的发祥地，又是我国古代西部民族氐人和羌人活动的核心地区。在礼县大堡子山发现的秦西垂陵园，证明礼县是秦人发祥地"西犬丘"所在地，秦庄公、秦文公、秦襄公等在礼县红河一带建国立郡。

秦时今陇南境大部为陇西郡辖，分属武都道（今武都区、西和县南部）、西县（今西和县北部、礼县北部）、下辨道（今成县）、故道（今徽县、两当县）和羌道（今宕昌县）等5个县级政权建制。此外，今文县境属广汉郡平道，今康县境属蜀郡葭萌县。

两汉时今西和县北部、礼县北部为西县，属陇西郡；今文县为阴平道（高帝六年置），属广汉郡；其余陇南大部属武都郡（汉武帝元鼎六年置，郡治今西和县洛峪镇），属益州刺史部（汉平帝元始二年置）。至东汉年间，武都郡治先后移下辨、青泥河谷地，建安二十四年（公元219年）曹操失守汉中，迁郡治至扶风郡小槐里。期间，今西和县北部、礼县北部仍置西县，属汉阳郡；今文县境为蜀国都尉治，后曹操改广汉属国为阴平郡。

三国时今陇南境为魏蜀交界地带，蜀汉丞相诸葛亮在此"六出祁山"。魏文帝黄初元年（公元220年）武都郡属秦州辖。蜀汉建兴七年（公元229年）陈式收复武都、阴平二郡，武都治复置下辨。期间，今陇南境北端仍为西县，属秦州。公元263年10月，魏将邓艾率兵南下。经武都，出阴平，用奇兵陷成都，导致了蜀汉政权的覆灭。

西晋时今陇南境大部属武都郡，今陇南境北端属天水郡。东晋至南北朝时期陇南境内先后建立仇池国、宕昌国、武都国、武兴国、阴平国五个胡人政权，称为"陇南五国"。

南北朝时区划变革频繁，地方行政机构比较混乱，今陇南境先后由南朝宋、北魏、西魏、北周统治。北魏置南秦州于洛峪（今西和县洛峪镇），西魏时改称成州。期间，武都郡治移至仙陵山（今武都区旧城山），从此武都郡治始由西汉水流域南移白龙江流域。北周年间，今陇南境内置有武州（今武都区）、文州（今文县）、康州（后废，今成县、康县）、成州（今西和县南部）、宕州（今宕昌县）、凤州广化（今徽县）、两当（今两当县）二郡和秦州长道县（今西和县北部、礼县北部）。

隋文帝开皇元年（公元581年）废郡制，以州统县，陇南境属武州、文州、宕州、成州、秦州长道县和凤州广化、两当二县辖。隋炀帝大业三年（公元607年）改武州为武都郡、改宕州为宕昌郡、改成州为汉阳郡、改凤州为河池郡（治今徽县），并废文州改入武都郡。

唐高祖武德年间复改郡为州，在今成县置西康州（贞观元年废并入成州），并在今文县复置文州。唐太宗贞观年间设十道，武州、成州、宕州属陇右道，凤州属山南西道，文州属剑南道。唐玄宗天宝年间又改州为郡。唐肃宗乾元年间再改郡为州。唐代宗宝应元年（公元762年）吐蕃占领今陇南境大部，《清水盟约》签订后文、武、成、宕各州尽为吐蕃地，仅剩河池一角。唐懿宗咸通七年（公元866年）收复成州，翌年武州收复，后改武州为阶州。唐后期文州亦收复。五代十国时期，今陇南境内置有阶州、文州、成州、凤州河池与两当二县等，先后由后梁、前蜀、后蜀、后唐、后晋、后汉和后周管辖。期间，宕州仍为吐蕃地。

宋时承前制，阶州、成州、凤州属秦凤路，文州属利州路。宋神宗熙宁六年（1073年）王韶收复岷、宕二州，今宕昌、礼县、西和县改属岷州（治今岷县），至此陇南全境从吐蕃手中收复。南宋时期关陇一带为宋金鏖战前沿，岷州治所移至今西和县。宋高宗绍兴十二年（1142年）宋金议和，因"岷"字犯金太祖名讳改称和州，因淮西已有和州遂名西和州。绍兴十四年（1144年）阶、成、文、西和四州隶属利州西路。绍兴三十年（1160年）金大举攻宋，朝廷命大将吴璘据守陇南。宋宁宗开禧二年（1206年）吴璘之孙吴曦叛宋，四州属金和蜀国，次年吴曦被杀，四州归宋。宋理宗端平三年（1236年）今陇南境大部被蒙古汗国占领。

元时今武都区、成县、西和县、徽县和两当县境，属陕西行省巩昌等处都总帅府，分别置有阶州、成州、西和州和徽州（元初于河池置南凤州，后称徽州）；今礼县、宕昌县、文县境，属吐蕃宣慰司，初置礼店蒙古军元帅府，后改为礼店文州番汉军民元帅府,实行土司管理。

明朝时今陇南境均属陕西承宣布政使司。洪武年间文州、西和州、成州降州为县,与阶州、徽州同属巩昌府。今宕昌县、礼县境改属岷州卫,后今礼县境改属秦州卫,明宪宗成化九年(1473年)始置礼县。

清朝康熙年间陕甘分治,今陇南境均属甘肃布政使司。清雍正七年(1729年)阶州升为直隶州,领文、成二县,辖今武都区、文县、康县、成县、舟曲县和宕昌县南部境;同年,徽州降州为县,与礼县、两当县同属秦州直隶州。期间,西和县仍属巩昌府。清雍正八年(1730年)岷州卫改称岷州,属巩昌府,今宕昌县大部为岷州辖。

1913年,阶州直隶州改为武都县,并分置出西固县。1929年,从武都县分设永康县,后改称康县。1935年国民政府将甘肃省划分为七个行政督察区,除西固县属第一行政督察区(公署驻岷县)外,今陇南境内诸县均属第四行政督察区(公署驻天水)。1942年,成立甘肃省第八行政督察区(公署驻武都县),成县、文县、康县、西固县改属武都。

1949年7月,西北局在西安组建武都分区行政督察专员公署,属陕甘宁边区甘肃行政区,辖武都县、文县、成县、康县、西固县、礼县和西和县。1950年5月,岷县划归武都专区。1954年,西固县治迁宕昌,并改名为宕昌县。1956年,礼县、西和县、成县划归天水专区。1958年4月,撤销武都专区,辖县划归天水专区和定西专区。1961年11月,恢复武都专区,辖武都县、康县、成县、文县和宕昌县。1963年10月,岷县再次划归武都专区。1985年5月,武都地区更名为陇南地区,辖武都、宕昌、文县、成县、康县、西和、礼县、徽县、两当9县,原属武都地区的岷县划归定西地区管辖。

2004年1月,撤销陇南地区和武都县,设立地级陇南市,陇南市设立武都区。

(四)陇南社会经济背景

2016年末,陇南市常住人口260.41万人,出生率为13.26‰,死亡率6.92‰,人口自然增长率6.34‰。其中65岁以上人口比重为9.38%,城镇人口79.37万人,城镇化率30.48%(表5-1-3)。

2015年陇南市实现生产总值315.14亿元,同比增长9.5%,增速位居甘肃省第一。其中:第一产业实现增加值70.31亿元,同比增长6.0%;第二产业实现增加值72.93亿元,同比增长9.9%;第三产业实现增加值171.89亿元,同比增长10.8%。产业结构为22.31:23.14:54.55(表5-1-4)。

2014年陇南市人口数据(单位:万人)　　　　　　　表5-1-3

区划	总人口	男性人口	女性人口	常住人口	非农村人口
陇南市	283.23	149.88	133.35	258.71	68.95
武都区	58.29	30.48	27.81	56.28	18.99
礼县	54.25	28.75	25.5	45.98	9.11
西和县	43.24	22.8	20.44	40.02	8.51
宕昌县	30.26	15.96	14.3	27.36	5.87
成县	26.46	13.95	12.51	24.62	7.41
文县	24.04	12.72	11.32	21.64	6.46
徽县	21.43	11.4	10.03	20.26	5.58
康县	20.12	10.92	9.2	18.04	5.97
两当县	5.14	2.9	2.24	4.51	1.05

注:按总人口数量降序排名(来源:中国甘肃网,杨谦君 制)

陇南市 2012~2015 年主要经济指标列表（单位：元） 表 5-1-4

年份/数值/项目		地区生产总值	固定资产投资	公共财政预算收入	大口径财政收入	社会消费品零售总额	城镇居民可支配收入	农民人均纯收入
2015	数值	315.14 亿	590.61 亿	25.45 亿	51.49 亿	90.81 亿	18915	5405
	增速	9.5%	10.84%	6.55%	4.49%	9.0%	9.0%	12.6%
2014	数值	262.5 亿	532.9 亿	23.9 亿	49.3 亿	72.3 亿	17001.3	4023.7
	增速	9.0%	21.4%	25.2%	18.2%	17.2%	9.3%	13.8%
2013	数值	249.5 亿	537.1 亿	21.5 亿	44.1 亿	64.6 亿	15555	3536
	增速	11.7%	30.9%	34.1%	30.1%	14.3%	10.5%	14.5%
2012	数值	226.0 亿	410.35 亿	—	33.9 亿	57.4 亿	14076.7	3088
	增速	13.1%	41.1%	—	24.6%	17.5%	16.11%	17.8%

（来源：2012年—2015年陇南市国民经济和社会发展统计公报，杨谦君 制）

二、陇东南自然地理背景

（一）天水

中国历史文化名城——天水市，位于甘肃省东南部，地处陕、甘、川三省交界，东连祖国内地华中、华东及沿海各地，西通青海、西藏、新疆，直至欧亚大陆桥上的欧洲各国，南邻祖国大西南，四川、重庆、云南、贵州，北上翻越六盘山便可进入宁夏。天水地处东经104°35′～106°44′、北纬34°05′～35°10′之间，市区平均海拔高度为1100米。天水市居西安至兰州两大城市中间。

天水境内山脉纵横，地势西北高，东南低，海拔在1000~2100米之间。最高峰天爷梁，高达3120米；最低点牛背村，海拔760米。天水地貌区域分异明显。东部和南部因古老地层褶皱而隆起，形成山地地貌。北部因受地质沉陷和红、黄土层沉积，形成黄土层沉积，形成黄土丘陵地貌。中部小部分地区因受纬向构造带的断裂，形成渭河地堑，经第四纪河流分育和侵蚀堆积，形成渭河河谷地貌。

北部为黄土梁峁沟壑区。渭河及其支流横贯其中，形成宽谷与峡谷相间的盆地与河谷阶地。土壤在河流和沟谷区为冲击、洪积物形成的淤淀土、草甸土，经过开垦耕种熟化而形成以黄绵土、黑垆土为主的耕作土壤。土层深厚，山塬开阔，是粮、油、菜、果主要生产区。中东部为秦岭、关山山区。以西部尽皇山、云雾山、景东梁为主体的西秦岭山地和东部八卦山、火焰山、秦岭大堡、关山为主体的小陇山、陇山山地，重峦叠嶂，山险谷深。

年平均降水量574毫米，自东南向西北逐渐减少。中东部山区雨量在600毫米以上，渭河北部不及500毫米。年均日照2100小时，渭北略高于关山山区和渭河谷地，日照百分率在46%~50%，春、夏两季分别占全年日照的26.6%和30.6%，冬季占22.6%。冬无严寒，夏无酷暑，春季升温快，秋多连阴雨。气候温和，四季分明，日照充足，降水适中。天水地跨长江、黄河两流域，以西秦岭为分水岭，北部地区为黄河水分的渭河流域，面积11673平方公里，占全市总面积的81.49%；南部地区为长江水分的嘉陵江流域，面积2652平方公里，占全市总面积的18.51%。境内渭河流长约280公里，沿河接纳流域面积1000平方公里的支流有榜沙河、散渡河、葫芦河、藉河、牛头河。嘉陵江的主要支流有白家河、花庙河、红崖河等，流程较短，水量丰沛。

天水属华北、华中、蒙新和喜马拉雅植物交汇处，树种成分复杂，森林资源丰富。天水市现有森林总面积589.91万亩，森林覆盖率为26.5%。天然林地主要分布在东部、东南部的陇山、西秦岭和关山林区，有木本植物87科224属804种，其中乔木312种，灌木437种，藤本55种，常绿植物122种。

依托秦岭山脉得天独厚的地理环境，天水犹如躺在原始森林环抱中的婴儿，不仅有丰润的雨量，还有丰富的物产。不仅如此，秦岭山脉赏赐给天水的最好礼物就是著名的天水八景：麦积烟雨、石门夜月、仙人送灯、净土松涛、渭水秋声、南山古柏、玉泉仙洞、飞将佳城。

（二）陇南

"陇南"之名源于其地处陇山以南。陇南地区从行政区域上，即指现在的陇南市，辖武都区、成县、康县、礼县、西和县、宕昌县、文县、两当县、徽县一区八县。

陇南市地处于西秦岭与岷山之间，位于青藏高原东侧边缘，是甘肃省唯一具有河谷亚热带气候及其生物资源的森林景观区。陇南东接陕西，南通四川，北靠天水、定西，西连甘南，扼陕甘川三省要冲，素称"秦陇锁钥，巴蜀咽喉"。横亘境内的白龙江，是我国地理上南方和北方的天然分界线。境内高山、丘陵、河谷、盆地交错分布，地势西北高、东南低，平均海拔1000米，西秦岭和岷山两大山系分别从东西两方伸入全境，境内形成了高山峻岭与峡谷、盆地相间的复杂地形。境内气候垂直分布，地域差异明显，既有北国之雄奇，又有江南之秀丽，被誉为"陇上江南"。

陇南江河溪流纵横密布，是甘肃唯一的长江流域地区。境内既多山，又多水，且山有多高，水有多高，崇山峻岭间，处处溪水跌宕，飞瀑流泉。陇南市河流均系嘉陵江水系，一级支流有白龙江、西汉水等48条，总长1297公里；二级支流有白水江、岷江等751条，总长4756公里；三级支流有1651条，总长4313公里；四级支流有1312条，总长3428公里。百川争流，河网纵横，河流密度达到每平方公里0.5条。主要江河：嘉陵江干流，流经两当、徽县东南部，境内流程86.2公里，年径流量22亿立方米，流域面积2556平方公里。

富庶的自然环境为古代动物活动和人类劳作生存创造了良好的条件，陇南地区的考古发掘遗迹表明：早在七千多年以前，陇南的先民们就在这块美丽富饶的土地上劳动、生息、繁衍。新石器时代的仰韶文化、马家窑文化以及寺洼文化都有文化遗存；周、秦时期，有戎、氐、羌和秦人在这里活动，因此先秦文化、氐羌文化、巴蜀文化、陇右文化等是古代陇南文化的主要构成。

三、陇东南人文文化背景

（一）天水人文文化背景

秦的来源是由种植禾（即毛谷）而来的。远在西周以前，如今天水河谷盆地土地肥沃，地势开阔，峰青水旺，水草丰茂，就是牧马养畜的好地方。居住在这里的秦人祖先伯益，就因替舜养马繁殖很快，曾得到舜的封土和赐嬴姓。到西周时，伯益之后非子又因替周孝王养马有功，受到孝王赞赏。孝王不仅让他继承了舜时伯益的"嬴"姓，还封其地为附庸，邑之秦（即今清水、张川一带）叫"秦地"。这就是我国历史上秦国的开端。

天水别称秦州。秦州之名最早始于魏文帝元年（公元220年）。天水是"秦"的发祥地，自三国以来，在天水以"秦"字命名的地方很多，如秦安、秦岭、秦州等。在唐开元盛世，秦州是我国西去长安的一大重镇，被称为"千秋聚散地"，因而名噪一时。据《大慈恩寺三藏法师传》载，唐玄奘西去印度拜佛取经，曾途经天水，"过秦州，停一宿"，至今在天水流传着许多唐僧取经的传说。唐安史之乱后第四年，杜甫为回避动乱，也曾毅然弃官，携带家小，越陇山，奔到秦州（图5-1-18）。

天水另一古称为"成纪"。成纪之名，始地西汉，但宋代以前只是在秦安县境内，宋时才改移天水。成纪得名与传说中的伏羲氏有关。称天水为"龙城"，因它是"人首龙身"的人类始祖伏羲出世之地，是龙的故乡。《汉书·地理志》也载，天水郡有成纪县，故天水素有"羲皇故里"之称。据有关资料证，现天水市西关伏羲庙，首建年代距今已有七百多年的历

图5-1-18 天水的杜甫草堂——南郭寺（来源：杨谦君 摄）

图5-1-19 伏羲庙（来源：王国荣 摄）

史。庙内南天殿天花板上绘有完整的64卦及河图图形，这在其他地方是少有的。伏羲是中华民族的始祖，天水人总喜欢把伏羲庙称为"人宗庙"（图5-1-19）。

天水地区是中华文明的发源地之一，从距今38000年前的"武山人"到距今8000年前的大地湾，秦城区西山坪和师赵村发现的新石器时代的人类文化遗址，以及此后的马家窑、齐家文化均有利地证明了天水悠久的文明史（表5-1-5）。在大地湾一期文化中，发现了动物骨骼和农作物黍与经济作物油菜籽，标志着天水当地农牧渔猎经济比较发达，是我国旱作农业的起源地。在大地湾、西山坪、师赵村遗址中均有大量的陶器出土，这是黄河流域最早的陶器，表明在天水居住的先民们已经掌握了制陶工艺，特别是彩陶的出土，表明天水曾经是彩陶文化的起源地。在这些陶器中彩绘和刻划符号的发现，则是我国文字的雏形。大地湾遗址发现于1958年，从1978年开始，历时七年，考古工作者对整个遗址进行了系统发掘，发掘面积达13800平方米，共清理房址241座，灰坑378个，墓葬76座，窑址35座，壕沟9条，出土各类文物8000余件。这是一处规模空前、文化遗存丰富、文物精美、价值极高的原始聚落遗址。

在大地湾遗址的五个文化层中，第一期文化层距今约7200~8300年之间，属于新石器时代的早期文化遗存。当时的原始人已经开始建造房屋，开始了定居生活。其后的文化遗存大致相当于中原仰韶文化的早期、中期、晚期和常山下层文化。以仰韶文化为代表的大地湾文化遗址，是原始文化最为繁盛的时期。其文化成就表现在：出现了我国最大的原

天水新石器时代考古学文化发展序列　　　　　　　　　　　　　　　表 5-1-5

文化及类别		时代	主要文化遗存
大地湾一期文化		公元前 6200~公元前 5400 年	秦安大地湾遗址一期，天水西山坪遗址一期
师赵村一期文化		公元前 5300~公元前 4900 年	秦安大地湾遗址一期，天水西山坪遗址二期
仰韶文化	半坡类型	公元前 4800~公元前 3800 年	秦安大地湾遗二期，王家阴洼遗址，天水师赵村遗址二期、西山坪遗址三期
	庙底沟类型	公元前 3900~公元前 3500 年	秦安大地湾遗址三期，天水师赵村遗址三期，西山坪遗址四期
马家窑文化	石岭下类型	公元前 3800~公元前 3200 年	秦安大地湾遗址四期，天水师赵村遗址四期，西山坪遗址五期，甘谷灰地儿遗址，武山傅家门遗址，石岭下遗址等
	马家窑类型	公元前 3400~公元前 2700 年	天水市师赵村遗址五期、西山坪遗址六期、罗家沟遗址，秦安焦家沟遗址，甘谷灰地儿遗址，礼辛镇遗址，武山傅家门遗址
	半山、马厂类型	公元前 2500~公元前 2000 年	天水师赵村遗址六期，西山坪遗址七期，甘谷礼辛镇遗址
齐家文化		公元前 2100~公元前 1900 年	天水师赵村遗址七期，西山坪遗址八期，七里墩遗址，甘谷毛家坪遗址，武山西旱坪遗址，观儿下遗址，傅家门遗址
辛店文化		公元前 1400~公元前 700 年	天水师赵村遗址
寺洼文化		公元前 1400~公元前 600 年	武山阴洼遗址

（来源：天水市博物馆，杨谦君 制）

始殿堂建筑，如F901房址（图5-1-20），占地面积约420平方米，主屋占地为290多平方米，大房子由主室、东西侧室、后室和主室前的附属物组成。这座房子以宏伟高大、结构复杂和设计精湛、面积广阔而著称，是我国新石器时代考古中规模最大、保存最好的房屋遗址。考古学家推测这座大房子是中心部落或部落联盟的所在地，因此享有"原始殿堂"的美誉。

大地湾文化遗址产生了原始的宫殿建筑；出土了我国最早的原始地画；发现了世界上最早的水泥地面。这些说明自古以来天水的气候环境与地理环境就是适宜人居的。

夏商周三代，天水属西戎地，殷商中后期，秦人西迁，秦人早期先民自西周初来到今甘肃礼县一带的西垂（即现在的天水），"在西戎，保西垂"，周孝王时，周王朝册封在汧渭之间养马有功的秦先祖嬴非子为附庸，在秦地建

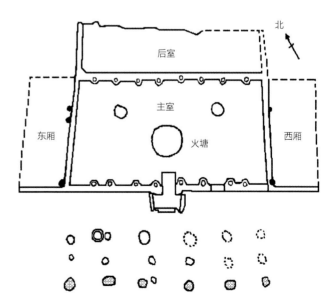

图5-1-20　大地湾遗址F901房址平面图（来源：http://jpkc.nwu.edu.cn）

邑，号嬴秦。秦邑在今张家川回族自治县城南，是今天水市辖区见于史籍的最早地名。随着秦人势力壮大，秦也就成为秦人的国号。秦人在天水开始了艰苦悲壮的创业，秦人吸收羌戎游牧民族的文化，学习周人及中原农耕民族的优点，历经八代秦人的不懈奋斗，终于从最初的为周孝王养马而占有了"秦"这块土地，完成了秦人在天水地区的崛起。至公元前762年，秦文公举族迁移关中，秦人在天水生活了三百多年。秦武公十年（公元前688年），秦人西征，灭邽戎、冀戎，设置邽县、冀县，这是中国历史上见于史载最早的两个县级行政设置。邽县城就是今天水市城区。扼入蜀之要冲，处藉河平川，两山夹峙，一河中流。

天水城以南北两山形成自然防卫屏障，气候湿润，森林密布。借河谷地宽阔，土地肥沃，水源充盈，灌溉便利。至下游渭河冲击盆地，长达60余公里，为城郊提供了未来良好的发展用地。邽县县城经历两千多年，而城址未有多大变化，恰恰证明天水城址选择的正确性。天水城地处西北要地，是关中越陇山抵河西、由川入陇的必经之地，具有极为重要的政治、军事、经贸等多重战略地位。诸葛亮六出祁山、陆地丝绸之路的必经之地都为天水重要战略地位与经济地位作了良好的证明。

（二）陇南

陇南位于甘肃东南部，是中国历史上农耕文化、畜牧文化和渔猎文化交汇积淀的地域。独特的区位优势、悠久的历史和多姿多彩的民族风情孕育了丰富的非物质文化遗产资源。截至2013年，有3个项目列入国家级非物质文化遗产名录，22个项目列入省级非物质文化遗产名录。已公布市级非物质文化遗产名录1次69项，公布县级非物质文化遗产名录340项。截至目前，国务院已公布了三批国家级非物质文化遗产名录，陇南有3项（文县傩舞——池哥昼、武都高山戏、西和乞巧节）被列入其中。甘肃省已公布了三批非物质文化遗产名录，陇南入选的项目总计22项（陇南影子腔、文县玉垒花灯戏、西和春官歌演唱、康县木笼歌、两当号子、康县锣鼓草、康南毛山歌、康县唢呐艺术、宕昌羌傩舞、陇南高山剧、礼县春官歌演唱、徽县河池小曲、武都木雕、礼县井盐制作工艺、成县竹篮寨泥玩具制作技艺、康县寺台造纸术、武都三仓灯戏、武都栗玉砚制作技艺、武都角弓唰杆酒酿制技艺等）。

陇南曾是汉族与氐、羌、藏、回等兄弟民族共同居住的地区，由于多民族的交互，这里呈现出不同的文化类型，形成了中原文化与少数民族文化交融、并存，地域特性显著的文化特征。这种富有地域特点的民俗文化，存留于它的社会形态中，存留于它的文化风俗中，特别是具有特色的古民居，更是这种文化的活化石。众所周知，传统建筑及古民居是不可再生的文化资源，它不仅有历史文化价值、研究价值、见证价值、学术价值、审美价值、欣赏价值，更重要的是具有精神价值。它们的一砖一瓦、一石一木都凝聚着历史的印记，镌刻着质朴的民俗民风；同时也承载着当地先辈们数百年的智慧和汗水，蕴含着浓郁的民族情感和民俗文化。

四、多元融合的文化环境

氐族，是我国最古老的民族之一。氐族种类繁多，而以居住在今陇南地区的白马族势力最为强大。"白马"是今甘肃省文县白马河流域上游一古地名，历代为氐族人聚居地，曾有白马氐人在这里生活。从史料看，在汉武帝以前，白马氐人的活动中心就在今陇南地区，北不超过渭水。尤其在魏晋南北朝时期，白马氐人杨氏建立了较为强大的仇池政权。白马氐族自称为"白马人"，因1951年民族族群划分的失误，白马人被认定为藏族，就有了今天的"白马藏族"。白马藏人的白马语（语言语法词汇均自成体系）和藏语相异部分远远超出了藏语方言之间的差别，甚至也超出了藏语支语言门巴语与藏语之间的差别。白马人的生活习俗、宗教仪式和方言、丧葬、饮食在不少方面都很特殊，既不同于藏族、羌族，更不同于汉族。在生活习俗上不食酥油及其他奶制品，更不吃生的牛羊肉，喜穿麻布。住板屋土墙，大都两档一底，下层堆放柴草或作畜圈，中层住人，三层堆放粮食杂物，中层左右两侧设有走廊。这与《南齐书·氐传》所载，氐人"无贵贱皆为板屋土墙"相符。现在的白马藏族，很有可能是白马氐人的后裔。今陇南市文县铁楼乡约有6500白马人，被冠为"中国白马人民俗文化之乡"。

陇南地区还有一个古老的少数民族——羌人，和氐人一样，羌人也是一个古老而神秘的族群，但文明发展程度较氐族稍低，当时还处于牧业阶段。在北魏时期，建立了宕昌国，史称"宕昌羌"。古羌人随着历史的风尘渐渐远去，但在广袤的中华大地上，在藏汉及其他民族的生活中至今还依稀可见其神秘的踪影。在陇南宕昌县被叫作"蕃族"或"木家人"的藏胞，其衣着打扮、婚丧嫁娶、文化娱乐等还沿袭古羌人的遗风，他们主要生活在大河坝、路岗头岳藏甫新坪等村寨宕昌化马一带用石头砌成的各种碉楼，或许是古羌人房屋居室建筑的遗存。陇南许多河道上横跨的伸臂木桥梁（原称"河沥"），这是宕昌羌学习吐谷浑建筑艺术的缩影。使用羊皮鼓祭祀的习俗饮用咂杆酒（或叫黄酒、泡酒、"二脑壳"）的习惯，这是羌人古老生活习俗在今天的延续。

孟祥武等人曾在《多元文化交错区传统民居建筑研究思辨》一文中指出，"如果按照甘肃省域对传统民居冠名，在学术研究上会有失偏颇，根本原因在于甘肃省本身就是一个多元文化交错区，在学术研究之中并不具有典型性。而陇南地处陕、甘、川三省交界，历史上更是受到川蜀荆楚与中原文化的多重影响，建筑风貌表现出叠加式与拼贴式的折中性。因此，陇南地区则变成了边缘之中的边缘。"

第二节 自然与社会影响下的聚落格局

村落是人类聚集、生产、生活和繁衍的最初形式。作为传统村落的大尺度背景，自然山水同时也是村落整体景观形态的有机组成部分，并且在选址、空间布局、建筑形制等方面均深深影响着村落空间形态的生成与发展。从山水地形对村落形态的影响来看，大致可以分为以下两类：一类是受风水思想影响，并以此为基础提出的选址依据，另一类则是依照周围的地势地貌、因地制宜的建村布局。

陇东南地区有着天然的山水格局，境内地貌俊秀，气候宜人，雨量充沛，光照充足，森林覆盖率高，为传统村落的生长发展创造了客观条件。

一、村落选址受传统封建礼治与传统文化影响

（一）天水

明代的天水称为秦州（图5-2-1），秦州辖秦安、清水、两当、徽县、礼县五县，属甘肃巩昌府（图5-2-2）。

天水胡家大庄位于胡家大庄村位于麦积区新阳镇，属渭河冲积形成的河谷盆地。北面渭河，南临凤凰山，东望伏羲

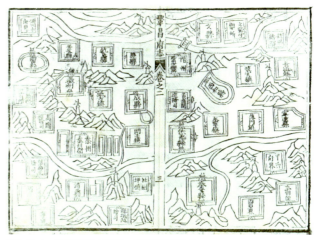

图5-2-1 秦州舆图（来源：《巩昌府志》）

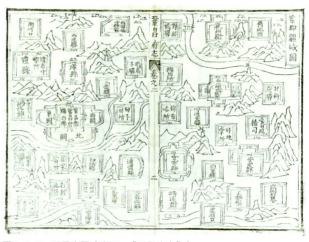

图5-2-2 巩昌府图（来源：《巩昌府志》）

始祖创八卦之卦台山，是中国传统聚落"负阴抱阳"选址原则的充分体现。胡家大庄由胡大、崔家坪、吴家山三个自然村组成。选址塬地，居高向阳，远离水患，历来垦地为生。荣获"中国第一批传统村落"、"中国第六批历史文化名村"的称号。胡家大庄建于明洪武年间，在清代乾隆年间形成了有总门、东门、西门、北门和具有排水系统和防御功能的堡寨式村庄。历经了数百多年的岁月沧桑，依然保持着传统村落的风貌，如今，在胡氏祖先的居住模式上逐渐扩展成了现在的六纵六横的村庄格局（图5-2-3）。

胡氏由山西初至天水，在龙王庙一带修庄建宅、开荒造田，开垦了胡家地一处庄园。因屡遭水患，村人难以安居，经三个房头主事人商议，决定村庄大搬迁。除少数住户，大多人家迁于现址总门北侧，逐渐向东发展至小什字，西至西门，形成两横四纵的村落形态。后来逐渐完善为以总门、西门为入口的村堡式胡家庄。后因其他姓氏通过联姻、投靠、雇工、当佃户等形式迁徙而来，逐步形成了现有居住模式。胡大庄建筑布局类似古长安城，以矩阵式排列（图5-2-4）。

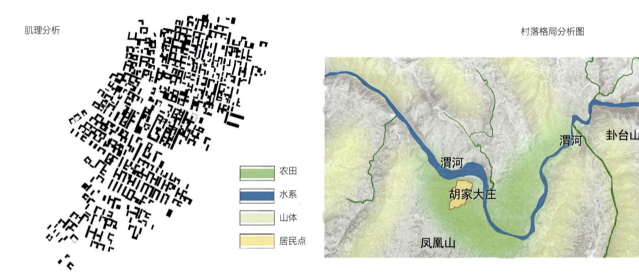

图5-2-3　胡大庄村落格局示意图（来源：兰州理工大学 提供）

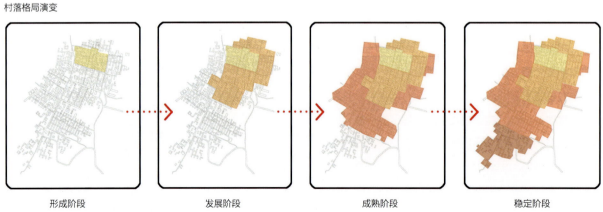

图5-2-4　胡大庄村落格局演变图（来源：兰州理工大学 提供）

（二）陇南

白马人聚居的400多个村落，集中分布在四川省绵阳市平武县的白马、木座等4个乡，阿坝藏族羌族自治州九寨沟县的草地、勿角等11个乡，甘肃省陇南地区文县的铁楼、中寨等10个乡以及甘南藏族自治州舟曲县的博峪乡，共计26个乡。其中，白马、勿角、铁楼以及博峪这4个乡是白马人最为集中的核心聚居区，白马族群独特的语言、文化风貌，也以上述4个乡保持得最为完整。

白马人通常聚族而居，且以崇敬自然、利用自然、珍惜自然的生活哲理，选择宜居之地建设自己的家园。白马人村落的分布与村落选址方式同样体现了白马族群的历史文化传统。

白马人村落坐落在大自然的山水之间，以山脉与河流为主体框架的大自然景观，成为村落整体依托的基础背景。在村落选址时对大自然山水的巧妙运筹，成为村落文化景观的一大特色。在白马人村落的选址与建设中，白马人讲究选择吉地而营造住宅相关人士通过对地理与水文的实地勘察来择地定位，确定有利于自然通风与接纳日照的地形方位，选择靠近水源的位置建设村寨以利生产与生活；特别强调居住场所应有背景依托，以求得与自然地理环境的和谐平衡。

铁楼乡是文县唯一白马人聚居的乡镇，12个白马村寨分布在白马峪河流域两岸，云雾缭绕在半山腰上，各村寨枕山襟水，民居依山势而建，高低错落。大部分白马村寨具有十分理想的地理位置。其一，作为村落大背景的后山，山体挺拔高昂，每当天气晴朗的早晨，整个村落沐浴阳光之下，熠熠生辉。其二，村落坐落在白马河流域地形平缓、开阔的河谷地，清秀的河流在开朗的河谷中蜿蜒前行，村落前方展现的这一片曲折又温柔的水光山色，恰似一幅描绘江南风光的山水长卷。其三，村寨所依托的洪积扇形台地，具有深厚而宽阔的基底，成就了村落环境选址宜"天高地厚"的基本准则。村落建筑的背景是舒展的河谷与茂盛的山林，可以让人充分享受最优美的大自然环境；建筑融于风景，风景融于建筑，也同样体现了人类与自然界休戚与共的亲和关系。

白马人村寨环境空间的塑造，强调顺应自然、因山就势、珍惜土地、涵养水源等基本原则，特别注重保护与培育自然地理环境的天然格局与活力。人们常常凭借梁、沟、坳、坞等各类微地貌的天然条件，巧用地势，分散布局，组织自由开放的环境氛围，构建高低错落的多层次居住空间（图5-2-5）。

二、生活形态及地域文化民俗的影响

一般来说，一个区域的早期居民往往把水路、河谷视作居住选址的首选因素，这也是与早期的自然经济特征分不开的，当社会发展到一定阶段后，交通线等因素逐渐打破水路、河谷影响居民点布局的局面，而当村镇演变成城市后运费、地租、集聚等因素会骤然兴起，最后是信息化时代后信息技术逐步发挥作用，并通过传统因素共同改变着一个区域的村镇空间结构。陇东南地区长期处于农业经济社会，居民居住点布局自然没有摆脱这个发展规律，但经济状况和地理环境的限制，使居民居住选址局限于水路、河谷和交通线混合的状态，并将在一段时间内维持。

以陇南市为例，观察陇南行政区划地图可以看出，国道212线与白龙江、白水江走向一致，国道316线经过徽成盆地并与西汉水遥相呼应，这两个区域的人口与村镇也最为密集。其中武都、文县的县城以及其所属经济比较活跃的一些乡镇和中心村大体位于国道212沿线和白龙江、白水江、沿线的河谷地带，呈现出沿水路、河谷、交通线混合布局的状态；康县大部分村镇由于水路与交通线较弱，则主要依据地貌类型布局；而礼县县城与部分村镇、西和县的部分村镇、康县的部分村镇则主要沿西汉水流域布局；宕昌县因处于北部全切割中高山地貌区，又有岷江水路和国道212线，其村镇布局也呈现出沿水路、交通线、河谷交合分布的状态；对于徽县、成县、两当县的村镇除沿小支流布局外，由于山势相对较低，丘陵盆地较多，更多是依靠交通线进行分布[1]。

---

① 蒲瑞琛. 陇南村镇空间结构演变战略研究[D]. 西北师范大学硕士学位论文，2008，6：35.

图5-2-5　白马藏族乡（来源：李玉芳 摄）

陇东南传统建筑形态受到川、陕及陇东地区文化影响，形成了兼收南北风格的民居形式。如典型的一进式"四合院"，四周房屋连成一体，一层与二层之间用木楼板隔开，上层主要用于存放粮食杂物，门窗基本素面无装饰，或只进行简易的棂格装饰；下层主要用于居住。这种源于中国古代南方干阑式建筑的民居，在发展过程中根据当地的地理因素，吸收了北方土木结构建筑的优点，形成鲜明的地域特色，既有北部民居的厚实保暖，又有南部民居的轻盈凉爽。整个大院面积和房间结构较为宽敞和高大，架构和雕饰细腻繁密又不失豪放大气，体现了陇东南南北交汇的独特文化特征。

不同地域传统建筑形态特征皆是在特定的自然地理条件和人文历史背景的作用下渐渐形成的。当然，由于地缘关系的远近不同，这些形态会呈现相近或相异的特征。陇南地区民居建筑所展现的丰富多彩的形式及风格，是难以用某种单一原因解释的，它与一定时期特定的地理、气候、资源、社会、经济、历史、文化等自然环境和人文环境息息相关，是各个地域环境的直观表现，更是诸多因素共同作用的结果。也正是由于这些千变万化、错综复杂的影响因素，才产生了形态多样、各具特色的建筑形态。

从地理环境的角度来看，甘肃地域狭长，横跨中国四大自然区域，陇南位于甘肃省的东南部，岷山山脉与黄土高原交汇处。从四大自然区域的分布图上看，陇南属于南方区域。但从区域性气候、水文、风貌上的表征看，陇南又有北方地区的特征。根据中国国家地理关于《中国南北自然分界是'带'不是'线'》的论证：南北分界线秦岭—淮河分界并非一条线，而是通过相当宽的一个"带"来完成的。因为秦岭南坡约千米海拔以下才是亚热带，而秦岭山脉两坡千米等高线间的宽度，也就是分界带的宽度大约有90~110公里。而且，在历史上南北分界带是随气候变化而南北移动的。如果全球持续变暖，亚热带北界将来甚至有可能要北推到黄河的中、下游地区。所以，从陇南所处的南北分界带的西段来看，该段经过四川平武、青川，甘肃文县、武都。汉中市区，安康主体都在分界线以南，文县、武都主体都在分界线以北，这张图则显示陇南大部又位于北方地区。从方言上来看，陇南除了文县碧口说西南官话外大部分都说中原官话。方言与今日陕西的较为接近。原因是陇南历史上在州县制施行前一直属于益州（今四川、云南）或梁州（今陕南、四川北部）。由此可见，陇南是南方区域与北方区域的交界过渡地带。为了能详细地研究陇南地区民居建筑的特征，根据陇南地区气候、地貌、人文等方面的因素，提出对于陇南地区区域的微分划，即北陇地区（"陇"指陇南），包括宕昌、礼县、西和三县；南陇地区，包括康县、武都、文县全境；东陇地区，包括成县、徽县、两当三县。

陇南微分区与现存传统村落的行政关系如下：

北陇地区的传统村落主要分布在宕昌的哈达铺镇、沙湾镇、甘江头乡、狮子乡、两河口乡；礼县的石桥镇、永兴镇、白关乡、滩坪乡、江口乡、红河乡、盐官镇、宽川镇、崖城乡；西和的兴隆乡等。

南陇地区的传统村落主要分布在康县的平洛镇、大南峪镇、白杨乡、岸门口镇、王坝镇；武都区的琵琶镇、两水镇；文县的石坊乡、石鸡坝乡、铁楼藏族乡、玉垒乡、碧口镇、尚德镇等。

东陇地区的传统村落主要集中在成县的城关镇、黄渚镇；徽县的嘉陵镇、麻沿河乡、大河乡、栗川乡；两当的鱼池朝鲜族乡、左家乡、金洞乡、泰山乡、西坡镇、显龙乡、杨店乡等。

这三个区域基本反映了陇南地区传统建筑的多样性，尤其民居建筑所处的地域不同，呈现不同的建筑形态，加之又是多民族聚居区，由此孕育了丰富特有的民俗文化（图5-2-6）。

陇南民俗风情淳朴浓郁，多民族相处融合，共同开发陇南的历史和地处甘、陕、川三省交汇处的特殊地理位置，孕育了深厚的文化底蕴，形成了陇南社会文化鲜明的边缘性和多元化的地域特色。既有古代氐、羌、藏等民族文化与汉文化的大融合，又有秦陇文化与巴蜀文化的大交汇。

每年农历正月十五，白马人都要带上香柏、龙达，走出山寨，走上山头，敬奉神灵，祈求风调雨顺、山寨平安吉祥。《池歌昼》充分展现了白马藏族的能歌善舞，白马人最负盛名的舞蹈是面具舞，又称"池歌昼"、"鬼面子"，是白马人从先祖的信仰和崇拜里继承至今的一种民族舞蹈和传统祭祀活动，具有祈福消灾的意义，整个场面古朴豪放，庄重热烈，既富有神秘气息，又充满了浓厚的娱乐色彩。《火圈舞》是白马人休闲或者节庆时最常见的舞蹈，它用独特的形式，把迥然不同的两个自然物火与舞完美地结合在一起。歌为火而亢奋，火为歌而增辉，男女老幼手拉着手连成一个大圈，围着熊熊大火歌舞，边舞边唱，气势磅礴，粗犷奔放，构成一幅完美和谐的民俗舞蹈画卷。场面庄重热烈，既有神秘的宗教气氛，又充满浓郁的娱乐色彩，极具历史和民俗研究价值。

由宕昌羌和吐蕃民族长期融合而成，现居住在宕昌官鹅和新城子乡的藏族同胞，其宗教活动"陆定意姿格"和敬山神舞蹈热烈、奔放，充满原始宗教的淳朴、神秘。还有粗犷的"两当号子"，舞姿别致的武都"高山戏"，文县的"玉垒花灯戏"以及西和的七夕"乞巧"风俗活动等民间文化形式，异彩纷呈尽显民族风情。

(a)孕育独特民俗文化的陇南风光

图5-2-6　陇南民俗文化1（来源：文县规划局 提供）

（b）白马人"池歌昼"（面具舞和火圈舞）

（c）敬山神舞

（d）两当号子

图5-2-6　陇南民俗文化2（来源：文县规划局 提供）

第三节　建筑群体组合与地域文化的关系

一、陇东南地区典型建筑文化特质

南宅子胡来缙的官职比北宅子胡忻的官职低，且北宅子的建造年代晚于南宅子的，这就使北宅子的建筑规模和等级处处显得高于南宅子。从建筑形制上看，同属于北方四合院中的合院式建筑类型，因正房五开间，厢房仅遮挡正房的梢间，形成的院落较宽敞，正房与厢房均是"一明两暗"的形式，第一进院落的五间正房的两侧梢间不做退后处理。南宅子从院比主院的规模小，尤其是书房院，有可能原来书房院厢房的位置都是抄手游廊，后期将一侧改造成厢房的形式，又加了暗室。书房院的东厢房，虽然是三开间，但是次间只有明间的一半大小，实际上就是两间。南宅子的倒座六开间，这在天水古民居中是独一无二的。北宅子的楼式建筑在院落中处于中心位置，如果保留有原来的三进院落，楼式建筑处于第二进院落的正厅位置，建筑尺度高大，前檐柱为二层通柱。东西厢房遮挡正房的梢间，由于北宅子的开间是天水民居中最大的，所以形成的院落也是天水民居中最大的，这种宽敞的院落适应了天水地区的气候特点，天水地区除冬季外，其他三季都可以在室外活动，这样的宽敞院落更利于家庭成员在室外活动。

南宅子院落比北宅子院落小，正房三开间，厢房三开间，带前檐廊柱，尤其在南宅子中的胡氏书房与祠堂偏院，院落的布局尺度不大，感觉氛围亲切、幽静，是学习、看书的最好地方，在这个院落中，听不到外界的丝毫干扰，在小院中种植着竹子，这是在天水古民居中可见到的尺度最为亲切、宜人的一组院落。

从天水五城相连的城市格局来看，沿河岸形成的二级阶地呈狭长形，根据地形特点，城市有一条贯穿全城的主干道，主干道划分的巷道以南北向为主，这就使院落的宅基地以东西向为主，所以建筑的入口不一定开在东南角，而是随巷道的方位而变化。石家巷的石作瑞故居，院落没有一条主轴线，建筑的布置是因地制宜，以一个个院落为单元布置，所以天水的传统民居并不太讲究轴线。明代的建筑院落以房间的间数确定院落的大小，间数以三到五间为多，所以院落的尺度大小成为一定制，变化不会太大。

二、山水文化与村落群体

（一）山水文化

陇东南地区村落发展和演变受自然和社会环境的制约，"任何村落都是一定时空的地理实体，它所依托的地理环境（包括自然和人文环境）从总体上助成或制约着村落发展并进而造就出区域性特征，这个地理环境就是村落发展的地理基础"[1]。村落的气候、水资源、地貌等自然因素决定城镇发展形式以及程度，同样村落的人文环境，如人口、民族等也影响着城镇的进程，因此村落是各种自然因素和人文要素的综合体。

特殊的地理位置以及积淀深厚的民族文化，使陇东南地区的民居建筑在内部结构、组合形式、装饰特征和村落布局等方面体现出鲜明的地域文化特色。

（二）村落群体技艺文化

陇东南地区湿润的气候适宜南北方多种植物和花卉的生长，民间建筑匠人将现实中见到的极其丰富的植物、动物形象提取重要元素进行了高度的概括、抽象化之后用于木、石、砖雕刻题材，用于建筑装饰，各处使用的图案不同，耐人寻味。尤其南宅子和北宅子楼式建筑栏板的雕刻工艺，采用深浮雕、透雕、浅浮雕的雕刻技术，南宅子的栏板以植物题材为主，雕刻细腻，北宅子的雕刻以花卉和人物为主，花卉造型雍容华贵，花朵硕大，人物造型栩栩如生。每开间栏板共五块，每块的雕刻内容绝无雷同。门窗的木构图案精美细致，变化多端，以植物和回形纹图案为主。除窗棂条构成的图案外，绦环板也成为装饰的重要部分。南北宅子檐下正心瓜栱布满雕刻，装饰性较强。在栱间板的位置全部是透雕图案，每块栱间板的雕刻题材均不同，以植物题材为主，多为各种形式的梅花、牡丹之类，寓意花开富贵。

石雕主要在山墙上的盘头位置，雕刻以麒麟、梅花鹿作故事内容。砖雕在槛墙和影壁的位置使用。南宅子地面用鹅卵石铺成图案，既美化了院落，又不至于地面在下雨天泥泞。

第四节　多元文化交错区的传统建筑

一、传统院落布局解析

（一）传统院落风格

1. 合院式

北陇地区与天水、定西毗邻，天水是"秦"的发祥地，是秦文化的诞生地，秦氏先祖和秦人从这里出发，开疆拓土，海纳百川，将宗族文化逐渐发展成为区域性文化。

秦文化在人文因素上体现为注重实效，讲求功利，勇于创造。在居住方面将合院式住宅精简化，多采用单进四合院或三合院，院落较为方正，宽长比大多在 1：1~1：1.3 间。礼县、西和地区的单体建筑以三、五开间为主，正房坐北朝南，常用"三正两耳"的做法，即正中为带前檐廊三开

---

[1] 杨建新，马曼丽. 西北民族关系史[M]. 北京：民族出版社，1990：271.

间，两侧各一暗间耳房，分别为储藏和厨房之用。正房单面出坡，屋脊和屋面做三段式，正中三间屋面高，出檐远，两侧耳房屋面低，出檐短；厢房三开间，中间辟门，两侧各开一窗，单坡屋面；各建筑均采用土木结构。目前现存保存较好的有石桥乡古泉村的王家宅、斩龙村李家宅、盐官乡新联村李家合院等。这种形式在天水地区的民居中也较为常见。宕昌地区的整体结构较礼县相似，唯一不同的是正房常采用三间两层两檐水木楼瓦楼（当地做法名称），即正房出前廊三开间，二层，双坡，土木结构，灰色板瓦屋面。因哈达铺在中国红军长征历史上有重要的地位，又作为当地的商贸重镇，所以多保留有这种形式（在下文中会有详细说明）。上述这类合院式建筑统称为秦陇风格四合院。

2. 羌族碉楼式

羌族是中国西部的一个古老的民族。羌族自称"尔玛"，意为"本地人"。其族源可溯至三千多年前的左羌人。早在3000年前，殷代甲骨文中就有关于羌人的记载，他们主要活动在中国的西北部和中原地区。在西晋末年，宕昌羌人建立了仅次于仇池国的地方政权——宕昌国，并存历一百余年年。其后随着民族间的互动交融，一部分羌人同化于藏族，另一部分同化于汉族。今天宕昌的羌族是古代羌族人中保留下来的一支，大多已是汉族。但羌人传统的碉楼形式却得以传承保留下来。

今宕昌境内岷江至白龙江流域的河谷地带，从官鹅乡始，经新城、甘江头、官亭、秦峪、化马、两河、沙湾等地，处处皆碉房。在官亭、两河一带，碉楼均依山修筑，顺山势排列，呈现高低错落之状，非常壮观。宕昌境内的碉楼以家碉为主，可以住人、存货、圈畜，实用性较强。碉房平面呈方形，沿街墙体下部为石块叠砌，上部夯土版筑，逐渐收分，平屋顶，有些许坡度；内院为天井式木楼，一般为两层，低层圈养牲畜，二层一圈回廊贯通，为堂屋和卧室，屋顶可做晒台，上下有木楼梯连接，较陡。当地也称这种碉房形式为转角楼。这种形式完全不同于羌族石碉楼，采用外石、内土木楼的形式。究其原因是羌民族与汉民族之间的迁徙更替交融，使得碉楼外立面延续了传统羌族碉楼的特征，内部则具有汉地木楼结构的特点，但在功能使用上基本保持了最初建造的目的，住人、存货、圈畜于一体。

（二）典型传统院落

1. 祠庙

梓潼文昌帝君庙位于宕昌县沙湾镇上堠子村（图5-4-1）。始建于元代，明代重建，现存为清代建筑。占地面积600平方米，坐北向南，主体建筑有前、后殿，前殿由山门、东、西厢房、过厅组成，皆土木结构。前殿面阔三间（7.5米），进深二间（5.2米），"人"字梁架，硬山顶，檐下施斗栱，内壁两侧绘人物故事画，前、后开门；后殿面阔四间（12.5米），进深10米，歇山顶，三架梁，殿门正中檐下斗栱施彩绘，内壁彩绘人物故事画。东、西厢房面阔各四间12米，一面坡顶，檐下饰彩绘和花纹木雕。过厅面阔三间（7.5米），进深6米，硬山顶，东屋内立"梓童文昌帝君庙记"碑1通，记载明洪武十六年（1383年）7月3日重建之事。山门前台阶三阶，门两侧各一尊石狮，门板上各有一幅人物画。

2. 革命旧址

哈达铺红军长征革命旧址位于宕昌县哈达铺。哈达铺是甘肃省陇南地区宕昌县西北部的一个重镇，原名哈塔川；因

图5-4-1　宕昌县沙湾镇格局（来源：http://m.fengniao.com）

"塔"与"达"韵母相同、读音相近而被称哈达川，明代设铺故名哈达铺（图5-4-2）。哈达铺自古盛产药材，是驰名世界的"岷归"的主产区，自清末民初就有山西、陕西、上海等十余省客商来此沿哈达铺上、下街两侧开设店铺，经营药材生意；于是，一条长908米的"药材商业街"随即产生，街巷两侧至今仍保存下来842间铺面，其中的382间沿街毗连。其实，哈达铺的驰名是因为"哈达铺红军长征旧址位于甘肃省宕昌县哈达铺镇，是中国工农红军长征中途休整的地方，包括毛泽东住室（'义和昌药铺'内）、红一方面军司令部（'同善社'内）、红军干部会议旧址（'关帝庙'）、邮政代办所、红二方面军总指挥部（张家大院）五处旧址，分布在哈达铺上、下街两侧"。"该革命旧址是决定中国工农红军长征命运的重要决策地，与哈达铺上、下街保存至今的其他清末民初建筑，均为研究甘肃陇南地区民居的重要实物资料"[①]。

哈达铺的建筑功能主要承担铺面的作用，是当地气候、资源有限的自然条件与当年经营药材生意特殊的功能需要相结合的产物，其建筑总体风格呈青瓦和黄土色门、窗、墙面，建筑在技术与艺术方面除了具有陇南地区民居的特征外，还有其独特性。铺面建筑是一种真正的"木骨泥墙"——木构架、土坯墙的构造与结构，由于建筑体量和屋顶形式的不同，木构架基本上分穿斗式、抬梁式和斜梁式三种。通常情况，高大体量和重要的铺采用当地称作"两檐水"的双坡顶，构架采用当地称作"四柱落脚"和"三柱落脚"两种形式的穿斗式或者一般为三架梁和五架梁的抬梁式；而矮小体量和次要的铺则采用当地称作"一檐水"或"一顺厦"的单坡顶，构架只是"二柱落脚"的斜梁式。

穿斗式和抬梁式的檩上铺椽，檐椽出挑屋檐，不做飞椽；而斜梁式的铺不设檩子，在斜梁上固定一根枋木，枋上开槽口承托横椽，斜梁头做"飞梁头"——断面比斜梁断面略小的楔形木段，用于挑托檐口，从而满足屋檐高度和室内采光的需要。穿斗式和抬梁式檐部椽档一般不用木板或灰泥封堵，目的是在室内熏药加工时烟气能够及时散出。同时，二层楼的地板、阁楼的楼板都留有较大缝隙，一层铺的天棚常在梁上铺设间距较大的细长松木杆，都是便于上面放置的药材熏制。斜梁式铺的檐部虽然通常在檐檩和椽子之间用木板封堵，但也留有一定的孔洞。因此，铺室内所有的露明木构件，都被如此熏成棕色，而且具有抗腐、抗蛀的优越性。

铺的功能需要尽可能地使沿街立面开敞，但冬季较干冷的气候又要求有较好的保温性，哈达铺的装修具有一定的匠心之处。

1）门，铺门都是用木板拼做的摘卸式实榻门，当地称"股子门"，一般每间4扇。股子门没有门轴和门枕，而是在中槛和下槛内侧做插槽，每天开业摘下、歇业插上。摘下后

图5-4-2　哈达铺全景（来源：https://timgsa.baidu.com）

[①] 《全国重点文物保护单位简介汇编》第一至第五批，国家文物局，2002：844.

可以平铺成摊位案子做生意，节省扇位所占的空间，增加室内采光，歇业后封门可以避风保温，看似每天摘卸麻烦，实际有一举多得的优点。平开门通常只用于住室和室内。

2）窗，窗由窗心和余塞板组成，窗心的扇分直棂窗、支窗和摘窗三种。直棂窗形式简单、不能开启，棂条看面宽度一般是20~40毫米；支窗和摘窗的边框看面宽度基本是30毫米，棂条的断面尺寸通常是12毫米×12毫米~15毫米×15毫米；支窗为单扇，摘窗为上、下两扇，上大下小，摘时先上后下，装时先下后上；三种窗都内糊窗纸，有的还帖剪纸，非常漂亮。门、窗中槛以上都有走马板，室内多数没有装修分隔，少数用固定隔扇或封堵隔板加平开门分隔。有阁楼和二层的铺，通常该部位的立面做大面积封板而镶嵌小隔扇窗。

3）油饰，铺的外立面油饰准确而言只是简单的涂饰，因其仍然是就地取材：用锅底灰稀浆，再掺和一定量的动物皮胶涂刷槛、框构件；其余部分，用黄土稀浆，再掺和一定量的动物皮胶涂刷，从而形成了土黄色和煤黑色两种素雅色相间，并且具有一定光亮度，且具有耐久性和防水性的良好效果。

4）屋顶，屋顶的构造自椽子以上分别是灌木条编制的席子或杂木条、树枝等，上覆约200毫米厚的灰泥，再挂宽约75毫米、长约100毫米或宽约100毫米、长约120毫米的小青瓦（板瓦）。边垄瓦通常用板瓦扣合、有滴水，脊部做3垄排山；除了个别较小的铺外，垂脊下压的两垄瓦用筒瓦、滴水；一般的铺不再多用滴水，而较好的铺则全用。瓦面靠近正脊的部位往往在板瓦缝间扣两节板瓦似剪边，既为美观，更是防水。正脊和垂脊都用砖、板瓦和筒瓦组合而成，端部相当脊兽的部位做出当地称为"鸡头"的形式，非常精巧[1]。

二、传统民居结构形式

南陇地区传统民居建筑的平面与北陇地区相似，也多为三合院与四合院，不同点在于院落的比例尺度、围合关系以及整体连续性。其中多处四合院的形态是以"∏"字形与"一"字形围合而成的，倒座房与厢房组成"∏"字形的连续空间与"一"字形平面的正房共同围合组成，正房与倒座均为二层，正房高两厢低，正房处于多层台基之上，台基与院落之间的高差多在1米左右，这种形式从立面形态上与云南"一颗印"住宅很相似。不同的是南陇地区的这种民居形态类似于通廊的跑马楼，即正、耳、倒各处皆为楼房，且均有前廊，楼上各廊相接，环形无阻，非常方便家人的起居活动；而云南"一颗印"住宅尽管也是楼屋形式，但二层房屋间是穿套形式，是一种内向型的连通。相比较而言，通廊形式的私密性更强一点。

（一）秦陇风格四合院

秦陇地区以汉族为主体，自古以来属于板屋建筑文化主要流行区，居民建筑艺术深受汉族历史、文化的影响。同时，又因与周边地区民族建筑文化相互渗透、相互影响，不断发展和变革，形成了自己的地域风格，兼有北方民居的粗犷和南方民居的精巧秀美。

1. 分布

秦陇地域位于黄土高原，含关中盆地。西起河西走廊，东抵太行山脉，北界内蒙古高原，南限秦岭，古老的黄河穿越本区，肥沃的关中平原与陇中黄土高原成为中国古代文化的摇篮与文明的发祥地之一。秦陇风格四合院民居在甘肃境内多分布于平凉、庆阳、天水等地区。

2. 形制

秦陇风格四合院民居属我国北方合院式建筑，院落较为宽敞。富庶人家的院落以二、三进居多，单独一个院落者多为贫寒之家。

---

[1] 肖东. 哈达铺的铺[J]. 古建园林技术，2004（9）：59~62.

从四合院中对居者的定位、安排上，也淋漓尽致地反映出尊卑有序、内外有别的儒家礼教思想和传统的封建等级制度。院落多坐北朝南，也有少量院落受街巷方向的限制而坐西朝东。受传统观念的影响，大门多位于东南角，厕所位于西南角。正房一般面阔三间，厢房多为三到五间，其中包括左、右两间耳房，厢房还多采用一坡水（单面坡顶）构架方式。房屋以"人"字坡顶为主，屋顶有单面和双面两种。明、清两代，家祠已成为民居宅第建筑的重要组成部分。民国时期，随着传统儒家文化的式微，许多祠堂建筑变为居住房屋。

3. 建造

秦陇风格四合院民居的结构采用土木混合结构，从木构架形式上属于抬梁式结构，这种形式也是北方地区厚墙厚顶的民间建筑的构架，是由当地的自然条件决定的。土，厚重、亲地、质朴、坚实；木，轻巧、崇天、温和、柔软。建筑较少用砖，仅在槛墙、墀头有些许砖雕，从而强化了庭院温和、柔软的品格。虽为土木，选材却非常考究。砖瓦脊兽，都是用粗细适当的黏土烧成，色彩一致，强度高，耐腐蚀。采用优质松木制作柱、梁和枋椽，多数柱梁粗壮惊人，往往超过结构需要的许多倍。

建筑装饰材料就地取材，保留木材原有的质地和色泽，结合本土土坯墙和青色砖瓦，展示出西北民居建筑文化特有的朴素大方。

4. 装饰

秦陇风格四合院民居的门窗雕饰非常讲究，工艺水平很高。重点集中在大门、垂花门、虎座门、影壁、栱间板、雀替、木门窗、墀头等部位上。此外，还有悬挂名家书写匾额楹联的软装饰艺术。农村地区的民居形制相对较为简单，装饰艺术也没那么细腻。

5. 代表建筑

胡氏民居分列路南北，隔街相望，又称南、北宅子，当地人称"南北宅子"。南宅子为明代山西按察司副使胡来缙居所，建于明万历年间；北宅子为胡来缙的儿子胡忻的私宅。胡氏民居是"甘肃省唯一的，也是全国罕见的具有典型明代建筑风格的古民居建筑宅院群"。

南宅子是明嘉靖三十七（1558年）秦州举人、中宪大夫、山西按察司副使胡来缙的私宅，始建于明万历十七（1589年）。占地5050平方米，建筑面积3700平方米。由12个四合院、78座单体古建筑组合而成。各院由甬道相连，高低错落，排列有序。门外有千年古槐两株，当地人称南宅子为"大槐树下"。垂花大门内，以南北通道分为东西两区。西区由前院、后院、书房院、棋院和花园组成，是南宅子的主体部分。主要建筑物均为明代建筑，梁柱硕大，用料考究。其直棂隔扇门窗、栏板梁头、斗板雀替等雕刻技法精湛，建筑布局精致，房屋种类繁多，尤以古代绣楼、木楼、地下藏宝洞等建筑物在民居建筑中实属少见，蕴含着极其深厚的传统文化和地域文化特色。现开辟有天水胡氏家族谱系、祝寿、祭祖、婚庆等专题展览。东区由六个小四合院组成，现陈列有历史名人书画、皮影、剪纸、根雕、刺绣、车杖等各类民俗展览，同时，举办天水地方戏曲和曲艺等演唱活动。南宅子是研究我国西北地区明清古民居建筑的重要实例，为研究明清时期建筑格局和建筑等级制度提供了珍贵的历史资料。原国家文物局局长孙轶青为天水民俗博物馆题写馆名。南宅子古建筑与民俗文物相互映衬，相得益彰，既是天水民俗博物馆，又是天水古民居建筑文化的展示中心，也是我们西北地区著名的民俗文化旅游的场所（图5-4-3）。

（二）秦巴山区板屋

板屋，史书称之为"西戎板屋"，最早起源于西戎各族。秦巴山区泛指秦岭和巴山山区，有众多的小盆地和山间谷地相连接。秦巴山区板屋民居现今主要流行于陇南地区。现如今板屋已经是一个过渡的制式，以面阔三间、两层的"一座房"为典型。建造方式一般采用当地石材作为基础，墙体采用夯土墙和木板墙，承重结构为穿斗式木构架，屋顶部分明瓦明椽。

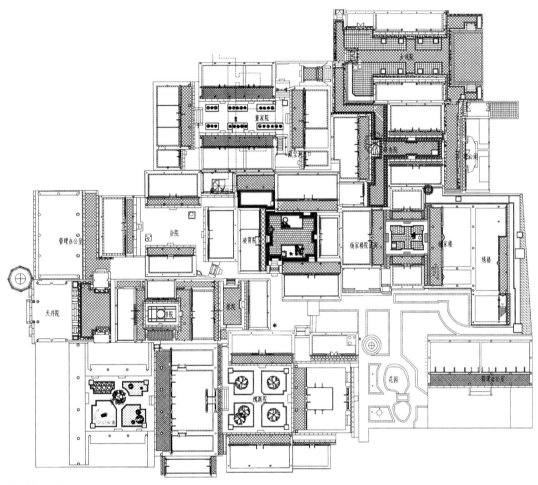

(a) 南北宅子台明总平面图

(b) 槐荫院院落横剖面图

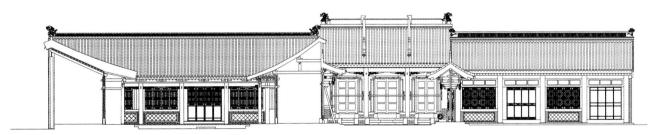

(c) 桂馥院院落纵剖面图

图5-4-3　天水南北宅子1（来源：孟祥武 绘）

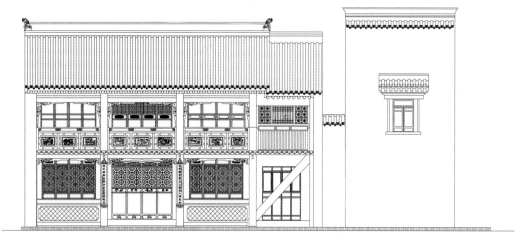

（a）杨家绣楼立面图

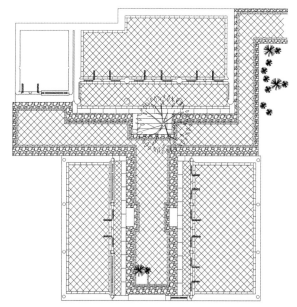

（b）银杏园总平面图

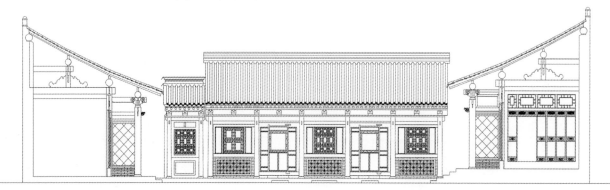

（c）董家院院落剖面图

图5-4-3　天水南北宅子2（来源：孟祥武 绘）

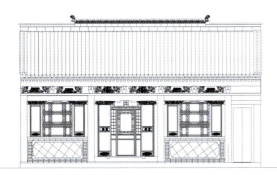

（a）书院倒座立面图

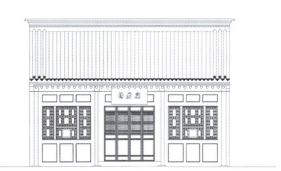

（b）棋院正方立面图

（c）南宅子戏院轴立面图

（d）南北宅子院落及内部

图5-4-3　天水南北宅子3（来源：孟祥武 绘）

1. 分布

秦巴山区泛指秦岭和巴山山区，有众多的小盆地和山间谷地相连接，其南部的巴山山麓，群山毗连，重峦叠嶂，河流源远流长；北部的秦岭余脉，山势和缓，谷宽坡平，溪水淙淙流淌，地理环境优越。秦巴山区板屋民居是陇南地区的汉族民居，目前主要分布在康县、两当县等汉族聚居的地区。

2. 形制

分布于康县的穿斗式板屋民居较少为合院，常为一进院落，主要是单栋建筑，面阔三间或五间，大部分建筑为两层，只有明间开门，两侧不开门。一层明间为正厅，部分房屋明间向内退入，形成锁子厅，而二层明间出挑，与左右尽间平齐。

正厅正中靠墙摆放长桌，桌上放置祖先牌位或已故长辈照片和供品，正中间墙上则安顿家神或信仰物画像。一层左侧间为卧室，右侧间为厨房；二层左侧间为卧室；右侧间主要用于储藏，也有用于卧室，二层明间主要为正厅，与一层正厅一样为祈福空间。分布于两当县的穿斗式板屋民居或为单栋建筑，或组合成三合院、四合院。每栋建筑面阔三间或五间，立面形象多表现为一层，其明间为通高的堂屋或过厅，左右两侧为卧室，其上有夹层，夹层空间多为储物空间，用以置放杂物或晾晒粮食。

3. 建造

房屋基础一般为1.2～1.3米深的石头基础。墙基低矮，为石砌或砖砌。房屋主体结构采用穿斗式木构架，正立面采用木板制门窗和墙体，其他立面采用泥土拌合草筋，夯实成夯土墙。有的房屋明间则采用木板墙，木墙上一般开两扇木门，其余各间均为夯土墙体，窗扇用木格栅。屋顶为双坡屋顶，梁架上搭檩条，檩条上搭椽，椽上直接覆盖瓦，为明瓦明椽，或椽上覆草编织物，织物上抹泥覆瓦。

4. 装饰

穿斗式板屋民居外观装饰朴素，屋脊上会装饰用瓦制得的脊饰，有的门扇或窗扇上会有精美的窗格和雕刻。室内装饰简单朴素，家具都为简单的木质家具。

5. 代表建筑

权家大院：权家大院为清代所建，共分为四个院落，院落内的单栋建筑保留了典型的穿斗式板屋形制。以上院为例，组成院落的建筑有正房、过厅、绣花楼、厢房、倒座。每栋建筑平面形式均为"一"字形，正房开间为五间，双坡硬山屋顶，明间通高，左右次间均有夹层。

权家大院正房朝向为坐东朝西，其朝向与村落选址颇有关系。权家大院内的绣花楼具有陇南地区穿斗式板屋民居的典型特征，不同的是正立面挑出檐廊，为陇南地区较少见的实例（图5-4-4）。

（三）秦巴山区合院

合院式民居有着类似北方四合院的建筑形制，主要房屋均为二层楼阁式硬山结构。陇南地区合院式建筑院落坐北朝南，"一颗印"式布局形制，建筑均为两层四面连通的木楼，称"转角楼"。

1. 分布

陇东南合院式建筑目前保存较为完整的数量已经不多，现大多分布于陇南地区的宕昌、康县、两当县、徽县，其他地方零星留存部分"一颗印"式民居建筑。

2. 形制

院落朝向以坐北朝南为主，"一颗印"式布局形制。平面布局紧凑简洁，呈方形，由正房、厢房和倒座组成，瓦顶土墙。合院有不同的形式，可分为四合院、三合院和二合院，院落布局均为中轴对称。屋顶分为单坡和双坡屋顶两种，主要房屋均为二层阁楼式，木楼四面连通。正房和倒座均位于中轴线上，左右分设东西厢房。正房坐北朝南位于中轴线北端，高大壮观，是等级地位最为高贵的地方，倒座则位于正房对面、中轴线南端。陇南地区受商业文化的影

图5-4-4 权家大院(来源:孟祥武 绘)

响,民居宅院多为临街布局形式,由临街铺面,左右厢房和正房围合成一个合院,院中设有狭长的天井,组成第一进院,然后以中门为界,左右厢房,正房及边门组成第二进院。

3. 建造

陇南地区合院式建筑采用土木结构建造,上下施通柱,采用穿斗式结构。建筑都建造在较高的台基上,因地制宜,建筑装饰多使用木材,屋顶一般用木板覆瓦。

4. 装饰

陇南地区合院式民居外观统一，显得宏伟壮观，细部格外精致。装饰物件多为木雕和石雕。陇南地区林木资源充足，取材方便，各房屋的立面均安置雕刻细腻、花纹繁缛的门窗。木槅扇门雕饰细腻，题材多样，内容丰富。正房前台基上有石雕作为装饰。屋面形式较为一致，屋脊有吻兽。

5. 代表建筑

1）朱家大院

朱彦杰故居位于陇南市康县岸门口镇街道村朱家沟社，是保留较为完整的四合院，是典型的合院式民居。朱彦杰故居由门房、过厅、东西厢房和正房组成，院落内部地面现已硬化，大门在2008年地震时损坏严重，后重建时依旧采用传统风格，保持与整个院落统一。过厅和东西厢房均为二层的木阁楼，与院落地面之间有40厘米左右的高差，过厅和厢房相互连通，由走廊连接，其中一层因年代久远的关系已有部分用水泥等整修，整体建筑较简约，现保持着最原始的木色。过厅一层用于会客，二层用于储藏；东西厢房一层用于厨房，二层用作起居，功能分布非常合理。正房处于一座较高的台基上，两侧各有一处台阶通道院落地面，整体建筑为两层木阁楼，在整个院落中拥有最高地位，建筑坐北朝南，面阔三间，现依旧保留红漆，在整个院落中显得庄重大气。建筑的门窗曾经有精细的木雕花，大多在"文革"时期已铲掉，现仅存窗户雕花。在门房的入口处和正房的台基处有石雕作为装饰（图5-4-5～图5-4-8）。

图5-4-5　朱家大院1（来源：孟祥武 摄）

(a) 朱家大院院内细节

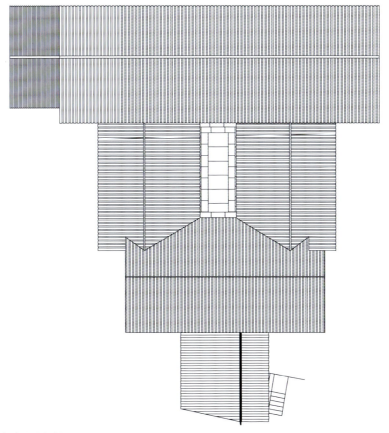

(b) 朱家大院总平面图

图5-4-6　朱家大院2（来源：孟祥武 绘制）

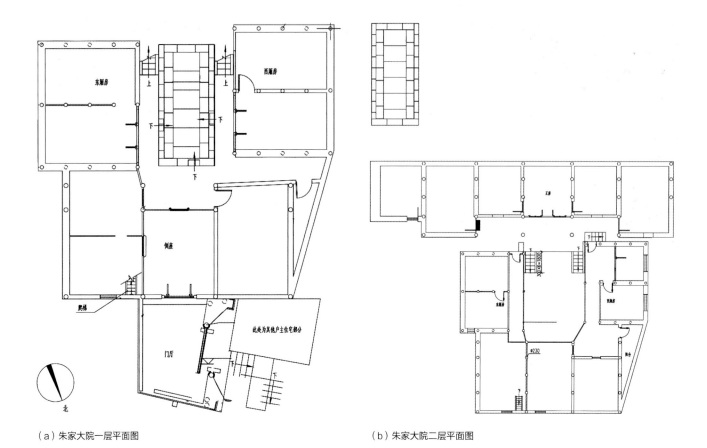

（a）朱家大院一层平面图　　　　　　　　　　（b）朱家大院二层平面图

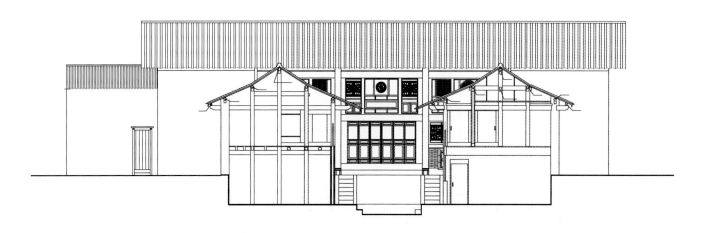

（c）朱家大院A-A剖面图

图5-4-7　朱家大院3（来源：孟祥武 绘制）

(a) 朱家大院C-C剖面图

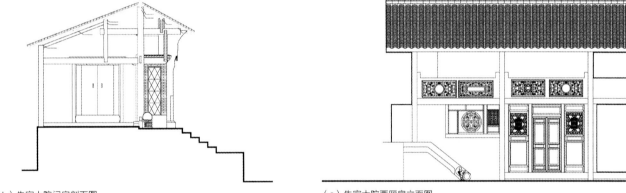

(b) 朱家大院门房剖面图　　　　　　　　　(c) 朱家大院西厢房立面图

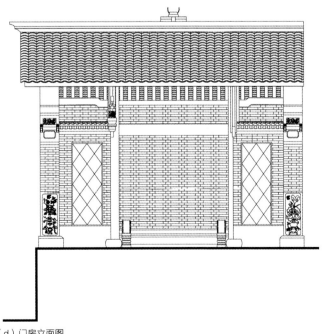

(d) 门房立面图

图5-4-8　朱家大院4（来源：孟祥武 绘制）

2）谭家大院

谭家大院是康县现存较早、保存较为完整的四合院民居建筑，位于康县豆坝乡栗子坪村，是一座坐北朝南的四合院民居建筑，大门开在东南角（图5-4-9）。由正房、厢房、倒座、照壁、马圈等建筑物组成。正房除正中一间外，其余四间为上下两层，东西厢房及南面房屋均为两层单面楼房。整个建筑为土木结构，正面为木质结构，所有门窗均有花卉、鸟兽等透雕图案，二楼楼道有"S"形立柱栏杆。正房坐落于高1.5米的台基之上，面阔五间，进深两间，前出廊，平面呈长方形。大木构架为七檩六步架前出廊，单檐悬山顶式结构，屋面为合瓦屋面，施扁担脊，无正吻，山面墙身为夯土墙，下碱为块石砌筑。屋内梁架为三架梁，上施脊瓜柱，檩下施枋，不施垫板，檩上为椽子。三架梁下为三步梁。梁间以金柱和金瓜柱相连。前廊施前穿单挑出檐，上托檐檩，檩下施枋，其上为屋面。明间和次间均为六抹槅扇门，明间正中两扇门心屉为高浮雕，现已被铲除，其余为棂条槅心，计有套方、井字口和龟背纹；次间为板壁及窗[①]。东西厢房与倒座在外立面和内部结构上相似，唯不同的是台基的高度和开间，东西厢房台基高0.4米，面阔三间，进深两间；倒座台基高0.4米，面阔五间，进深两间（图5-4-10）。

正房位于谭家大院中轴线北端，坐落于一高1.5米的台明之上，坐北向南。东西长20.5米，南北宽9.36米。面阔五间，通面阔19.82米；进深两间，前出廊，通进深7.83米。平面呈长方形。大木构架为7檩6步架前出廊，单檐悬山顶式结构。屋面为合瓦屋面，施扁担脊，无正吻。山面墙身为夯土墙，下碱为块石砌筑。台明为青石包砌，台帮由15块石雕砌筑，通高1.5米。

台明及台帮：建筑台明阶条石为当地青石，阶条石以下为石雕包砌。前檐台明陡板共两层，上层7块，下层8块，图案内容多以富贵、祥瑞和长寿为主。后檐及两山面与现有地面平。在正房的台帮上镶有长度不等、宽度均为0.6米的石刻，石刻共15块，分为上下两排，上7块下8块。每排各有13个刻有动物、花卉的图案。

前檐廊下为素土地面，室内现改为水泥砂浆地面。

建筑后檐墙体底部厚0.65米，两山面墙体底部厚0.75米。山墙及后檐墙由下碱和上身组成，山墙下碱为块石砌筑，墙身均为夯土墙。

图5-4-9 谭家大院院落及建筑结构1（来源：叶明晖 摄）

---

① 齐洋. 浅谈甘肃省康县谭家大院古民居建筑特色[J]，丝绸之路，2012（4）：36-37.

图5-4-10 谭家大院院落及建筑结构2（来源：叶明晖 摄）

（四）羌藏板屋

白马人作为古代氐族的后裔，很早就进入发达的农业文明，并在此居住生息。史籍记载，氐人的民居形式是"土墙板屋"。《汉书·地理志》记载：天水、陇西山多林木，民以板为室屋。《南齐书》描述得更详细："氐于上平地立宫室果园仓库，无贵贱皆为板屋土墙，所治处名洛谷。"关于白马藏族地区板屋形制的具体记载，可见于清道光年间《龙安府志》中的记载："番民（此处所说之番民，即白马人）所居房屋，四围筑土墙，高二丈，上竖小柱，覆以松木板，中分一、二层，下层开一门圈牛羊，中上住人，伏天则移居顶层。"可见"板屋"的最突出特征即为以木板覆盖屋顶目前陇南白马人民居建筑的结构形式仍体现出"土墙板屋"的一些特征，但随着时代的进步以及民族文化的发展，三层结构的传统民居样式早已淘汰，陇南白马人村寨现存修筑年代最早的民居，也多为二层土木结构。由于板屋屋顶的寿命不长，容易漏雨，随着白马人生活条件的改善，在保持其建筑基本结构的基础上，屋顶已基本用瓦覆盖。陇南白马人主要居住在文县白马河流域北岸的高山上，以及石鸡坝乡民堡沟的薛堡寨和堡子坪两个村寨，村寨的整体布局方位为面南靠北，平均海拔高度在1700米左右。特殊的地理位置以及积淀深厚的民族文化，使他们的民居建筑在内部结构、组合形式、装饰特征和村落布局等方面体现出鲜明的地域文化特色。

陇南白马人居住地虽然海拔较高，但由于地处甘肃南部，气候相对湿润多雨，所以这种南北气候的过渡性地带特征，使其民居建筑的内部结构也综合了南北两种传统建筑结构形式。而"土墙板屋"正是南北建筑融合的见证，经过历代的演进发展，从而形成土木结构的穿斗式二层木楼形式，屋顶为两面斜坡式，一层用于居住，二层存放粮食杂物。据当地白马人介绍，陇南白马藏族的木楼过去也多为三层，下层用于圈养牲畜，上层存放粮食杂物，中间用于居住。但通过对现有白马村寨的考察来看，基本为二层木楼结构，三层木楼已被完全淘汰。究其原因，一方面可能与三层木楼建筑难度大且耗费材料有关；另外也与卫生状况、暖性能有关，下层圈养牲畜时，由于空气对流因素，对人居住的中间层形成空气污染；同时居住在高山地带的人们，下层居住较为保暖，所以综合考察，二层木楼更适宜于人居住。

陇南白马人民居建筑的内部木构架体现了穿斗式建筑稳定性强的特点，各种木构件纵横交错，紧密相连，其主要木构件有柱、檩（梁）、穿枋、椽、阁楼木、楼板等。和北部民居比较，突出特征有以下几个方面：其一是柱子多，每间之间分隔处都有5根柱子，最中间的柱子为中柱，前后两边的柱子分别为明柱和后柱，介于中柱、明柱和后柱之间的柱子为二柱；其二是充分发挥"穿枋"的串联作用，每间分隔处纵向排列的五根柱子用一种特殊的构件"穿枋"连接起来。穿枋是一种方形的木构件，与柱子榫接，将柱子纵向连接成为有机整体，体现了"穿斗式"民居建筑结构的独特性；其三是檩子多，陇南白马藏族民居中的檩子分为中檩、二檩、檐檩，中檩为屋脊处的檩子，檐檩位于前后两檐处，二檩界于中檩和檐檩之间，檩子共同承载椽，同时将各组柱子进行横向连接；上下两层中间有许多阁楼木，阁楼木上铺木楼板，将上下两层隔开，阁楼木不仅有分隔上下层作用，也有横向连接和稳定柱子的作用，从而使整个木架形成一个更加密集和稳定的整体。由于这种独特的内部结构，各种木构件之间相互榫接，连接紧密，更符合稳定的力学原理，所以和北部抬梁式建筑相比，不仅建筑结构独特，造型美观，而且具有较强的抗震性能。

陇南白马人的民居建筑在整体布局结构方面，和陇南南部汉族民居有相似之处，也存在一定的差异。传统民居多为三间组合式结构，院落也多为三合院四合院式组合结构，但由于高山地区建筑地基狭小，所以形制较小。正房多为三间组合的结构形式，台基高，整体高出左右厢房，主次分明，正房进深一般为3.5~4米左右，间隔为4.5米左右，正房的一层多为两间连通结构，高度约为2.5米，靠西隔出一间为卧室，连通的两间为厅房，也有三间连通的结构形式。厅房中央一般摆设深柜（也称神柜），用于供奉祖先，靠东面设有火塘，火塘旁边摆放大木碗柜。厅房既是白马人会客议事、供奉祖先神灵的主体空间，也是他们取暖、做饭的生活场所。左右厢房较为低矮，多为两间或三间组合形式，主要为卧室，其中一面厢房的下层往往留出屋宇式大门，大门与房屋有机结合，形成灵巧别致的空间结构。白马村寨中很少见完整的四合院式组合结构，无倒房，大概是由于受高山地带地方条件限制，修建倒房会使院落更为狭小，不利于采光，所以其院落比汉族民居四合院要紧凑，房屋紧密相连，将院落紧紧包围在中间，小巧幽静。

目前，陇南白马村寨的民居正房建筑多以四间、五间或六间的组合形式为多，因家庭经济条件或地基情况而定，左右两边的两间多处理成"封山包檐"形式，即将走廊左右与相应屋檐下的空间一并封闭在左右耳房空间内，使左右耳房门相对并与正房门成垂直关系，当地也称为"窝檐"，其中一间为厨房，另一间为卧室，在外部走廊上设置木楼梯，用于连通二层，有些则将木楼梯设置在耳房内部，中间部分则留出宽敞的走廊，前有明柱。内部一般为单间分隔，其中正中一间为客厅，间隔一般为4.5米左右，大部分现代民居建筑将中间的两间进行连通处理，使厅房宽敞气派，由于有专门的厨房，所以厅房中不再设置火塘，已演变为现代民居中的客厅。

"板屋"又作"版屋"，"板"为形声字，凡施于宫室器用的片状物皆可称"板"。板屋是以木材为主的一种住宅建筑形式。此类民居是羌族民居建筑中最多、也是最重要的一种，一般建于高山或半山台地上，顺山势排列，呈现高低错落之状。

1. 分布

在白龙江流域的甘南、舟曲县、宕昌县等羌藏族居住地，广泛分布着板屋式民居建筑，因为这是他们最主要的居住建筑形式之一。

2. 形制

羌藏族地区的板屋式建筑有多种建筑形制。有纯粹的榻板房，这种房屋几乎全是木构架，很少用土石等材料构筑，常建于平缓的山坡上。土、木、石相混的榻板房类似于庄窠院，房屋常采用四合院式布局。石、木结合的碉楼建筑，是典型的"内不见土，外不见木"的羌藏族碉楼，也是本节要描述的民居。"坎楼型"建筑，常修建于坡地上，由于地形的限制，常常会在平整完宅基地后形成坎坡，在坎下修筑牲畜圈和储藏间，在坎上修筑居住建筑，远看极似一幢幢二层的小楼房。这种居住建筑的外墙由夯土版筑而成，为了防止屋顶的木板被风吹走，常常在屋顶上覆盖一层白色大鹅卵石，屋脊的正中央常常供奉白石神。此类建筑中堂屋（正房）的地位是最高的，常面阔三间，且只在明间开门，两侧是不能开门的，明间需要安顿家神祭祀祖先，右次间常供奉山神，左次间才用于住人。房屋大门不仅不能与正方相对，还要避开神地，更不能与寺院或庙的大门朝向一致，大门修筑时需要请专人计算动工的日期，非常讲究。最后一种是图、木、石相结合的独院建筑，这种建筑既不像碉楼那样紧实严密，也不像坎楼那样层次分明，而是依据其自身凹凸不平的地面顺势展开。

碉房平面呈方形，沿街墙体下部为石块叠砌，上部夯土版筑，逐渐收分，平屋顶；内院为天井式木楼，一般为两层，低层圈养牲畜，二层一圈回廊贯通，为堂屋和卧室，屋顶可作晒台，上下有木楼梯连接，较陡。当地也称这种碉房形式为转角楼。宕昌境内的碉楼以家碉为主，可以住人、存货、圈畜，实用性较强。

3. 建造

当地民居的修建工序比较讲究，因为民居建筑关乎家庭每个成员的幸福，而且强调建筑物的修建工序也是表达信仰的一种方式。羌族修建碉楼前都要举行一系列比较复杂的仪式，要充分考虑到地形地势，一般选在沿河谷的高山上或半山腰有耕地和水源的地方依山而建，数十家聚居为一寨，分台筑室。破土动工时必须邀请相关人员念经，祈求地神和山神的保佑，整个仪式结束后先用犁在选定的基地上犁出方形的四条沟线，当地人叫作基脚沟，然后才能开始打地基。碉楼的建筑材料有石、泥、木、麻等，打好地基后，用泥土、石头和木材配比的黄泥胶砌筑外墙，然后再用木材搭建房架和做榻板，榻板一般用松木锯成小木段而成，直接铺在屋顶上后，用石头压住榻板。一幢房子至少要上千个榻板，工程量非常巨大，榻板的木瓦有金黄、灰白、黑色等不同的颜色，远远望去非常别致，组成一道非常美丽的景观。

4. 装饰

陇南方境内的碉楼外形较朴素，白墙红檐，灰色墙线。装饰主要集中在院内，由于民族的融合，有一部分木楼的雕饰曾非常讲究，现存碉楼二层回廊栏板间的耕读文化很强烈。

5. 代表建筑

1）铁楼乡强曲村余氏宅院

余氏宅院已有近百年的历史，院落以前为三合院，东、西、北三个方向围合，由于地质灾害的影响，北侧主体已损坏。房屋不苛求南北向，顺应山势地形，房屋主体为双坡硬山，一层用于生活起居；二层用于晾晒粮食和焚香；传统民居有一个与汉地民居及北方官式古建筑不同的特点，即并未以长边作为房屋的正立面，而是在山墙面设置出入口和晒台，其他各面均为实体维护结构面，鲜设窗洞，即使开窗也面积极小，几乎不能满足采光需求，部分房屋通过屋顶烟囱房的老虎窗补充采光（图5-4-11～图5-4-13）。

图5-4-11　强曲村余氏宅院1（来源：李玉芳 摄）

图5-4-12　强曲村余氏宅院2（来源：李玉芳 摄）

图5-4-13　强曲村白马板屋（来源：李玉芳 摄）

民居的主体部分采用穿斗式结构构架，但构造方式并未完全因循穿斗式的做法，在柱间没有设置穿枋将柱子串接联成一榀榀房架，而是单独立柱后将檩条直接放置于柱头之上。且由于主立面位于建筑的山墙面，因而仅在两侧外围护结构处与正中采用立柱与檩条（即只有脊檩与檐檩），以形成较宽的开间。檩条上层铺设了较为稀疏的椽子，但椽子上并没有铺设望板，而是又多铺置了一层较密的细小檩条；屋顶采用筒瓦作为屋面材料。

建筑主体以外的体量则使用了抬梁式构架，但构造较为简单，屋顶构造与主体相同。建筑层与层之间的楼板使用梁板柱结构支承，梁柱则使用简单榫卯，二层楼板为纯木，再铺设木板，西南侧下沉，有散水功效。

2）碧口镇郑家坪张家大院

张家大院，距今约180年，260平方米，三合院、开敞式院落，建筑整体以二层为主，土木结构，受地震影响，现有部分地方出现坍塌、损坏现象，部分房屋已无法居住，现为临时仓库。

正房较两侧的建筑抬得较高；均有檐廊供人们穿行；白色的墙体和红色的木柱，形成一种独特的风格。木结构穿斗、双檩双挂、木柱檩梁、青瓦屋面，以二层居多，通过竹篾土夹墙制作墙身，而门面一般是能够拆卸的木板门，并且有木质的骑门柜台伸向外面，可以具备经商售货的功能；就地取材，石料和木料是当地民居的主要建材。若是石料则通常崇尚纯白色泽、组织细密、质地坚硬者，墙体多选择红色黏土作为主料，配合石灰、河沙、瓦砾和柏木板。木料通常会选择周边山上的楠木和柏木等；所有基石都经过精工细凿，在两块石头的连接处往往刀刃都很难进入，而房檐、斗栱、照壁、神龛、门窗等物件除了造型逼真外，构思更显奇特；在雕工上，浮雕如行云流水，圆雕显滑润丰满，透雕则玲珑剔透。所有这些细节都能透露出浓浓的川北民居韵味（图5-4-14、图5-4-15）。

（a）张家大院全景图

图5-4-14　张家大院1（来源：李玉芳、赵瑞 摄）

(a)张家大院远景

(b)张家大院北堂屋

(c)张家大院西厢房

(d)张家大院西厢房侧面

(e)张家大院二楼

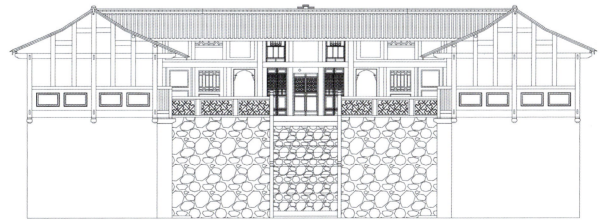
(f)张家大院堂屋门立面

(g)张家大院立面图

图5-4-15 张家大院2（来源：李玉芳、赵瑞 摄）

（五）其他类型传统建筑风格

1. 祠庙

1）武都广严院

武都广严院位于武都区三河乡柏林寺村，又名柏林寺（图5-4-16）。现仅存山门、大雄宝殿（前殿）及东西厢房四座单体建筑，仅一进院落。据寺内北宋元丰元年（1078年）所立《阶州福津广严院记》碑，碑正面为嘉祐七年朝廷敕赐碑文："……旧阶州福津镇弥陀院……敕宜赐广严院为额"，按碑文，广严院之前身名作弥陀院。反面碑文印证了赐额与更名的历程。并记述了当时的寺院规模：大佛殿，三间。文殊殿，三间。口音殿（缺字疑为"观"），三间。斋厅，三间。僧堂两间。三门楼，三间。另一块南宋淳熙十五年（1188年）所立《新修广严院记》碑，碑文作者魏鲸为当时阶州刺史吕侯的门客，受广严院主持普兴之托将其向吕侯介绍广严院的过程记载成文。碑文记录到广严院在南宋绍兴（1131~1163年）中被洪水毁坏，迁移新建于绍兴三十一年（1162年），乾道九年（1173年）建成，历经十二年。对当时的寺院规模亦有说明，但已远不及北宋时期。

图5-4-16 武都广严院（来源：http://www.longnan.ccoo.cn）

此后元、明二代未见有修缮活动，清雍正年间进行过较大规模的修复，并在山门脊檩留有题记："大清雍正六年岁次戊申季春月，吉日一会……"除山门外，现存两厢也是此次修缮的产物。虽经历代修缮，大殿仍保留有宋代木构架。

20世纪60~70年代，广严院由武都县三河粮管所占用，改作粮库使用，并于梁架上涂抹白灰。之后曾作学校使用。1981年，广严院被列为武都县重点文物保护单位，恢复其寺院属性。1993年，广严院被列为甘肃省重点文物保护单位。1995年，由甘肃省古建筑保护所组织，永靖县古建筑施工队完成了对广严院大殿的维修，墩接了若干柱子，更换了三根槫，重新制作了屋面和门窗，并被甘肃省文物局评为优良工程。2007年，于院内设广严院文物管理所。

山门为单檐硬山式建筑，灰瓦屋面。平面长方形，面阔三间，面阔10.74米，进深两间，通进深5.8米。台明前砌十一级踏步，前殿梁架结构为抬梁式，前檐柱与后檐金柱间承大梁上置三架梁，后檐金柱与后檐柱间设单、双步梁连接。三架梁置叉手、支顶脊檩。装修前檐明间为木板门，两次间土坯砖墙封护；后檐明间以雀替为饰（现佚失），次间为土坯砖墙封护。后檐两次间墙体上部后人各开一扇窗。地坪为水泥地面[①]。

前殿为单檐歇山屋顶，面阔五间，进深六架椽，山面三间四柱。整个建筑置于砖石垒砌的台基上。正面每间面阔相当，间广远小于柱高。当心间、次间门板为后换。当心间门楣上施两枚八瓣门簪，形似南瓜，与天水玉泉观山门门簪类似。梢间设板棂窗，似为原构。北、西、东三侧檐墙为当地黄土砌筑，有明显收分。

檐柱柱身为梭柱，生起、侧脚不明显。梭柱自五代起主要在南方应用，北方宋辽建筑中不多见。柱础掩于台基内，依稀可辨为覆莲状。柱脚间施用地栿。正面当心间与次间四根檐柱全部露明，其余檐柱皆包于墙身之内，仅柱首可见。柱首间施阑额，上置普拍方。普拍方至角柱出头垂直斫截，阑额不出头。外檐铺作形制为斗口跳，各间设补间铺作一

---

① 吕军辉，杨东昱. 甘肃省陇南市武都区福津广严院勘测及修缮设计简报[J]. 文物建筑，2014（6）：164-173.

朵。斗口跳算得铺作中最简单的组合形式，唐代即出现《营造法式》中也有记载，但实例较少。

屋盖部分高度占立面总高度的1/2，檐椽断面方形，椽头垂直斫截，飞子端头略有收分。广严院大殿的方形檐椽为1995年维修时更换，当时施工方永靖古建队秉承河州工艺，而在同属河州工艺体系的连城雷坛、显教寺部分建筑中亦有使用方形椽子者。同样，屋面脊饰也采用河州工艺常用题材。山面华废之下，出三列厦头下架椽其外无搏风版，下置博脊。

前殿的内部梁架为厅堂式，彻上明造。殿内供奉三世佛塑像，乃是1949年后所造，已非原物。屋内梁栿表面残留充当粮库时涂抹的白灰，略显破败，但仍有部分位置遗存彩画痕迹。横向梁架可从上而下分为三层，当心间与次间的构成方式不同。当心间梁栿最下层为四椽栿对乳栿，中间层为三椽栿对劄牵。最上层为平梁。其上立蜀柱，无叉手。次间梁栿上、下层与当心间相同，中间层为两端劄牵连以长两椽的顺栿串。细节也略有不同：当心间三层梁栿间施木块托垫而次间无，次间蜀柱脚施合楷而当心间无。须特别提到的是，次间两缝梁架的平梁北端上表面有一矩形开口槽孔，使人联想到这有可能是为安放叉手所设。山面平梁下施下平槫，上立南北对称两根夹际柱子，下设栱枋。栱枋与夹际柱子结合处做连身对隐。纵向梁架除脊槫外，皆设单材襻间与顺身串。脊槫为两根木料上下叠构，与蜀柱顶结合处施雀替。脊槫部分的形制与其他各槫不同，而与山门相似，应为雍正朝重修时改换。梢间纵向设丁栿两道以联系横梁与山面檐墙。屋内四转角处沿45度方向施抹角栿，两端插入铺作之间的空当。其上施垫块托垫角昂后尾与下平槫相交结点。

屋内柱共四根，柱首抵北中平槫下襻间栌枓之下。两端屋内柱柱础为覆莲状，磨损较重。中间两根屋内柱柱础为四棱台上置磉墩形，材质崭新，应为后换构件。东端屋内柱柱础不存。另有四根较细的柱子，支于四椽栿腹底中部，柱础方形。这四根细柱应是后世添加，以避免四椽栿跨中弯矩过大而致坍塌。

各类铺作虽然形制、构造方式相同，但同类构件存在些许细节上的差别。一是栱头形式有卷杀和抹斜两类，以卷杀为多。二是昂嘴有薄厚两种，昂身侧面纹也分外凸、内凹、先凸再凹以及无刻纹几种。同一建筑中铺作形式如此不统一，是因年代不同，抑或是工艺差别，尚待进一步探讨。另外，栱眼处居中部分木料表面呈深褐色，明显不同于周边浅土黄色部分，且交界处边缘齐整，也许是原有栱眼壁被拆除而致。

前殿虽屡经修缮，但主体大木形制接近于唐宋做法，主体构架仍为南宋初建遗物，与碑文内容契合。现存南宋时期的木构建筑遗存极少，仅江苏苏州玄妙观三清殿和广东广州光孝寺大殿两例，且都处于南方地区。广严院位于西北与西南交接地区，在时间和空间坐标上都占据了一席之地①。

2）武都麻池大爷庙戏楼

麻池大爷庙位于陇南市武都区汉王镇麻池村中，现存正殿、戏楼和两侧的普通用房，总占地约1000平方米。据当地人介绍，此庙是为了纪念曾在麻池村生活且备受尊崇的一位地主老爷所建，因不知老爷的具体姓名而以地名命名，故称为麻池大爷庙。

正殿坐东向西，土木结构，面阔三间，进深两间，灰瓦硬山顶，清代建筑。在2004年经过简单的维修，但在2008年的汶川地震中又再次受到影响，现屋顶已受到严重的损坏。

戏楼保存状况基本完整，是甘肃地区常见的门式戏楼，其特点是建筑入口与舞台表演合二为一，一般外侧临街面设通行的大门，连接内侧舞台，舞台抬高2米左右，下部作为通道，供观众通行进入内院；内侧面作为表演的舞台伸出，两侧有简易的楼梯上下；内院是观众席，这种露天的观看方式在乡村很常见。麻池大爷庙戏楼面阔三间，进深三间。外侧当心间做半边式歇山顶，金柱开门，两侧单坡廊。内侧二层，采用十字歇山卷棚顶，当心间向前突出4米余，形成方形

---

① 李靖，丁垚. 甘肃武都广严院及陇东南古建筑考察记略[J]. 建筑创作，2009（1）：146-153.

舞台，上覆敞开式歇山顶，最高点达到十米余；两次间进深2.6米，作为后台使用，卷棚顶插入歇山后部，高度仅为7.4米，以突出戏楼的主体性。整个梁架结构比较明确，构件粗壮，尤其歇山舞台的檐金柱、五架梁、抹角梁、额枋等截面较为厚重。前檐柱自明间至角柱有较明显的升起，柱均有侧脚且为梭柱。此外，梁、柱、枋、檩上依然保留有彩画，做工精细。建筑的前后都使用了斗栱，包括卷棚建筑，斗栱硕大且采用真昂等地方作法。

麻池大爷庙戏楼具有较典型的早期建筑特点，建筑整体造型稳重、优美，又不失作为娱乐性建筑的趣味性，具有很强的艺术价值。

3）文县西京观

西京观位于陇南文县石鸡坝乡哈南村，为文县现存唯一一座道教建筑（图5-4-17）。现存正殿、抱厦、厢房及玉皇大帝楼阁等。据考，该观始建于元代，这一点也可以从正殿和抱厦的建筑形制、构件造型以及内壁的壁画上得到印证，厢房和玉皇大帝阁楼已被改建，失去了传统建筑的特征。

西京观有价值的当属正殿与抱厦，其建筑的木构架以及平面布局都较有特色。正殿和抱厦是两组紧挨着的建筑，抱厦在前，正殿在后，有人提出是"勾连搭"的形式，但实际它们在结构、标高、屋面都是各自独立的，没有任何连接，仅是位置关系比较亲密。只因抱厦在前较低，正殿在后较高，所以很容易被误解为"勾连搭"形式。正殿面阔五间，进深六架椽（清称七架前后廊），单檐歇山顶。平面采用减柱造作法，前后次间檐柱减去。山面收山正中部位下增加中柱，檐柱柱身较为粗壮，柱径达0.52米。内部梁架为厅堂式，彻上明造。横向梁架很规整，当心间与次间的构成方式略有不同。当心间平梁正中立蜀柱，承托脊檩槫，无叉手，蜀柱两侧用做成驼峰样式的角背固定，而四椽栿则是通过驼峰支撑平梁，独特之处是四椽栿下又有一根很粗壮的梁栿插到前后金柱柱身上，应为稳固作用，这种情况在抱厦中也有出现，可证明两座建筑为同一时期同一作法。次间因增加中柱，梁架采用单步梁、乳栿，梁截面尺寸上也有所减小。建筑四周均有一斗二升麻叶斗栱，栱间板做镂空雕花状，大多已破损。屋面用筒瓦、板瓦，正脊两侧有龙形吻兽，垂脊有垂兽。

西京观自新中国成立以来，在保护修缮和研究方面基本上都是空白的，一段时间被哈南寨小学所占用。现在的情况已经是破败不堪，尤其正殿以及抱厦部分已经有漏雨现象，在测绘期间，屋顶已经被塑料布覆盖，没有做到妥善保护，有待下一步有关部门重点关注。

2. 桥梁

1）平洛龙凤桥

平洛龙凤桥位于康县平洛镇团庄壹天门间沟上，是康县境内唯一的古代木结构桥梁（图5-4-18）。该桥梁建于

图5-4-17 文县西京观（来源：http://gansu.gscn.com.cn）

图5-4-18 平洛龙凤桥（来源：http://www.longnan.ccoo.cn）

明洪武三年（1370年），清光绪三年（1878年）进行过修缮。龙凤桥是典型的木构廊桥，全长16米，宽3.3米，高3.6米，两坡屋面。桥廊桥身五间，木栏杆围挡；两端引桥各一间，土坯墙面，进深四架椽，三架梁上正中立脊瓜柱，支撑脊檩，两侧施角背。特别之处是廊桥两侧有对称的24根木柱，山面形成三间四柱，中间为2.5米宽的通道，两侧柱间距仅半米余，用于连接坐扶手，供休憩之用。内檐装修较为精致，正中通道第二排和第五排柱与三架梁结合处用骑马雀替，内柱与额枋结合处用花牙子，平板枋正中上施垫块，朝内作象首形态突出。原内檐梁柱上均有彩画，山水花鸟，栩栩如生。新修后全部用红漆覆盖，略显朴素。另一特色之处是引桥两端基座，由数层圆木纵横排架自上而下，渐次伸出，以负担桥面及廊桥重量。从河渠一侧看去，斜伸出的圆木错落有致，立体感较强，也起到了一定的视觉平衡作用。

2）窑坪廊桥

窑坪廊桥位于陇南市康县大南峪乡窑坪村，建于清代晚期，廊房式风雨桥，是现在陇南留存的茶马古市的主要遗迹（图5-4-19）。桥长11.88米，宽5.4米，跨度7米，高5.44米，距河床高2.2米。桥面全用厚木板铺成，桥沿陈设木椅。向西过桥就是窑坪古街，是当年的窑坪商业街，是甘、陕交界处最为繁华的地方。为唐宋年间所建，最新一次修建于民国2年8月，有修建碑记为证。县志记载窑坪桥的维修过程：唐景福元年（公元892年），武州更名阶州后，迁治所于此，至唐长兴三年（公元932年），凡四十余年。实秦蜀古道之名驿，属茶马交易之要镇。路始拓于秦汉，桥初架于唐宋，市兴盛于明清，其确切年代不可考矣。2008年汶川大地震波及窑坪，致使梁桥基础松动、柱子歪斜、梁断瓦落，亟待修缮。2010年2月县委县政府责成文化体育局进行维修，同年6月竣工。2011年12月2日，被列为省级文物保护单位。

廊桥架设在横穿窑坪街的河沟上，沟通了上下街之间的交通，为亭廊式结构，由桥体和走廊两部分组成。桥面为平桥，河渠两侧砌筑石条挡水墙，上搭方木梁架，桥面铺设木板。上建歇山式廊亭，三开间，三步道；内部梁架为穿斗和抬梁混合式木构架，彻上明造，进深四柱三间六架椽，屋面为明瓦明椽。横向梁架从上而下有两部分组成，上层抬梁式结构，三架梁上立脊瓜柱支撑脊檩，下层穿斗式结构，冬瓜梁穿接金柱，檐柱、金柱间有上下两根穿枋连接，上穿枋伸出柱身，端头向上弯曲。引人注目的是四边翼角有斜撑式牛腿支撑翼角梁，翼角梁斜上弯曲支撑屋面。这种斜撑式牛腿有陕南地方建筑的特色。建筑柱础较高，分为两层，檐柱下方上鼓，金柱上下均为鼓形。廊亭出檐较深远，整体看去较为舒展，像大鹏展翅立于桥面之上。

第五节　丰富的建筑技艺与风格元素

双坡悬山顶的梁架在室内以抬梁式为主，在山墙与分隔房间的地方以排山梁架为主。排山梁架在中柱的位置用替木支撑，用材较大，截面做成圆形，在端部与柱交接的部分砍削成长方形。抬梁式结构的脊部用脊瓜柱支撑，在脊瓜柱两侧有带简洁雕刻图案的角背，题材以抽象的花朵图案为主。脊步架用叉手做脊瓜柱的辅助支撑，叉手的用材较小，可能叉手受力不大，主要起扶住脊瓜柱的作用，脊瓜柱顶部都有柱帽头，柱帽头的作用在于增大脊檩在柱头的支撑面，防止脊檩发生倾斜。金檩靠驼峰支撑，驼峰也用简单的线条雕刻。

图5-4-19　窑坪廊桥（来源：http://www.longnan.ccoo.cn）

在金檩的位置不用金瓜柱，改为驼峰，驼峰用简练的线条雕刻。明代建筑往往用青砖苦背，明代的砖苦背比起清代的木材苦背不易糟朽，屋面不易漏雨。但比起泥苦背，增加了屋面的荷载。因为屋面的荷载大，这也是在脊瓜柱处立角背加强结构稳定性的原因，这些特征使明代建筑从梁架上就能与清代建筑很好区别。

在南宅子院内书房院的东厢房（图5-5-1），为悬山单坡顶的半间房，是在檩条上放置椽碗，椽碗里放置椽条，明代建筑不讲究的则直接在檩条上放置椽子，不用椽碗，这是明代单坡顶悬山建筑的显著特征。无论单坡、双坡，梁架结构均外露，在房间内柱子通体开八字柱门，这样使建筑不致因墙体内潮湿而糟朽。

一、多元融合的建筑技艺

（一）后檐墙与山墙做法

陇东南建筑墙体在山墙与后檐墙的位置是土坯墙，因北方建筑在历史上都是按照"墙倒屋不塌"的原则建造，墙体主要起外围护作用。历史上这一地区冬季的气候较寒冷，土坯墙体厚度达到800~1200毫米左右，如此厚实的墙体，热阻大，保证了冬季采暖时空气的热渗透性小，可以保持室内的热量不致散失。后檐墙采用老檐出的宝盒顶形式，暴露梁架结构。

（二）前檐墙

南宅子正厅房前檐不带挑檐檩和挑檐枋，平板枋出头，在平板枋上放置座斗，座斗上放置正心瓜栱，瓜栱上放置挑尖梁头，在挑尖梁头刻檩碗，再放置檐檩，南宅子倒座和门楼、北宅子正厅房有挑檐檩，可能是因为屋檐出挑大，砖苦背自重较大，需要挑檐檩来支撑檐部。

在前檐处，次间的围护结构下部为砖槛墙，上部是支摘窗的形式。明间槛门四扇，平时只开启中间的两扇，旁边的两扇作为固定的余塞板。槛墙在正立面处于清晰可见的视线范围内，成为前檐装饰的重点部分。要考虑装饰效果，槛墙多为硬心，磨砖对缝构成几何图案。

南北宅子每一开间在平板枋上放置补间铺作的大斗一个，与柱头处相同，耍头的截面与挑尖梁头相同，不分足材或单材。坐斗在天水民居建筑中不起等级标志的作用，主要起支撑檐檩的作用，同早期的坐斗性质相同。

（三）土坯墙

墙体在台明位置以毛石墙为主，主体为土坯墙，接近屋檐的地方做山头，这种做法在天水附近直到甘谷与陇西的农村建筑中常见。

刘致平先生著的《中国居住建筑简史》一书中，在第二版339页的土坯墙构造图中，刘先生提到立着砌的土坯墙叫走码，"土坯既怕水浸，故宽面不用泥巴，土坯极易压断，故砌墙时多立摆。"由此看来，在土坯墙体内加麦秆与木板，是希望土坯墙体受力均匀，不至于在土坯局部受力不均时被压断。

土坯是做成土坯砖的形式，多采用一层走码、一层丁头的砌筑方式，每隔一定距离要放置木板条或麦秆，在《天水民居》一书中介绍这样的墙体叫"胡墼墙"，麦秆和木板起到了圈梁的作用。在土坯墙中每隔一定距离放置一层木板或麦秆的做法，木板与麦秆与土坯墙之间不能形成拉结作用，且降低了土坯墙的荷载传递。根据木板与麦秆这两种材料

图5-5-1 南宅子书房院东厢房（来源：杨谦君 摄）

都是多孔材料的特点，材料放置时平放；土墙怕水，当墙体内湿度较大时，木板与麦秆的放置方式不会形成毛细现象使毛细水向上吸而破坏墙体的干燥度，因此，土坯墙内铺的木板与麦秆主要起到了防水层的作用，与现代建筑中在地坪层位置以上150毫米处铺油毡或做钢筋混凝土防潮层的作用相似，防止毛细水进入墙体和房间地面破坏室内装修、防止室内潮湿。

在屋架位置砌砖墙山头，一是为了防止雨水冲刷墙面带下大量土，使墙体浸湿。二是屋架放置在墙体上部的砖墙上，使结构的受力面加大，有利于屋面的荷载传递。山墙在前檐的两侧要做出墀头，墀头上的盘头、戗檐做法明显。

二、传统民居的建筑风格及元素

天水城内历史建筑存留较多，明清民居的分布范围较广。由天水市政府投资300万进行的天水南北宅子的修缮，在天水地区引起了很大的反响，南北宅子是2001年国家公布的第五批国宝单位，胡氏家族的后代一直在此居住，也是大杂院，政府将胡氏后代搬出安置，拆除掉了院落中的临时建筑，对民居作了详细的保护和维修方案。修缮工作现已进行了一年多，南北宅子修缮完成后，将成为天水市民俗博物馆，成为天水地区旅游的又一景点。天水现存的一百多座民居，不可能同南北宅子一样都由政府出资修缮，但是至少南北宅子工程会成为天水民居保护和利用的实例，引导居民对民居产生正确的认识。在修缮过程中，包括在前期对在南宅子内居住的居民的搬迁工作，很多人有不同的看法。政府如何有效行使职能权利，满足老百姓的要求，使政府利益与居民利益双赢，如何保护天水现存的一百多座老院落，成为人们议论的焦点，也是民居保护与利用能否有效落实的问题所在。

南宅子位于天水市秦州区民主西路西端，南宅与北宅隔街相望。宅子在天水"五城相连"的城市格局历史上中处于大城的位置，即城市的中心地带。它是明嘉靖三十七（1558年）秦州举人，中宪大夫，山西按察院副使胡来缙的私宅。

全国重点文物保护单位。占地面积4050平方米，建筑面积2700平方米，由九个四合院，42座古建筑组成。各院落之间有甬道相连，高低错落，排列有序。门外有两株千年的古槐，所以当地人又称之为"大槐树下"。进了大门分成东西两区，西区由桂馥院、槐荫院、书院、棋院和花园所组成，为南宅子的主体。东区有银杏院、凌霄院、杨家楼院、董家院和杂院。主要建筑均为明代遗物，梁柱硕大，用料考究。

在孙大章先生所著的《中国民居研究》中，在讲到中国民居的历史演进时提到天水南北宅子，"甘肃天水城内的南北宅子亦为明代民居，跨越城内大街，分峙南北。南宅老院为平房四合院式，分为独院与两进院两套房屋。风格古朴。北宅为两进院，中间主房为两层楼屋。天水明宅的特点在于各进正厅皆为五开间，所以院落较为宽敞，而且部分建筑改为楼厅，这些做法皆是违制的，可能因为地远偏僻，而规限放宽"。

2003年，由天水市博物馆负责维修后，建成了天水市民俗博物馆，征集当地及陇西的民俗文物上千件，作为展品展出。西区有祝寿、祭祖、婚庆等生活场景展，东区有历史名人字画、皮影、剪纸、根雕、刺绣……各类民俗的专题展。南宅子的古建筑与民俗文物相互映衬，相得益彰，既是民俗博物馆又是古民居建筑的博物馆。现已免费对外开放。

南宅子现存五个院落，两路，一主一从。主路为两进院落，包括前院和后院，从路包括三个院落，前为书房院，中为仆人院，后是杂院（图5-5-2）。

主入口大门三开间，在大门前檐柱装有清代的贞节牌坊，牌坊上有彩画的痕迹。大门的颜色为黑色，从台明到正脊的高度为6220毫米，倒座从台明到正脊的高度是5910毫

图5-5-2 南宅子院落鸟瞰图（来源：http://tianshui.lotour.com）

米，大门比倒座高310毫米，正好是一个营造尺的高度。从大门进入的天井正对的是影壁，这是天水现存民居中最大的座山影壁（图5-5-3），影壁与从路前院的书房后檐墙连在一起。从次院进主院的第一进院落，要经过垂花门，垂花门利用的是东厢房次间的多半间房，在东厢房后檐墙的位置直接立的垂花门。天水地区普遍都是在厢房与倒座的连接位置做垂花门，而南宅子直接在厢房处做垂花门，这是南宅子与天水别处垂花门与众不同的地方。

主院第一进院的倒座六开间，明间面宽大于次间，明间开间3200毫米，次间面宽2900毫米，梢间面宽3400毫米，梢间面宽大于明间与次间的面宽，这与官式做法不相同，其中在西北角多出的一间作为厕所，这可能在后人的使用过程中，对房间的功能做了一些改变。

倒座的梁架是六檩带前檐廊形式。主院的房屋均为带前檐廊形式。因东厢房的次间辟为垂花门的位置，造成东厢房的明间最大。厢房前廊的进深1145毫米，房间的进深3290毫米。东西厢房为单坡硬山顶。正房五开间，明间与次间的开间相同为3170毫米，梢间的开间为3080毫米，即明间开间等于次间开间而大于梢间开间，朝北对第一进院落的正房五开间带前檐廊，廊的宽度大于东西厢房的。梁架为六檩带前檐廊形式，屋顶有正脊和垂脊，均带吻兽。明间与次间无分隔，梢间与次间用土墙分隔，梁架外露，是排山梁架。在朝南对第二进院落的面形成锁子厅的形式。锁子厅的命名因

图5-5-3　南宅子影壁（来源：天水在线）

前檐墙在明间向内凹进一步梁架，这样厢房进深大于明间，使建筑的平面形式像一把老式的锁子，因此命名为锁子厅。这种平面处理形式在甘肃临夏回族民居中也使用，当地人称这种形式为虎抱头。第一进院落的正房高大，檐柱的高度小于明间的开间宽度，大于梢间的开间宽度。明间前檐柱有楹联，门上贴金。

第二进院落的正房与东西厢房均为三开间，带前檐廊形式，厢房为单坡硬山形式，正房为六檩带前檐廊，山面为排山梁架。正房明间开间大于次间开间270毫米，前檐柱高3360毫米，稍大于明间开间宽度。后院正房不带垂脊，只在山墙正上方的屋面上用两排筒瓦覆盖，其余为板瓦，这可能因为年代久远，后人在对房屋的维修中更换了屋面的瓦，否则后院的正房也应该像前院的正房一样全部为筒瓦。前檐廊的宽度为1570毫米，进深达到了六米以上，在明间用隔扇分出接待空间。前院的院落较长，东西厢房遮挡了两侧的梢间，后院的院落较前院宽，因正房三开间，因此后院的东西厢房对正房没有遮挡，使后院的活动空间大于前院，这符合后院作为生活院落的要求。前院厢房与后院厢房的进深不同，前院西厢房进深为3592毫米，廊宽1181毫米，东厢房进深3016毫米，廊宽1043毫米。后院西厢房进深3180毫米，廊宽1050毫米，后院东厢房进深与廊宽与西厢房一致。前后院厢房的开间，明间开间不同，但差异很小，所以视觉上不易觉察。各房间均有台明，主院的前院正房台明最高。

从院的第一进院落是书房和佛堂院，从第一进院落的东厢房的山墙与正厅交接处有一小门可进入书房院。书房院的房屋小巧精致，在这一组院落中，感觉很安静，虽然离马路很近，但并不能感觉到马路上的喧嚣。书房院的倒座后墙为入口的影壁，倒座和正房三开间带前檐廊，东厢房三开间无廊，西面没有厢房，是与主院第一进院落相连的一个游廊。倒座是佛堂，在倒座的东侧有一间无窗的暗房，平时存放祖宗牌位，正厅是书房，倒座的开间大于正厅，进深小于正厅的。正厅的前檐廊上有楹联和匾额。院内种有竹子、秋海棠、玉簪等植物，地面为鹅卵石铺地，植物不很稠密，与建筑的空间尺度极为协调，加上前檐柱的对联，院落的文

化气息显露无遗。仆人院与杂物院为现在恢复的院落（图5-5-4）。

在院落的最后，有一绣楼，绣楼为大户人家的大小姐参加皇帝选秀住的地方，为楼式建筑，绣楼的墙体为土坯墙，原本土坯墙体厚，硬山单坡梁架体系形成的后檐墙高大封闭，但此处的绣楼在后檐墙处开一带披檐的木窗，在大片的土墙上开一典雅的木窗，又将木窗的披檐用木材细细雕刻，翼角翘起，窗棂图案精巧雅致，使绣楼的后檐墙从感觉封闭的状态下变为活泼状态，顿觉生动，使外立面的木窗在高大的封闭土墙背景的衬托下产生了强烈的视觉冲击力。绣楼的楼式建筑处于整座宅院的最后，但门窗的木雕精美绝伦，尤其是二楼栏板的木雕与天水明代建筑伏羲庙的门窗木雕异曲同工。

北宅子胡忻的府邸在规模与建筑的气派及豪华程度上都是南宅子所无法比拟的，也是天水地区保留下来的楼式建筑所无法比拟的。北宅子原来是由院落群组成的，在宅院的前面有三间四柱的"父子乡贤"牌坊，新中国成立后留有三个主要院落，20世纪80年代在民主西路的扩建中，将第一进院落拆除，牌坊移至第二进院落的前面。秦城区派出所曾将北宅子作为办公地点，将南北厢房由土木结构改变为砖混结构，并将建筑室内做了吊顶处理。北宅子整体在新中国成立后期改动较大，现存建筑无法反映当时的建筑原貌。但从北宅子现存的过厅与正房中，仍能够体现当年的豪华与气势。

图5-5-4　南宅子正厅房（来源：https://timgsa.baidu.com）

现在保留的北宅子正厅房为带前后廊的楼式建筑，开间4.7米，总面阔28米，进深15米，建筑五开间，前檐柱为削四角的方形柱，使柱截面呈梅花形，用方柱作前檐柱，椽子采用方形椽，而非天水地区常见的圆椽，这种建筑构件截面类型在天水地区并不多见。楼式建筑的正厅在前檐柱一层的位置按照抱厦形式处理，这种处理方式在天水地区独此一处，北宅子建筑的开间、进深、层高都达到了天水现存明清古民居之最。

北宅子的建筑梁架上均有彩画，现在仍能看到当年彩画的图案与颜色，柱子上残留有麻布包裹的痕迹，可证明当年北宅子内建筑的处理是按照官式建筑的做法建设的，建筑二层檐廊处栏板的木雕，是天水地区现存木雕中最为精美的，所有的建筑构件均用料很大，木雕、砖雕、石雕做工精美。

北宅子正厅建筑采用南方古建筑常用的厅堂贴式的梁架结构形式，即前廊的梁架采用卷棚顶的形式，而建筑主体的梁架却是抬梁的形式，卷棚顶相当于在主体梁架下做的天花顶。这种建筑形式在南方地区多见，在甘肃地区，目前见到的只有北宅子的正厅和兰州左营庙的梁架是采用厅堂贴的形式，由厅堂贴这种建筑结构形式以及正厅建筑采用抱厦处理，以及与天水其他的明清古民居建筑形式分析比较，北宅子的建筑风格并非天水地区的典型做法。可知在明代，天水对外的文化经济交流较多，因此建筑上吸收了南方匠人对建筑的优秀处理技术。也有可能北宅子完全就是南方匠人设计施工的，但目前还没有找到关于建筑建设的相关记载。

三、多元民族的装饰元素

（一）雕饰艺术

陇东南长期是多民族杂居区，是农耕文化与游牧文化的交汇处，自古是中原王朝经营边防、统御西北的前沿，又是中亚、西域使节、胡商和西域文化进入中原的最后枢纽。顾祖禹说："关中要会，常在秦州，争秦州则自陇以东皆震矣。"所以，"关中，天下之上游，陇右，关中之上游，而秦州其关陇之喉舌欤。"陇东南文化的组成中，以伏羲文化、麦积山石窟文化，三国文化、秦早期文化著称。这些文化特征，随时间因素渗透到天水人的生活中，渗透到天水民居的建筑中。从天水麦积山石窟、甘谷大像山石窟、华盖寺石窟、武山水帘洞石窟、木梯寺石窟、秦城区的南郭寺、北道区的净土寺来看，宗教一路由西向东传播，渗透进西域文化的发展特征。麦积山构造以沙砾岩为主，不宜精雕细刻，促使佛徒造像以泥塑和石胎泥塑为主，辅之以木雕和石雕。而天水用于民居建筑的土坯墙体，属西域的"胡墼"墙。用于石窟中的泥塑造像的手段，用于民居建筑中，创造了天水明清古民居丰富的建筑正脊和吻兽，捏塑的手段，在建筑中被表达得淋漓尽致（图5-5-5）。各种繁花似锦的捏塑技巧，使天水民居建筑的正脊无论在巷道内还是院落中，都构成了优美的建筑轮廓线（图5-5-6）。

距麦积山15公里的仙人崖景区，内有木莲寺、石莲寺、铁莲寺、花莲寺、水莲寺、和灵应寺，寺内的泥塑有玉皇大帝、老子、藏传佛教释迦牟尼像。藏传佛教文化、中原佛教文化、道家文化在天水都能落地生根，证明陇东南地区文化的交融与多元（图5-5-7）。

（二）檐口

1. 外檐门窗

门窗、花罩总是以大木构架的柱间填充物的姿态出现，柱枋、柱梁的承重脉络都清楚地展露着。装修自身再由固定的框槛和开启的与不开启的板、扇、格等组合，构成脉络也十分清楚。装修的棂格部分都有意做得轻盈剔透，以玲珑的形象与承重构件形成鲜明的对比。天水民居门窗以简单的直棂窗为主，形式多样，美观，没有官式建筑门窗的繁琐。门窗的造型变化多端，如哈锐故居（图5-5-8）的梅花冰裂纹窗，门的重点主要在隔扇和绦环板上，运用浅浮雕形式，雕刻内容就是一幅幅生动的故事情节，甚至连小小的栓斗也可以变化出不同的造型。

2. 外檐吻兽、瓦当、滴水

天水明清民居，院落中的建筑被重重高墙遮挡，原本朴实的土坯建筑墙体，如何表现主人的富有与显赫地位。似乎只有进到院落中细细品评建筑时才能看到全貌。但天水明清古民居建筑等级的高低可从建筑瓦的挖法、是否有吻兽、

图5-5-5　南宅子正门（来源：http://www.17u.net）

图5-5-6　冯国瑞故居大门（来源：http://dzb.tsrb.com.cn）

图5-5-7　水帘洞岩壁佛造像（来源：http://360.mafengwo.cn）

图5-5-8　哈锐故居门窗（来源：http://www.tianshui.gov.cn）

吻兽上的鬣数等便能看出。官职高的主人宅的瓦是板瓦与筒瓦，普通老百姓的房子只能挖板瓦，在山墙上用筒瓦挖两道垂脊，丰富建筑的轮廓。带官职的主人，他的官职高低全在吻兽的鬣数上得到表现，最高的官职吻兽可以有六鬣，低的一鬣。吻兽上留有插鬣的孔，随时等主人官职升迁时增加插鬣。而五鬣吻兽在天水比比皆是。正脊上的吻兽根据位置有雌雄之别，雌雄兽的最大区别是雄兽有獠牙。本来由高高的院墙围起来的是比较含蓄的生活态度，追求个人的生活享受，与世无争，但通过吻兽的变化，表现出宅院的主人不仅仅是含蓄，还要在含蓄的同时，向世人昭示他的存在，满足自己一点点的自傲、一点点的浮华，不经意间流露出养尊处优的安逸生活状态。

天水筒瓦的雕饰往往是狮子头或篆体"福"字，滴水雕饰往往是菊花头形式，唯独赵家祠堂的筒瓦雕饰与众不同，在其他民居中没有大面积使用的。

3. 内檐装修艺术

明代的建筑用料与清代的建筑用料相比，在柱径、椽径大小上有明显区别，最典型的特征就是襻间枋的使用和正脊角背的变化，北宅子的襻间枋的用材几乎与金檩的用材一样大，后期将襻间枋取消，用宝瓶、座斗带正心瓜栱和翘作金檩下的支撑，襻间枋变成了襻间支撑，但又不是官式建筑上的襻间斗栱，造成襻间支撑也成了艺术处理的构件。南宅子脊瓜柱两侧用雕刻简单的角背做辅助支撑构件，到清代时角背的雕刻日臻熟练，题材广泛，以动物与植物为主，在抬梁式和排山梁架的位置均不相同，且角背的用料大，各种雕刻题材均在角背处出现。三新巷某户的梁架结构，在脊瓜柱上写有"乔木瀛迁"，两侧的角背在明间的位置是麒麟的造型，在次间的位置是荷叶造型，雕刻生动传神，经过调查得知在早期，建筑一般是彻上露明造，后来由于冬季采暖时，室内空间高费煤，渐渐室内都做了吊顶。花罩与碧纱橱是古建筑室内装修的重要组成部分，主要用来分隔室内空间，并具有很强的装饰功能，由于花罩、碧纱橱做工十分讲究，集各种艺术、技术装修于一身，又成为室内重要的艺术装饰品。天水的花罩有落地花罩和炕罩，碧纱橱在天水民居中保存的较多，如澄源巷哈锐故居的山水画内容，澄源巷张庆麟故居的板壁带雕刻内容、共和巷冯国瑞故居楷书书法内容等。花罩形式多样，其中碧纱橱在陇东南地区普遍使用，各院落中保留的不尽相同。芯子有山水画题材的，有书法题材的，槛框造型也不尽相同。

第六章　陇南地区传统建筑文化

陇南地区主要包括临夏自治州和甘南藏族自治州。

甘肃幅员辽阔，地貌复杂多样，各民族独特的宗教信仰、风俗人情、民族文化、生活习俗等在建筑、聚落为载体的物化层面上有着丰富、鲜明、独特的反映。蕴含于传统建筑之中的文化亦与中原建筑风格、形态迥异，一枝独秀。

第一节　地域文化与环境

临夏回族自治州是回族穆斯林在西北地区的主要聚居区之一。由于甘肃处于特殊的区域位置，在此地的回族穆斯林传统民居既带有与汉族、藏族等其他民族居住文化融合的特征，同时由于回族是一个全民信仰伊斯兰教的民族，其传统民居又具有其民族、宗教文化特色。

甘南藏族自治州地处甘肃省西南部，青藏高原东北边缘与黄土高原的接壤处，是一个以藏族为主的少数民族聚居地。全境平均海拔3000米，地貌形态大致分为三类：高山草原区、高山森林区、丘陵低山区。本着因地制宜、就地取材、节省造价的原则，根据不同的地形地貌形成了目前适应地区特点的住居形式。

一、陇南地区社会历史背景

不同的民族聚居区孕育了不同的社会环境，并形成各民族彼此不同的生产生活方式和社会形态。在聚居区内，既有农区、林区，又有牧区，居住地形既有山谷和平地，又有岷迭山区、丘陵和草甸草原，因而各民族的生产生活方式、宗教信仰和行为习俗，都自成一体，这就形成了陇南地区复杂的社会环境。例如，回族四合院坊居，藏族的传统庄廓院、干阑式民居。

陇南地区处于青藏高原和黄土高原的过渡地带，地势西南高、东北低。地形复杂，气候多样，同时，陇南地区社会和经济的总体发展水平处于欠发达状态，很多仍是贫困县。

（一）临夏回族自治州

临夏回族自治州，位于甘肃省中南部，是连接青藏高原和黄土高原的通道，历史上就是一个多民族杂居地区，早在氏族社会，这里已经有羌人居住。鲜卑、吐谷浑、吐蕃等古代民族先后驻足，和汉族共同繁衍生息、交融。唐宋时期，这里作为丝绸之路南道上的一个中心通道，可能就有穆斯林活动，[①]元代大量回族人东来屯田，定居临夏，明清以来，临夏一直是"回汉各居一半"，[②]到2012年，全州有回、汉、东乡、保安、撒拉、土、维吾尔、朝鲜、满、蒙古等31个民族，总人口215.02万人，少数民族占总人口的59.2%，是多民族也是多宗教、多伊斯兰教教派地区。宗教主要有伊斯兰教、佛教、道教、基督教，临夏回族人口密度达到每平方公里1150人，是中国回族穆斯林最密集的地区，穆斯林围清真寺居住，形成聚居区——者麻提，[③]历史上一直是穆斯林宗教和社会生活的中心（图6-1-1）。

图6-1-1　保安族的清真寺（来源：李玉芳 摄）

---

① 目前还没有确切的资料说明临夏伊斯兰教发展情况，但有关于十大上人从阿拉伯来这里传教，死后葬在这里的传说。
② 据《导河县志》"（临夏）回族亦自有明以后，日渐繁盛，至今占全部二分之一"，导河是临夏在民国时期（1913-1929年）曾使用过的名称。
③ 者麻提是阿拉伯语音译，意思是"集体"，也成"教坊"、"寺坊"，之一清真寺为中心的穆斯林聚居区。

（二）甘南藏族自治州

甘南藏族自治州是一个以藏族为主要人口的多民族聚居区，居住着藏、回、汉等24个民族。2012年底，自治州共辖合作市和夏河县、玛曲县、碌曲县、卓尼县、迭部县、临潭县、舟曲县7县。全州常住总人口69.31万人，其中，少数民族人口42.24万人，占全州总人口的60.9%，藏族人口40.05万人，约占全州总人口的54.4%。州内藏族有自己的语言和文字，所说藏语分别属汉藏语系的安多方言和康巴方言两种，夏河县、玛曲县以及卓尼县北山、康多一带使用安多方言；卓尼县、迭部县及舟曲藏语接近康巴方言。回族通用汉文（伊斯兰教经文系阿拉伯文），其中一部分人精通藏语。土族有语言无文字，通用藏文，语言吸收大量藏语词汇，绝大多数会说汉语和藏语。这里基本属于全民信教区，藏族、土族、蒙古族和部分汉族信仰藏传佛教；回族、保安族、撒拉族和东乡族信仰伊斯兰教；还有少部分汉族信仰道教或基督教（图6-1-2）。

二、陇南地区自然地理背景

（一）临夏回族自治州

临夏州地处甘肃中南部，黄河上游，北纬34°57′~36°12′，东经102°41′~103°40′之间，北靠民和、兰州，南接甘南，西连青海，东依定西，总面积8169平方公里。临夏州地处黄土高原与青藏高原过渡带，是三面环山、东侧开口、地势由西南向东北逐渐降低的倾斜盆地（由青藏高原东北缘雷积山深大断裂、秦岭北深大断裂和祁连山东延余脉马街山围合而成）。境内地貌类型复杂多样，梁崩起伏，沟壑纵横，川道交错，地形破碎，包括深、浅切割中高山、中山地貌、黄土侵蚀沟壑地貌和河谷阶地地貌等多种地貌组合形态。境内海拔高低悬殊较大，大陆性气候显著，降水南多北少，随海拔高度升高依次递增，呈马鞍形分布。境内河流均属黄河水系，共有湟水、大夏河、洮河一级支流等众多河流30余条，多为西南至东北流向。

临夏州水资源空间分布极不均衡，台地、河谷川源相对丰富，可利用价值高；矿藏资源主要以非金属矿藏为主。有大理石、石灰石，此外，境内还蕴藏着石英石、硅灰石、蜜石等大量非金属矿藏。境内储量可观的非金属矿藏为临夏州历史悠久、工艺独特的砖雕艺术品规模化生产提供了丰富的原料保障。临夏州旅游资源也较为丰富，景色秀美，民族、地域风情浓郁，自然、人文历史遗迹众多。

（二）甘南藏族自治州

甘南藏族自治州处于青藏高原东北边缘，连接着青藏高原和黄土高原。南部与四川阿坝藏族、羌族自治州相连，西

图6-1-2　甘南藏族的藏传佛教建筑（来源：刘奔腾 摄）

南部与青海黄南藏族自治州、果洛藏族自治州接壤，东部和北部与甘肃省陇南市、定西市、临夏回族自治州毗邻。总土地面积4.5万平方公里，境内海拔1100~4900米，地势西北高、东南低，大部分地区在3000米以上，气候类型多样。东部为丘陵山地，南部为蜿蜒起伏的岷迭山区，森林资源丰富。多样的气候类型和原生态的环境为本区发展旅游业，将藏民族传统文化展现给旅游者提供了极佳的自然环境基础。

甘南州内水资源丰富、河流众多，黄河和长江水系都从这里流过，境内有120多条干支河流，比较著名的有一江三河，分别是洮河、黄河、大夏河和白龙江。此外这里也拥有众多的湖泊，甘南的湖泊独具特色，部分湖泊海拔4000米以上。这些水体除了美化自然环境以外也是重要的自然保护区，尕海湖所在的区域水草丰茂，许多南迁北返的珍稀鸟类在此落脚和繁殖。黑颈鹤、灰鹤、天鹅等珍禽遍布湖边草滩。

甘南州广阔的原始森林和草甸草原孕育了繁多的生物种类，植物主要有乔木类、灌木类等；主要经济作物有青稞、春小麦和小油菜等；还有许多种药用植物和食用菌类以及野生淀粉、油料植物与纤维植物等。有国家一、二、三类保护的珍禽异兽，雪豹、金钱豹、水獭等20多种。

三、陇南地区人文化背景

（一）临夏回族自治州

临夏州历史悠久，文化灿烂。新石器时代的马家窑文化、齐家文化和辛甸文化至今闪烁着璀璨的先芒。因国宝"彩陶王"在这里出土，被誉为中国的"彩陶之乡"。炳灵寺和石窟驰名中外。这里又曾是古丝绸之路南道的要冲，唐蕃古道的重镇，茶马互市的中心。新近发掘的恐龙足印和古动物化石世所罕见。信仰伊斯兰教的少数民族相对聚集，伊斯兰文化气氛浓郁。民族风情独特，民族建筑庄严肃穆。"河州花儿"是民间文化的珍奇瑰宝。

1. 恐龙足印

在临夏州永靖县盐锅峡老虎口发现的大量的恐龙足印，数量大、分布密集、清晰度高。截至2002年底，在发掘的2000多平方米的面积上，发现有10类80组1600多个足印。同时还发现了国内首例翼龙和鸟脚类恐龙足印化石。这是生活在距今1.7亿年侏罗纪或早白垩纪的恐龙所留。有巨型蜥脚类恐龙、小型蜥脚类恐龙和虚骨龙留下的三种类型的足印。最引人注目的是巨型蜥脚类、巨型兽脚类、蜥蝎类脚印和鸟脚类化石。其中最大的一只前脚79厘米×112厘米，后脚150厘米×142厘米。两条后脚间的距离为345厘米，前后足距离为375厘米。专家分析，这只恐龙体长20米以上，体重在50吨左右，是目前发现的世界上最大的恐龙足印。

2. 伊甸园

临夏州境内的和政、广河、东乡、积石山、临夏等县，广泛分布着脊椎动物化石。在临夏州8169平方公里的土地上，古生物化石分布的面积竟达3517平方公里，这是欧亚大陆地质学者及古脊椎动物学领域里的重大发现。仅和政地区收集到化石就有8000多件。科学家从这些化石中初步研究，取得了重大的研究成果。临夏古生物共分为爬行纲和哺乳纲7个类目，103个属种。大致可以分为三个代表性的动物群：距今约1900万年~1300万年的铲齿象动物群；距今约1100万年~200万年的三趾马动物群；距今约250万年~200万年的真马动物群。

3. 茶马文化

西北地区的茶马贸易由来已久。早在隋唐时期就有了中原地区与西北民族地区的茶马贸易。在中原王朝频繁更替和形形色色的政治军事斗争中，战马和耕畜大量损失，需要从游牧民族地区补充。《资治通鉴》记载，隋代"中国丧乱，民乏耕牛，是资于戎狄，杂畜被野"。到了宋代，辽、宋、夏战争连年，军需缺乏，宋廷鼓励中原与边疆进行商贸活动。北宋神宗熙宁九年（1076年），在河州设立了官办的买卖市场——榷场，市易司专管。招募各地商人进行市场交易活动。这时中原的农产品与民族地区的畜产品、南方的茶叶和西部的马匹生意是大宗。并且下令秦州（天水）、熙州（临洮）、河州（临夏）、岷州（岷县）等处的牙行们，组织民族地区的物资到专门市场上交易，吸引各地的买卖人互通有无，获取较多的利润，资助防务，资助战争。

金、元统治时期，统治者是游牧民族，鼓励畜牧业经济。耕畜和战马不缺，但是他们需要茶叶和农产品，还是需要交易活动，但规模远不及宋代。

把茶马贸易推向高墙，规模化、制度化的是明代。茶马互市密切了农业与畜牧业的交流，促进了农牧业经济的发展，增加了民间友好往来，密切了汉族与兄弟民族的关系，增强了凝聚力和向心力，培育和发展了以河州为中心的民族贸易的市场，增加了河州各族人民的商品意识，促进了临夏地区。"善商"特点的形成，使临夏逐步发展为西北货物的集散地、旱码头，为丝绸之路的重镇河州注入新的活力，使具有商业传统的边陲要地焕发了青春，迎来了河州经济的"第三次繁荣"。从而使河州成为"秦陇以西，繁荣称首"的"乐土"。

4. 丝路文化

河州是丝绸之路南路重镇，唐蕃古道必经之地，曾有露煌的过去。历史上，周穆王驾八骏西游，张骞凿空，隋炀帝杨广西巡，文成公主、金城公主进藏都是沿着丝绸南道经过河州西去的。

这条大道的起点是唐王朝的国都长安（今陕西西安），终点是吐蕃都城逻些（今西藏拉萨），跨越今陕西、甘肃、青海、四川和西藏5个省区，全长约3000公里，其中一半以上路段在青海境内。它的大致路线是，从长安沿渭水北岸越过陕甘两省界山——陇山到达秦州（今甘肃天水），溯渭水继续西上越鸟鼠山到临州（甘肃临洮）。从临洮西北行，经河州（甘肃临夏）渡黄河进入青海境内，再经龙支城（青海民和柴沟北古城）境内西北行到鄯州（青海乐都）。以上可以称古道东段，全在唐王朝境内。

在西段的古道线路中，从西宁经共和县、兴海县、贵南县、同德县、玛沁县、甘德县、达日县，进入今天四川境内

经阿日扎部落到（色须）石渠县再到玉树县进入今天西藏境内经囊谦县、类乌齐县、丁青县、巴青县、索县到（柏海）那曲地区再经过当雄县到达（逻些）拉萨。

这是汉代以来从中原进入河湟地区的传统路线。它的历史甚至可以上溯到6000年前的新石器时代，我们中华民族的祖先正是沿着这样一条路线开拓前进的。

（二）甘南藏族自治州

甘南境内的藏族因气候差异和生活环境影响，民族文化、民俗风情又有不同主要分为卓尼"政教合一制"的土司文化和舟曲博峪采花节巴藏朝水节为代表的农耕文化，玛曲的民间史诗格萨尔弹唱和格萨尔赛马大会为代表的游牧文化，佛教和道教的名山"莲花山"为代表的汉藏融合文化，夏河甘加八角城为代表的历史文化和"洁白丸"藏药、"南木特"藏戏为代表的民俗文化等。由于气候、性别、年龄、地位、款式等因素的影响，藏族服饰分为六种类型：夏河拉卜楞男女服式、碌玛夏牧区服式、卓尼洮河沿岸"三格毛"农区服式、舟曲迭部洛大藏羌服式、舟曲博峪白马藏族的苗羌服式和卓尼枸哇土族服式。建筑形式有牧区的帐篷、农区土木结构的平方和楼房和寺院白塔等。文化还有民歌酒曲、剪纸刺绣、壁画绘制、洮砚雕刻、戏剧乐器、民间舞蹈、民间文学、丧葬仪式、婚礼仪式、煨桑、祭祀和禁忌。

四、多民族交融的文化与环境

（一）临夏回族自治州

临夏回族自治州不仅是一个多民族的区域，而且是一个多元宗教文化的共生之地。甚至可以说，多元民族构成了这一区域文化的显性结构，而横切多元民族的多元宗教文化构成了它的区域文化的隐性结构，主要表现为多宗教文化、教派门宦多、宗教活动场所多、教职人员多、信教群众多。伊斯兰教为临夏州这个多元宗教文化地区的第一大宗教，因此临夏也被誉为"中国的小麦加"。临夏境内还有汉传佛教文化、藏传佛教文化、道教和基督教。可以看出，临夏回

族自治州是具有悠久历史与鲜明民族宗教文化特色的地区。从先秦时期开始至今，这里先后有戎、氐、宪、匈奴、鲜卑、吐谷浑、吐蕃、女真、蒙古、回、东乡、保安、撒拉、土等诸多民族聚居生活，他们为当地的开发作出了重要的贡献。至此从秦汉始，中原汉族不断进入这一地区，与当地各民族共同开发建设这一地区。临夏境内自古以来就形成了多民族杂居与多民族之间长期和睦相处共同发展的局面。这种局面的长期持续与发展，与这一地区位处青藏高原与黄土高原的交接地带、黄河上游及其支流洮河、大夏河、湟水流域农耕经济与游牧经济发展地带，连接丝绸之路与连接汉藏茶马古道的要冲地带的战略地位极其重要有关。正是由于临夏位于丝绸之路与汉藏茶马古道的要冲地带，这一地区的民族文化与宗教具有鲜明的特色。河湟特有的民族演唱艺术"花儿"，是回、藏、汉等民族文化的结晶。特殊的临夏方言，特有的东乡、保安、撒拉族、土族语言，具有悠久的历史渊源与深厚的民族文化底蕴。

（二）甘南藏族自治州

从民族与人文地理的视角来看，甘南地区是我国历史上一个以藏族为主体的多民族汇集、融合、分布的地区，同时也是我国西北地区多种宗教文化传播带的重要交汇地和焦点区，被历代王朝视为"内华夏外夷狄"缓冲地带的甘南地区，在西北边防中地理位置十分重要。另外，"共同的地域或地理环境既是这一地区各民族赖以形成、发展的物质基础，又是这一地区各民族之间互通有无、彼此发生各种密切联系的基本空间。"① 甘南地区是多民族繁衍生息的地方，"河湟走廊与河西走廊呈丁字形，都是中文交通、民族混杂的地区。"② 先后有被称为羌、氐、戎的土著居民及从东北远徙陇上的吐谷浑以及来自西藏的吐蕃等民族居住，西汉之后，汉族开始迁入甘南，唐代之后西藏吐蕃族军人、部族东进州城，元、明以后，逐渐有回族迁入。在历史发展长河中，各民族和睦相处，共同开拓，创造了甘南的历史文明，推动着甘南的社会进步，并逐步建立了共同发展、共同繁荣的"你中有我，我中有你"多元一体民族格局关系。

第二节 自然与社会影响下的聚落格局

一、特定地域环境之下的择居理念

（一）临夏回族自治州

现今甘肃境内的大部分回族穆斯林是清末清政府镇压回民起义，强制性打击，迁移所形成的格局，因此，这类社区大多位于偏远、贫瘠、交通不便的山区，如果说位于这些地区是迫不得已的选择，那么在这种恶劣条件下形成的回族穆斯林乡村社区则反映出这个民族不屈不挠、适应环境、顽强生存的特征作为一个善于经商的民族，在这偏僻、交通不便的山区，经商已无太多用武之地因此商业经济生活在这里已退居末位 取而代之的是以农业生产为主 并辅以畜牧生产的自给自足的自然经济生产生活模式而影响这种生产生活的重要元素是土地水源同时着眼于小气候安全和防灾因此在回族穆斯林乡村社区的选址体现出以下征：（1）首选临近水源处；（2）多选山脉阳坡处。

（二）甘南藏族自治州

藏族聚落在选址中认为：一、背山向阳的隈曲墁坡为风水吉地，隈曲之处一般水流减缓，变动为静有利于微气候生成。二、高勿近阜而水用足，低勿近水而沟防省。至高处则风大，不便取水，不利于聚落发展；距江河岸边太近则易毁房舍，湿气浊流也对人健康不利。三、二阶台地的开发。甘南藏族聚落大体也遵循此原则。在选址上有以下特点：

---

① 秦永章. 甘宁青地区多民族格局形成史研究. 北京：民族出版社，2005：1.
② 费孝通等. 中华民族多元一体格局. 北京：中央民族学院出版社，1989：166.

1. 水源充足

水是人生存的必需条件，水源成为择基的重要标准。村寨多选于河流北岸近水处，或有山泉的半山腰，深谷湿润的小溪旁，以满足人、畜生活用水和牧耕生产用水需求。拉卜楞寺的选址就综合考虑了水源、山峰、坡度、谷地、植被等的因素，由一世嘉木样活佛历经几个月的考察，而确定为今天的寺址所在地。其地处今夏河县城西郊，背靠（北面）卧象山，正对（南面）莲瓣形的曼达拉山，更重要的是古代称为漓水的大夏河流经拉卜楞寺所在地。大夏河河水正源来自夏河县桑科滩南欧布卡山北麓，并与青海省同仁县多哇的大纳河和夏河县另一河流格河汇流后形成大夏河。其河道宽阔，流量较大，为寺庙提供了丰富的水源。大夏河流经拉寺自西侧环绕至东侧下方，呈一半圆形河谷台地，形若海螺。"藏族视海螺为吉祥之物，故名'扎西依曲'，意为吉祥石旋福地"，于1709年始建寺于此。

2. 少占耕地

在农区、半农半牧区，为了有利生产，在有限的河谷台地上耕种，聚落一般选址于丘陵山坡、高山台地等不易耕植地区，留出平原河谷、冲击缓坡等丰饶谷、山脚地带之地用于农业生产。同时，山坡台地上视野较为开阔，环境较好，利于观察河的耕地劳作状况。对长期封闭于地理小区域内的自我循环的聚落而言，对自己生存生活的地理空间的把握亦至关重要。因此，节约土地资源、不占耕地和草场是其得以生存、发展的重要条件之一。

3. 垂直分布

甘南地区高海拔、高落差，高山沟壑纵横，气候、地理等条件呈现垂直、立体的自然空间分布。"垂直自然带普遍发育，表现为从森林——草甸——草原——荒漠的地带性变化……形成若干各具特色的自然地理区。"[①]聚落受这种地理立体空间的制约，呈现垂直分布的特征。在低海拔区，气候温和、较适合农作物和牧草生长。这一地区形成的聚落规模较大，分布集中，并形成了寺庙、商业的集镇。在高半山区，聚落规模受地理和生产方式的限制，通常不大。在海拔4000米以上，基本上只能存在畜牧生产方式，聚居方式少而零散。因此，聚落在整个地理空间单元中，是呈立体、分散的分布状态。

甘南民居所有用房均向着天井或院子采光，对外墙几乎不开窗。甘南民居的天井尺寸较大，小则四、五米见方，大则由院子替代，此种形式明显受汉式的合院影响。室内空间均围绕天井和院子来组织，上下楼层间以楼梯或独木梯联系，因而室内流线较简洁、便利。家庭的主要活动如起居、睡觉、待客、饮食等均在主室中进行。敞间尺寸较宽，实际上是三面围合的走廊，或以玻璃封闭，或对外开敞。敞间除了是联系二层主要房间的空间，在天气暖和时，也是一家人的饮食、劳作、转经、晒太阳、待客等活动的主要场所，是除了主室以外主要的家庭空间，起着联系家庭生活、生产的重要作用。

二、多民族交融下的村落格局

（一）临夏回族自治州

临夏回族自治州是以回族为主，其他少数民族混合居住的地理区域。地处青藏高原与黄土高原过渡地带，地势西南高，东北低，自西南向东北递降。千百年来在此生活的各族人民孕育出同构异质的地域文化，形成了各具特色的传统聚落类型及与之相应的居住生活形态。

1. 木场村

木场村坐落在临夏市的西侧城郊处，有八坊十三巷而出名，唐朝时，大食（今沙特阿拉伯）、波斯等国商人及

---

① 郑度，杨勤业，刘燕华. 中国的青藏高原. 北京：科学出版社，1985：8.

宗教人士来往河州（临夏古称）一带经商、传教，逐步修建了多座清真寺及其教坊，形成了一个"围寺而居、围坊而商"的穆斯林聚居区，故得名"八坊"，含有"教坊"和"番坊"之意。盛世大唐，这里宗教兴盛、商业繁荣的场景亦可以想见（图6-2-1）。

2. 大墩村

大墩村位于积石山县西北处，属于山丘地带自然村，是甘肃省临夏回族自治州积石山保安族东乡族撒拉族自治县的一个自然村，距积石山县城27.2公里。坐落于黄河南岸谷地，呈片状布局。传统建筑较密集，布局紧凑，多数民居为20世纪七八十年代建筑，属于砖木结构形式，木雕精美。大墩村是中国西北少数民族保安族的主要聚居地，传统民居具有少数民族特色，映射着这个民族的习俗、性格、审美、艺术……大墩村历史悠久、文化灿烂、风貌独特，具有独特的地方习俗与文化传统，是一个具有少数民族历史、文化、艺术的传统村落。现存有大小堡子遗址（图6-2-2）。

清真寺：大墩村是我国少数民族保安族主要聚居地，位于村委会对面的保安清真寺是保安族人民做礼拜的主要场所，清真寺建于台地上，清真寺前门有长长的台阶，渲染了一种肃穆的氛围。院内建筑具有少数民族特色，同时也有古时寺庙的缩影，建筑以现代玻璃与精美的檐口雕花结合，以木、玻璃、砖为主要材料，建筑装饰色彩协调（图6-2-3、图6-2-4）。

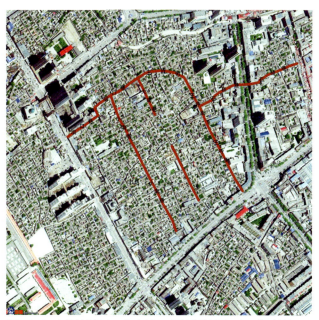

图6-2-1 木场村八坊十三巷（来源：根据谷歌地图，李玉芳 改绘）

图6-2-2 大墩村村落布局（来源：李玉芳 摄）

图6-2-3 堡墙和清真寺（来源：李玉芳 摄）

图6-2-4 保安族腰刀（来源：李玉芳 摄）

（二）甘南藏族自治州

1. 尼巴村

尼巴乡尼巴村（图6-2-5）依山傍水，车巴河穿村而过，处于河谷地带，地势有利。地域内土壤肥沃，水源充足，草场林地丰富，适宜居住。藏语"尼巴"意为阳坡。村落的形成最早可追溯至唐代。由吐蕃赞普后裔戍边的将士在战争结束以后，一部分成为庶民，逐步与山外的牧民融合，先牧后农，定居于此。于是，逐渐形成了现在的尼巴藏寨。在一户藏族村民家中，就收藏了其祖先留下的西藏嘛呢石，印证了这种说法。

在当地，村落的形成还有"三兄弟漂木选寨"的传

图6-2-5 尼巴村百年藏寨1（来源：刘奔腾 摄）

图6-2-5 尼巴村百年藏寨2(来源:刘奔腾 摄)

说，现在仍然被人们口口相传。传说中三兄弟里的老大名叫玉龙拉绸，老二名叫苏奴闹日，三弟名叫旦交华吾。三兄弟为了选好寨址，每人分别在车巴河中放一截木头顺水漂流，结果，老大的木头漂到现在的尼巴寨章杰桥下停泊，从此形成了尼巴寨；老二的木头漂到现在的郭卓沟口，他就在郭卓沟里安家；三弟的木头一直漂到洮河后在卡车沟口停泊，形成了现在的卡车沟的大力村。弟兄三人在车巴沟最高的华儿干山脚下造立山神，为子孙而祝福。老大玉龙拉绸献了一部经书，祝福后代充满智慧；老二苏奴闹日献上了一盏酥油灯，祝福子孙代代富裕；老三献上了一把斧头，祝福后代顽强勇敢……从此，以三兄弟为先的这群完全游牧的藏族民众，逐渐转变成为半牧半农生产生活方式的尼巴寨人。

1）聚落形状

尼巴村聚落形状呈一字形，沿车巴河南北两侧分布。内部主街东西走向，宽阔通畅，小街巷相对窄小。民居最早建造于车巴河南岸陡峭的山坡上，依山势布局，错落有致，形成了自由、顺因山势的聚落形态。近年来，尤其是20世纪80年代后，由于车巴河北岸地势平坦、开阔，且交通便利，民居渐渐建造于此，逐渐形成了沿河发展、隔河相望的两个带状聚落形态。

2）村落整体风貌保存情况

村落里民居建筑均为土木结构，大多民居有上百年历史。村落顺应山势，错落有致，鳞次栉比，古色古香。从低到高，层层叠加，户户相连，风貌古朴。村落里还有曲曲折折、层层而上、互通有无的栈道与民居错落呼应，形成了独

图6-2-5　尼巴村百年藏寨3（来源：刘奔腾 摄）

特的村落风貌。每当清晨，村落薄雾笼罩，轻烟萦绕，山光水色，清静幽雅，好似梦中仙境。

"尼巴"为藏语译音，意为"阳坡"。尼巴村坐北朝南，依山而建，清澈的车巴河穿村逶迤而过，寨前几行陈列有致的嘛呢旗在朔风中索索抖动。远望尼巴村，村寨的房屋建筑格式类同，错落有致，鳞次栉比，古色古香。从低到高，层层叠加，户户相连，组合成一个严密壮观的防御整体。一看那坚固的结构和雄傲的阵势，就明白是战乱年代防盗防匪、抵御入侵的需要。特别是蓝天白云下，家家户户房顶上搭晒青稞的架杆密如蛛网，纵横交错，更给山寨增添了神圣而神秘的色彩。

村寨里随处可见曲曲折折，层层而上的栈道，这些栈道一边依山固定，另一边依靠无数的圆木支撑，不仅解决了人、畜在山坡上的交通问题，而且扩大了藏寨的有效生活面积，人们习惯于在这些木架上晾晒粮食。不大的村寨中住所十分稠密，家家围墙相连。这些藏式房屋由厚厚的泥土打成，只在中间有2~3眼天窗，从外面看呈土黄色，颜色单调。其实土墙不过是个外墙，起到保温和牢固的作用。房子里面则高大宽敞，全是木头，仓库、厕所、猪圈也全由大块的木头连成，房间装饰尽显藏族风格。这种外不见木、内不见土的房屋既保暖又透气，在其他藏区也并不多见。

图6-2-5　尼巴村百年藏寨4（来源：刘奔腾 摄）

2. 博峪村

木耳镇博峪村依山傍水，北邻洮河和省道，处于河谷地带，地势有利。地域内土壤肥沃，水源充足，利于耕作，适宜人居住。背靠群山，在古代易于逃生，易守难攻，地理位置优越。聚落形状片状集中分布，内部主街东西，宽阔通畅，小街巷相对窄小，民居顺小巷而建，建筑布局整齐有序。土司衙门遗址位于村落中段，曾改为博峪小学。小巷是居民们最重要的活动空间，村内民风淳朴，入口处有白塔，是村民精神信仰和宗教活动的场所（图6-2-6）。

图6-2-6 博峪村聚落（来源：安玉源 摄）

3. 古战村

明朝时期，安世奎率军赶走了驻扎在此地的匈奴吐谷浑阿才，后来在牛头城遗址周围形成了村落，后因此地为古时战场起名为古战村。村落处于群山围绕之中，农田环绕在村落之外，与群山相接，村落以牛头城遗址、古战庵为中心展开，其处于中心位置，地势最高。周边民居相互毗邻，共用山墙，集中连片分布。村落中有戏台、宗教祭祀场所和古战庵等公共空间，道路按民居和地势自然形成。有水系经过村落，但现在已干涸。牛头城现仅存一段城墙遗址，古战庵于1958年重建，之后村民对其进行了长期的保护更新。牛头城对研究古洮州发展史和战争史有重要的历史价值，城垣夯筑方法也具有地方特点，牛头城址土壤为红壤土，黏性强，堆筑后浇水拍打，水分蒸发后即板结成型。尕路田大房子是伊斯兰教西道堂创立之初以穆圣早期乌玛生活为蓝本，集宗教、经济文化、教育为一体，过集体生活，实乃乌玛生活的历史见证。大房子依山而建，为四合院式二层楼房，坐北朝南，整体造型以端庄沉稳，形影别致，布局严谨为特点，外观雄浑古朴，具有坚固耐用、封闭保暖的功能（图6-2-7）。

图6-2-7　古战村（来源：安玉源 摄）

第三节　建筑群体组合与民族文化关系

一、陇南地区典型建筑特质

回族是一个没有完整的共同地域的民族，它以伊斯兰教为内核，吸收、融合中国传统汉文化，形成自己的文化特色。它和汉文化在哲学思想、伦理道德、人际关系等方面的共同点和相通之处是二者能够结合的桥梁。此外，它们共同的开放特征和兼容并蓄的气度使其在交流中各取所长，相生相促，回族先民带入的伊斯兰教在信仰上的影响并不排挤它去适应新的环境和当地历史条件，这种地区化、民族化是以共同弘扬伊斯兰教文化和汉文化为特点的。

甘南藏族自治州地处甘肃的西南部、青藏高原的东边，居住着藏、汉、回等民族。藏族人口最多并以藏族为主形成了独特的民俗风情、生活习惯、文化审美现象和独特的民居建筑。这一切社会现象的形成与发展和西藏、青海、四川等地的藏民族有着千丝万缕的联系，并保持着发展的同一性。直接促使形成藏族文化心理结构、民俗风情和审美风尚催动力的，是他们近千年来所经历的生产方式和他们的宗教信仰。人们不能脱离一定的生产关系、政治关系和思想关系安排自己的行为和进行思考。藏族的社会制度、宗教势力，广泛渗透到社会的各个方面，渗透到人们的思想和心灵中去，在藏族的民族心理上，产生了厚厚的历史积淀，乃至形诸于风情习俗和审美风尚，表现出一种富有理性、追求崇高、机敏睿智和豪爽强健的民族个性。藏民族的这种民族个性和社会风尚在民居建筑运用上得到了充分显现，促使他们的民居建筑具有强烈的民族风貌和地域特色，更有别于其他民族的民居而独具魅力。

二、民族文化与村落建筑

（一）回族"乌玛"

回族"乌玛"是甘肃回族穆斯林传统民居中最为独特的一种类型。它以甘肃临潭地区一个特殊的宗教门宦组织，西道堂遗留下的建筑为代表的多元化经济模式的集体居住类型。"乌玛"制度是伊斯兰教创始人穆罕默德创立的一种政教合一的政体组织。这种宗教制度保留的时间很短，在中国伊斯兰教的门宦中只有西道堂采用这种宗教制度。西道堂自称是东方乌玛，建立了一个共同生产、共同生活的集体经济体制的宗教公社团体。

西道堂是明末清初在甘肃临潭出现的一个新兴伊斯兰门宦教派，教徒以回族为主，吸收汉、藏、撒拉、东乡等民族，形成了一个共同生活、共同生产的集体经济体制的宗教公社团体。西道堂有别于其他门宦、教派的最大不同之处就是它具有集体经济实体的特征。在西道堂的宗旨条中提出："所有属于道堂经济均为公有，悉用于本道堂建设、教育及一切公共事业。"在西道堂的组织形式条中的经济管理中，体现其独特的经济体系和经济制度。西道堂所有集体经营的农、商、林、牧、副业的收支，统一经营，统一管理，统一分配。因此，西道堂是一个农、林、牧、商、副同时并举的多元化经济实体。商业经济在西道堂经济发展中占首位，也最具特色、并获得极大的成功，在西道堂的经济来源中亦列第一位。范长江在《中国西北角》一书中曾记载西道堂："商业势力西至西藏，南至四川，北至青海北部，东至察哈尔等地，操控着这一带的经济大权（图6-3-1~图6-3-4）。"

西道堂作为甘肃伊斯兰教的门宦教派之一，其建筑形式也必然体现出其特殊的经济体制和宗教组织制度。甘南临潭西道堂的大房子就是西道堂以一种宗教公社的形式组织临潭当地的一部分回族穆斯林群众集体生活的居住建筑，是甘肃回族穆斯林传统民居中最为独特的一种类型。它是伊斯兰教早期"乌玛"制度在中国近代建立并付诸实践的历史性建筑。现今西道堂的老建筑保存下来规模较完整的两处：其一是临潭古古乡尕路田村的一所乡庄"大房子"；其二临潭周边地域影响下两当县杨店老街街景和院落及天兴隆绸缎庄（图6-3-5~图6-3-7）。

"大房子"是西道堂以一种宗教公社的形式，组织临潭当地的一部分回族穆斯林群众集体生活的居住建筑，是甘肃

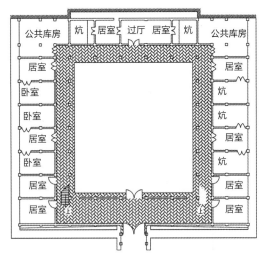

图6-3-1 临潭西道堂大房子一层平面图（来源：耿满国 绘）

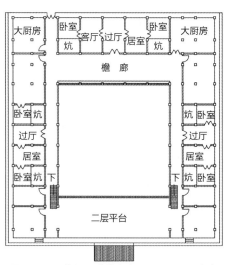

图6-3-2 临潭西道堂大房子二层平面图（来源：耿满国 绘）

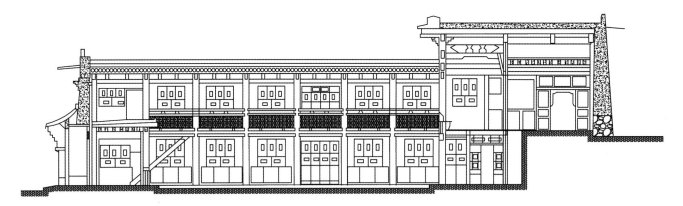

图6-3-3 临潭西道堂大房子剖面图(来源：耿满国 绘)

回族穆斯林传统民居中最为独特的一种类型。西道堂的大房子历史上曾有13个之多，它实际上是西道堂设在临潭县的13个小乡庄。每幢大房子既是一个相对独立的经济生产单位，又是一个相对独立的集体生活单位。如今，虽然这13所大房子由于各种原因遭毁，目前仅在尕路田村保存下来一座，但是我们透过对这座大房子昔日内部社会、经济、宗教、生活形态的考察，依然可以从中探寻到甘肃回族传统民居中的民族特色。

尕路田村的大房子（位于临潭县古战乡以西约一公里处）大约在1944年始建。在此之前，西道堂已建成类似的大房子十座。其中最早的大房子始建于1916年。

大房子坐北朝南，依山而建，平面布局与藏式民居庄窠极为相近。院内房屋背靠高大、厚重的院墙，面向院内环绕院墙布置，形成一个四四方方的"回"字形布局。大房子的上房为五开间，再加上左右两端头位于四方形角部的，被东西厢房挡住的两开间，共七开间这种做法，被当地人称作"明五暗七"。大房子的左右厢房也为七开间，上房和厢房均为二层楼房，从整体格局来看，正房高度最高，其次是左右厢房，位于南墙下房位置处只设计了作为交通联系的连廊，没有房屋。高度也只有一层，但南墙仍砌得比连廊高出近一层楼高，只比厢房的外墙低少许，在连廊的平屋顶上形成一个开敞的平台。大房子的大门设在南墙正中，穿过门

图6-3-4 西道堂大房子实景（来源：安玉源 摄）

图6-3-5 两当县杨店老街（来源：周琪 摄）

图6-3-6 两当县杨店院落（来源：周琪 摄）

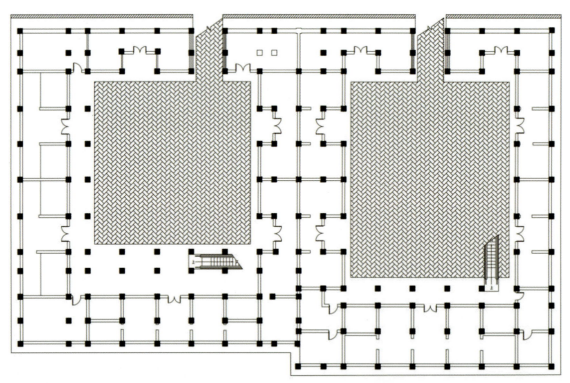
图6-3-7 临潭县西道堂天兴隆绸缎庄一层平面（来源：根据《甘肃回族穆斯林传统民居初探》改绘）

洞，还有一道八角形正门。

（二）藏族传统"扎西依曲"建筑解析

"扎西依曲"，指甘南藏族拉卜楞寺院聚落群的海螺状格局形态。甘南藏族拉卜楞寺背靠卧象山，门对莲瓣形的曼达拉山，大夏河自右侧环绕到左下方，呈一半圆形河谷台地，形若海螺。因藏族视海螺为吉祥之物，故名"扎西依曲"，意为吉祥右旋福地。寺院聚落于1709年创建，寺主嘉木样活佛。寺院设有6大扎仓，统辖108个属寺和8大教区。是西藏以外，藏传佛教格鲁派又一中心和西北地区佛教最高学府，也是世界最大的喇嘛教学府和藏经最多的寺院。

"扎西依曲"无论是选址择基还是大兴土木,都极为慎重地考虑到与山形水势的结合,极力利用有利的自然因素来创造更加适合于生产、生活的人工环境,而且还要使整个村镇和建筑等人工景观十分协调的融合于自然环境之中。这是一种朴素的中国古代的生态哲学思想。甘南藏族很多聚落格局也深受这种规划思想的影响。

1. 总体布局

拉卜楞寺北靠卧象山,南临大夏河,东北接夏河县城,西南连通桑科草原。寺院建筑坐北朝南,坐落于卧象山南麓至大夏河北岸的平缓坡地上。卧象山山形状如巨象由南向西伏卧,山南麓两翼伸出,大夏河自西南向东北对与卧象山对寺院形成环抱之势。由于地形限制,寺院建筑形成东北至西南向1100余米、南北向长600余米、中间宽两头窄,呈叶状布置的平面格局。环寺院而建的经纶廊与朝拜道路形成叶的轮廓,东北角叶柄处为寺院主入口,入口至护法殿的道路形成叶的主茎,支道路与广场成为叶片的脉络将寺院建筑有机而统一的组织在一起(图6-3-8)。

2. 建筑空间解析

拉卜楞寺建筑空间可分为封闭空间、半封闭空间和开敞空间三种类型,其中佛学院、佛殿、僧舍等为封闭空间,经纶廊等为半封闭空间,讲经亭、辩经院为开敞空间。拉卜楞寺建筑空间主要受其宗教特点影响,形成以封闭空间为主,半封闭空间为辅,开敞空间较少的特点。其形成原因是宗教仪式与使用功能的完美结合,具体体现在:第一,不论是殿堂类建筑,还是居住类建筑都建有密实封闭高大的围墙,形成与世俗社会隔绝的状态,营造出浓厚的神秘宗教氛围。第二,在寺院外围及朝拜必经之路两侧建造经纶廊。经纶廊是进行宗教仪式的场所,其仪式特点是大量信众一起参与,

图6-3-8 拉卜楞寺选址及总平面图(来源:根据《甘南藏族思源建筑》,耿满国 改绘)

这就需要在建筑内部安置大量的经桶，满足大量人流频繁使用，这就需要半开敞的廊式建筑来满足其使用要求。经纶廊起到的作用不仅是挡风遮雨宗教仪式的场所空间，还是重要的引导信众游客朝拜的引导空间。第三，藏传佛教讲经及辩经是学习佛教典籍的重要方法之一，通常会分成若干组露天进行辩论，这时候就需要一个开敞的无遮挡开放式空间作为场地。寺院空间是宗教思想的建筑空间体现，既体现了很强的宗教特点，又满足了使用要求。拉卜楞寺建筑群体从使用功能上分，可分为用于信众朝拜供奉及传授藏传佛教经典等宗教仪式的殿堂类建筑群体与供僧人日常生活住宿的居住类建筑群体两大类型。殿堂类建筑在寺院空间分布上较为均匀，成点状分布，居住类则连接成片，成面状分布（图6-3-9~图6-3-11）。

拉卜楞寺建筑空间类型以封闭空间为主，较为单一，重要建筑通过所处位置、体量、色彩、装饰变化来与普通建筑加以区别，这样处理空间在整体效果上容易统一，又能体现出建筑等级的差异，使寺院空间主次分明。

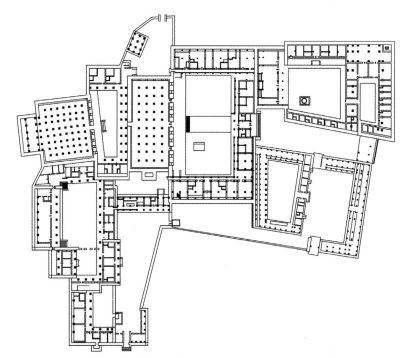

图6-3-9 拉卜楞寺平面图（来源：根据《甘南藏族思源建筑》，耿满国 改绘）

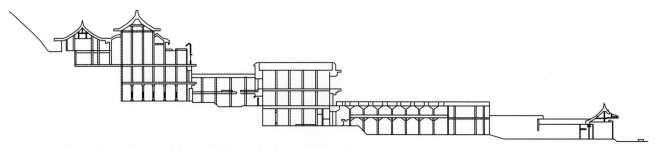

图6-3-10 拉卜楞寺剖面图（来源：根据《甘南藏族思源建筑》，耿满国 改绘）

图6-3-11 拉卜楞寺（来源：http://img.hb.aicdn.com）

第四节　多民族交融的传统建筑

一、传统院落布局解析

（一）临夏回族自治州

临夏回族这一民族特征形象地体现在其民居文化上则表现为回族传统民居的总体特征。在不违背其宗教信仰原则的基础上，最大限度地融入当地主导民族的民居文化中，这个总体特征包括两个层面上的含义：（1）在甘肃这样一个自然气候条件恶劣的地方，为了满足生存的需求，体现在民居形制上则表现为基本全方位吸收当地土著民族（尤其是汉族）民居中已有的甚至定形化的建筑形式、构筑方法、材料运用，最终体现为甘肃传统民居的地域性特色。（2）在满足生存的同时，将自己本民族的文化、宗教习俗融合到已采用的建筑形式中，表现为回族传统民居的民族文化特色，当然，这两个层面上的内容也是相互交织互相作用的。

（二）甘南藏族自治州

甘南民居按不同的建筑材料、结构可分为土碉房、木踏板房、石碉房、帐篷、临时性居所等。民居建筑类型主要以甘南普遍而具代表性的土碉房为主。

在林区，如迭部白龙江沿岸地区，盛产木材，榻板房是这一地区藏民居的主要形式。房屋顶部架设人字形屋面，以板带瓦，依次叠压踏板，上置石块。檐下横加一道木槽，将雨水排出围墙外。民居一般底层高、上层低，室内以木板装修。楼上住人，楼下圈养牲畜。

在牧区，为适应四季游牧的生活，民居的主要类型为帐篷。帐篷多为黑帐，以牦牛毛编制而成，便于拆搭、迁徙，十分方便。另外，在七八月，甘南民间盛行的香浪节上，各户帐篷为花布帐篷，是游玩、赶会、听经的临时性建筑。

在冬季，牧民建有临时性的居所——冬窝子，冬窝子多为保暖性好的半地穴式的建筑，多建在草场好、近水源、避风向阳的山间坡地。一面依靠山墙，其他三面用黄土掺树枝、草，夯筑而成，保温效果很好。房间2~3间不等，布局简单、紧凑。

冬窝子的简单发展就形成了"马康"的半地穴式民居形式。此种形式主要建于山坡上，建筑后墙为挖进山坡的断崖。典型的"马康"土木平顶结构，面阔四间，进深两间。室内空间以主室为主，分为两部分，左侧为宽一间、进深一间的大"连锅炕"，右侧为锅灶、厨房。室内四壁、天棚、地面皆为木板相拼。为了通烟、透气和采光，局部开有直通屋脊的天窗，在前墙上亦开有进出的门。"马康"户户毗连，房顶相连，错落有致。房上房下、左邻右舍、前排和后排往来无阻，贯通如一。

随着农业生产的发展，马康逐渐演变为二层平顶土碉房。土碉房是今天甘南普遍而大量的类型，多分布于海拔相对较低、青藏高原与黄土高原接壤处，地形地貌具有明显过渡性的农区、半农半牧区。民居多就地取材，1~2层，木框架承重，土墙围护。通常的做法是将马康和楼房结合、相连，前面为楼房，一层沿山崖挖进为马康。楼房一层修建天井、院落、牲畜圈。楼上有堂屋、厢房、佛堂等组成。春夏，人们居于楼上，秋冬居于楼底的马康。今天，一些藏居已完全舍弃了马康，住宅为院落式布局，主要功能空间围绕二层展开，形成以二层为主要居住空间的形式。从帐篷——马康——土碉房——院落式藏居，体现了不同经济形态的各个阶段。

土碉房按院落式布局，与汉四合院形式相似，院落可以一进，也可以几进，视各家经济情况而定。院落式多分布于甘南接近汉族的地区，这些地区历史上曾经是汉藏茶马互市、汉族屯兵、制吸收渗透，形成了民居汉藏风格的交融。如今天的夏河、临潭、卓尼等地区。新中国成立前的封建土司、头人、贵族、军政要员等人的住宅多为多重院落，各院落功能均不尽相同，如将牲畜、奴隶、杂役、居住、佛殿等分院布置，既满足不同的功能要求，又起标示等级地位的作用。

院落布局上，依地形、劳作、生活的不同而灵活布局。在半农半牧区，多数农户为上下院。楼下为下院，为储藏、圈养牲畜等功能空间。上院通过下院天井中的独木梯联系，是日常居住饮食起居之处。下院牲畜房的屋顶作为上院的晒坝,可晾晒谷物,举行家庭宗教仪式。上下院的布局形式,因合理地将牲畜、杂物与居住生活分开而成为普遍采用的形式。

高低院多为宗教寺院周围和尚、喇嘛所住的院落形式。藏传佛教认为高处背山向阳、隈曲壈坡为风水吉地,因而寺院多依山而建。占2/3寺院面积的喇嘛住宅均充分利用山势,将两大功能建于不同的高差上,形成了高低错落的院落空间。通常将储藏、杂物(燃料)、厕所置于低阶,高阶为僧人日常起居生活住房,中间形成绿化小庭院。僧人不允许生产,多独居一院,因而房间少而功能简单,院落也较开敞。

在农区,如卓尼地区,院落多为内外院,实际上就是两重院落。内院为生活院,外院为牲畜、种菜、储蓄、晒谷等生产性院落。此种布局形式多受汉族四合院建筑形式的影响。

甘南民居呈簇团布局状在甘南地区,广大藏族为了抵御高原恶劣的气候和风沙的侵袭,获得充足的日照,为了便于日常生产生活,房屋建筑多依坡而建,并呈簇团布局状,户户毗邻,共用一堵山墙者屡见不鲜。甘南藏族传统庄廓院民居建筑主要有以下几种:

1)多进式院落

这种院落与汉族四合院相似,可以是一进,也可以是多进,但其不像汉族院落那样严格讲究对称、错落有致的布局形态,其平面布局很随意,有矩形、一字形、口字形、日字形等。

2)天井式院落

天井式是藏式民居建筑在农牧结合的生产方式下产生的一种特殊布局形式,这种院落建筑比较紧凑,用材较少,有利于保温、防寒,经济适用。

3)单体院落

主体建筑面阔一般多为3~5开间,以夯土、石材或木板围合成院落空间。

二、传统民居结构形式

(一)临夏回族自治州

1. 四合院坊居(图6-4-1~图6-4-3)

1)分布

历史上甘肃回族长期生活在东西方文化交流的联结地

图6-4-1 院落空间(来源:安玉源 摄)

图6-4-2 院落小品(来源:安玉源 摄)

图6-4-3 民居鸟瞰图（来源：安玉源 绘制）

带，在宗教信仰、生活习俗、民居建筑文化等方面形成其特有的民族传统。受门宦制度的影响，回族院落的分布体现了鲜明的民族特色。临夏回族大多聚居在旧城南关，纵横7~8km，人口密集，屋宇栉比，据称以前整个区内建有8所清真寺，各司所属回民自成一个教坊，因此，此地被称为"八坊"。在八坊内，高大的寺院和凌空林立的邦克楼形成少见的回民聚居区风貌。

2）形制

回族穆斯林传统民居受汉式建筑影响至深，尤其是院落式布局这一特征更加明显。虽然回族传统民居类型众多，但究其根本的形态来说，其组成元素单体建筑平面的类型并不多。

合院式是由若干栋单体建筑和墙、廊围合成二合院、三合院、四合院。在甘肃回族乡村民居中以二合院、三合院居多。有时甚至是"一"字形住宅与院墙围合起来。四合院是甘肃回族城镇民居中最常用的院落形式，并且经过长期沿用，已经有了定型化的模式。这种典型的四合院由上房、左右厢房、下房、耳房、庭院和入口门道组成。这种四合院是合院式的基本类型，在甘肃回族城镇民居中具有代表性。一般规模小的家庭仅此一院就完全满足生活、起居等需要。规模大一些的宅院则由这个基本形复变后再进行组合。在院落形态上，它取自汉式北方传统四合院形制，大门一般设在宅院东南角，不直接开向正院。进入大门后经过门道，转90度，穿过下房前廊端部的二门才进入正院，使得庭院更加幽静、安全、私密感更强。

3）建造

（1）放样后开挖基槽。

（2）采用毛石砌筑基础，一般底层基础宽1.2~1.5m，顶层0.4米。

（3）由砖瓦匠人砌砖墙，传统做法是直接用青砖砌成，但现在由于青砖成本高，砌筑精度要求高，工匠水平达不到，所以现在的做法是用普通多孔砖先砌筑主体，再在表面贴面砖。

（4）由木匠制作木框架。

（5）挑选吉日上梁，传统做法是由人力拉上去，现在比较大的木料安装是由机械吊起。小一些的木料还是保留了传统做法，由人力拉上去。

（6）在梁架上铺椽子、椽子上铺望板、望板上铺泥、泥上铺覆筒板瓦屋面，如有必要的话还要用水泥勾瓦缝，防止屋顶长草。形如走廊，称甘肃走廊。

4）装饰

在建筑艺术方面，回族合院式民居充分吸收了大量汉族、藏族等民居建筑艺术和风格。而临夏回族四合院建筑中的装饰，主要以临夏著名的砖雕、木雕和藏式彩绘为主。主体建筑外立面多由砖雕墙面为主、藏式彩绘为辅，而室内则以木雕为主。由于回族全民信奉伊斯兰教，因此室内装饰按照伊斯兰教义的规定，多为几何纹和蔓草花纹。而走廊、隔墙等分隔空间的隔断中则以墙面砖雕作为主要装饰来丰富立面效果，且隔断的墙面砖雕多与主体建筑立面上的砖雕有一定联系，使之表现一个主题，从而形成一个不可分割的整体。而临夏有回族砖雕、汉族木雕和藏族彩绘之说，由此可见，这三者在临夏建筑中的地位，因此在临夏几乎随处可见这三者的身影。而临夏回族传统四合院位于临夏境内，不可避免地受到了影响，这也形成了临夏特有的四合院装饰因素，使临夏四合院有了区别于其他地方四合院的鲜明特征。

5）代表建筑

80号院落

坐落于甘肃省临夏回族自治州临夏市内，属于八坊十三巷其中的一个四合院，共有三进院落，八坊十三巷是指围绕八座清真寺形成的回族聚居区。现在产权属于政府，已列入市级保护名录。院内有大量砖雕作为建筑装饰。建筑使用大量青砖，以灰色调为主。屋顶为卷棚顶，独具阴柔之美。院落讲究轴线，也讲究"小中见大"和"大中见小"。室内装饰主要以木雕为主，样式与外部装饰相似，但是雕花细致生动，层次丰富。此院注重对景，将园林建造方法融入其中。主要建筑朝南，并布置东西厢房、耳房、过厅以及小的景观庭院等。耳房是两层，南侧有裸露的楼梯供主人上下楼使用，布置在主体建筑的东侧并带转角，与东厢房相连，院内有一口水井，既满足了功能的需求，也为院子增添了生活气息，采用鹅卵石拼花铺地，多以吉祥如意的寓意为主（图6-4-4）。

图6-4-4　80号院落空间（来源：安玉源 摄）

6）成因

早期的回族穆斯林社区以其聚居区"坊"为单位。"坊"是穆斯林的宗教社区单位，又"教坊"，实际上是居住在清真寺周围穆斯林组成的宗教组织单位。

7）比较/演变

门宦制度产生后，受其影响，回族中产生了一种特殊的宗教社会结构，穆斯林聚居区的组织形式也由早期较为松散的教坊制开始向门宦教坊制转换。教坊制具有中国封建社会等级制度的色彩，若干个回族家庭以清真寺为中心，形成文化习俗方面的共同体，并且受汉族人建筑形式的影响产生了这种合院，由合院形成"坊"的单位。一个穆斯林社区，小的由一个坊、几十户人家组成一个村庄，大的由几千户、上万户集中聚集，乃至形成集镇或城区。

2. 庄廓院

庄廓院作为一种典型的生土建筑，原先具有一定的防御功能，但是在社会环境的慢慢发展中，这种防御功能逐渐被淡化甚至被遗弃。临夏庄廓院在满足使用功能之后也形成了独有的建筑形制与特征。

1）分布

在东乡县和积石山县境内存有土族庄廓院，保安县存有保安族庄廓院，同时在积石山县也存有撒拉族庄廓院。可见在这个多民族的区域，庄廓院的建造也被普遍化。

2）形制

尽管作为地域共同的特色建筑，庄廓院在临夏这个多民族聚集区也被建造得各有特色，不同民族之间都有所差异。

（1）土族庄廓院土族民居分布在积石山境内，为适应当地高寒的自然环境，土族庄廓院多靠山修筑，选择山脚向阳方位。外围墙夯土版筑，高约4米。院落布局以四合院居多，多坐北朝南，堂屋位于北面，为庄廓院的核心，居于轴线上，土族称之为"大房子"；左右两侧分别为卧室、佛堂等；院内四角修建厨房、畜舍、杂物房等。

（2）东乡族、撒拉族、保安族庄廓院以上三个民族由于宗教信仰，经济和自然条件基本相同，民居建筑外形，布局和装饰基本相同。庄廓院以北为尊，东北方和西南方的建筑十分简单。堂屋多采用木构架承重，多带有前廊檐，平面有"一"字形和"虎包头"式两种；用土坯砌筑房屋后墙，山墙和分隔墙，椽头搭在后土墙上；由于气候干燥，降雨少，房屋皆平顶。

3）建造

庄廓院类型的民居建筑有着一套完整的修筑程式，基本上在各民族之间的修筑工法大小异。首先，打庄廓墙体，在墙基处用卵石砌筑，墙基以上用黄土夯筑，高3~4m，下部宽约1米，顶宽0.3米。其次，在院内修建房屋，房屋紧贴庄墙，有的则用庄墙作为房屋围墙，院落为"一"字形，既沿一面庄墙修建的房屋，也有沿三面庄墙修建，平面呈"凹"字形，院落中间形成一个小天井院。除了门、窗以及梁、檩、椽用木材外，其余都用泥土砌成。

4）装饰

土族因信仰藏传佛教，民居建筑装饰具有浓厚的宗教色彩，庭院布局具有民族特色，院落正中有黄土砌筑的圆形嘛尼台，直径2米，高约1米，上面竖有一根嘛尼杆，上挂经幡。台上还设有小煨桑炉。建筑的内、外均以白泥抹光，墙头四角常放置避邪的白卵石。东乡族、撒拉族、保安族的民居建筑装饰主要集中在屋檐下及门窗等处，木雕工艺精湛。前檐下的"花草板"、闸口板是雕饰的重点部位，多雕卷叶莲花、龙花纹、带纹、寿字、卷云纹等。此外大门两侧也设砖雕柱。室内布置基本一致，正房迎面墙上挂字画，下置长条供桌，靠窗设火炕。

5）代表建筑

韩家大院

该建筑位于东乡族自治县坪庄乡韩则岭村，一个建筑形制基本保存完整的民居建筑。整体院落不大，坐北朝南，堂屋为五开间建筑，分为两个大空间，呈"一"字形平面；西侧三开间房屋，做卧室和厨房之用，西北角的小房屋作为储藏室，平时堆放一些杂物；西南角建有角屋，作为储间，与偏房毗邻，建筑形体比较随意。在建筑装饰方面，整体比较简洁，堂屋只有在窗户和门上刻有木雕，墙体刷为白色；室内陈设较为简单，设有火炕。在院落入口大门处有砖雕，地域色彩比较浓厚，装饰性极强（图6-4-5~图6-4-8）。

6）成因

庄廊院是西北地区特有的民居建筑形式，主要流行于青藏高原东北部以及河西走廊等地，由于常年风沙大、雨水少、夏热冬寒，庄廊院的形成很好地适应了自然环境。所以，生活在这些地区的藏族、土族、撒拉族、东乡族群众皆修建庄廊院。

7）比较/演变

明清时期，临夏地区的东乡族自治县、积石山县是庄廊院的集中分布地，各民族的庄廊院的形制基本相同，只是在院内房屋的布局、使用功能、装饰艺术等方面表现出各自的民族特色。信奉伊斯兰教的东乡族、撒拉族等的庄廊院的体量较小，而土族受到藏传佛教文化和建筑艺术的影响，庄廊院墙高大。在建筑功能配置方面，土族庄廊院在室内增加小佛堂，房顶的四角和门前布置各色布幡。

（二）甘南藏族自治州

1. 藏族传统庄廊院

1）分布

庄廊院实际上是由高大的土筑围墙、厚实的大门组成的四合院。一个完整的庄廊院就是一个微缩的城堡。高约5米的土筑厚墙，不可随意逾越。甘南藏族传统庄廊院是甘南民居的主要类型，多分布于接近汉族的地区，主要流行于合作、夏河等商业经济较发达的地区和卓尼、临潭、迭部、舟曲等以农业和林业为主的地区。这里海拔相对较低，属于青藏高

图6-4-5 村落鸟瞰图（来源：张涵 摄）

图6-4-6　民居入口（来源：李玉芳 摄）

图6-4-7　院落空间（来源：李玉芳 摄）

图6-4-8　房屋立面（来源：李玉芳 摄）

图6-4-9 村落布局(来源:安玉源 摄)

原与黄土高原接界处,地形地貌具有明显的农区、半农半牧区过渡性特征(图6-4-9)。

庄廓院建造之前邀请高僧或活佛卜算宅地方位和开工吉日,举行祭祀龙神的宗教仪轨;开挖基槽,用毛石砌筑基础;在地基上构建木结构梁架,作为整体承重结构;木架外围素土夯实,砌筑土坯墙;梁上架椽、上面覆木盖板;顶上铺草毡,素土夯实。

庄廓院是青海河湟地区多民族共同具有的代表性建筑形式。庄廓也为青海所特有,主要分布在河湟流域。受河湟文化的扩散,庄廓院形式越来越多地影响到周边地区的民居形式,其中就包括甘肃部分地区,尤以和青海接壤的甘南地区为主,例如舟曲县。

2)形制

甘南舟曲县典型庄廓院坐北向南,平面呈U形或L形,院内三面建房围合成三合院,中间留出庭院。庄廓院正房朝南,面阔三间。前出廊,土木结构,明间安四扇木门,左尽间开格窗,右尽间端头开一扇门,门前有木梯上二层。村子中庄廓院屋顶大多是平屋顶或者平缓屋顶,坡度比约为5%~7%。平缓屋顶一方面节约了材料,降低了建造成本,另一方面屋顶上可晾晒农作物,满足生产生活的需要。

3)建造

建造地基所用材料为石材,院落房屋所筑地基一般达0.5~1米。院落建筑为木结构,正房等重要的房屋使用木质墙体,其余外墙使用夯土,在夯土墙的墙面抹土。在屋顶梁架上搭椽,椽上搭木板,板上覆土夯实,房顶边缘土筑高为女儿墙。

4)装饰

装饰主要集中在木构架以及木质墙面、木栏杆的雕刻上,木雕题材多以花草为主。大门侧有藏式的装饰。"内不见土,外不见木"。室内装饰的重点在佛堂或佛龛。墙面、天花板、门等均施以精心绘制的彩画,彩画以代表吉祥如意的佛教图案为主。色彩以黄、绿、红色为主,兼以金粉描绘,色彩鲜艳、对比强烈,更显富丽堂皇。在佛堂的北墙上,镶入木雕佛龛,供奉泥塑、银质、铜制或唐卡等类别佛像。同时,佛堂内还供奉有经卷、圣物、法器等佛教物什。此外,壁柜、壁橱、壁龛也是室内重点装饰的地方,或雕刻吉祥图案,或施以吉祥彩画。室外装饰的重点是大门。大门由门框、门楣、斗栱组成。门楣上施以精细木雕,其上连着斗栱,斗栱一般不作彩画,多为原木清水构件,风格清新,自然。

5)代表建筑

(1)苫子房

四合院形式,当地俗称井口院。正屋建在夯土台上,高于厢房。房屋结构为纯木构架,铺木地板,外墙夯土,平屋顶覆土。正房六间,其中一间分为两个半间,夹在中间,成为五大两小的七间主房。其中三间主房明屋的檐顶部分,比其余几间高出约70厘米,檐柱比后柱也依次抬高,使这三间屋顶呈斜坡,这样一来采光好,二来美观,正房中间为堂屋,两侧为满间炕,两边的一间为厨房,一间为储藏室。内部装修相当讲究,木地板,木墙裙,天花板也是全木板(图6-4-10)。

图6-4-10 苫子房1（来源：安玉源 摄）

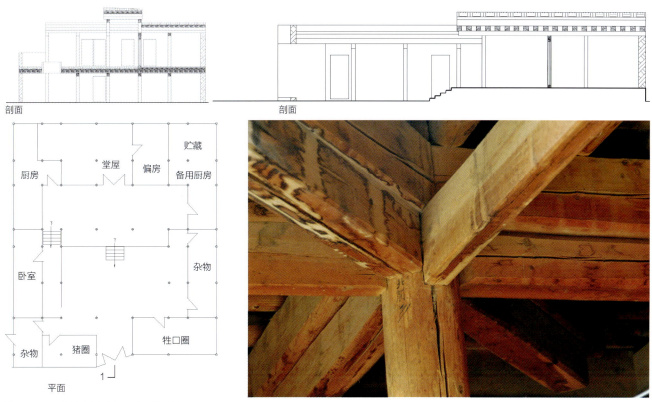

图6-4-10 苫子房2（来源：安玉源 摄）

（2）土碉房

碉房楼上住人，房内最好的一间是佛堂，旁边是卧室和厨房。个别小的碉房厨房和卧室共用一间，门窗小，排列不整齐，室内采光差。碉房屋顶为平顶，草泥面用石磙压光，可供打麦、晾晒及做户外活动之用。按其形式可分为碉楼式碉房、碉塔式碉房、独立式和院式碉房（图6-4-11~图6-4-13）。

独立式碉房无院落，多建在荒山隐蔽的山洼地段，平面随地形而异，分散于山峦河谷之中。在居住集中的村落，这种独立式碉房高低错落、层叠而上，小径石阶通达各碉房之间。而院式碉房除了以碉房为主体之外，前面或三面砌筑院墙，形成封闭式院落，沿院墙布置牲畜圈、杂用房及佣人住房等。这种院式碉房多为贵族头人所住。在形成村落的地方，有的碉房彼此相连，依山就势，因地成形，突出塔式碉房或院式碉房，在自由多变中形成了一个地区的中心，联系各处的小径巷道，有宽有窄，曲曲折折，这是碉房群体布局的重要特点。

特征1：建筑局部两层，层高不同，高低起伏，依山而建。

特征2：泥木结构，整体木构架承重，墙体素土夯实，就地取材，营造良好室内热环境。

特征3：整体无多余装饰，墙体厚实。

（3）双进院落

甘南卓尼县木耳镇叶儿村的双进院落，中间正房高，东西侧厢房低，坐北朝南，四面围合院落，泥木结构，玻璃外廊。素土夯实屋顶。两进院落，局部两层，外部裸露天然木架，无多余装饰，素土夯实平屋顶（图6-4-14~图6-4-16）。

多进院落有以下特征：

特征1：多进院落，局部二层，各房间高低起伏，错落有致。

图6-4-11 土碉楼的外观及平面形制（来源：安玉源 绘）

特征2：整体木构架承重，墙体素土夯实，就地取材，营造良好室内热环境。

特征3：民居对外封闭抵挡风沙，对内院落式布局，争取日照采光，调解民居的微气候。

2. 藏族干阑式传统民居

"干阑"是民居建筑形式之一，又称高栏、阁栏、麻栏等。甘南藏族干阑式民居一般用木材作桩柱、楼板和上层的墙壁等，但是不同时间、不同地域其墙壁也有用砖、石、泥等材料砌筑而成。

1）分布

甘南藏族干阑式民居在甘南藏区存在不少，多分布于甘南中部、东南部的森林河谷等气候炎热、雨水充足湿度较大、林木资源丰富的地区，集中分布在迭部县和舟曲县等地。这里海拔相对较低，属于青藏高原与黄土高原交界处，地形地貌具有明显的农区、半农半牧区等过渡性特征。

2）形制

甘南藏族干阑式民居大致分两种类型：

（1）全木结构干阑式民居

在迭部县的林区，此种民居的比重较大，很少用土、

图6-4-12 土碉楼不同立面形式（来源：赵春晓 绘）

图6-4-13　土碉楼内部构造（来源：安玉源 摄）

图6-4-14　叶儿村双进院落外观（来源：安玉源 摄）

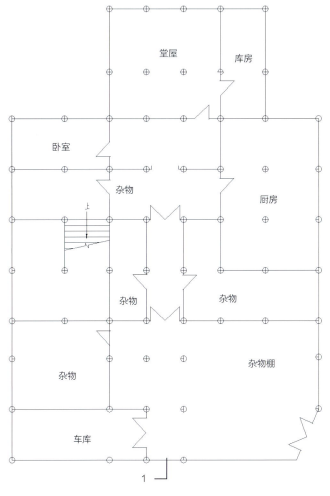
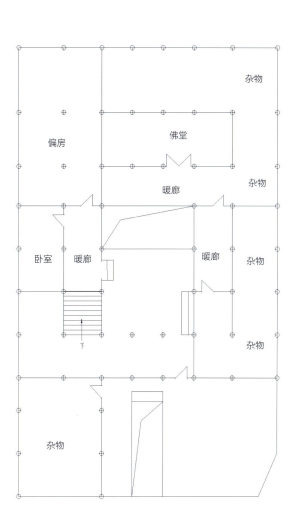

一层平面

二层平面

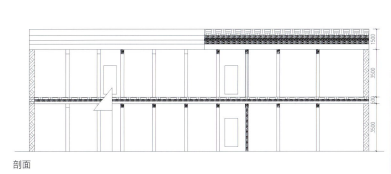

剖面

图6-4-15 叶儿村双进院落平面（来源：安玉源 摄）

图6-4-16 叶儿村双进院落内部（来源：安玉源 摄）

石材料，全为木构造，房屋墙体多用圆木互相咬结，形制与"井干式"民居如出一辙。其规模大小由柱子多少确定，最小的是9柱间，大的有40柱间等。

（2）混合修筑的干阑式民居

由于受地形条件的限制，一些藏族民居在山坡上将山体削成"厂"字形土台，土台以下用木柱支撑，将架空的平台修整好，在其上面修建房屋，形成"干阑式"楼居。

3）建造

一般的建造流程是首先请木匠（现在大都是寺院的僧人）择吉日破土动工，平整地坪，夯筑"土庄廊"，这些土庄廊是干阑式民居的护墙，大多不承重。其次进行建筑主体的一、二层木构造（不用护墙的直接进行木构造）、立柱、上梁，搭木板后才能进行内装修。干阑式民居外围的柱子之间全用木板卯榫连接成墙壁，其余各柱之间根据需要用木板卯榫连接。

4）装饰

藏族是善于表现美的民族，对于居所的装饰十分讲究。藏族民居室内墙壁上方多绘以吉祥图案，客厅的内壁则绘蓝、绿、红三色，寓意蓝天、土地和大海。室外装饰的重点是大门。大门由门框、门楣组成，多为原木清水构件，风格清新、自然。

5）代表建筑

迭部扎尕那民居

扎尕那村位于甘南藏族迭部县益哇乡，从县城到扎尕那大约30公里，江迭路从村口而过。"扎尕那"是藏语，意为"石匣子"。藏式干阑式民居，鳞次栉比，层叠而上，嘛呢经幡迎风飘扬。东哇村和拉桑寺院正好坐落在石城中央。此代表建筑属于混合修建的干阑式民居，在山坡上顺着地势而建。建筑主体是二层木构屋，当地称为"土包房"，类似于汉族四合院，但其主要表现了"内不见土，外不见木"的特征。在屋顶方面采用双坡顶式，房屋的两面坡木板屋顶上既不抹泥，也不布瓦，仅用一些乱石压住；在墙体方面部分用木、部分用土夯筑而成，外围再涂以草泥。以上做法均有明显的地域特色。此外，所有的藏式干阑式民居外部都建有一间"年都"（防火设备存放处）。在室内处理上，墙面、天花板、门等均施以木构造，室内通过供奉本教神像与佛像表达精神信仰，且家具均镶嵌在壁间或壁外（图6-4-17～图6-4-19）。

图6-4-17 干阑式榻板房民居外观（来源：安玉源 摄）

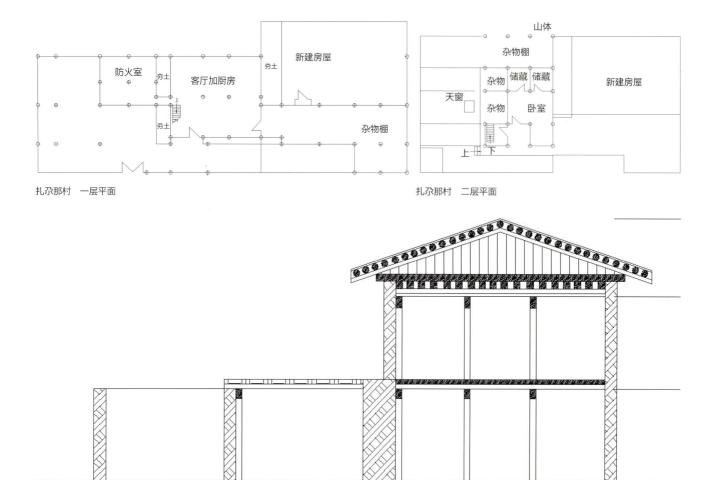

图6-4-18 干阑式榻板房民居平面和剖面图（来源：安玉源 摄）

图6-4-19 干阑式榻板房民居内部和结构（来源：安玉源 摄）

3. 藏族毡房

早期游牧与甘南地区的藏族先民们也和其他游牧民族一样，使用移动帐篷，史书多称之为"穹庐"、"毡帐"、"毡房"、"旗帐"，今人通称之为"牛毛帐房"。毡帐系用牦牛毛编制而成，古代甘南牧区的自然条件非常严酷，广大牧民的居住环境和卫生条件都很差（图6-4-20）。

1）分布

毡帐民居主要流行于纯牧区，为适应四季游牧生

图6-4-20 藏族毡房（来源：安玉源 摄）

活，牧民皆建毡房。牛毛毡房的外形具有明显的地域特色，不同地区的毡房外观样式有很大不同，如夏河县美仁乡一带多为圆形或椭圆形，麦西乡一带多为圆形或锥形，科才乡一带还有蒙古包式帐房，玛曲县多为不规则的长方形，还有白色的棉布帐篷，外形有马脊形、平顶、尖顶等。

2）形制

牛毛毡房只留一个出口，多朝南开。帐内两柱间垒有一狭长的灶台，藏语称为"塔卡"。正中尊位供奉神龛、经文、酥油灯。帐房外立一根高杆，悬挂灰白色经幡（麻尼达秋）。

3）建造

将内篷、外篷、杆件、地桩、拉线等部件准备齐全。

安装杆件，以组成帐篷的骨架，支架的四个角是安装帐篷的难点，如果在方向上把握不准可能会使搭建起来的帐篷不牢固。将构成帐篷屋顶和墙壁的帆布固定在骨架上，并用地钉将帐篷幕布底边固定在地面。将主绳由支柱两端分出，为避免支柱倾斜，并以钉子固定。

4）装饰

该地牧民人家主要信仰藏传佛教。帐篷北侧一般挂有佛像或设置有佛龛，正中央放置火炉，火炉东侧铺放一张大毯子，约800毫米×1300毫米，西侧铺了三张牛皮垫子，平时女性只能坐在牛皮垫子上，男性则可以坐在大毯子上，这可能与他们传统信仰有一定关系。

5）代表建筑

才让东知毡帐，位于甘肃省甘南藏族自治州玛曲县尼玛镇境内，为传统形制的黑帐篷。由于生活水平的提高，牧民普遍已使用搭建、拆卸更为简单快速，携带更为方便的白帐篷，传统的黑帐篷现存数量已经不多。毡帐民居主要流行于纯牧区，为适应四季游牧生活，牧民皆建毡房。毡房搭建、拆除简单快捷，也便于携带，非常符合游牧民族的生活需求，所以在牧区几乎随处可见毡房。

第五节 丰富生动的建筑风格与装饰

一、多元融合的建筑风格

这里有距今5000年左右的马家窑文化遗址和后来的半山、辛店、齐家文化遗址，在此发现的马家窑文化时期彩陶在国内文物中占有重要地位。悠久的历史文化和多民族聚住的格局为民居建筑装饰艺术的繁荣提供了雄厚的历史文化积淀和良好的社会氛围。

（一）临夏自治州

1. 民族与宗教色彩强烈

与省内其他地区传统民居装饰相比，临夏传统民居装饰最显著的特点就是回族伊斯兰风格。由于这里是回族聚居区，而回族群众都信仰伊斯兰教。伊斯兰教义禁止偶像崇拜，规定了建筑装饰的题材和内容。因而，民族与宗教的双重作用下，素雅的色彩、以植物纹样和几何纹样为主的建筑装饰成为这类传统民居的主要特点。

2. 朴素典雅与富丽堂皇共存

美国学者H·J·德里伯说："有时从房屋外形上就能看出一种文化让位于另一种文化的情况……这些不同的房屋类型标志着不同的文化背景"。在临夏民居装饰中，回族伊斯兰风格是其最大的特色，但是由于环境的特殊性，它又不同于其他主要回族聚居地区（如宁夏）的装饰。在临夏境内，不仅生活着汉族和回族，还有东乡、藏裕固等少数民族，这里是一个多民族生活的大家庭。

在各民族共同生活的大家庭中，回族在继承其民族优秀传统的基础上，积极吸收汉族等周围其他先进文化，其建筑装饰呈现回汉藏多元文化的特色。彩绘作为保存较为完好的一种装饰形式，在临夏传统民居建筑装饰中占有重要位置。回族信仰伊斯兰教，民居装饰上中国回族具有"崇尚简洁、明了，注重实用，反对华而不实；崇尚质朴、纯净，不装饰或少装饰；崇尚传统，恪守信仰，积极保族保教的诸多特点。"[1] 在临夏，由于历史的原因，使这里成为一个多民族共同居住的地方。中原汉族委婉、含蓄的传统装饰以及藏族富丽堂皇的装饰色彩等不同风格在这里并存，并影响着回族伊斯兰装饰，最终形成了今天以回族伊斯兰风格为特色，融合多民族风格的，具有地方特色和多民族风情的临夏传统民居装饰艺术。

3. 穆斯林装饰内容与中原装饰形式的统一

不同风格的碰撞与融合，最终形成了今天临夏传统民居装饰的独特风貌。回族群众在对待其他民族装饰风格的时候，既不是全盘吸收，也不是完全否定。而是有选择的，在坚持本民族文化和保留本民族装饰特色的基础上，吸收其他装饰风格中具有借鉴意义的方面。在临夏传统民居装饰中，装饰的内容仍然是具有伊斯兰意义的，不出现人物和动物，以植物或几何纹样为主。但在装饰的外形上，大胆采用汉族传统装饰形式，这不仅体现在具体某个构件安的装饰上，而且体现在整个建筑的造型、材料及空间划分上：土木结构、雕梁画栋、双坡或单坡、青瓦、脊饰、斗栱、雀替、柱饰、台基、门窗的装饰等无不体现着中原传统装饰符号体系（图6-5-1、图6-5-2）。

图6-5-1　穆斯林宗教建筑风格装饰（来源：https://tieba.baidu.com/p/3017707692）

图6-5-2　穆斯林民居建筑风格装饰（来源：http://blog.tianshui.com.cn/?9235/viewspace-98882）

---

[1] 马平，赖存理. 中国穆斯林民居文化[M]. 宁夏：宁夏人民出版社，1995，12：97.

（二）甘南藏族自治州

1. 宗教建筑

1）造型

甘南藏传佛教建筑主要是在明清时期逐渐建造起来的。受到格鲁派改革寺院管理制度的影响，藏传佛教寺院建筑的类型也得到了创新，并且定型为如今我们所见到的格局。虽然建筑的功能得到了具体的划分，但是由于建筑材料和技术手段并没有发生变化，所以建筑的样式依然继承了藏族传统碉楼式建筑的样式。

另外，寺院重要建筑的顶檐部都使用边玛檐墙，并涂以棕色，次要建筑檐部并不做边玛墙进行装饰，只涂成棕色，明确地勾画出建筑的轮廓。

2）内容

在建筑装饰的内容方面，甘南地区的藏传佛教建筑装饰呈现既传承又包容的特点。甘南藏传佛教建筑装饰内容的表现也灵活多样，比如八瑞相在建筑中的使用，可以单独使用、单独重复使用、几种图案同时使用、几种图案组合使用等。由于藏传佛教文化和藏族文化的长期融合发展，很多建筑装饰内容也已经不仅仅作为藏传佛教的标志，也成为藏族的标志，被广泛运用于其他具有藏族地域特色的建筑中。

3）色彩

甘南地区的藏传佛教建筑的装饰色彩既受到本土宗教文化的影响，也受到当地历史文化和人为等客观因素的影响。在这种影响洗礼下的色彩观，又直接影响藏传佛教建筑装饰色彩构成。甘南地区丰富的文化、独特的民俗、悠久的历史，促进形成了独特的色彩系统，原本简单的色彩显得生动活泼，富有生机。在这样的文化背景之下，藏传佛教建筑装饰同样顺应历史潮流，融入了这种文化的发展方向，藏式建筑将白色、红色、黄色、蓝色、黑色和绿色应用于建筑主体及其装饰的每一个角落。这种对色彩有超乎寻常的追求与表达，上升到了艺术的高度。

4）文化融合

随着各民族之间的不断融合发展，使各地区间的文化也发生了变化，派生出具有不同地方特色的藏传佛教建筑装饰形态。由于甘南藏族自治州独特的地理位置，智慧的藏族人民在长期的建筑及装饰实践中，对其他民族先进文化的借鉴和吸收，丰富发展了本民族丰富灿烂的建筑装饰文化，体现出各民族文化在建筑领域里的融会贯通和得当应用，是藏汉建筑文化结合得最完美、最巧妙的典范。

2. 民居

藏族人口最多并以藏族为主形成了独特的民俗风情、生活习惯、文化审美现象和独特的民居建筑。这一切社会现象的形成与发展和西藏、青海、四川等地的藏民族有着千丝万缕的联系，并保持着发展的同一性。直接促使形成藏族文化心理结构、民俗风情和审美风尚推动力的是他们近千年来所经历的生产方式和他们的宗教信仰。人们不能脱离一定的生产关系、政治关系和思想关系安排自己的行为和进行思考。藏族的社会制度、宗教势力，广泛渗透到社会的各个方面，渗透到人们的思想和心灵中，在藏族的民族心理上，产生了深厚的历史积淀，乃至形诸于风情习俗和审美风尚，表现出一种富有理性、追求崇高、机敏睿智和豪爽强健的民族个性。

二、丰富多变的建筑元素和装饰

（一）临夏自治州

木雕、彩绘、砖雕为临夏民居建筑装饰艺术中的"三绝"。砖雕在临夏是最常见的建筑装饰形式。源于北宋，成熟于明清，到近代它又吸收了绘画、木雕的艺术特色，使之更加完美。临夏民居建筑装饰图案大多是社会生活、吉祥纹饰之类，大多来源于日常生活。其中，吉祥纹饰是临夏砖雕的精华部分。临夏的彩绘色彩热烈大方，富丽堂皇，构图饱满，题材新颖别致。木雕在平面细部雕刻中要求与彩画层层退晕之法一致，雕刻出三蓝、三绿晕染的部位。东公馆的房屋、门、窗、隔板、扶手都是精雕细刻，图案全部花卉贴金，主屋及厢房外壁刻有牡丹、石榴等祥瑞花草。伊斯兰主题是临夏传统民居建筑装饰最大的特色。

1. 砖雕

临夏民居建筑装饰源远流长，尤其以砖雕盛名，也是这里民居建筑最重要的装饰形式。临夏砖雕是从汉代建筑上的雕刻和画像砖演变而来的，主要用在天井山墙、影壁、廊心壁、丹墀、台阶、下槛、榫头、须弥座、屋脊等建筑部位（图6-5-3）。

图6-5-3 砖雕装饰（来源：http://blog.tianshui.com.cn/?9235/viewspace-98882）

元明时代，砖雕已广泛使用于各种建筑之中，明清时期达到兴盛。

如今临夏砖雕艺术人才辈出，还出现了水泥雕这种新的建筑装饰形式。按装饰方式，临夏民居砖雕可分为组合型砖雕和单体型砖雕，以单体型为主。

2. 木雕

明清时期，木雕已发展成一种专门工艺。木雕构建多用于插梁、描檩、画牵、梁枋、垫板、花墩、鹁鸽头、博风头、檐柱、挂落、挑角、雀替、圈口、斗栱、隔扇、横坡、门楣、墀头以及门窗的菱花、隔心、裙板、绦环等。内檐装修木雕构件多用于壁橱、床龛、屏风、帷幔、隔板、护墙板、博古架、挂镜线、顶棚、藻井、吸顶灯座等。经过长期发展，临夏木雕形成南北两派，北派以喇嘛三川为主，擅长藏传佛教寺院和清真寺建筑，代表作品有临夏红园等。南派以枹罕川工匠为主，擅长民居、别墅，代表人物石阳保，主要作品有东公馆、下公馆、大公馆等建筑木雕装饰（图6-5-4）。

3. 彩绘

临夏彩绘是在吸收和玺彩画、旋子彩画、苏式彩画和京式彩画的基础上发展起来的。回族彩绘构图饱满、设色素

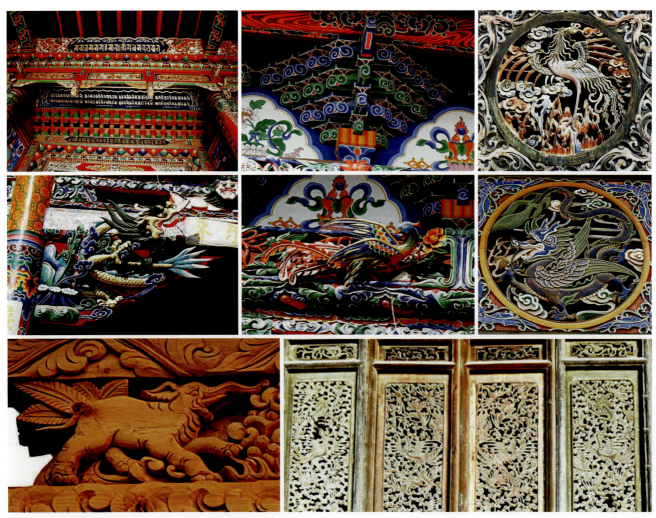

图6-5-4　木雕装饰（来源：http://www.gs.xinhuanet.com）

图6-5-5 彩绘装饰（来源：http://www.mzb.com）

雅，藏族彩绘用色对比强烈，大红大绿，热烈饱满。以旋子彩画为基本格局，以苏式彩画和京式彩画为主要表现形式，突破清式彩画的樊篱，用色热烈大方，富丽堂皇，题材新颖别致（图6-5-5）。

（二）甘南藏族自治州

1. 宗教建筑

1）屋顶

藏传佛教建筑屋顶的装饰内容有镏金铜铸胜利幢、宝瓶、祥麟法轮、摩羯等，佛殿、大经堂等少数重要建筑设置金顶。藏传佛教建筑中，"金顶"的装饰形式只能出现在重要建筑上，其作用是为了在大片的寺院建筑中突出主体建筑，增添了主体建筑的华丽感和尊严感，使人对其产生敬畏之情和崇拜之情。宝瓶一般置于寺庙建筑群中重要建筑物的屋顶中间，是宗教政治权利一体化的象征。胜利幢是藏族传统装饰物，同样也常装饰在藏传佛教建筑平屋顶的四个角上。在金顶屋角或屋顶上还有其他装饰物，如金翅鸟、摩羯头、八瑞相图等。在寺院里僧徒集合诵经的佛堂和经堂的大殿顶楼上课看到左右分别由卧鹿与中间的法轮形成的装饰，佛教称为"祥麟法轮"（图6-5-6、图6-5-7）。

2）墙体

甘南藏传佛教建筑中墙体装饰主要有彩绘、壁画、涂色，部分建筑墙体还有铜雕、石刻等。寺院建筑的内墙上多绘制壁画作为装饰。藏传佛教壁画容量宏大，题材涉及政治、经济、历史、宗教和社会生活等领域。从佛经、教义、神话传说、历史故事、生活场面到山水花鸟、图案装饰，几

图6-5-6 琉璃瓦装饰和铜铸宝瓶（来源：http://img8.ph.126.net http://s14.sinaimg.cn）

图6-5-7 铜铸胜利幢和金顶（来源：http://pic3.huitu.com https：//timgsa.baidu.com）

乎无所不包，表现内容极为丰富多彩，但都离不开佛教，且多为本生图（图6-5-8~图6-5-10）。

在藏传佛教建筑的棕色边玛墙上或棕红色装饰带上，常装饰有铜铸的藏传佛教标志性符号，内容有，"六字真言"、八瑞相、神话动物等。在主要建筑的四个面上都有镏金铜铸或石刻的藏传佛教装饰内容，如八足雄狮、金翅大鹏鸟、饕餮等。

3）梁柱（图6-5-11）

梁的装饰：甘南佛教建筑中梁主要以木雕和彩绘两种形式装饰。通常是在梁的木质表面划分成同样大小的、相互连接的长条形格，再在格子内描绘梵文和经文，绘制宗教信仰中相关的佛像或鸟兽、花卉等装饰图案。

柱的装饰：柱的装饰由柱头、柱身、柱带、柱础四个部分组成。其中柱头和柱身的装饰主要用雕刻和彩绘等形

图6-5-8 贡巴寺墙体装饰（来源：刘奔腾 摄）

图6-5-9 禅定寺墙体装饰（来源：刘奔腾 摄）

图6-5-10 拉卜楞寺墙体壁画（来源：http://s4.sinaimg.cn）

图6-5-11 梁柱装饰（来源：http://img.hb.aicdn.com）

式。不同的是柱头的装饰图案内容是梵文、莲花和下方的长城箭垛等图案，柱身的则是佛像、彩条短帘等内容。柱带利用铜雕刻画一些法器、兽头等纹样。柱础一般是石刻莲花。

4）门窗

大门的装饰主要位于门框、门楣上以及门扇上的门把手和门环上，门框的结构最多可达七层甚至更多。装饰的门类主要以木雕和彩绘为主，装饰的内容有卧狮、象头、莲花花瓣、天王、金刚、堆经等，堆经的装饰形式是藏传佛教建筑大门独有的特点，其存在于大门的门框上，成"U"形分布，每小块堆经都由小方块立体排列构成，并涂以不同的颜色。每个藏传佛教经堂或佛殿大门上方的彩绘金刚都不尽相同（图6-5-12）。

甘南藏传佛教建筑窗的装饰总体而言趋于简单。门楣的装饰类型多以彩绘为主，主要建筑的门楣有少量雕刻，门楣的短椽，上层多涂成棕红色，下层多涂成蓝色或绿色，短椽的彩绘内容有宝珠或摩尼宝等，窗楣下挂窗楣帘，帘上绘有蓝色装饰带。窗扇的花格变化比较多，有盘长或其他连续几何形式，穿套都涂成黑色。

门扇的主色调为红色，装饰有月亮、太阳灯吉祥图案。有些门扇挂"风马旗"装饰。有些门扇上放置牛头的装饰，有的在门楣上设神龛，供奉玛尼石或佛像石雕。

2. 民居

藏族住宅布局大同小异，但外形变化多端，不相雷同。建筑色彩，习惯在大片石墙上，粉白或涂红，嵌上梯形黑框的小窗，楼层之间的楣檐，在出挑墙外的椽木上涂以朱、蓝、黄、绿、青等色，对比十分强烈，产生极度反差的影视效果。也有的是用材料的本色：泥土的土黄色，石头的青色或暗红色，椽木涂以五彩。整个建筑线条鲜明，节奏齐整，敦实浑厚，好像是一首古朴的壮美乐章。这些特征，一方面表现了生活的热情和生命的律动，另一方面又表现了沉思的理性和脱俗的风度（图6-5-13~图6-5-16）。

藏族室内家具，主要有藏柜和藏桌。藏柜有放书的"比

(a)

(b)

(c)

(d)

图6-5-12 门窗装饰（来源：(a)、(b)、(c) http://img.hb.aicdn.com，(d) 安玉源 摄）

岗",高约1.1米,上方玻璃对开门。一般放置在坐垫的一角。"洽岗"(意为双柜),必须成对,略高于"比岗",相连摆设在屋内正面沿墙,上面摆放佛龛。藏桌高60厘米左右,为面宽80厘米的正方形,三面镶板,一面有两扇门,桌腿形似狗腿。不论藏柜或是藏桌,表面都绘有各种花纹、禽兽、仙鹤、寿星、八祥徽,四周有回纹、竹节等图案,色泽鲜艳动人,看上去十分富丽。

在牧区(主要是玛曲、碌曲)牧民以住帐篷为主。帐篷

图6-5-13 屋顶(来源:安玉源 摄)

图6-5-14 墙体（来源：安玉源 摄）

的平面一般为方形或长方形，篷顶呈坡面分披式，用木棍支撑高约2米的框架，上覆黑色牦牛毛毡毯，四周用牛毛绳牵引，固定在地上。帐篷正脊留有用来采光和通风的长方形缝隙。帐房内部周围砌有矮墙，中间置火灶，灶后供佛。有的主人家，还习惯在帐房外的篷顶上竖立经幡神幢，这是祈求神的保护，也是美的装饰。有的还在篷布边沿和显示结构的线条处镶以白色的吉祥图案花边。

在林区（主要是迭部），村落大部在半山缓坡地带。人们就地取材建造木屋。屋顶斜面盖木瓦，墙面多用圆木重叠垛成。房屋一般分为上下两层，用独木截成锯形的梯上下。多半楼上住人，楼下饲养牲畜，进门为正房，中央砌1平方米左右的灶塘，全家平时围着灶塘边用膳边取暖。

由于历史的原因，使临夏成为一个多民族共同居住的地方。中原汉族委婉、含蓄的传统装饰以及藏族富丽堂皇的装饰色彩等不同风格在这里并存，并影响着回族伊斯兰装饰，最终形成了今天以回族伊斯兰风格为特色，融合多民族风格的，具有地方特色和多民族风情的临夏传统民居装饰艺术。

一般城市居民住房多半是公寓式的平顶宅院。这种平顶宅院是土木结构，用较规则的块石砌成50厘米厚的墙（这种石筑厚墙具有冬暖夏凉的特点），屋顶结构和门窗的装饰都与农区平顶相似，具有浓厚的民族特点。

图6-5-15 门窗装饰1（来源：安玉源 摄）

图6-5-15 门窗装饰2（来源：安玉源 摄）

图6-5-16 室内装饰及元素（来源：安玉源 摄）

下篇：甘肃当代地域性建筑实践探析

第七章 甘肃地区现当代建筑创作历程概述

  1840年以后，外国资本主义侵略势力冲破中国大门，迅速向中国沿海城市和内地扩展，同时由于洋务运动的推动，民族工业的兴起，修建了很多传统样式的建筑，唤醒了沉睡的甘肃近代建筑活动。

  这段时期的甘肃近现代建筑活动探索主要集中于以兰州为中心的陇中地区，且大量出现在兰州。

第一节　1949年以前的建筑探索

一、20世纪初甘肃地区对多种类型建筑的探索

（一）教育建筑

因清政府在推行"新政"的过程中急需大量人才，于是采取了一些教育改革措施，确立了近代化的教育系统。在这个时期，原任闽浙总督左宗棠，1866年9月奉调陕甘总督，采取了一系列卓有成效的措施发展文化教育事业，促进兰州近代建筑发展。左宗棠十分重视敬教兴学，兴修了一大批书院。清同治十三年（1874年），左宗棠在兰州兴办义学，办起正德、序贤、养正和存城四所义学（后两所专收回民子弟）。清光绪元年（1875年），在兰州西北郭外海家滩（今兰医二院一带）建甘肃举院。清光绪三年（1877年）创设文义学舍和讲义学舍等，共计在兰州设义学达16所。同时为了增加兰州乡试人数，举荐人才经清政府批允后，着手在兰州萃英门内修建贡院。占地皮纵1丈，横90丈，号舍可容4000人，规模之宏大，在当时各省贡院中是屈指可数的。

清光绪二十八年（1902年），于通远门外畅家巷附近旧兵营地址筹建甘肃文高等学堂，次年建成。清光绪三十二年（1906年），在西关举院成立甘肃南北农业实验场。民国17年（1928年），改设在举院的甘肃省立法政专门学校为兰州中山大学，民国22年（1931年）改为国立甘肃学院。民国23年（1934年），国民政府经济委员会卫生署西北防疫处（今兰州生物制品研究所）在小西湖利用陇右公学、龙王庙改建。民国26年（1937年）在小西湖建立西北兽医防治所。同时兴建各种类型公共建筑，民国2年（1913年）秋建成博德恩医院。19世纪20年代末在道升巷建成西北银行甘肃分行楼。民国25年（1936年），建成红山根体育场，占地近2万平方米，南部建看台，有3000个座位，建司令台。20世纪30年代，甘肃省政府建设励志社，为当时最好的宾馆。兰州近代教育建筑的兴起，将兰州近代建筑翻入新的一页。

（二）工业建筑

19世纪七八十年代洋务运动进入高潮阶段，加之用兵西北的急需，左宗棠于清同治十三年（1875年），创办甘肃机器制造局，制造武器弹药，是兰州最早的机械工业。清光绪五年（1879年）在通远门外畅家巷后营建甘肃织呢局，次年9月16日建成。民国5年（1916年），修建甘肃机器局，民国28年（1939年）改为甘肃制造厂，民国30年（1941年）又改为甘肃机器厂，次年迁到土门墩。

（三）宗教建筑

19世纪80年代，同治、光绪年间，基督教的传入，将西方建筑文化融入了传统的建筑形式，基督教在清光绪二年（1876年）开始传入甘肃，传教士团队以宗教名义办学校、医院、育婴堂及教堂等。以英帝国主义为背景的"内地会"最早传入，在兰州开设了福音堂，进行传教活动，后又办起金城小学、华英中学、福音医院、麻风病院等教育"慈善"事业。兰州先后共建成教堂六处，其中北门大街英国福音教堂、通远门外畅家巷法国教堂、拱兰门外五泉山麓英国教堂、四乡新城法国教堂均为传统式民居装饰改造为教堂。清光绪二十八年（1902年），英国基督教内地会在张掖路山字石南口修建基督教堂，成为兰州最大的基督教堂，前身是"内地会福音堂"。民国18年（1929年），德国天主教神甫在小沟头修建天主教堂，为哥特式建筑，有钟楼、礼拜堂等，石砖木混合结构。

随着近代建筑的发展，民国时期兰州市工务局就已颁布《兰州市建筑规则》，包含七章共计一百五十四条，并附以《兰州市房基线规则》，较全面地制定了《兰州市房基线规则》适用范围、建筑新建申请、审批、备案、施工办法、改建、维修、拆迁、配套设施、房屋类型说明、防火构造等一系列早期规范。这是早期兰州城市规划、市政、建筑建设的蓝本，对建筑防火做了详细规定，并且较早地提出了建筑与环境相互协调的重要性："第六条建筑外观，本市新设计建筑物之外观得根据学理、参酌临近状况加以相当制裁以适合环境有裨市容不碍防空为原则。"

（四）商业建筑

资本雄厚的大商号聚集在南关至东关（今中山路）一段，深宅大院鳞次栉比，其中清代茶商修建的茶务公馆，有3个院子，中院、东院是主体，西院是附属建筑。中院宽，东院窄，都是水磨砖的砖木结构，一砖至顶，筒瓦包沟，房顶有脊，两院周围设高大的分火墙。屋形的风格仿陕西泾阳、三原的建筑，有卷棚顶的过厅，正屋与过厅的进深大，旁厢进深浅，房屋起架高，屋顶坡度陡，天井深陷，使整个院落显得幽深雅静。炭市街（今中山路）的匠作铺多为土木结构的铺面院落，前店后坊。下炭市路多当铺，有门面5大间，内有两进楼房，全砖木结构。

（五）交通与战备建筑

民国19年（1930年），兰州东郊拱星墩机场始建，民国21年（1932年）初步建成。民国24年（1935年），经全国经济委员会西北国营公路管理局批准，成立兰州汽车站，初设在畅家巷，后迁至左公路（今白银路），为2层土木结构楼房，候车面积约80平方米。随着抗日战争的全面爆发，人民重建家园，很多营造商也从南方城市来到兰州，兴建各类建筑，是兰州近代建筑发展的高峰时期。

抗战时期，兰州成为大后方。民国26年（1937年）11月，日本飞机轮番轰炸，炸毁民房、店铺、庙宇等4万余间。同时，东南沦陷区民众、企业不断迁往兰州，有正大、中华、金城、三盛、陶馥记等20多家营造商，组成建筑业同业公会，承揽各式建筑工程。甘肃省会工务所也同时成立，管理兰州建设业。先后在十里店、梁家庄、骆驼巷建成疏散区房屋，在萧家坪建西北新村，在普照寺废墟上建抗建堂，并建成当时最豪华的西北大厦，接待国际友人，坚持抗战。抗战胜利后，兰州大学工程建有教学楼、藏书楼、宿舍楼，均为2层砖木结构；但建筑面积达3600平方米的昆仑堂，直至兰州解放仍未全部竣工。至1949年，兰州城区的建筑物面积约256万平方米，其中住宅127万平方米，大部为土木和砖木结构的平房，沿街亦有部分砖混结构的二层、三层楼房，僻为商店、饭馆、旅社等。

这一时期兴建建筑由国内外建筑师勘察、设计，营造商营建，已经由传统经验做法，转变成专人设计绘图，并有图纸审核及工程竣工验收部门。极大提高了兰州建筑设计、施工技术，使近代建筑业向前迈进了一大步。民国30年（1941年）在省政府院内建澄清阁。民国35年（1946年）在民主东路路北建三爱堂。民国30年（1941年）开工在酒泉路南口西南角建兰州女子中学，民国33年（1944年）竣工。民国35年（1946年），行政院划出举院内全部地基，约15984平方米，改建为国立兰州大学。民国26年（1937年）在小西湖建立西北兽医防治所。民国33年（1944年）在碱沟沿建立甘肃省畜牧兽医研究所。民国30年（1941年），在被日本飞机炸毁的普照寺废墟上建兰园。南部东西两侧建网球场、篮球场；西北角建儿童健身房，民国35年（1946年）改建为电影院。民国32年（1943年），在兰州西北新村兴建西北大厦。

民国时期的兰州医院，多为土木或砖木平房，民国29年所建西北医院（在今小西湖桥东北角），为2层砖木结构楼。兰州邮政机构初设时，多租购民房改建使用，至民国31年（1942年），始自建益民路支局（今庆阳路邮电所），系砖木结构的2层楼房。之后，在中正路新建西楼、北楼（今中央广场邮电分局），为2层砖木结构楼房。

民国28年（1939年）、民国32年（1943年），创建兰州第一、第二毛纺织厂，年产粗毛呢5万米，生产厂房系砖木结构，建筑面积仅1200平方米。

二、陇中地区近代建筑活动的建造特点与技艺

甘肃地处西北内陆，所吸收的外来文化十分有限，加之地方资源、经济财政有限，致使其近代建筑发展无论形式，还是数量远不及沿海地区城市，但逐步形成了结合西北地形、地貌、气候、历史文化的独特建筑风格。

清朝末年兰州地区社会经济遭到严重破坏，加之连年自然灾害，大量土地荒废，城市遭到重创。大量饥民无处藏身，便在兰州南北两山开凿洞穴用以藏身。仅兰州北山，金

城关以西靠山麓就有洞穴40多处，为贫苦农民居住、仓储和临时避风遮雨处。庙滩子、盐场堡靠北山及深沟内也有窑洞多处。民国时期，兰州南北两山山麓窑洞和洞穴增多，一半为居住洞穴，一半为避日本飞机轰炸的防空洞。兰州贫民在东城壕、曹家厅等处的城墙下部挖洞穴供居住和仓储之用。直至新中国成立后，城区窑洞逐步废弃。

河西、陇中、陇东地区风沙较大，气候十分干燥，降雨量很少，所以住宅以土平房居多，房屋低矮，房内无阁楼，多用平顶或单面坡顶。一般以一列式、一横一顺式、三合式、四合式居多，分二进式、三进式。院落由高墙或半坡房后山墙围成。院内有上房、厢房、耳房、陪房、过厅、影壁、门楼等。天井多为方正、空间较大，放置盆景，种植花卉，搭置葡萄架，屋檐下、窗前吊挂牵牛花藤。堂房前有走廊，木柱石墩支撑，廊柱上有木刻对联，小门大木窗扣花，门楣、屋檐有木雕镶嵌。院落四周有果园、菜园包围，环境幽雅。许多地方将院落围墙高筑、加厚形成堡院建筑，用生土夯实成围墙，高出屋顶二三尺，高达3~4米，厚2~4米，上窄下宽，砌砖大门。在堡内建房，住一家或数家农民，可以避战乱，防抢劫，远望去不见屋面，只见方墙。

兰州一带居民在河边建悬楼，也称水榭。先在河滩立木柱，或砌石柱、砖柱，作为支撑点，使与堤岸相平，再架梁，搭木板，建房，半边在河面，半边搭在堤岸。黄河北岸，铁桥至金城关一带多水榭。在山腰或山崖边建悬臂式建筑，也称悬楼。有的山崖边悬楼，采用斜支木柱使房悬空。

黄河沿北山脚下流经兰州市区，阻隔南北；数十条洪沟纵贯南北，切断东西，给交通带来极大困难。官府和民众沿河多设津渡，用船筏通往来。唐代在今河口架设广武梁，唐穆宗长庆元年（821年），大理清刘元鼎过此桥出使吐蕃。宋哲宗绍圣四年（1097年），北宋收复兰州，修复金城关，并于关下设浮桥。明初建镇远浮桥，保存500余年，为明初至20世纪以前黄河上游控扼要冲、道通西域的唯一桥梁，在黄河桥梁史上占有光辉地位。"历史上在黄河修建过的不少著名的浮桥，到清代只剩下了镇远浮桥一座，虽然规模远不如蒲津桥，但是还称为天下第一桥。"

洪道桥梁亦有发展，建于雷坛河的握桥，因其纵列巨木由两岸向河心挑出，由中间桥面相接，恰似两拳相握，故名握桥，此桥架构巧妙，为中国伸臂木梁桥的代表。清末，在洋务运动的影响下，改镇远浮桥为铁桥，为黄河第一座永久性公路桥。

水车是兰州及周边地区特有的水利工程，因滨黄河，明以前从未利用黄河水灌溉，清嘉庆时沿河居民陆续制造水车翻转倒挽河水灌田，沿河农民都效仿制作。一轮水车灌田最多可达二百亩，最少也有数十亩，水车有大小，水势有缓急，故灌田也有多寡。黄河南北岸上下百余里布满水车，河南岸八十四轮，河北岸四十一轮，上下流诸河滩三十三轮。民国17~18年（1928~1929年），兰州遭遇荒旱，城南人民在船政局旧址前连建水车三轮，高至七八丈，南经贡院城顶架槽通上下沟，是水车中最为巨大的。旧官钱局钞面所印即为此水车。

三、以兰州为代表的陇中地区近代建筑细部构造及装饰

（一）基础

陇中地势起伏不平，土质松软，属失陷性黄土，建筑基础工程施工难度很大。近代新建建筑均采用槽形条石和砖砌基础，牢固可靠。民间施工的基础工程，通常是条形基础，平房基础是深挖条形基坑，回填素土夯实后，砌卵石或块石与地面相平作为基础。

多层建筑基础挖条形基坑，素土回填夯实后，习惯用条石砌筑基础。兰州下沟黄土层厚，一些民房基础深开条形基坑，用小柑涡砌筑，以糯米汁石灰浆浇注而成基础。民国32年（1943年）由上海陶馥记营造厂施工的西北新村平房，全部采用条形砖砌基础。

（二）主体

民居以平房为主，大多为土木结构，采用砖柱土坯墙或在土坯墙内加木柱支撑，屋面有草泥和青瓦盖顶，坚固耐

久性能差，如遇暴雨和地震易倒塌。近代古建筑群墙体均为砖砌清水墙，屋面为木扣斗栱大屋顶，青瓦或琉璃瓦、筒瓦盖顶。

（三）屋面

近代寺庙屋面两面坡布瓦，民居多在椽上铺塌板，再墁草泥屋面，亦有三合土压光、方砖或青瓦屋面。

（四）窑洞

窑洞一般在黄土层直接开挖，窑内不修基础，为原土地面夯实，个别用土坯铺垫地面。窑洞单体平面呈外大内小的梯形平面。进深8～10米以上。套窑、尾窑较少；立面只设门及通气孔，无窗户，采光不好；剖面为外高内低呈楔形。

多数为单孔窑形式，也有两窑成直角形组合，少数为两层窑洞称"高窑子"。多层窑之间用室外踏步联系。两层窑的形式为上面窑小、下面窑大。窑洞尺寸：窑宽3.33米，窑洞跨度在2.6～4.3米之间，窑内用土坯箍衬。窑洞高度3.6～3.7米，窑洞深度4～12米，最深的达到24米。窑洞的高宽除受使用要求和土质条件的影响外，也与传统做法有关。一般为0.9～1.2米。筊土厚度为3～8米、腰腿宽度，两孔窑之间一般为3米左右。

（五）装饰

传统建筑多为雕梁画栋，一般民居墙面多为草泥抹光，涂刷白灰浆，建筑物正面多用木料棋盘格大窗户、镂花隔扇门。砖墙为清水墙，内墙为白灰浆抹平。讲究砖雕和木雕装饰，如通渭路、吴家园、互助巷、邓家巷、五福巷等一带民房和兰医二院内的传统建筑，其门楣、屋檐、影壁、堂房、两侧均有砖雕镶嵌，屋檐有木雕陪衬，风格古朴。砖雕、木雕图案多为福禄寿三星、松兰竹梅四君子以及鸟、虫、花、鱼等。

庭院建筑的堂房门楣多用木雕镶嵌，两侧有楹联陪衬；大门屋檐高挑，檐下砖雕、木雕装饰，显得庄重大方。屋内墙壁多为白灰浆罩面，床帷有雕花落地罩。院内门道之间或院内设屏风门，既分割各个空间，又使整个院落浑然一体。

街道店铺门楣的装饰颇为讲究，如假断石墙面，水泥花纹抹灰，木制匾额和两侧木刻对联装饰，美化铺面环境，活跃商业气氛。旧建筑，土木结构较多，墙面装饰多以白灰膏抹面或原浆勾缝清水墙。门窗以涂刷色漆为装饰。地坪面饰，一般为原土地面，部分为三合土夯平和青方砖铺筑地面。室内顶棚多以木制大方格或者麻绳牵挂方格，糊净纸和花纸于上作为装饰。

四、建筑实例探析

（一）庭院建筑

1. 吴可读宅院

清末修建，位于金塔巷11号，占地面积310平方米，建筑面积260平方米。为仿古式青瓦屋面，砖木混合结构，青砖清水墙，屋檐虎抱头，木梁、木擦、木屏风。东西窄、南北宽，院内为长方形，院内天井较小，约为50平方米。堂房有走廊，石礅木柱支撑，檐下木雕镶嵌，门楣砖雕陪衬，基础围条是青砖砌筑，屋面青瓦盖面，青砖起脊，有小花池。

2. 陈姓商人宅院

位于通渭路195号。为两进四合院。坐西向东，有高耸门楼，两开大门，门楣有砖雕陪衬，木雕镶嵌，砖砌影壁中间雕塑花卉图案。一进院内有下房、厢房，中间为满月通道，中墙上盖琉璃瓦，二进院内有厢房，均为门柱走廊，木扣窗棂横花格。二进堂房为两层三开间小楼，楼梯设在堂房右侧山墙处，二楼有走廊木柱，油漆彩绘，青瓦屋顶，配有彩色琉璃瓦，屋脊高耸，屋檐虎抱头护檩。20世纪50年代至60年代为甘肃省副省长住所，后为民居。

3. 四川会馆

建于清光绪九年（1883年），位于贤后街，占地面积310平方米，建筑面积250平方米。清末四川商户集资所建，为两进四合院。双开木门，门楼三间，砌筑清砖高墙，砖雕斗栱，砖雕陪衬大门前脸，中间开长方形方框，内嵌"四川会馆"四个大字。三开间大屋顶仿古式建筑，为议事房、账房及管事卧室，室内有砖砌隔墙和木隔墙，青瓦盖堂房为；后院厢房，门前有木柱走廊，有中庭过道，前院厢房无走廊，均小木门，大窗木格扣花（图7-1-1）。

图7-1-1 四川会馆（来源：根据《兰州建筑研究》，汪海洋 绘）

4. 马麟公馆

始建于清末，历时三年建成。位于邓家巷场16号，占地面积2100平方米，建筑面积1500平方米。为两进四合院，仿古式大屋顶，屋面为青瓦走脊，双开光亮大门，门楣有木雕陪衬，砖雕镶嵌门前两侧墙前，三步台阶，影壁立于门庭中部，砖雕镶嵌于墙壁中。堂房3间中开门，耳房两间，厢房4座12间，中间过厅5间，前庭3间，后院有厨房、库房等，共建房42间。后园为花园，国槐、柏树种植成行，修有亭、台两座，碎石铺路。天井种植花卉，厢房檐前出厦，石礅木柱支撑，檐下木雕陪衬。整个院落显得古朴典雅。堂房起台三步，屋前方砖铺地，青石镶边，走廊石礅木柱支撑，堂房前墙为木质屏风，窗棂花格图案各异，前廊木柱左右悬挂木刻门联。青瓦屋顶，砖砌屋脊高耸，两端兽头翘起。

5. 杨思宅院

建于清宣统元年（1909年），位于西城巷场16号，占地面积320平方米，建筑面积260平方米。为一进四合院，门厅两间，左侧为门楼。大门门楼不高，青瓦屋顶，略有起脊，门墙为清水砖墙勾缝；双开大门，色漆粉饰门楣，铜制门环。堂房3间，陪房两座6间。砖木混合结构。陪房为砖柱木坯内加木柱支撑墙体，堂房为双面清砖清水墙，木梁、木檩、木椽、虎抱头房檐，前墙为木板、木柱、木制门窗。

6. 陕西会馆

建于清咸丰五年（1855年），位于贡元巷76号，占地面积2100平方米，建筑面积1400平方米。陕西商家集资，雇陕西工匠修建，造型有陕西关中风格。砖木混合结构，木梁、木檩、木椽、木墙板、木柱支撑，木结构约占建筑物的60%左右。青石条形基础，青砖清水外墙，内墙大部为木质隔墙。屋架为木构。青瓦屋面，屋脊有兽头装饰。两进四合院，不同于其他庭院建筑的是有围墙，前院空间较大，有戏楼一座，青瓦屋面，木柱支撑前台空间。后院有客房两排，单开间，砖木结构；有议事房、账房、会客室、厨房、库房等。与其他庭院建筑布局不同，无厢房、陪房之分。

7. 清某官宦住宅

在通渭路53号。占地面积450平方米，建筑面积280平方米，砖木混合结构约200平方米，其余为土木结构。大门高耸，门楼与门房相接，通道5米。进大门有停放兽力车的空地，靠南为饲养间。二门门楼与大门平，挑檐棺屋顶，青瓦屋面，木质两开光亮大门，门楣根木刻镶嵌，门外两壁砖雕陪衬，圆帽钉护门，铁质门环。上房3间，进深3.2米。西厢房5间，东厢房3间，进深2.8米。上房原为青瓦屋面，起脊高挑兽头，花瓦前檐，门廊木柱支撑，门楣匾额高悬。天井低房前台阶一步，平砖铺地庭院中木质屏风隔断，五格屏风有木雕各式图案，两侧略低为厢房檐下通道。

8. 兰州八路军办事处

位于互助巷2号，占地面积600多平方米，建筑面积350平方米，为一进三院四合院。大门两开光亮大门，门楼高耸，屋檐高挑，屋脊高砌0.33米，两头起龙头砖雕，大门前脸有木刻镶嵌，门外两侧有砖雕陪衬。庭院呈长方形，堂房出挑1米，厢房挑檐0.5米，屋面青砖起脊，方砖铺面，白灰砂浆勾缝，庭院地坪低房屋基一步，青砖铺面。八路军办事处占房9间，角房1间。南屋外间开会，接待客人，角房为处长彭加伦住室兼办公室，内间是谢觉哉住室和办公室。秘书、副官、警卫等住西房，服务员、炊事员及厨房在东房。

（二）多层建筑

1. 西北银行甘肃分行楼

20世纪20年代末建在道升巷。为多层建筑，砖木混合结构。青瓦屋面。门脸楼北部3层南部2层，后楼2层，长22.5米，宽18.2米，呈长方形；中间有四面封闭的小天井，宽3米，长5.5米。条形砖砌基础，四角墙柱为特制大青砖砌筑，正面墙砌打磨青砖，平滑光洁，山墙、后墙为普通青砖双面清水。在楼层墙体内均以纵横粗钢条拉牵，以提高墙体整体性能。正面南侧临街窗为砖旋拱顶，下饰雕木护栏，3层楼一侧建有中式石雕龙头挑梁小阳台。窗子上方配以西洋风格的三角形窗饰。四面楼房隔小天井对立，略显局促压抑，但采光尚可，防寒保温尚佳。天井一侧为木质檐廊、木柱、木楼板、木楼梯、木隔墙、木花格门窗。整座建筑融兰州四合院建筑风格与西洋建筑艺术于一体（图7-1-2）。

2. 澄清阁

民国30年（1941年）建在省政府院内。李惠伯设计，上海陶馥记营造厂施工。有舞会厅、会客室、休息室，砖木混合结构。舞厅地板是芦席纹双层硬木企口地板；门窗木料两次烘烤，以保证不变形，不进风沙；纱窗为马尾织成罗底并带花纹；天棚为板条，上下抹灰，以保证坚固安全；采用西式壁炉取暖；设壁橱存衣。省主席谷正伦督查，故工程质量较高（图7-1-3）。

3. 三爱堂

位于民主东路路北。民国35年（1946年）西北行营主任张治中建。占地面积1500平方米，建筑面积780平方米，砖木混合结构。主建筑中部两层，两侧为平房，主建筑前脸为平砌砖墙，起朵两侧略低，门楣相上额泥塑"三爱堂"三字。砖砌清水外墙，青瓦屋面、飞檐起脊；内部隔墙为青砖混水，白砂浆罩面，部分为木质隔墙，木质楼板；办公室、会议室设在两侧，有木制墙裙。附属建筑均为平房，有天井院落，建筑结构为砖木混合结构，有接待室、警卫室、储藏室、炊事房、餐厅等。建筑结构合理，布局得当，造型别致，木制玻璃门窗。旧址为解放军第一医院占用。

图7-1-2　西北银行甘肃分行楼（来源：根据《兰州建筑研究》，汪海洋 改绘）

图7-1-3　澄清阁（来源：根据《兰州建筑研究》，汪海洋 改绘）

4. 水梓住宅

在颜家沟83号。砖木混合结构，有平房两座，建于20世纪30年代。楼房1座，建于20世纪40年代。楼高两层，墙体为青砖清水，隔层有砖雕花纹凸出墙体6.7厘米，两层屋檐下有砖雕各种花卉镶嵌，门楣有砖雕和木雕艺术陪衬，使建筑物朴亲淡雅。楼房和平房配合得当，整个院落显得华贵典雅，具有古朴风格与近代建筑艺术的美感。

（三）教育建筑

1. 五泉书院

位于贤后街东口路北。清嘉庆二十四年（1819年），由甘肃布政使屠之申、兰州翰林秦维岳等捐银创建。由3组南北向并列建筑组成，共11进四合院。其建筑为砖木土坯结构。其中通渭路247号是一座四合院式建筑，大门朝南（现已封闭隔断），门墙大青砖砌筑，拱顶砖门。正屋坐北朝南，有5间房子，中为客厅，筒瓦双坡屋面，梁架为叠梁式结构，梁桁上设两层椽子，下层圆形，上层飞椽为方形。正屋东西两端各开有一侧门，内有连接正房的两间房子，构成东西两个封闭的小院落。正屋前面为宽大的院子，两侧为厢房，各有4个房间。单坡屋面，朝院一侧均为木板墙体，大花格窗，通透轻巧，采光良好。五泉书院内像这样的院子还有好几个。

2. 甘肃举院

清光绪元年（1875年），陕甘总督左宗棠在兰州西北郭外海家滩建甘肃举院（今兰医二院一带）。外筑城墙，中建明远楼，楼东建至公堂，楼南北为号舍，楼西南为大门。建房300多间。至公堂东为观成堂、衡鉴堂。至公堂9间，青砖砌墙，巨木横梁和过梁，歇山顶，各色筒瓦盖面，建筑面积800平方米。

3. 甘肃文高等学堂

清光绪二十八年（1902年）筹建，清光绪二十九年（1903年）于通远门外杨家巷附近旧兵营地址建成新校舍，占地5.13万平方米。主要建筑有图书楼1座，斋舍3院，教室6座，理化教室1座，学生分住东、南、北三斋。现为甘肃省兰州第一中学。

4. 兰州大学

民国17年（1928年）改设在举院的甘肃省立法政专门学校为兰州中山大学，民国20年（1931年）改为甘肃学院。占地4.3万平方米。改建至公堂（7间）为中山堂1栋；改观成堂为图书馆，并做教室1座，改办公室26栋，计93间；学生宿舍16栋，夫役室6栋，计8间；实验室、解剖室、印刷所、仪器室、药品室、体育室、俱乐部、浴室、茶房各1栋。共有土木砖混结构平房85栋，共298间。还建运动场两处，网球场、排球场、篮球场各2处。

民国35年（1946年），行政院划出举院内全部地基，约15984平方米，改建为国立兰州大学。建4组建筑物：天山堂、祁连堂、贺兰堂三栋教学楼，在举院东北部，由康清桂、钱青选设计，民国36年（1947年）建成，采用同一图纸，每栋长68米，宽14，6米，宽8米，高12米，东楼长40米，宽12米，高10.5米；均2层，砖木结构。昆仑堂在举院西北部，由钱青选设计，裕盛营造厂、源利营造厂承修；其平面成"山"形，像飞机状：机身为礼堂，居北，长39米，宽19米，高8米，设1800个座位；机头及机其为教学楼、办公楼，居南：南楼2层，长90米，宽15.5米，高10米，中部3层，高14米，教室27个，办公室12个，面积3600平方米，均砖木结构。衡山堂、离山堂、华山堂、泰山堂、恒山堂5栋学生宿舍楼，在举院正南，均2层，砖木结构。

（四）医疗建筑

1. 西北防疫处

民国23年（1934年），修建国民政府经济委员会卫生署西北防疫处（今兰州生物制品研究所），位于小西湖，利用陇右公学、龙王庙改建。陇右公学内有土木结构楼房1座，楼中间是礼堂，两侧为2层楼房，上下各层有房6间。另有3排平房，各排均有房5间。龙王庙有龙王殿4大间，两侧有东跨院和西跨院，南北各有房3间，东西各有长3间房的走廊。初期利用陇右公学楼房改作实验室，作生产人用菌苗用；楼下设化验室及生产诊断用品室。北侧楼上设处长室、实验室，作兽医检验室用；楼下设生产兽用生物制品室。楼后建冷藏室、机器室。楼前建平房15间，作为试验动物室、宿舍、车房及马厩使用；院子中间建实验室、冰窖，平房15间，作为兽医门诊部。从民国29年（1940年）起，又新建平房30余间，用为血清组、病理组、锅炉房、电机房、冷藏室。

2. 博德恩医院

民国2年（1913年）秋，英国人金品三在兰州风林关东北台地（今兰州市第二人民医院）兴建博德恩医院，建成手术和化验用两层相连主楼，3座南北向楼，由2座东西楼相连，平面呈"山"形，砖木结构；并建成砖木结构病房100多间，以及医护人员住房多处，在医院西端修建麻风病院，东端修建女医院，男女病房都可借走廊通手术室（图7-1-4）。

（五）商业服务建筑

1. 励志社

20世纪30年代，甘肃省政府在励志路（今通渭路）万寿宫建2层砖混结构楼房，占地面积750平方米，建筑面积1060平方米。外墙为清水砖墙，挑檐大屋顶，筒瓦屋面，中部起脊高耸，两侧略低，飞檐高挑，木制窗棂。大门设在正中，门厅向内让出数步，构成厅前走廊。门厅前树立4根木柱，直达檐际。大门内为客厅。大门两侧有侧门，可上二楼。二楼有东西向通道，南北为房间，南面正中为会议室，其阳台有木雕护栏。内部粉刷为麻刀白灰，水泥地面，木地板，内设会客厅、舞厅、卧室，设壁炉取暖，为当时最好的宾馆。现为政协兰州市委员会驻地。

2. 西北大厦

民国32年（1943年），中国旅行社在兰州西北新村兴建，由李惠泊设计，上海陶馥记营造厂承建，次年建成。砖木结构，高2层，门厅3层。下层系水泥、马赛克和水磨石地面；楼层为企口地板，坡有壁橱、壁炉。装饰豪华，设施完

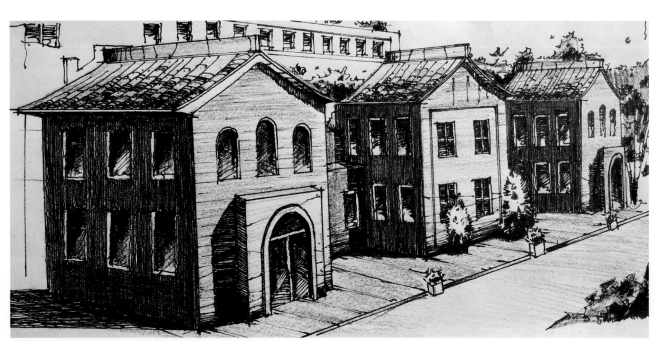

图7-1-4　博德恩医院（来源：根据《兰州建筑研究》，汪海洋 改绘）

善，门窗均有门头线、窗头线、窗帘线盒、挂镜线，备有电力抽水机、自来水塔，还有篮球场、排球场、衣箱间、电话室等设施。还有客房50余间，有可容纳500余人同时集会的礼堂，还有活动舞台及会议场所，是兰州当时接待中外宾客的高级宾馆。

（六）工业建筑

甘肃机器局

地处萃英门66号，由兰医二院使用。民国5年（1916年），甘肃巡按使兼将军张广建在甘肃举院西南部，借修建机器居之名修建官邸。由罗源文设计，甘肃省警务处长郑元良督工，耗银3万两。6月张广建改为甘肃机器局，制造炮弹。南建大门；东西两厢建委员室、办公室；北建半月楼、大殿；东建瞭望楼；西建机器大厂房；东北角建花园、茅亭；西北角建八卦亭、储藏室、浴池。

1997年调查，建筑物基本保持原貌。占地面积约15000平方米，其中厂房占地面积约5000平方米；建筑面积约5000平方米，其中厂房建筑面积约2000平方米。厂房为简易砖木、土木结构的平房，青瓦及草泥屋面；办公建筑有大殿、厢房、门房等。大殿建筑面积860平方米，砖木结构，外墙系清水砖墙，挑檐大屋顶，筒瓦屋面，中部起脊高耸，两侧飞檐高挑，前为5间木制大门及窗棂，内部麻刀白灰粉刷，方砖铺地；厢房系砖木结构，清水磨砖墙，青瓦屋面；过厅系斗栱式木结构，中部起脊，屋面为筒瓦、挑檐；门房亦为砖木结构，清水磨砖墙，筒瓦屋面，中部起脊挑檐，大门位于门房中部稍突出，为平面方形的尖顶2层楼房（图7-1-5）。

五、近代甘肃地区20世纪初建筑探索评析

甘肃地处内陆，发展较为缓慢，加之近代时期遭遇陕西、甘肃等地的旱灾，在20世纪20年代，兰州市人口不足1万。由于战争所致，出现了中国人口自东南向西北的大幅迁徙现象，因此甘肃地区特别是省会兰州由于这次民族战争人

图7-1-5 甘肃机器局大门（来源：根据《兰州建筑研究》，汪海洋 改绘）

口陡然增加。人口的增加以及在清末时期的工业基础，省会兰州在近代有了较大的发展。1937年的战争对于国家是灾难但对于兰州这座城市来说是一次发展。由于人口的大幅迁徙，短短几年之内人口骤增为之前的10倍，民国时期孙中山先生将兰州定为继"首都"南京和"陪都"重庆之后的"陆都"兰州，在经费充裕的条件下，兰州市大力修建马路以及其他配套工程，以兰州地区为中心的甘肃近代建筑发展开始与此，自清华战争开始到解放战争期间，甘肃由原来的封建小城池发展为初具城市规模的小城市的一次突破。

自此，以兰州为中心的甘肃地区建筑迈入了现代建筑的历程，虽然形式上无法完全摆脱中国传统建筑的形式，如：木料结构，大屋檐等，但是已经在现有基础上集合新产业、

新的城市公共服务观念，有了新的建筑形式，并且在新的建筑材料和构造上作出了新的探索和前进。

第二节　20世纪50~70年代：民族主义风潮与地方性建筑实践

新中国成立后，兰州作为"一五计划"中重点建设的城市之一，开展了大量的建设活动。以任震英先生为代表的地方建筑师、规划师克服了新中国成立初期、地处西北的物资匮乏，制订了具有地方特色的规划与建设方案，"民族主义"与"工业重镇"成为20世纪50~70年代建设行为中的关键词，其中，"大屋檐"成了"民族主义"的主要手法与符号。原西北民族学院现存大礼堂与中医学院（现甘肃中医药大学）教学楼是这一时期建筑的代表例子。

1. 西北民族学院建筑群

位于兰州市城关区龙尾山北麓，创建于1950年8月，是中华人民共和国创建的第一所少数民族高等学府。1953年看是基本建设，1958年基本建成，总建筑面积6.3万平方米，是当时西北地区唯一培养少数民族干部的高等学府。全部工程由甘肃省勘察设计院设计，甘肃省建筑工程局公司二工区施工。设计总体布局依山就势，高下错落，层次分明，融民族特色与现代建筑风格一体。单项设计重点突出民族特色，形成造型丰富多彩，色彩鲜明和谐，既相对独立，又相互联系的建筑群体。设有教学楼、实验室、图书馆、报告厅等。

大礼堂建成于1955年，民族风格建筑结构，室内设置现代化设施，雄伟恢宏，壮丽飘逸，为当时兰州地区建筑工程之首。礼堂为钢筋混凝土框架结构，前部4层，中部1层，后部4层，总建筑面积4000平方米。前部正面高台巍楼，飞阁飘檐，金星绿瓦，彩梁画栋，外观雄壮美丽。室内分前厅、观众厅、舞台三部分，前厅高深宽阔，东西各设接待室1处，前部正面东西两侧二楼各设大阳台1处。中部观众厅设固定软席座位1676席，座后带有折叠式写字板1块及维吾尔族、哈萨克族、蒙古族、藏族4种少数民族译音设备，供选用收听。前部三楼为大会议厅，门厅两旁设有耳房，为会客室。后补舞台设地下室，供化妆用；二层为大舞台，台前檐下设圆弧形乐池，台侧西设议员室，供现场翻译少数民族语言用。整个室内采暖、卫生、消防、照明、电话、扩音等设施较齐全。建成后，一度成为中共甘肃省委、甘肃省人民政府召开会议的主会场或中心会场（图7-2-1）。

艺术系教学楼，是一座四合院式具有民族艺术形式的建筑群，供美术、舞蹈和音乐教学用。1979年11月~1983年8月建成。工程设计依山坡自然错落，主次有序，空间组成丰富多彩，装饰色彩鲜明协调，体现了民族建筑艺术和现代建筑技术的有效结合，获城乡建设环境保护部1984年全国优秀建筑设计二等奖。

艺术楼美术教学部分1116平方米，总长75.9米，主楼宽12米，高17米，两层钢筋混凝土框架结构，屋顶为钢筋混凝土框架歇山卷棚屋面；面积420平方米，披绿琉璃瓦，配垂脊及兽前、兽后戗脊，檐下斗栱，沿梁彩画。朱红圆柱配有露台，围以雕栏。舞蹈教学部分1123平方米，总长36米，主房宽13.08米，二层钢筋混凝土框架，层高6米，内设双层木地板、舞蹈练习厅849平方米。音乐教学部分1797平方米，总长66.3米，分甲乙两楼。甲楼高30米，宽9米，二层至六层钢筋混凝土框架，其中六层屋顶为钢筋混凝土框架四角攒尖绿色琉璃瓦屋面，尖顶座1.55米高绿色宝顶1只。乙楼为3层砖混结构，局部4层钢筋混凝土框架结构。建筑布置为整个"四合院"形式，外围长64.4米，宽57.8米，有六个单元组成。被评为1983年甘肃省二等优质工程。

西北民族学院建筑群1993年被评为"兰州市十大风貌建筑之一"。

2. 中医学院（现甘肃中医药大学）教学楼

教学楼采用集中对称式布局，采用框架性架构，并在中央主体结构部分加置传统大屋檐形式，但选取较新形式和平鸽作为脊兽，在中国传统大屋檐与现代和平鸽相结合，使用至今（图7-2-2）。

图7-2-1　西北民族学院大礼堂（来源：周涛 摄）

图7-2-2　甘肃中医药大学教学楼（来源：周涛 摄）

第三节 改革开放至21世纪初折中的地域化风潮

一、改革开放至21世纪初折中主义风潮中的各类型建筑探索

这段时期，由于经济的发展，以兰州为中心为代表的甘肃建筑呈现井喷式的现代建筑的崛起，以下建筑为代表（图7-3-1、图7-3-2、表7-3-1、表7-3-2）：

1. 亚欧商厦

商业建筑的开放空间是商业建筑设计的一个极其重要的组成部分，是现代商业设计的灵魂。城市中的商业环境对于城市社会和市民是极其重要的，它不仅仅是经营、购物之所，而且是城市文化的窗口、城市生活的生动写照。它是整个城市生活的重要舞台，承接、发送大量来自四面八方的信息。商业环境是汇集商品、收纳资金之地，是体现竞争的环境，由于它富有吸引力，成为人的公共交往空间。

1）设计理念

把"街"的概念引入建筑内部。营业厅的各层，既借鉴传统的"十里长街"景观布局的特点，又汲取国外"步行街"室内外环境设计的现代思想。营业适于现代综合商场内动态的顾客，在购物——娱乐——购物的进行中购物或娱乐。使室内中庭同室外广场结合起来，形成室内外环境相结合的共享空间。缜密安排商厦外部交通与组织室内交通网络。由于大量而纷杂的车辆、货物、顾客和职工进出商厦，因此引入商厦路线，人员集散广场和出入口，从而顺应城市道路的部位走向、容量等条件和能力。有效地组织室内垂直交通与水平交通纵横相交的立体网络，使储运、购物、娱乐、接待、餐饮等功能，形成有条不紊的统一综合整体。把售货空间同顾客购物以外的休息、交通等空间加以明确分隔，在设计上按照顾客群体对消费需求和精神需求，诱发顾客在购物过程中通过休息—娱乐或娱乐—休息的交替，萌生新的购物欲望，是现代商业经营的新观念。突出商业空间中顾客休息的空间地位与作用，创造诱人的购物环境和文化环境。把商品陈列橱窗作为突出商品的手段。在室内外所特别设置的主体橱窗，在形成商业建筑特性方面具有重要作用。

2）建筑设计

建筑物分为三部分：大厦主楼、商业综合楼和锅炉间。大厦主楼8层，局部9层、地下两层，建筑面积85918平方米。商业综合楼，地上7层，地下1层，建筑面积5120平方米。锅炉间，建筑面积720平方米，烟囱附于综合楼北端山墙。顾客由广场进入室内中庭。其购物的行进路线特点是穿行，避免中分往返。在室内设置各种不同售货小间及摊位，体现"步行街"、"店中店"的立意，吸引穿行的路人。促使进入店后成为购买商品的顾客。

3）建筑立面

立面与功能要求密切相关，首先需要解决的课题是大量人流的集散，二层设悬挑式疏散平台，以减轻下层人流负荷量，在立面上自然形成错落有致的横向构图。在中央凸出部分与三层两翼采用大面积实墙，以小方窗点缀墙面，使人们联想到西部洞窟文化，一定程度上反映西部建筑的特点。横向实墙面与上部大面积玻璃幕墙，与下部人行通廊形成强烈虚实对比，层次丰富，使整幢建筑显得既凝重又轻盈。下部红色柱廊与大实墙面相烘托，显示了传统建筑文化的特色。新材料新手法的应用，使建筑形象富有时代气息。现代大型商场，中庭空间是必不可少的，集中设置中庭空间（高5层）组合成一个和谐、活泼、舒适的停留空间。立面实墙采用浅黄色，磨光花岗石贴面，玻璃幕墙用浅绿色门窗为铝合金，红色磨光花岗岩包柱。本建筑物外部装饰、大面积采用白色釉面砖罩面，部分采用玻璃幕墙，白绿相间映出："亚欧商厦"四个金字，显示出商业建筑的雄浑、格调明快、线条流畅的特征。

2. 金轮大厦

1）建筑平面

将兰州铁路局大门设于中间位置，正对皋兰路。商场入口设于大门两侧，汽车库入口设于东端侧面，自行车入口设于西端侧面，商场服务入口设于背面铁路局院内，写字楼入口设于

图7-3-1 改革开放初期折中主义风潮1(来源:《兰州建筑特色研究》)

兰州折中主义建筑汇总表（1） 表7-3-1

序号	1	2	3	4	5
名称	亚欧商厦	金轮大厦	甘肃省邮政大楼	交通银行甘肃省分行大厦	中信银行兰州分行大厦
序号	6	7	8	9	10
名称	兰石商务中心	工贸大厦	兰州诚信商业大厦	国芳百盛商厦	华邦女子饰品批发市场
序号	11	12	13	14	15
名称	友谊饭店	胜利饭店	金城宾馆	虹云宾馆	甘肃省财政厅办公楼
序号	16	17	18	19	20
名称	甘肃省公安厅大楼	甘肃省农牧厅大楼	甘肃省政府政务大厅	甘肃省政协	安宁区人民法院楼

（来源：梁雪冬 制）

大门两侧，以避免人流交叉。根据设计任务的要求，本建筑兼有兰州铁路局大门，且1~3层为综合商场，4~7层为写字楼及办公楼，地下1层为汽车和自行车库。东端1~3层为餐饮部（包括餐厅、快餐、舞厅等），本建筑设计在考虑以上功能的合理布置的同时，主要解决人流相互干扰的问题，使性质不同的人流各行其道，并考虑到消防疏散的要求。

2）建筑立面

采用对称的形式，且高低错落，前后也能相应交错，造型采用大片玻璃幕与实墙的对比，配以琉璃檐口及浅浮雕特制琉璃装饰，使整个建筑物既庄重又大方，体现兰州铁路局的形象，并具有现代建筑的气息和民族的特点，使其与南侧大屋顶建筑相协调，又可融入周围的商业环境。

3. 甘肃邮政大楼

建筑位于民主西路和酒泉路交叉路口东北侧。立面以中间通窗式玻璃幕墙为构图中心，两侧立面对称，各自与街道平行。建筑立面左右、前后对称，顶部为天文观测站式的球体圆厅，环状开窗，墙面以合金面板铺砌。两侧沿街立面，窗户及横向窗间墙凹于墙体外立面，竖向窗间墙得以突出，建筑上面三层设以悬挂式阳台，造型犹如四部外挂式电梯升至顶部。建筑造型前卫，立面凹凸有致，色彩鲜明，气势不凡。

4. 交通银行甘肃省分行

建筑平面为"弧线"形，有收纳之势，建筑立面为通体的玻璃幕墙，中间部分三至六层为空，四根结构柱纵向穿过，既在结构上有防风力的作用，也在造型上使建筑更加通透，建筑入口透明幕墙在"弧线"两端取直线，与街道平行，门厅檐部造型为玻璃坡屋顶加抽象化的飞檐。"弧线"两端即建筑的两侧边缘设有外挂式电梯，电梯井顶部为尖塔造型，为建筑平添了生气。建筑顶部为一缩进楼层，上置楼标，丰富了建筑层次。

5. 中信银行兰州分行

建筑形体为简单的工字形，左右对称，分三部分，立面主要有点状凹窗和片状的外悬玻璃窗构成。外悬窗在竖向上每六层之间空出一层，形成水平分隔带，将建筑从竖向上也分为三段，外悬窗在立面中间形成三块方形玻璃幕墙，而在两侧的造型则类似于观光电梯，分布于建筑侧立面和正立面两侧的凹窗加强了建筑在竖向上的延伸感，使建筑更加挺立，青灰色的墙面和较大面积的蓝色玻璃幕墙赋予建筑强烈的现代感，明显高于周围建筑的体量，让建筑更加醒目。

6. 兰石商务中心

建筑主体为方形，内陷式正方形开窗均匀分布，富有韵律感。黑色窗间墙在水平和竖直方向上等宽，纵横交错，与反光窗体玻璃明暗对比，形成强烈的纹理感和统一性，建筑左侧和顶部建筑形成L形不完整画框，竖向通窗和突出的条

图7-3-2 改革开放初期折中主义风潮2（来源：《兰州建筑特色研究》）

形构建形成强力的垂直延伸感，部分框住主体部分，且在造型上通过两者衔接部分的水平通窗和白色窗间墙设置，形成画布与画框的错位感，使建筑在整体上沉稳、规整和大气的同时不乏生动。黑色墙体和反光玻璃组成的建筑色彩，金属感、现代感十足，近处仰视，颇具震撼力。

7. 工贸大厦

建筑位于民主西路和皋兰路交叉口西北侧。建筑形体为椭圆柱体，造型像工业时代的大烟囱。立面前后、左右对称，前后为横向通窗及白色窗间墙构成的倒梯形，左右两侧为褐色梯形裸露墙面。建筑以水平线条为造型特征，倒梯形

兰州折中主义建筑汇总表（2） 表7-3-2

序号	21	22	23	24	25
名称	甘肃新闻大厦	甘肃省地质博物馆	甘肃省博物馆	西北师范大学办公楼	西北师范大学博物馆
序号	26	27	28	29	30
名称	西北师范大学敦煌艺术学院楼	西北师范大学旧理科楼	西北师范大学旧文科楼	甘肃省电力科学院大楼	兰州火车站
序号	31	32	33	34	35
名称	兰州汽车站	兰州汽车西站	安宁庭院	康桥国际	兰馨花园
序号	36	37	38	39	
名称	甘肃省广播电视中心大楼	兰大第一医院住院部大楼	兰州大学第二医院大楼	兰州饭店	—

（来源：梁雪冬 制）

逐层加宽的窗体及顶部深色的檐部更加突出了这一特征。

8. 兰州诚信商业大厦

建筑处于道路交叉口，对称造型，转角弧形立面的蓝色玻璃幕墙从中间竖向一分为二，四条横向装饰脚线连接左右幕墙，转角立面与右侧部分建筑之间设两部观光电梯，两侧建筑部分由规则集合形体幕墙和点状开窗组成立面主体，建筑由弧形转角立面向两边矩形立面过度，左右相似对称，而在转接处有变化，使建筑立面不显得死板，两侧建筑顶部立面缩进，设置装饰性墙面结构。

9. 国芳百盛商厦

随着我国城市建设的飞速发展，在城市建筑群特别是在城市核心区中许许多多大型商业建筑涌现出来，而建筑内部购物环境中的中庭、庭院、广场、大厅，以及室内商业街道，是购物环境中非营业性的开放空间。因为它具备舒适的步行条件，结合了绿色景观、游乐活动、文娱设施、购物休闲、文化展示，而成为城市中欢乐愉悦的场所，是市民购物、休闲生活的重要场所，有"城市大起居室"之称。这种室内开放空间具有解决交通集散、综合各种功能、组织环境景观、完善公共设施、提供信息交换的作用。

建筑位于兰州中心广场，是兰州市地标性建筑，建筑主体为方形柱体，上覆圆形观光厅，取天圆地方之意。建筑主体四角凸出，为通窗式玻璃幕墙，各立面造型一致，无多余装饰。建筑立面对称统一，强调结构本身形成的横竖线条，立面镶砌合金面板，现代感十足。建筑顶部有尖塔，使建筑在竖向上得以越过圆形观光厅，向上延伸，夜景优美。称得上是兰州的"起居室"。

10. 华邦女子饰品批发市场

建筑在造型与色彩上迎合女性审美，立面墙体和门厅檐部为淡紫色，由中间向两侧有凹陷体块依次跌落，黑色线脚竖向分割墙体色块，形成有中间向两侧渐变的节奏，简洁的几何体块式造型，明快的色彩，铺砌面砖本身构成的统一与整体造型的渐变，让整个体量不大的建筑成为沿街立面中的一道亮丽风景。

11. 友谊饭店

友谊饭店在西津西路中段。由前楼、主楼、后主楼、东西配楼组成。庭院中点缀以亭阁、果园、花圃，构成园林风格的建筑物群。建筑面积1万余平方米。东配楼1957年施工，建筑面积4000余平方米；西配楼1983年施工，约8000平方米，地面14层，地下1层，井桩基础，框架—剪力墙结构体系。后楼1966年竣工，建筑面积12000余平方米。独立基础，框架结构。配有俱乐部、阅览室、餐厅、托儿所及两部电梯。后楼圆形餐厅设计新颖，装饰淡雅，场地宽大，一次可容800人同时用餐。

12. 胜利饭店

胜利饭店在中山路与安定门交界处。1975年成一座六层拐角楼，有床位600多张，是兰州第一家开展国内旅游服务的饭店。1986年，在旧楼东侧建成一座高十六层的营业大楼，拥有近千套豪华房间和大中型会议室、游艺室、酒吧间、楼顶花园等，总建筑面积16000多平方米。

13. 金城宾馆

金城宾馆在天水路与南昌路口西南角。是20世纪80年代甘肃省规模最大的一家以接待国外游客为主的大型宾馆。由省建筑勘察设计院设计，一期、二期工程由省建一公司施工。宾馆计划总建筑面积6万平方米，总建设规模1400张床位。一期建筑面积11855平方米，客房大楼为7层钢筋混凝土框架结构；二期客房主楼为14层的现浇装配式钢筋混凝土框剪结构，建筑面积13493平方米，檐口高4.5米；三期工程主楼高达28层，为一个三角形设计。宾馆铺花岗岩平台踏步，门套两侧墙及内柱均以大理石贴面。休息室设有彩色压花有机玻璃与尼龙面活动折叠隔断。大厅底层平顶为彩画井字梁，铝合金框架镜面玻璃。一楼营业大厅占地面积1000平方米。大厅东部为宾馆服务台；西北部为文物工艺商店；中间有天井、水池。主楼是7层拐角楼，拐出部分外端呈半圆形，造型别致，美观大方，有标准客房307间。

14. 虹云宾馆

由中国市政工程西北设计院设计，省建七公司施工。1988年建成。总建筑面积9380平方米，主体9层，局部11层。建筑结构为框架剪力墙体系。虹云宾馆规模虽小，但设计中充分考虑宾馆的使用要求，将客流和加工间的流线合理组织，使得各功能都发挥最大作用，整个建筑在总体布置上除考虑建筑本身的使用功能外，还给城市留出停车场用地。因建筑规模和场地的限制，下面形式为简单的一字形。为了丰富立面造型，设计将窗下墙做成单个折面，且配置简洁明了的开窗形式。整个建筑中突出接待大厅入口，并且利用电梯间的突出部分做较实的处理，使整个建筑虚实适度，立面构图简洁且有丰富的变化，窗下墙的折线配以如墙顶的花样，显得整个建筑精致高雅。在建筑色彩方面，大面墙选用象牙白的无光釉面砖，银灰色马赛克窗下墙，深色柱面，使整个色彩显得和谐美观。

15. 甘肃省财政厅办公楼

一座典型的现代主义的政府建筑，整个建筑方方正正，棱角分明，立面没有一处圆弧，90度角充斥着整个立面，开窗一致而显严谨。然而整栋建筑并不呆板，丰富的线脚和檐口表现，凹凸有致的开窗，建筑顶部缩进的等层建筑赋予建筑强烈的层次感。在重复表达政府建筑庄重严谨的风格同时，不失立面的精致感。

16. 甘肃省公安厅大楼

重金属色的墙体立面，充斥着力量感。严谨统一的开窗体现着政府权力机关的一贯风格。立面中部略向内缩进，让整个立面活泼起来，中间凹陷部分的窗间墙凹凸分明，水平竖直线条交错，配合光影的变化，窗帘般覆盖着建筑立面。顶部竖向连续开窗，让建筑向上延伸，楼层顶部建筑用金属表达抽象化的飞檐，将视野引向远处。

17. 甘肃省农牧厅

建筑位于秦安路与金昌北路交叉口西南侧，东立面与北立面面向道路。建筑主体分栋立面，北立面，交叉处立面，里面建以凹陷的楼梯间为分割。东、北立面造型一致，凹进的方形开窗，及纵横交错的窗间墙构成严谨的立面。交叉处立面则更显活跃，中间位三列纵向延伸的大开窗，两侧布置四列同造型，尺度为中间大开窗四分之一的小型纵向开窗，使建筑整体开窗有造型变化，局部开窗形成尺度变化的韵律。建筑顶部建筑覆盖交叉立面，在竖向线条的顶部覆以多层次水平角线，使建筑整体收放有度。

18. 甘肃省政府政务大厅

建筑主体色彩明丽，白色窗边和线脚构成立面的亮色线条。建筑分中间主体部分及两侧塔楼，两侧塔楼造型一致，高低不同，西侧6层，东侧8层，这也符合中国传统文化中东为尊的习惯。建筑立面开窗以2为基数，两侧塔楼各立面皆为两列开窗，中间立面为六列，为两侧开窗的3倍，形成紧凑的制约关系。建筑立面装饰节制，只在东西塔楼的侧立面饰以墨绿色带状玻璃开窗，为建筑增添一点光洁与流动。中间部分和两侧塔楼均设有宫殿式顶部建筑，仿中国古代的重檐坡屋顶，两侧塔楼则较简单。顶部女儿墙以大理石栏杆围护，加上檐顶造型，颇有古韵。

19. 甘肃省政协

建筑造型带有欧洲市政厅风格，底层架空，通体呈白色，入口门厅及檐部装饰有深玻璃，与浅色（白色）调的主体立面颜色形成对比。门厅前的四根立柱将中间建筑分为三段，配合两侧笔直的竖向窗间墙，给予建筑向上的挺拔之势。厚重突出的双层檐部线条舒展，造型精致，统帅两侧檐部，形成横向压顶，使建筑整体形成明确的水平与垂直对比。立面两侧转角处向内收缩，形成折角，在建筑两侧又延伸出一小段，这样整个立面在水平和竖直方向都被分割为三段，丰富了建筑的立面层次和几何关系。

20. 安宁区人民法院

建筑立面从门庭到顶层墙面共分五个层次，整个立面严格遵循左右对称，门庭为六根立柱支撑檐顶，立柱高两层，檐顶高一层，柱础为黑色，檐顶中部挂国徽。门庭两侧立面对称分布三列纵面通窗，与立柱一起构成建筑的竖向线条。立面开窗在中间部分，即门庭上方为横向，而在两侧立面则皆为纵向窗，横向的立面布局和开窗结合檐顶创造出庄重感，而门庭立柱和竖向开窗、通窗则使得建筑在庄重的同时，显得更加挺拔。丰富的建筑立面和凹窗制造出多个棱角和笔直的横竖线条。建筑立面简洁、层次分明，整个建筑威严、挺拔。

21. 甘肃新闻大厦

建筑平面呈"一"字形与街道垂直，建筑立面简洁，正立面主要由方形开窗构成，在左上角设置凸出阳台，顶层开窗有带状装饰，打破了立面的沉闷。侧立面由下部的悬挂式阳台及上部的蓝色通窗构成，两边是楼梯窗，使得面街的侧立面造型独特，凹凸有致。

22. 甘肃省地质博物馆

红色的墙体和镶嵌其中的淡蓝色的落地玻璃方块构成了立面主体，玻璃幕墙上破碎的凹凸曲折和破开红色墙体的两条凹线，体现了拼贴装饰的风格，人为地破开了建筑立面的整体性，而反映了地质作为一门科学不拘一格的风格，给人以地质演变的直观感受，凹凸玻璃上映出周围的建筑。醒目的红色，让人冷静的淡蓝色玻璃墙，透出生命严谨的气息。

23. 甘肃省博物馆

1958年建成，当年为典型的苏式建筑，2002年进行改建，展馆总建筑面积2058万平方米，建筑群呈"工"字形状。建筑彰显"庄重、典雅、美观、人性化"的理念原则。全部墙体采用加气混凝土砌块，外墙面用玻璃马赛克装饰，以浅灰色为主，用深浅两种咖啡色装点窗间墙。

建筑在水平方向上延展的很开，又是对称布局，立面处理都是以竖向延伸为目的的，密集布置的贯穿三层的巨柱，上下贯通的玻璃开窗，高耸的门厅。门厅前的立柱，以及门厅两边抽象化的教堂塔楼粗壮壁柱式装饰，在身后被进一步放大，形成主体建筑的轮廓。两个巨大壁柱中间由百叶窗式的上下贯通的开窗，及用饰带分割的窗间墙，无不体现着向上延伸的气势。

24. 西北师范大学办公楼

西北师范大学办公楼建筑形体模仿中国古代宫殿建筑，呈严谨的对称形态，建筑主体部分为四层，两侧为三层，建筑主体与两侧建筑间以楼梯间分隔，楼梯间高于两侧建筑，低于主体建筑，主次分明。建筑主体与楼梯间内侧边缘以五开间柱廊连接。建筑形体凹凸有致：两侧建筑凸于主体部分，楼梯间凸于两侧建筑，柱廊凸于楼梯间。建筑主体部分三四层间以水平突出脚线分割，一至三层为方形开窗，第四层开窗尺寸较小，窗沿饰以折线拱券，使得建筑立面稍显活泼。柱廊和两侧建筑檐口部分都有带状几何装饰图案。

25. 西北师范大学博物馆

西北师范大学博物馆是典型的现代风格建筑，简洁的红白两色，简单的几何形态组合，墙体结构与开窗对建筑的水平分割。入口处台阶分为左右两段，上下两级，立柱与前景树形成分割线。

26. 西北师范大学敦煌艺术学院

西北大学艺术学院里面精致典雅，博物馆式的建筑风格，暗示着建筑本身的特殊身份：艺术学院。三三制的入口，三级台阶，门厅分三段，强调了建筑的庄重感。冷色调的浅褐色的墙体立面，主立面上大面积竖向开窗，装饰以水平布置的深褐色仿木构件，仿木构件与玻璃窗在竖向上有节奏的交叉，构成了黑白键的韵律，赋予建筑主立面以音乐般的动感。建筑入口处的檐顶是仿中国古代宫殿建筑形式，坡屋顶，铺灰瓦。主立面的檐顶为架空的亭式重檐屋顶。此种檐顶形式在兰州建筑中较为常见，以省政府办公楼最为典型。

27. 西北师范大学旧理科楼

建筑平面呈"一"字形，建筑东西对称，入口处高五层，两侧高四层，建筑立面简洁，无特别装饰。白色涂料抹面的横向窗间墙与水泥砂浆抹面的纵向窗间墙，构成简单的水平与竖直线条，中间建筑上部檐顶凸出，檐顶与顶层开窗间有带状凸出脚线，作为窗体域檐顶的过渡。

28. 西北师范大学旧文科楼

建筑群体平面为方形带入口的布局形式，建筑东西对称，入口处左右两边为两层南北向侧楼为三层，正对入口的主楼为四层，形成了建筑群体在竖向上的秩序。建筑立面为统一的白色墙体，竖向窗间墙突出。

29. 甘肃省电力科学院

多年的沙尘气候，在这座建筑的表面留下了一层黄土的颜色。这是一座20世纪工业化时期留下的建筑，入口前用整齐的方形地砖铺地，入口处被设计为用一定独立性的亭式小品建筑，弯曲的双跑阶梯直达二楼入口平台。整栋建筑没有对称布置，入口偏向西侧，稍稍打破格子衫一般开窗带来的单调感。

30. 兰州火车站

兰州火车站兰州站站房，在天水路南端，背靠皋兰山。兰州站站房中心以东267米，西192米为客站占地范围，总面积50112平方米。站前广场东西长270米，南北宽133.5米，总面积3604.5平方米。广场用绿岛分割为3个区域，东区为公共汽车停车场，西区为无轨电车场（未利用），中间为机动车辆及人流区。根据城市规划，广场南侧为368号公路，东西方向直通五泉山和红山根。广场东侧为邮电运转大楼，有通道与车站站台相通，西侧规划为铁路售票厅、铁路乘务员公寓、公安派出所等铁路设施。

兰州站站房主体东西长171米，南北宽57.5米，制高点距地面27.2米，实际建筑面积11176平方米，最高候车人数按4000人设计。兰州站台比站前广场约高7米，利用这一地形特点，设计成线侧下式2层建筑，体量雄伟壮观。候车室内选用对称式布局，35米见方的园庭式中央大厅形成贯穿上下左右的枢纽，将左右前后6个单元组成一个统一的相互密切联系的整体。

31. 兰州汽车东站

兰州汽车东站在平凉路。始建于20世纪50年代，1974年扩建。由于客运业务发展，由省建筑勘察设计院设计重建工程，省建四公司施工。1987年3月开工，1988年10月竣工。总建筑面积8547平方米。主楼9层，底层为售票厅，2楼以上为办公楼。另外还有候车大厅及货楼、餐厅、车库等工程，主楼工程为钢筋混凝土框架结构，用加气混凝土砌块填充墙，外墙面贴淡黄色马赛克，室内墙面刷涂料，地面为水磨石。

32. 兰州汽车西站

建筑形体和立面处理都力求简洁、大方。将建筑西附房、主体、钟塔和东西面的行政办公用房部分组合在一起，有主有次，轮廓丰富。开间的门廊放在中间偏右的位置，不仅在功能上可以从门廊直接进入候车厅，而且从造型上也加强了各部分之间的相互依存关系，星辰更不对称而均匀的格局，增加了建筑物的亲切、活泼感。由于中间体形较为扁长，故采用不落地的壁柱，组成明确的竖向线条，周围以白色边框，给人以清新挺拔的感觉。

33. 安宁庭院

安宁庭院是兰州的高端住宅社区，其中高端写字楼两栋。安宁社区背山面河，由南向北，层数依次增加；建筑布局东西对称，中间建筑高于东西两侧。两栋高端写字楼位于第一排两侧，对称布置。

入口处四栋住宅建筑，一二层架空，以修长柱式形成廊道式空间，增强入口处宽阔的空间感。三至八层住宅建筑立面向后缩进，立面简洁明朗，大面积玻璃连窗和阳台构成水平线条，窗间墙及楼梯间构成竖向线条。建筑顶部设有类似环形采光亭的阁楼建筑，使建筑有向上延伸的趋势。檐部及窗户玻璃为传统青灰色，与白色抹面墙体一起，形成苏州园林般的古典韵味。

两侧的高端写字楼呈欧式建筑风格，建筑可分为主体部分、楼梯间及楼梯间上部的屋顶。主体部分三层为欧洲中世纪市政厅建筑风格，第三层窗口檐部装饰以拱券，与窗间墙两侧突出的竖向线条形成对竖向三层窗口的围合，建筑有双层多线脚檐口，形成丰富的水平层次，上层檐口以混凝土栏杆围护。楼梯间为上下贯通的对称两部分楼梯井构成，以淡蓝色玻璃幕墙装饰。楼梯间上部即为金色屋顶，类似于佛罗伦萨主教堂屋顶，屋顶与楼梯井之间设有鼓座，开窗，与楼梯井开间垂直。东西两栋建筑鼓座略有变化，西侧为环形，开三窗，东侧为方形，开两窗。

34. 康桥国际

建筑主楼体由5层商业及3栋纯板式高层半围合而成。突出的窗户在上下连为一体，与青灰色的楼梯间外墙面构成垂直线条，住宅楼与商业楼相围合，构成完整的封闭空间。五层的商业楼以正对十字路口的通窗式玻璃幕墙为构图中心，对称布置，在水平方向分为三段，中间与两侧以预留的电子银幕墙为分割，两侧墙面脚线为广告牌预设空间。

35. 兰馨花园

该住宅小区规模较大，沿外围设高层建筑，建筑色彩青灰色为主，白色的窗台、楼梯间和顶层构筑物相间其间，色彩淡雅，有清水砖的韵味，底层墙面为深褐色。整体建筑布局合理，造型简洁。

36. 甘肃省广播电视中心

建筑主体为椭圆柱形，立面由淡绿色玻璃幕墙及竖直带状合金板装饰构成，带状装饰相间排列，由中间向两侧对称渐次升高。顶部为环状，有放射倾向的抽象化檐顶。建筑形体新颖别致，颜色与天空相融合。放射状檐顶与大楼作为信息集散中心的地位相协调。

37. 兰大第一医院住院部

建筑有两部分组成：主楼、裙楼。裙楼左右对称，分三层，一层入口有弧形外延的门庭，造型别致，为整栋建筑主入口。裙楼两侧楼梯间采用深色玻璃通窗，形成竖向支撑造型，门庭和二、三层开窗形成水平线条，使得整个裙楼宽敞而不压抑。主楼与裙楼相接部分为竖向造型，突出的阳台采用横向连续开窗，富有层次感。主楼主体部分造型与裙楼相似，左右对称，楼梯间采用小开窗，正立面方形开窗均匀分布，顶部有装饰露台。整栋建筑比例谐调，造型简洁，横竖向通窗活跃了建筑立面。

38. 兰州大学第二医院

通过主体建筑层层后缩，造成视线遮挡，将巨大的体量隐藏起来，大空间设在地段中央，在外部形体上不做强调。沿街部分只有两层，减少了建筑体量与周围环境的冲突。

建筑形体由三个部分组成，中间立方柱体，两边近似侧向延伸的建筑造型相同，近似对称，建筑从右向左依次后退，由建筑后退留出的空间建了2~4层的裙房。这种后退，一方面丰富了建筑的层次感，使得建筑有了更好的展示面，另一方面，后退的高层建筑也降低了对主入口及正立面前街道的压迫感。建筑顶部建有双层圆柱形构筑物，搭载避雷针，构成建筑的顶部装饰。建筑中间部分开窗为点状竖向分布，两侧立面则为水平通窗，同时形成水平的带状窗间墙。建筑在水平和垂直方向上都有延伸的趋势，水平与垂直、棱角与弧面形成对比，整体造型结构分明，层次丰富，外形舒展大气，立面简洁，富有韵律感。

39. 兰州饭店

兰州饭店是兰州市第一座高层建筑。主楼八层（地下一层），两翼六层。正面入口大厅高两层，宽敞明快。立面对称而严谨，造型简洁，主楼和副楼形成拥抱盘旋路口的形态，在建筑正面空出小广场。兰州饭店是在20世纪60年代贯彻厉行节约精神，批判复古主义、形式主义的背景下建立的，建筑檐未采用传统的大屋，檐口及立面只有简洁的脚线装饰。

二、改革开放至21世纪初折中的地域化风潮建筑评析

虽然此期间，地区建筑的地域特点较欠缺，但从另一角度看，甘肃地处西北，经济文化相对落后，在20世纪90年代，地区经济较之前有较大飞跃，为树立地区形象，力求通过具有一定的国际主义风格建筑来证明地区经济的发展。作为地区经济发展的象征，在寻找地区经济和文化发展的探索中，通过形象集中、贴面华丽、高耸的建筑的形式想找到地区风格，在折中主义浪潮中探索。

第四节 21世纪以来甘肃地域建筑探索中的模糊与融合

工业时代的到来极大地改善了人们的物质生活，人们改造自然的能力得到了极大提高，机器生产代替了手工作业，生产力得到巨大释放。建筑中利用钢材、混凝土、玻璃为主要材料的技术逐步成熟起来，形成了一定的风格样式。民族传统建筑在工业时代的潮流中也受到了不同程度的影响，民族的传统材料、技艺、建构方式与现代新型的钢材、玻璃以及快速的建造方式慢慢地碰撞、交融，最后在长时间的磨合中慢慢形成了新的建筑形式。

随着国内东西部地区交流的频繁，东部发达地区的信息技术、文化、资本、观念等逐渐传入西部欠发达地区，对西部欠发达地区来说，这些新的东西与原本存在于欠发达地区的传统要素相互交融、融合，最终在模糊、杂糅中产生新的东西。西部欠发达地区的建筑交融是伴随着欠发达地区与发达地区经济差距的互补而产生的，在欠发达地区，他们一直沿袭着陇地几千年传统的建构技艺、材料等，对于发达地区流传过来的东西由最初的排斥转为模仿，正是在这双方的容忍、相互接受之后，西部欠发达地区才真正进入了东西交融时代。

新中国成立以来，围绕继承中国传统，发扬民族形式，创作建筑艺术美的问题经历过多少次探索和讨论。经过反复摸索的艰难曲折以后，中国建筑师开始走继承传统，适应功能，采用高新技术，探索古今交融，实现建筑创作现代化的正确之路。中国传统的和新的手法在建造技艺、材料、形式上发生碰撞，交融，最后产生新的形式。

不同地区或民族，由于社会发展程度、自然环境、生产方式、生活习俗、宗教信仰及审美观念的不同，其建筑文化的内涵和风格也不尽相同。另一方面，随着民族间的相互接触交往和相互学习，建筑文化亦相互影响与交融，呈现出日益增多的趋同性，反映了各民族对人类文化成果的共享和对先进文化的认同与吸纳，从而推动了民族建筑文化的不断发展与进步。陇地是多民族地区，居住着回、藏、东乡、土、裕固、保安、蒙古、撒拉、哈萨克、满族等16个少数民族各民族有着不同的风俗、信仰和建筑形式，同时各民族内部也发生着在习俗、建构技艺、材料等方面的碰撞，经过长时间的交融，也产生了多民族的建筑形式产物。这是甘肃内部多民族建筑文化发生的交融、杂糅。

第八章　甘肃当代地域建筑风格的生成语境

无论是建筑学界、环境规划学界，还是人文地理学界，在新的发展中如何与既有的生成环境建构语境关联已成为了一个重要课题。尤其是国内欠发达城市，本土的建筑语境被现代化、抽象化或者虚拟化了；地域城市正面临着语境的困惑，一方面是完全游离于场所语境的"奇特"建筑，另一方面是被场地文脉所束缚的"平庸"建筑。于是，城市的地域语境在全球化与现代化进程中不断碎化，演化为一种不稳定的杂乱的"低语境"系统。[①]中国建筑师，在面对满足人类的欲望和承担社会环境责任之间的矛盾，必须拥有自己的主张以及符合可持续发展的应对策略（图8-0-1）。

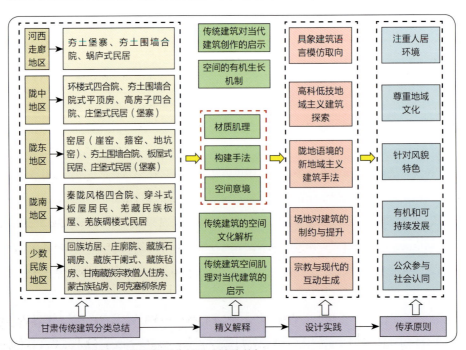

图8-0-1　甘肃地域建筑生成语境图示（来源：刘奔腾 绘）

---

① 田洋. 解析折中主义在中国近代建筑中的形式语言[D]. 东北大学.

第一节 当代建筑地域性的内涵与属性

一、现当代建筑的"乡土语境"与"场所精神"

"乡"指城市外的农村地区,"土"指土壤、泥土、田地。费孝通先生曾在著名的《乡土中国》中用乡土本色来解释中国社会的基层。这种乡土文化里,世代定居是常态,迁徙是变态。定居的结果导致了人所需要的空间和土地的结合,从而产生了根植于土地的乡土社会和乡土建筑。由此,"乡土建筑"是指土生土长的建筑,产生于原始聚落特别是乡村地区,孕育与一个相对封闭的文化或方言区内,出自当地民间工匠之手创造的原创建筑。乡土建筑侧重于民间建筑、乡村聚落建筑,反映的是朴实的平民文化、农耕文化、乡土文化。

乡土性建筑必然是融入"农村"和"本土"中的建筑。就如同东南大学建筑学院董卫教授所认为的:"传统建筑具有地方本土化特点,所以地方化就存在与乡土中,人们对资源的获取,对环境的控制都是在一个相对有限的范围内,这就导致了传统建筑地方化特征。它的工匠、建造工艺、材料都是地方的,所以这是乡村建筑具有独一无二特点的一个重要方面,在我们这个现代化、全球化、生态化的时代,应该更多地关注乡土建筑的传统优势、特点,为未来的建筑设计汲取灵感和启发。在当今社会中,我们可以看到很多乡村的新民居,虽然不是传统样式,但运用了传统思想、传统思想来构建的,我们可以称之为'当代新民居',这种新民居看起来并不是很美观,但同样值得我们去学习。我们从中可以了解到,当地的工匠是如何理解传统民居在现代民居中的延续和传承的。这是我们当代建筑师从他们的知识、经验、精神可以学到的地方"。

舒尔茨说:"建筑师负责创造出富有内涵的场所空间,让人们居住生活。"从甘肃陇地建筑中我们可以看到,每个功能空间都包含深刻的含义,也展现一种特有的场所精神,和场所本身相比,场所精神具有更丰富的内容以及更深刻的内涵。它代表一种整体环境感觉,是人们在活动、思考过程中能够真实感受到的,这样的空间才有存在的意义。甘肃陇地的乡土建筑,其古村落场所精神特点是和当时聚居情况下的宗法思想以及精神信仰相联系的。陇地建筑各种不同符号创造的意境氛围都集中反映那个时代人们的审美价值观和生活理想。

陇地地区多山地,高原,当地人只能在有限空间中建造布局房屋,让每一寸土地都得到充分利用。甘肃现代村落大多沿袭了原始古制,多在水源充足、山川相伴的地方建立村落。村落也由居住区、公庙区、堆粮场区、墓地区、制陶区等几部分组成。组织建制是村落结构的一个重要组成部分,从大量的历史文献中可以看出,早在周代农村就有"六乡六遂制"。甘肃作为多民族聚集地,一些地区形成了历史悠久的同一地缘的多姓杂居现象,表现在村落民俗上是宗族势力极强,家教、家规有时就是乡规、村规、教规。加上古代陇地人深受道家思想和理学思想影响,其生活观念比较内敛、保守,有很强的封闭性,其建筑也就呈闭合形态。在该环境下,由于社会关系是建立在血缘关系基础上,社会成员拥有相同的历史文化背景,接受同样的生活习俗,所以在一定地域范围内,其思想观念、行为方式以及价值取向具有一致性。

二、"陇地人居"的当代性诠释

甘肃深居西北内陆,海洋温湿气流不易到达,成雨机会少,大部分地区气候干燥。由于地处黄土高原、青藏高原和内蒙古高原三大高原的交汇地带,省内城市与村庄聚落多分布在旱地河谷的自然环境。河谷地带集聚效应强,发展速度较快,相对于周边区域来说,是城市和村庄聚落发展的最佳区域选择。由于地形格局的原因,河谷型城市在容量和规模上,受到明显的限制,同时伴随着城市病。河谷型城市布局独特,一般呈现带状空间格局,并且两边山体的存在也导致城市和村庄层次分明,立体感强,城市和村落景观与其他城市和村落有显著差别。但是随着城市经济的快速发展,河谷型城市在其发展过程中,面临地形复杂、所处地理环境相对封闭、经济实力处于较低水平、交通条件差、资源压力特别是土地资源压力大、人口密度高、自然灾害多、生态环境脆弱等问题，这也是此类城市未来发展过程中急需要解决的问题（图8-1-1）。

三、"新地域"建筑形式的生发与阶进

地域性建筑是对场地环境条件的回应，尤其对于地处独特物理环境中的建筑，其形式往往由场所引发，并遵循结构逻辑和材料特性。由场地环境引发的建筑创作，即与环境相融合，又强化并凸显了其独特的场所精神。在今日全球化浪潮愈演愈烈、西方建筑思想和设计作品汹涌而来的现实背景下，中国建筑师积极、有意识地挖掘和弘扬本民族地域文化具有时代紧迫性。

虽然陇地区经济落后，交通闭塞，很多地区的建筑形式仍然沿袭着传统的建筑形式，但随着本土文明的觉醒，新地域建筑形式被放大而强化，从中衍生出地域性的自我诉求。这种与建筑地域性相关联的主体意识源于人们与生俱来的领地意识，是潜意识中不自觉地对外界通话过程的拒绝。一方面衍生为主体对外部异质要素的消极对抗，摒弃一切可能改变本土质素的途径，如现代的科技、新型材料等；另一方面从彰显多元价值的角度看，衍生为主体对外来要素的合理接纳，其主体诉求在消弭现代建筑价值统一性和风格雷同方面具有积极地当代意义，如批判的地域主义。后现代主义、历史主义、复古主义的某些特征，是对异质要素的同质化表述，是当代地域性建筑实践的合理途径。

第二节 本土环境之多元与差异——自然地理条件

当代建筑生于当代，服务于当代，面向未来，而其地域性却是根植于"人—地"关系的环境中。甘肃地处黄土高原、青藏高原、蒙古高原三大高原交界处，地形地貌复杂多变，所呈现的地域性特征也是多样的，与地域性特征相符的地域性建筑存在者多元差异。每个地域的建筑是这个地域气候、文化、地形地貌、习俗以及民族的综合产物，它也映射了这个地域人的性格、审美、艺术、设计和他们对生活的态度。

甘肃地处于黄河上游，地貌复杂多样，山地、高原、平川、河谷、沙漠、戈壁，类型齐全，交错分布，地势自西南

图8-1-1 甘肃地区部分河谷型城市空间形态图（来源：谷歌卫星地图）

向东北倾斜。地形呈狭长状，东西长1655公里，南北宽530公里，复杂的地貌形态，大致可分为各具特色的六大地形区域，有陇南山地、陇中黄土高原、甘肃高原、河西走廊、祁连山地、河西走廊以北地带，这些不同的地形形成了各自建构方式，不同地区材料，风格各异的地域性建筑和亚文化片区格局（图8-2-1）。

陇南山地：这里重峦叠嶂，山高谷深，植被丰厚，到处清流不息。这一区域大致包括渭水以南、临潭、迭部一线以东的山区，为秦岭的西延部分。

陇中黄土高原：位于甘肃省中部和东部，东起甘陕省界，西至乌鞘岭畔。这里曾经孕育了华夏民族的祖先，建立过炎黄子孙的家园，亿万年地壳变迁和历代战乱，灾害侵蚀，使它支离破碎，尤以定西中部地区成了祖国最贫瘠的地方之一，但蕴含着无尽的宝藏，有丰富的石油、煤炭资源。

甘南高原：它是"世界屋脊"——青藏高原东部边缘一隅，地势高耸，平均海拔超过3000米，是个典型的高原区。这里草滩宽广，水草丰美，牛肥马壮，是甘肃省主要畜牧业基地之一（图8-2-2）。

河西走廊：斜卧于祁连山以北，北山以南，东起乌鞘岭，西迄甘新交界，是块自东向西、由南而北倾斜的狭长地带。海拔在1000～1500米之间。长约1000公里，宽由几公里到百余公里不等。这里地势平坦，机耕条件好，光热充足，水资源丰富，是著名的戈壁绿洲，有着发展农业的广阔前景，是甘肃主要的商品粮基地（图8-2-3）。

祁连山地：在河西走廊以南，长达1000多公里，大部分海拔在3500米以上，终年积雪，冰川逶迤，是河西走廊的天然固体水库，荒漠、草场、森林、冰雪等植被垂直分布明显（图8-2-4）。

图8-2-1 甘肃平凉和庆阳地区（来源：李玉芳 摄）

图8-2-2 甘南高原（来源：李玉芳 摄）

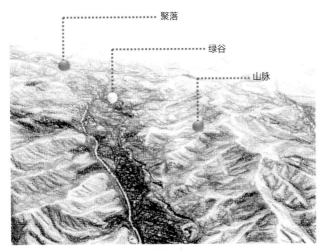

图8-2-3 河西走廊（来源：刘文瀚 绘）

图8-2-5 北山地带（来源：刘文瀚 绘）

图8-2-4 祁连山地（来源：刘文瀚 绘）

河西走廊以北地带：这块东西长1000多公里，海拔在1000~3600米的地带，习惯称之为北山山地，这里靠近腾格里沙漠和巴丹吉林沙漠，风高沙大，山岩裸露，荒漠连片，具有"大漠孤烟直，长河落日圆"的塞外风光。（图8-2-5）

山地高原作为陇地地域风貌的重要因素，可以说，利用好、保护好山水格局，处理好山、水、城（村）食欲内的建筑风貌，对于重塑陇地山地高原风貌具有举足轻重的作用。

而如何科学利用山水，重构不同尺度空间，重塑山体高原传统风貌，营造现代特色城市风貌应是甘肃当代地域性营造的重要组成部分。

第三节 文明语境之共生与交融——历史人文层面

一个城市和地区的地域特征是在当地的民俗、文化、历史的共生和杂糅中产生的。而其文化体系的构成，则有三个层面的要素组成。

第一个层面有经济形态和社会制度组成，并影响着整个历史演进过程。意大利学者布鲁诺·赛维（Bruno Zevi）提出"建筑就是经济制度和社会制度的自传"[1]的观点，很形象地阐述了建筑与经济形态和社会制度的关系。确实，建筑的乡土性就是在经济与社会的不断演变中相互交融，从而形成新的乡土性表现。从农耕文明的经济语境看，由于人们的生活行为束缚于一方水土之上，其本土性由于由

---

[1] ［意］布鲁诺·赛维. 建筑空间论——如何品评建筑［M］. 张似赞译. 北京：中国建筑工业出版社，1985：98.

内而外的自给自足呈现单一性、聚焦性。在农耕文明中，建筑表象的本土性与其内在深层内涵具有一致性。也就是说，气候、经济、文化习俗等本土性深层影响因子能够物化为成熟的建筑形式。[①]随着工业文明时代的到来，科技生产力迅速发展，地区间封闭隔绝的模式逐渐被打破，在城乡变换中社会结构得以重组，城市和乡村人口呈现虹吸式转移。人、土地和土地所承载的资源之间的关系被打破，继而重新建构。一方面经济水平和与社会制度的改变，为乡土建筑的发展提供了发展的可能，潜意识中影响了建造技术与空间风貌的方向；另一方面也影响着建筑风土观的留存和乡土性的表达。

第二个层面由民族意识和传统文化组成。我国是一个多民族大融合的国家，甘肃省域范围内除了人口大多数的汉民族外，少数民族总人口219.9万，占全身总人口的8.7%，其中，东乡族、裕固族、保安族为甘肃的独有民族。省内现有甘南、临夏两个民族自治州，有天祝、肃南、肃北、阿克塞、东乡、积石山、张家川7个民族自治县，39个民族乡。不同民族间的聚居性明显，其建筑文化特征由该民族的生活方式和所处的自然环境决定，这些具体的民族特色成为建筑乡土性的重要内容。虽然民族意识在不同的民族与地区间具有迥然不同的价值取向，但由于民族存在迁徙和流动的特性，传承本民族文化的同时在于其他民族交融过程中吸收了外来文化。由此可见民族性不是故步自封的，而是变化的、开放的。传统相较于民族性而言更为广泛，可规定为人类创造的不同形态的特质经由历史凝聚下来的诸文化因素的复合体。[②]我们可以称某个民族的传统，也可以称多个民族的传统。民族性意识是形而上的，传统是内在的、隐藏的、潜意识的，文化是外在的、表象的、显露的。这三者互补互济，相辅相成，但也存在着对冲与排斥。由此产生的互相制约而达到的动态平衡，就能使地域的风土观得以存续比并不断发展。

第三个层面包含了地方语言和风俗习惯，地方语言在风土建筑上呈现地方的特殊性。如传统匠人的口传心授，施工与行业内的技术交流等。方言的传达主要呈现了当地生活的多样性、民间自发性、传达有效性和建造的经济性。一般情况来说，在一定的地域形成了方言，同时也形成了地域文化。方言传达了多样的地方生活、民间传记、真实的史实以及乡土建筑建造的最经济方式。传达了在统一生活环境中人们对风俗习惯、生活方式和生活环境的共识。乡土建筑所呈现出来的建构方言，就是人们早深切了解了自己的功能需求之上，采用自己所熟知的营建手法和逻辑语言，并与现存的环境要素相匹配，定型为地方所独有的建造体系。这一体系的建立又作为空间载体，演绎着特有的风俗习惯而形成的生活行为，进入惯常的生活，成为一种约定俗成的集体无意识状态得以延续。反之，当外来人口集聚于这一地区，当地的方言会与外来人口带有的语言相融合，进而弱化方言，甚至消失。由于外来人口密集化，没有统一的风俗习惯，对当地风貌没有源于内心的认同感，从而呈现出趋同于国际现代风貌的表象，如上海、深圳、广州迅速新建起来的新区。

甘肃拥有久远的历史和多元的文化，特别是典型的河谷地带的山水城格局，呈现特有的历史文化底蕴。这些文化的传承共同成为甘肃地域性建筑营建的依据和创作的源泉，使甘肃的地域建筑呈现多元化的态势。建筑作为当地文化的产物，各个历史时期的建筑都或多或少留存至今，均有着不同寻常的文脉与传承。远古有如旧石器时代晚期的石峡口遗址、姜家湾遗址、刘家岔遗址和寺沟口遗址和新石器时代仰韶文化遗址和陶洼字遗址等。进入古代文明社会，丝绸之路途经河西走廊，将中原的丝、绸、绫、缎、绢源源不断地运向中亚和欧洲；河西走廊地区融入了丝路文化、长城文化、火烧沟文化和莫高文化，成为古代文化的优秀"博物馆"。

---

① 李雷. 建筑与城市的本土观[D]. 同济大学，2006：163.
② 邵汉民. 中国文化研究二十年. 北京：人民出版社，2003：466.

第四节 乡土文脉的延续与聚合——城市风貌延续

陇地地域地貌形式多样，山地、高原、平川、河谷、沙漠、戈壁交错分布，矿藏资源丰富，地域内水系有黄河、疏勒河、黑河、大通河，流经之处孕育了大片文明，孕育了陇地特有的建构材料、方式，并经历了选址、产生到发展的整个过程。能够反映城市风貌形态的物质和非物质要素，都成为该城市或地区的文脉。随着工业时代文明的到来，城市的快速化发展，把能够反映城市风貌形态的建筑群落拆的荡然无存，除了个别文保建筑和单体外，早已看不出原有的城市地域风貌，也就失去了乡土文脉的延续与聚合。

甘肃，地处中国内陆腹地，为内地连接新疆、青海、西藏等少数民族地区的桥梁与纽带，加之多民族交错杂处，历代皆受到统治者的高度重视。汉代以来，即已沿河西走廊一线设置了一系列的郡县城市，唐代更达到其城市发展历史的顶峰。宋代以后，随着中国经济重心自西北向东南的转移，以及过度开发所导致的发展环境恶化，整个甘肃地区都处于相对衰落状态，甘肃城市也因而受到很大的影响。明代，因政府不能对新疆地区实行有效的统治，故甘肃地区成为明王朝的边疆，并形成了系列军事极强的卫所城市。清代以后，新疆地区为清王朝所有效控制和管理，甘肃则从边疆变为腹地，由此对甘肃城市产生了巨大的影响。随着甘肃社会秩序的重建与日益稳定，清政府通过移民屯垦，改卫所设州县，建立新的行政建置等措施，加强了对甘肃地区的行政控制与治理，从而初步形成了较为完善的行政城市等级体系。但是，由于受地理环境的影响，城市空间分布呈现为南多北少、东多西少，多集中于黄河以东地区的特征。由于城市行政功能突出，因而在城市功能结构中，经济、文化功能相对较弱，并未能形成明显的功能分区。经济上，随着清代全国范围内商品经济的发展，多民族交错杂居的甘肃地区在区域内外商人及外来主政者的积极推动下，以及在东部发达地区的辐射带动下，城市工商业也渐趋繁荣。不仅各主要城市出现了专业化的商品市场，而且在民族交汇地区也形成了多个商贸兴盛的市镇。在这些城市的商品交换中，民族贸易成为重要的贸易内容。除传统的手工制作外，晚清甘肃城市工业尚出现了现代的大机器生产，从而呈现出新旧并存的局面。清代甘肃城市经济，无论是中前期的民族贸易还是后期的近代型工业的引进，都无不打上了明显的政治统治与控制的烙印。与其他区域相较，清代甘肃城市人口构成的最大特征是多民族共处与居民的多元性。这种较为独特的居民构成又对城市的社会生活产生了极大的影响，这不仅表现为衣、食、住、行的多元化趋势，而且表现为宗教、民间信仰、节日风俗、消闲娱乐等内容的日益丰富。随着政治的稳定与经济的发展，清代甘肃城市的文化教育亦较前代有所发展，并具有其他地区所少有的多元性、民族性特征。但是，日趋恶劣的自然地理环境，以及地方政府对民族问题处置失当而引发的动乱等，都极大地限制了清代甘肃城市的发展进程。特别是随着近代中国被迫对外开放，偏居内陆腹地的甘肃不仅远离了中国的经济中心，而且还远离了日益发达的国内外市场。于是，在走向现代社会的过程中，相对沿海、沿江及沿边开放地区而言，甘肃地区城市的变迁程度较弱，社会转型极不充分，表现出明显的滞后性。从总体上讲，这种局面的出现，既有客观的自然原因，也与人类自身主观能动性的不足有很大关系。①

南方城市的发展则与北方城市不同，清朝初期，封建统治着采取了一系列恢复和发展生产的措施，使得南方地区的经济得到进一步的发展。其次，优越的地理区位和物候条件，价值北方移民南下，刺激了珠江三加州和韩江流域的开发，加剧了城市工商业和手工业的发展。北方是军事防御需要，军队屯耕，或者是集聚的贸易而形成的城市发展，南方则是优越的地理区位刺激了城市的产生。

在当代甘肃的各个城市，竞相发展失去了乡土文脉延续与聚合的情形不胜枚举，在全球范围内也是如此。情况虽然

---

① 黎仕明. 清代甘肃城市发展与社会变迁. 四川大学历史文化学院.

不容乐观，但在乡村地区依然存在着大量的乡土文脉建筑，特别是形成文脉的原初水系，山体，村落选址格局等环境条件的延续为城市和乡村地域风貌进一步发展提供了必要和可能。典型的村落有陇南康县的大部分村落，还有天水、白银、河西地区等。这些乡村匠人营造的技艺手法和精神，是当代建筑设计师和城市规划师要学习和传承的，缝合弥补原本破坏的区块，在历史车轮的演进中，让历史不在我们这里形成断层。

第五节 全球化地区发展的特点——折中主义的探析

某个建筑它必定是某个时代的产物，而当今的时代是个开放的体系，交通工具便捷，信息技术传播迅速、全球经济一体化，这些众多的因素促使全球各地区交流频繁，信息技术互通有无，同时也促使了各地区文化的交流和融合。世界正在变成一个"地球村"，这就导致了"全球聚落"的产生，全球各地的建筑逐渐表现出了趋同性。

首先是城市功能的类似造成建筑类型、功能的一致，其次是用地、开发资金、效率等因素促使建筑向高层、大体量发展，有技术制约，科技含量决定了形式的趋同；第三是来自西方的美学思想和构图原则成为超国界的建筑通用语言，新的建筑风格席卷全世界。

在文化交流与融合中，我们自身的文化特异性正在消失，我们的城市越来越显现出无特色的特点，甚至于我们来到一个城市，感受不到这个城市特有的地域文化，无法从它的建筑风格、风俗习惯、民俗文化来辨别。时代更替和工业化进程中，建造技艺的改变也将地域性营造技术彻底抛弃，仅存在于偏远地区的乡村地区。正是建造技术的变化，使得当代建筑体系得以与传统风貌建筑完全脱离开来，而工业化时代大规模建设的需要也必然以现代化技术的方式进行，从而在整体风貌上呈现出非传统的、非地域性的、非乡土的建筑风貌，也同时形成了一大批逐步丧失甚至完全泯灭了地域特征的城市和地区。

折中主义是中国建筑师立足传统建筑创作的重要出发点，他们试图以西方的物质文明发扬中国固有的文艺精神。18纪20～30年代的中期，中国的固有形式建筑的高潮中出现了"宫殿式"建筑，这是典型的中国的折中主义的建筑，这座建筑的普遍特征是：在新技术、新功能的基础上以大屋顶为原型来表现中国的民族形式。继"宫殿式"建筑之后出现的以平屋顶为主、局部大屋顶的"混合式"建筑，也属于折中主义的建筑。中国特征的现代建筑是在"中国固有形式"建筑后期出现的放弃大屋顶的"现代化的中国建筑"，基本上是在现代建筑体量上加上中国的传统装饰构成的。从"宫殿式"、"混合式"到"现代化的中国建筑"，我们可以看到中国折中主义建筑发展的过程是一条渐进的向现代建筑演化的轨迹。[①] 折中主义建筑在中国的发展，从民族的角度看，是外国列强侵略中国的见证。但是，它确实有其积极的方面，在搜集、提炼各种建筑风格和手法的基础上，创造出不少新的建筑语言。这些满载历史的建筑，今天大多数都是我们生活与工作的空间，在这些精美的建筑物上始终展现给人们一种美好的形式语言，流露出中西文化珠联璧合的历史韵味。无论是在结构、材料、外观上都可以体现中国近代建筑的独特的语言形式和价值取向。中国近代建筑不仅有追求民族性的一面，也有崇尚西化、追求科学性的一面，从近代折中主义的建筑上不难看出这种中西合璧式的折中的语言形式。

---

① 田洋. 解析折衷主义在中国近代建筑中的形式语言［D］. 东北大学.

第九章 甘肃当代地域建筑传承取向与实践创作

  无论是建筑学界、环境规划学界，还是人文地理学界，在新的发展中如何与既有的生成环境建构语境关联已成为了一个重要课题。尤其是国内欠发达城市，本土的建筑语境被现代化、抽象化或者虚拟化了；地域城市正面临着语境的困惑，一方面是完全游离于场所语境的"奇特"建筑，另一方面是被场地文脉所束缚的"平庸"建筑。于是，城市的地域语境在全球化与现代化进程中不断碎化，演化为一种不稳定的杂乱的"低语境"系统。[①]中国建筑师，在面对满足人类的欲望和承担社会环境责任之间的矛盾，必须拥有自己的主张以及符合可持续发展的应对策略。

---

① 田洋. 解析折中主义在中国近代建筑中的形式语言［D］. 东北大学.

第一节　具象建筑语言模仿取向

建筑从广泛及本质的意义上而言，是综合社会条件、技术条件等因素而服务于人类工作、生活的物质实体。其意义并非抽象的概念或对外在事物的描绘，而是要依赖于人的参与和认同，它是在活生生的建筑活动中生成和显现的。

建筑虽然作为物质实体而存在，但它又不只单纯服务于物质需求。当人们企图以建筑来表现或传达一定意义的时候，常把建筑类比为语言。这就是我们要讨论的具象建筑语言模仿的要义。

建筑创作中的象征构思过程可以粗略分解为三个阶段（图9-1-1）：

首先是初步确定出所要表达象征意象；接着是寻找能够表达这个意象的合适的载体；最后，要对初步的或局部的建筑意象进行整理，对象征的载体进行加工变化，形成最后的整体的建筑意象。这三个阶段之间并没有严格的先后次序，象征思维的过程中，这三个阶段常常交织在一起、难分彼此。

象征，是用具体事物来表示某种抽象概念或思想感情。建筑中的象征是通过空间形式或外部形象的构成特征来表达一定的思想涵义，传达某种情感，达到建筑师与使用者之间情感上的交流。所以，建筑的象征是通过形来表达意义的，而象征意义是由形象与社会中人们的生理、意识、心理交互作用而产生的。建筑师要创造出具有象征意义的建筑，就应该了解熟悉"形"与"义"之间的转化途径与过程。人类社会本身是一种高度组织化的网络，在这个网络中的个体均受着别的个体的影响，同时也在影响着别的个体。当某种形象对应着的效应通过进化而确定下来，就是靠这个社会的网络实现的，这正是走向象征化的途径。显然，象征化的过程包括时间的要素，因为这是一个长时期的积淀过程。并且，作为具体物象的建筑和抽象的象征意义之间存在着本质的不同，完成其转化的过程只有借助于人脑的思维机能，并且涉及人的社会经历、文化素养、知识范围、民族传统等。

另外，建筑不像绘画、雕塑、文学等"纯艺术"那样，主要表现精神性的一面。建筑从来就是工程技术与艺术的结合，是物质性与精神性的统一。首先，建筑的物质性是指建筑一般都具有物质性的使用功能，要在物质条件的限制下、利用一切可能的物质手段才能完成。同时，建筑又会在不同程度上体现出精神性：一是形式美，如形象、空间组合、比例、尺度、节奏、韵律以及装饰、质地、色彩等，使人产生美的愉悦；二是内涵美：即社会伦理、精神象征等。人们需要在建筑中营造出某种性质的环境氛围，进而表现出某种情感、思想、表情和感染力，以陶冶和震撼人的心灵，如表现出亲切或雄伟、优雅或壮丽、轻灵或沉重、宁静或动荡等，体现出不同的社会文化。因此，建筑创作中的象征不仅要受到物质技术条件的制约，还要符合形式美的原则。建筑的形式美是内涵美的基础，建筑中的元素（如门窗、台阶、栏杆等）都有一定的尺度要求，这些元素只有比例尺度上是和谐的，才有可能升华，体现出一定的精神内涵。

一、从具象解释建筑回归至感受建筑

对建筑的解读有不同的方式，具象性解释采取的是"看的方式"，它往往偏要一个特定的瞬间或一个特定的角度，而在实际体验建筑过程中，这样的要求几乎是现实的。建筑具有其他艺术品所不具有的特性"可进入"的空间性。进入一座建筑，我们便会身.临其境融入其中。如果用我们自己最简单最迅速的"触觉方式"去理解它，便可从中得到对场所、空间和环境的感知经验。体会到一种无形的气氛，"场所的精神"，而这些正是我们面对一座建筑时所真正需要感受的。

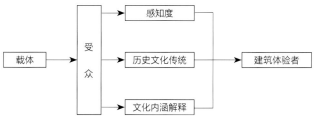

图9-1-1　象征的理解过程（来源：梁雪冬 改绘）

如果从建筑师角度来讲,建筑语言的意指也远远超出了审美的定界。设计不只是为了美学效果和形成一个象征性的符号,而是一个矛盾的不断发现和调整的过程。它追求生活的真实,人类对生活的体验。建筑"含义"的形成是与建筑的"功能使用"相辅相成、互为依据的,是建立在特定人群特定的生活方式基础上的,不可能仅仅通过建筑师的文字注解而获得。无论是建筑师的创造还是对于公众的感知,对建筑含义的理解都应回归于建筑及建筑环境本身。

建筑的外在表象并不是源于对客观事物的认识和描述,而是源于个体生命对人生意义的体验和理解,建筑生成的美的基本动力应该更多地来自其内在。即使是一个简单的空间,在生成过程中也可蕴涵丰富的建筑美的潜力,而非那些表面化的粉饰及虚构的表现。对于观者,通过对建筑感受的还原,会越来越深刻地理解到,建筑是一种人化的空间,其最根本的特征在于满足人的物质和精神需要,它蕴含着人类活动的各种意义。而那些包裹在外面的形形色色的招牌,引经据典却牵强附会、貌似内涵丰富却苍白空洞的解释最容易使建筑失去它最原始、最根本的东西。因而,从某种角度上说,建筑的形态和内涵不是用语言"解释"出来的,而是用心、用情感、用自身的知识积累去体验和感悟到的。

只有当建筑师深刻地体察生活,使作品的喻义源于与建筑内涵息息相关的客观世界时,使用者和观赏者才能正确接受其所欲传达的喻义。相反,如果喻体同建筑本体所表达的含义没有紧密的联系。作为喻体的有关符号也只是拼贴或强加到建筑本体之上的。那么这种隐喻必然是浮浅或游离的,进而人们对它的解读也就失去了根基。

二、具象建筑语言模仿取向的建筑实例

(一) 敦煌莫高窟九间楼

莫高窟的第96窟,人们习惯上称"九层楼",是莫高窟的标志,楼高45米,从下面只能看到七层,还有两层小塔只能从高处才能看到,里边供奉的是世界第四大佛,也是世界上最大的室内弥勒菩萨的造像。这座大佛记载的修建年代为唐朝年间,所以弥勒菩萨的造像非常丰盈圆润,典型的唐代风格。据说当时武则天当政,为了让巩固自己的帝位,就对民间宣扬自己是弥勒菩萨的化身,所以当时的造像我们如今看起来还能发现有很多女性特征,这就是当时时代背景所影响的(图9-1-2~图9-1-4)。

到过敦煌莫高窟的人,几乎第一眼都会被位于石窟群中

图9-1-2 敦煌研究院院徽(来源:刘文瀚 绘)

图9-1-3 敦煌九间楼(来源:周涛 摄)

段的第96窟窟檐建筑（俗称九层楼）表现出的宏伟与大气所震撼和折服，九层楼因而当之无愧地成为敦煌莫高窟的标志性建筑并被设计为敦煌研究院院徽。

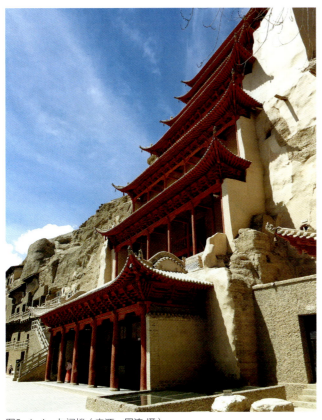

图9-1-4　九间楼（来源：周涛 摄）

通过对莫高窟原生结构形体的认识，提炼出能够代表敦煌研究院院徽的传统特质的历史和人文信息，再将其回归到院徽符号中，重组其文化空间结构和空间和功能等要素。

（二）敦煌山庄

敦煌山庄拟建建筑面积4万平方米，分两期实施。一期主要由300多间客房和别墅、餐饮、商店、娱乐健身设施、职工宿舍及服务用房组成。二期由跑马场、剧院、画廊组成。

鉴于业主要求敦煌山庄的建筑设计要全面反映中国传统文化和丝绸之路文化特色，力求与大漠风光相呼应，让客人能够感受到鲜明的地域风情，所以制定的设计原则是立足敦煌自然条件和人文景观的大环境，处理好周围的小环境，努力探索和表现土生土长的西部建筑文化传统。

鸣沙山为国家级风景名胜区。敦煌山庄用地虽然和鸣沙山之间隔着一个村庄，但仍然在主要游览路线的视线范围内。为了避免喧宾夺主，遮挡游人观赏鸣沙山的视线，设计采取了淡化自己，突出鸣沙山的方式。建筑高度均控制在1~2层之间（局部3~4层），建筑体量化整为零，形成群落式布局。除此之外，整个建筑群还大幅度后退敦月路。从建成后的实际效果看，基本实现了设计意图（图9-1-5、图9-1-6）。

图9-1-5　敦煌山庄（来源：周涛 摄）

图9-1-6 敦煌山庄入口（来源：周涛 摄）

图9-1-7 敦煌山庄建筑细部（来源：周涛 摄）

敦煌山庄所处的古河道，实际上是一个大风口。控制了建筑层数后，防风沙的问题通过种植树木就可以较好地解决。

敦煌山庄在选材方面立足于自然环境和周围的条件，基本选用了地方材料。外墙面是干黏碎石或草泥；地面、屋顶是当地烧制的青砖、青瓦、毛石；内装修材料也是白灰墙、草泥、木线角。建成后的实际效果个性突出，与环境，特别是与鸣沙山更协调（图9-1-7）。

虽然现代科技手段使全球地域间的时空大大地缩短了，但地域间的自然条件的差异，民族传统的差异却不会因此而改变。现代科技手段数千种，不同地域的不同需求，不同民族传统文化的不同选择，必然会造就出千姿百态的建筑文化。

建筑设计实践需要理论的指导。建筑理论的研究与应用不能脱离建筑的本质。西部建筑不单单是一种时髦的名称，她有许多实际课题需要长期认真研究。西部建筑的研究必须也应当首先从西部生存环境入手，才能具有实际意义。

敦煌山庄一期工程建成使用后受到了社会各界的广泛关注。我国城市规划大师任震英老先生在听了设计介绍后，即席赋诗一首：

> 不讲风格已多年，
> 千篇一律愧先贤，
> 如今奋起如椽笔，
> 敦煌山庄美且妍。

敦煌山庄的建筑糅合了中华历史传统、当地环境和现代设备，山庄的建筑群无论在设计及选料方面，均尊重古代庄院建筑。设计总体布局主次相继、高低错落、与地形地貌特征相呼应。内院空间吸取中国传统园林特色，因借自然、内外交融、以小见大。建筑形式采用中国传统样式，汉唐风格的古典建筑、大屋顶及木质长廊，与晚唐及明清的古雅家具，主要以石、泥土建成的西北封闭式四合院和土墙，都充满传统和地方特色；而古色古香的外表则配备了现代先进的服务设施，完善的空调系统及通信网络应有尽有。敦煌山庄的单体建筑采用传统的庄窠技术，整体形象是由一个大大小小的庄窠群组成的群落。在细部设计中结合现代材料和施工技术，对屋顶形式、檐、梁、柱等主要建筑构件的形态和比例进行了提炼，并对其进行简化，从而使立面造型既不拘泥于古代形制，又具有传统建筑的神韵。虽然用材经济，着色朴素，造价不高，但在形式、材质空间、细部等多方面与环境的自然人文要素相契合，对环境起到了较好的点缀作用，建成环境也与整个鸣沙山融为一体。

（三）白塔山公园建筑群

白塔，位于兰州市中心区的黄河北岸，山高坡陡，山势起伏，拱抱金城，"白塔层峦"曾被历史志书列为兰州的八景之一。新中国成立以后，党和政府组织全市人民绿化荒山，1958年辟为公园，总面积66.7公顷。山巅整修了相传创建于元代的白塔寺，身坚如雪的白塔，八面七级，高17米。山腰以上，有遗留的寺庙建筑10余处，均为利用。南麓，58年后兴建"三台"建筑群和其他的殿阁亭廊，构成了白塔山公园的主体建筑。今天，白塔山已成为兰州市重要的山林公园（图9-1-8）。

20世纪50年代末至60年代初，任震英先生被派往北山（现白塔山）劳动，将兰州城内被拆毁的古建筑构建，协调运往白塔山公园并重建，任震英先生组织建设的白塔山建筑

图9-1-8　白塔山建筑群1（来源：周涛 摄）

图9-1-8 白塔山建筑群2（来源：周涛 摄）

图9-1-8 白塔山建筑群3（来源：周涛 摄）

群不仅"低造价（每平方米造价低于50美元），可循环"，并且还挽救了甘肃大量的传统建筑。

白塔山古建筑群，既有古建筑的形式，又有新时代的内容，既是古代劳动人民的宝贵遗产，又有现代劳动人民的构思创造，它是由技艺高超的民间工匠在五十年代后期利用拆除下来的各种古建筑材料和部件加以改造的作品。

白塔山公园建筑，包括部分五泉山公园新建的庭园建筑，堂、廊、榭、亭、台、楼、阁等，共7000多平方米，其一瓦一木，一砖一石，都是用人力抬上山的。从拆除旧建筑，平整施工场地、现场设计、现场放样、具体施工，直到油漆彩画最后完工，在广大工人师傅的辛勤劳动下，只用了十三个月时间就胜利交工了。白塔山公园建筑群的建成，既是"古为今用"的一个大胆实践，又是一个如何多快好省地进行建设的初步尝试。

整个工程，由七、八位富有经验的老师傅担任掌墨师，即做准确精细的放样工作。白塔公园的建筑设计把长廊净空按"法式"抬高25~28厘米。为了说明问题，在长廊建筑中，柱高与开间有一定的法式比例。这是前人的经验总结，是对的。可是，这不是绝对不能改变的。例如，北京颐和园的长廊最初是为了供皇宫内苑游憩之用的，今天要供广大群众游览，就显得低矮了。有的师傅认为提高净空会使每个开间的高与宽比例不美，这也是对的。可是，这是对单一的开间而言，如果把数十间连在一起，它们的长与高的比例关系就会发生变化，稍为提高，能会使长廊更适用、更壮美。实践证明，没有按"法式"框框的效果是令人满意的。

再如，中国建筑的飞檐翘角中原的宫廷建筑与江南的庭园建筑，乍看千篇一律，细看却各有千秋，而且地方色彩很浓。白塔公园的飞檐翘角应该采取那一种形式呢？

北方宫廷建筑的飞翘形式偏于严肃，江南庭园的飞翘形式偏于轻巧，都不适合于兰州黄土高原的环境，应当有所创新，使它比江南庭园建筑的形式稳重，又比中原华北的形式轻巧，在兰州传统的法式基础上加以改进。最后共同研究出了一种形式，即把飞翘加长加高，比兰州传统的地方样式长出四分之一。对于某双层屋檐的建筑，则把飞翘方向扭了90度，使双层屋檐的飞翘相互错开。

在收集的古老的木构件中，有四组明初年代遗留下来的"七级云斗"。这原是一个古老清真寺的门楼，早已塌毁，又位于新开的城市道路红线之内，必须拆除。这四组"七级云斗"，每个体积为宽、高各一米半的庞然大物，在全国来讲也算是个少见的大斗栱了。其制作之精美、形式之壮观，堪称上乘。可惜的是有两组已全部毁坏不堪了，其他几组也有所损坏。最后把它用到白塔公园第二级台地上，组成一组建筑群，作为公园的主体牌楼。并且经过匠人的妙手，将两组已损坏的云斗的修复到古今难辨的程度。

白塔山有三层建筑群，迎面耸立，飞檐红柱，参差绿树丛中，建于坍塌的古建筑废墟之上。建筑群把对称的石阶、石壁、亭台、回廊连贯一起，上下通达，层次分明，结构严整，是中国古代建筑中别具风格的建筑形式。重叠交错的重檐四角亭、对立式的二台碑厦、砖木结构的三台大厅等，所有建筑物都配饰砖雕、木雕和彩画。

（四）金城关

千百年来，对于西控河湟，北推朔方，通道西域的"丝路"重镇兰州而言，金城关就可谓是"一夫当关万夫莫开"的至关要津了。可惜，风流总是被风吹雨打去。历史上的金城关，屡次修复，屡次被毁，屡屡重修的金城关，在20世纪的滨河路拓建时，已了无痕迹，只留下一段零乱的记忆。

"倚岩百丈峙雄关，西域咽喉在此间。"闻名遐迩的金城关，位于白塔山西南麓的黄河之畔，距离中山铁桥约一公里，与金城津所处的位置大体相当，是沟通中原与西域的要塞。这里北依高山，南临大河，"独金城关路才一线，西达四郡"。山与河之间，宽不及百米，其道路之狭，仅能允许一辆马车通过，所以用"一夫当关，万夫莫开"来形容它的险要，丝毫也不夸张。"古戍依重险，高楼接五凉。山根盘驿道，河水浸城墙……"唐代边塞诗人岑参赴安西任所途经兰州时所写的这首《题金城临河驿楼》诗，生动地描绘了当时金城关的雄险。

兰州修建的金城关仿古建筑群，诠释着云散星离，沧海桑田，古金城，已是新兰州了；金城关与那段历史，则永远沉淀在时间的长河里！

金城关建筑群细部设计结合仿古建筑手法，使建筑呈现活泼、轻快感，在建造设计中采用创新材料，建筑风格既以仿古形式展现庙宇建筑的整体风貌，又创新地运用现代设计手法简化传统斗栱铺作建构形式，以新的方式体现了兰州传统公共建筑的符号元素（图9-1-9）。

近年来，在全球化浪潮的冲击以及现代主义建筑运动的影响下，建筑领域出现了特色危机、个性危机，引发了建筑师对建筑创作多元化的思考。而建筑创作中的象征构思正是这些多元化探索中的一"元"。建筑创作中的具象语言表达，是通过构筑出具有特定特征的空间形式或外部形象来表达一定的思想含义，表现出特定环境中的自然及社会文化特征，进而达到建筑师与使用者之间情感上的交流。

我们知道，人们对空间的需求是复合的，既有功能性的要求，也包含着精神上的需求。而且，不同文化模式下的人对空间的需求也各不相同。空间形态中浓缩着深刻的文化心理，折射着使用者的宇宙观。因此，选择空间作为象征的载体，需要对空间序列和各局部空间特质的心理效应进行综合分析，保证实际的空间感受具有视觉心理上的相似性，才能达到象征的目的。

建筑创作中的象征，可以折射出一个时代、地区、民族的共同观念，展现特定的生活世界。我国改革开放以来的建筑实践中，出现了不少优秀的作品，表现出对我国特定文化情境的象征。

这类创作手法代表作有红军长征纪念馆、邓宝珊将军纪念馆、伏羲城、成纪文化城（图9-1-10～图9-1-13）。

在追求建筑意义的同时，应兼顾建筑的功能。功能目的在建筑的形态构成中同样占有着举足轻重的地位。欠缺的功能减损着建筑形式的光辉，完美的功能与富于表现力的形式相得益彰。尤其在我国经济远远没有达到发达国家水平的时

图9-1-10　宕昌县哈达铺镇红军长征纪念馆（来源：周涛 摄）

图9-1-11　邓宝珊将军纪念馆（来源：周涛 摄）

图9-1-9　金城关建筑群（来源：周涛 摄）

图9-1-12　伏羲城（来源：周涛 摄）

图9-1-13 成纪文化城（来源：周涛 摄）

候，盲目地追求建筑象征意义、商业效果而不顾功能经济的合理性，是不可取的。因此，建筑创作中的象征，应该是在功能合理的基础上，遵循形式美的原则创造出来的。只有反映建筑的真实内容、意义丰富的象征形象才是真实有效、充满活力的。

建筑中的具象象征作为博奥精深的象征文化的一个侧面，随着人们的审美观念的不断改变而改变，建筑象征的设计构思和表现手法也将不断变化，不胜枚举。人类文明一直都在不断发展着，虽然受到全球化浪潮的冲击，文化的发展仍日趋多样、丰富。伴随着文化的多样繁荣，建筑象征的发展会更具活力、生生不息。

同时，文明发展的趋势是带给人们更广泛的自由。自由意识是人的本性解放的产物，不拘于传统的羁绊必将导致由私设象征发展到社会约定象征过程的出现。

未来建筑象征将以这种过程为主。以建筑师中的某些人引导建筑象征方向、方式为主导，带动新的象征形象的出现。

第二节 抽象建筑语言转换取向

一、意象与抽象——博物馆建筑形态构成初探

建筑外部主要有两种基本形态，一种称之为"意象形态"，对其概念进行了阐述，并指出意象形态是建筑对历史、文化、情感以及自然的关注和回应，体现建筑的文化、乡土气息和人情味。其意象形态塑造的三种方式：情感意象的塑造、文脉意象的塑造、自然意象的塑造。

一种称之为"抽象形态"。认为抽象形态是建筑意象的一种"升华"的表现方式，论述了抽象形态的思维根源——基于抽象艺术的抽象审美观，通过对抽象绘画的论述，强调抽象审美观对建筑抽象形态的影响是具体直接的。博物馆建筑抽象形态的特征，通过对时空和光影以及"形而上"的描述强调抽象形态所具有的独特的艺术色彩，是建筑本身自明性的体现，是建筑对自身形式的关注。抽象形态代表了一种唯理的创新的精神和审美观。

社会进入信息时代，建筑种类日趋繁多，功能日趋复杂，再加上审美观的多元化，其外部形态呈多样化和复杂化。抽象形态建筑一方面已从经典的"现代主义"走向更为复杂多变的"现代主义之后"，即从纯粹的抽象形态走向多意化和信息化；另一方面则随着艺术思维的扩张，成为纯艺术化观念化的建筑形态。而意象形态的建筑则和抽象形态在同一建筑中的拼贴、共存、共融日益明显，形成建筑的多元多意，体现历史文脉，地域特色的同时，体现时代精神。

随着时代的发展，人们越来越重视形式的价值，在建筑中有着类似的观点。格罗庇乌斯同时代的德意志制造联盟创始人穆秦苏斯曾说："精神远远超过物质，形式高于功能、材料和技术，如果仅仅完美无缺的处理建筑的这三个方面而忽视了形式，我们将置身一个蛮荒的世界。"现代主义建筑大师柯布西耶指出"建筑是在光线下对形式的恰当而宏伟的表现"。

建筑是一种文化现象，将人类向往的理想和行为现象化。形式对功能有相对独立性，与功能的关系有一种若即若离的关系。对于形式而言，建筑功能的只是一种潜在的诱导力量，建筑的主题是形式的一个托词。人们在观看建筑时，欣赏和体会的往往是形式之美。形式的活力是人生命力展现及精神力量的写照，它根植于人的感觉领域，有很大的主观任意性和变异潜力。

"意象"（Image）的概念在古代中国最初出自刘勰

《文心雕龙·神思》"独照之匠，窥意象而运斤"，而现代学者认为意象指一种非现实的心理存在，是一个审美的表象系统。美国艺术心理学家鲁道夫·阿恩海姆（Rudolf Aunheim）认为：任何思维，特别是创造性思维都是通过意象进行的。建筑形态的塑造离不开想象和创造，因此对意象的认识和了解能帮助建筑师更好地建立想象与形式之间相关联的互动机制。

意象的基本结构，包括意与象两个方面。"意"指主体在审美（包括创作）时的意向、意图、意志、意念、意欲表达的思想情感、人生体验、审美理想、艺术追求……"象"，则指由想象创造出来，能体现主体之"意"、并能为感官所直接感受、知觉、体验到的非现实的表象（包含艺术抽象之表象）。当主体意欲传达某种情感或表达某种体验时，"意"便出现了；"意"所借以显现的、具有直观性的个别、特殊、具体的感性表象，便是"象"。

"意"与"象"之间是一种辩证关系，"意"无"象"，永远无法显现，"象"无"意"，就只是客观表象，而不是审美的"象"；"意"借"象"而成形，为感官所把握，"象"以"意"为自己的灵魂，凭借"意"而获得意义，二者唯有结合才有生命力。

意象的生成并非是"意"与"象"的机械相加或拼凑，而是主体与客体、思想与形象、情与景、内与外、质与文等在特定的审美状态下的碰撞、渗透、交融、化合，是一个动态的心理过程。在意象生成过程中，起着巨大作用的是意向和想象。意向是构建意象的"先入之见"或"基本取向"，是主体在审美中思想倾向、意志追求和愿望企图的一种曲曲折折的融合，是人类的一种潜在审美需求的表现，与人们内在情感形式相联系，是审美心理的基础动力。

二、建筑实例解析

（一）敦煌石窟文物保护研究陈列中心

为保护敦煌莫高窟千佛洞及其文物，日本提供资金建设项目，旨在为研究人员提供部分研究设施。为了不破坏场地历史及空间环境条件，选择了高5~6米的平缓沙丘作建设用地，并把2层高的陈列中心的一部分埋入沙漠之中，使得建筑物与地形融为一体。同时，将建筑物埋于地下，使之与严酷的气候隔绝；把屋面做成石棉板和混凝土的双层屋面，可以利用早晚的固定风向促使顶棚内换气；陈列厅内布置流水式补助性冷气设备，冬天采用炕式地板采暖；外墙的大型砖块采用沙漠上的沙子作坯料，在当地烧砖，并作花锤处理，建筑有如沙漠中生长（图9-2-1~图9-2-7）。

图9-2-1 敦煌石窟文物保护研究陈列中心1（来源：周涛 摄）

图9-2-2 敦煌石窟文物保护研究陈列中心2(来源:周涛 摄)

图9-2-3 敦煌石窟文物保护研究陈列中心3(来源:周涛 摄)

图9-2-4 敦煌石窟文物保护研究陈列中心4（来源：周涛 摄）

图9-2-5 敦煌石窟文物保护研究陈列中心5（来源：周涛 摄）

图9-2-6 敦煌石窟文物保护研究陈列中心6（来源：周涛 摄）

建筑物建筑面积6000平方米。总体形象除露于山丘之上以陈列厅舒展的犀项之外，入口广场以高135米的阙，长80米的青砖清水墙强调并烘托了主入口，出口厂场以环抱的墙体与标志性的汉白玉斗栱柱，形成桥头窟区主入口的对景。建筑物室内外皆以特质的青砖清水墙为主，不施其他粉饰，以体现其质朴浑厚、自然的文化历史沧桑感。

从整个设计历程来看，对传统地域性建筑语言的抽象描述转换过程也经历了从简单的拾取拼接，到精细化创新运用再到转换重构的过程。位于山丘之上，陈列馆综合建筑体与景观设计充分结合，追求纯净而细节丰富的空间表达，建筑采用玻璃幕墙与青砖清水墙有机组合，从形态到构造细部，都充满了简洁的现代感。二层高的建筑体量大部分埋置于沙漠中，以当地沙土烧制而成的砖柱墙体和环境浑然一体，就像建筑是从基地中生长出来的，同时用汉代"阙"的模型雕塑伫立在入口广场，界定场所氛围，营造了"西出阳关，大漠孤城"中国西北情境，两个主体功能成一个角度围合成梯形的传统的庭院空间。整个建筑场所与莫高窟深邃的历史感和文化相融合。

设计者确定了"建筑与地形一体化"的构思方向，建筑形态谦逊地与所处环境的自然风土对话，构成此地具有文脉连续感与景观和谐感的大漠意境的文化场所。

（二）嘉峪关长城博物馆

铭记长城历史，弘扬长城文化。位于嘉峪关长城文化景区内的嘉峪关长城博物馆，展示了长城文化、长城历史和长城研究成果。气势恢宏，内容丰富，堪称"中国长城第一馆"。

图9-2-7　敦煌石窟文物保护研究陈列中心7（来源：周涛 摄）

嘉峪关长城博物馆坐北朝南，为城堡式半地下室上下结构，建筑最高处距地面9.5米，建筑面积3,449平方米。以浩瀚的长城作为背景，以巍峨的关城为依托，以厚重而丰富的文化底蕴、人文特色为内涵。纵横万里，雄峙千年；金戈铁马，边塞烽烟；长河落日，丝路花雨；北漠尘清，山河形胜。长城的不朽与神奇，长城所创造的文化与建筑奇迹，以及两千年思路文明的辉煌与沧桑，在这里一览无余（图9-2-8、图9-2-9）。

在长城博物馆设计中，设计结合当地戈壁滩的地貌特色，设计师通过对长城墩堡烽燧所有的建筑特征进行归纳总结，抽取传统的建筑的比例逻辑、色彩关系，对建构框架模式进行抽象转移，用现代建筑语言表述的方式进行元素的重构，从而达到虽然一眼就能分辨出现代建筑的体量和功能，却从中无时无刻展现着地域性要素的气息传达和地域性元素的语言叙述。

（三）甘肃省博物馆

甘肃省博物馆平面呈"山"字形，中间五层，两翼三层，后为展览大厅，尾部有圆形讲演厅。展览大厅两侧有宽4米的回廊，与两翼相连。建筑由苏联专家设计，风格独特（图9-2-10）。

整个建筑沿中心轴线对称，该馆展览楼主体为仿欧式古典风格建筑，立面上的巨柱是将西方建筑的元素之一的柱式提取出来运用于建筑立面上，造型挺拔，气势宏伟。立面开窗多采用竖向玻璃幕墙。建筑比例谐调，尺度适宜，隐喻了北方建筑的厚重朴实，建筑材料和装饰朴素简洁，典雅庄

图9-2-8　嘉峪关长城博物馆1（来源：周涛 摄）

图9-2-9　嘉峪关长城博物馆2（来源：周涛 摄）

图9-2-10　甘肃省博物馆（来源：闫海龙 摄）

重。以北方传统建筑的土黄色为基调，舞动出独属粗犷西北的稳重、低调与安静素雅；门的处理提炼了中国传统的门窗手法，入口的敦厚提炼了长城墩堡的形体，赋予现代建筑以抽象的历史元素。

（四）敦煌国际大酒店

敦煌国际大酒店是历史文化名城，旅游胜地敦煌目前规模最大、标准最高的旅游宾馆，是中外合资三星级宾馆。

考虑到敦煌在汉唐盛期为中西文化交汇之地，敦煌艺术融中西为一体而独树一帜。故大酒店方案的建筑风格，亦以传统与现代相结合为特色。采用了象征隐喻的手法，以多处弧形实体与空间，抽象化的重楼、月牙形水池以表现沙漠、莫高窟与月牙泉的流畅、浑厚、质朴的风格（图9-2-11）。

因敦煌旅游季节骄阳似火，当地居民多开小窗。大酒店也一反宾馆多用大玻璃窗的处理，而采用小窗。色彩选用白墙蓝窗，以期与大漠一片黄色取得朴素明朗的对比效果（图9-2-12）。

在建筑体型和艺术处理上结合当地气候条件、自然环境及人文历史特色，采用弧形曲体等象征手法表现沙漠、莫高窟、月牙泉的流畅、浑然和质朴的风格，给人以身临其境的感觉，取得了很好的效果，从而达到建筑和自然地和谐共生。立面造型简洁、现代，建筑色彩选用黄墙蓝窗，以期与大漠黄色取得朴素明朗的对比效果，这样既显示了现代建筑的性格特征，又与大漠风光的总体风光相协调。

（五）敦煌航站楼

建筑创作往往有两种审美追求，一种是忌讳抄袭，绝不重复别人的或自己的；也有另一类建筑师敢于因循已有的东西，但他们能够赋予它们以未曾有的新意，在险境中出奇制胜而另辟蹊径。航站楼创作中借鉴了所借鉴的东西，它的"不伦不类"、它的独特，正是敦煌航站楼的审美追求；由

图9-2-11 敦煌国际大酒店(来源:周涛 摄)

图9-2-12 敦煌国际大酒店建筑细部(来源:周涛 摄)

所谓"多元"、"重构"而"折中",也许正是我们所寻找的结合点。

戈壁荒原的特殊自然环境汉回藏维等民族杂处的特殊人文地域,经济薄弱文化粗朴的特殊社会条件,同西方世界相比,同京广沪深等沿海开放城市相比,甚至同国内其他地方相比,地域差异十分显著,建筑创作的基础条件截然不同。我们的路是铺设在中国西部的现实之上的。现时西部的土地和现实,造就了敦煌航站楼必然具有地域建筑所特有的地方特色。

设计遵循"甘肃建筑师应该走一条西北人的创作道路"的创作思想,探求"中国当代西北建筑特有的地方格调和地方特色",希冀通过创作实践,开拓一条自己所应走的道路,进而验证上生土长的地方建筑,只要赋予时代的活力,也是能够创新的。现代建筑躁动不安,众多新潮流派不乏精美绝伦之作,花样翻新,令人眼花缭乱。在现代建筑实践中囿于追求某种理念的纯真和净化已导致了世界范围内的同一化倾向,而不能满足复杂社会多方面的需要。在新潮走向极端及其反思的影响下,我国建筑同样出现各种倾向纷争的局面,各地有志建筑师标新立异,努力在自己的作品中寻求现代理念上的逻辑解释和自身的创作价值。

敦煌航站楼，这是一座受到普遍好评的作品，由甘肃省建筑设计研究院刘纯翰设计，该站距莫高窟12公里，设计借鉴了河西土堡院落的空间形式，出入港皆绕内天井布置，外墙封闭、窗少且小，又作不规则布局，与石窟有异曲同工之妙，外围护结构把防日晒、防热耗放在首位，旅客大厅30米×30米，且沉入地下，以降低建筑高度，并减少外墙暴露面积，以免阻风积沙，该航站楼有效地适应了戈壁滩上的暴虐的气候，也用适用性的材料、技术满足了小型机场的需求，在空间与设计手法上有较大的突破（图9-2-13～图9-2-17）。

图9-2-14 敦煌航站楼（来源：《中国近现代建筑史》）

图9-2-13 敦煌航站楼南立面（停机坪）（来源：《现时·现实·脚踏实地的路——敦煌航站楼建筑创作杂谈》）

图9-2-15 敦煌航站楼旅客大厅（来源：《现时·现实·脚踏实地的路——敦煌航站楼建筑创作杂谈》）

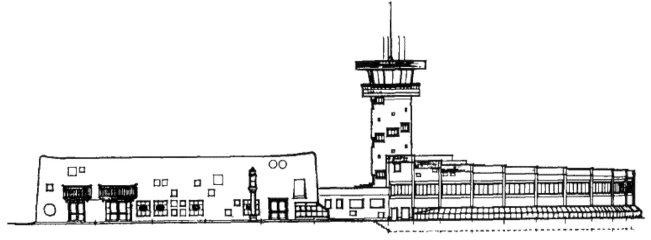

图9-2-16 航站楼南立面图（来源：《现时·现实·脚踏实地的路——敦煌航站楼建筑创作杂谈》）

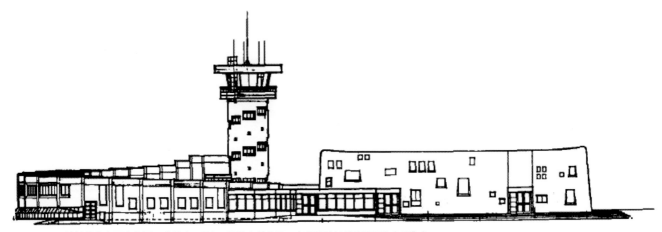

图9-2-17 航站楼北立面（来源：《现时·现实·脚踏实地的路——敦煌航站楼建筑创作杂谈》）

位于闻名世界的文化艺术宝库莫高窟石窟群北12公里。航空港既是观光敦煌古迹的前奏，又是离去的最后一瞥。建筑面积1781平方米，设计日客流量100人（目前在旅游旺季已超过五六百人）。借鉴河西土堡式建筑、内天井民居布局，组织地面服务，平面敦实，在大地上生根；在综合楼中心的圆形庭院内，布局绿化，栽植自汉将军李广时流传下来的"李广杏"。旅客大厅中心方形玻璃天窗下的天井内，设置水池、草坪、花架、石凳，西向窗顶滴水帘幕，创造了一个庭院廊檐的意境和凉爽湿润非人工环境。内壁彩画，绘以东西方交流为题材的仿莫高窟壁画，顶棚下垂吊以航天、祈福团的彩幡，室内色调暗淡迷离。综合楼平面为直径30.6米的圆形，和圆形塔台相结合盘旋向天，蕴含在建筑体形上"天圆地方"的概念表征，恰是明显的地面和高空标志。戈壁荒原特殊的自然环境，汉、回、藏、维等民族杂处的特殊人文环境，经济薄弱文化粗朴的特殊社会条件等，造成了建筑的地方特色。

航站楼外围护结构形式和构造，把当地抗风沙、防辐射热和防热损耗放在首位。旅客大厅外墙封闭坚实、窗少而小、厚墙体加空气夹层，抵御风沙侵袭，提高冬夏热工性能。摆脱了玻璃候机厅高大通透的模式。综合楼采用圆形平面并降低建筑高度，有效地减少了风阻、积沙以及外墙暴露面积。白色的外墙面，减少吸热。旅客大厅中心的方形共用玻璃天井庭院内，设置水池草坪花架石凳，西向窗顶设滴水帘幕，创造一个具有当地民居庭院廊檐天井的意境和凉爽湿润的人工环境（天井内暂未按设计实现，待扩建）。在综合楼中心的圆形内用庭院内，布置绿化、栽植汉将军李广驻河西时，流传下来的著名特产"李广杏"，烘托地域环境。南侧底层客房的落地凸窗室内窗台摆放花盆绿化房间遮挡窗外辐射热。二层房间则尽力缩小窗高减少窗口面积，进而减少夏季直射阳光。西狭吐餐厅凸窗扩大室内空间，避免烦闷。其挑出长度按遮阳计算，随着朝向逐渐改变。窗台亦陈设花盆绿化隔热。

旅客在天空熬过单调乏味的机舱生活，经受瀚海跋涉炽热空气的烘烤和耀眼阳光对神经的刺激。旅客大厅里必须为他们创造一个迥然不同的安谧的小天地。外墙小窗安装各色重彩玻璃，内壁彩绘以东西方交流为题材的仿莫高窟壁画，顶棚下垂吊以航天、祈福等图案的彩幡，使室内光线和色调暗淡迷离。在大厅的各个部位都可透过大窗望到较明亮的天井，庭院内一片碧绿、水帘叮咚，清新而畅快，消除旅客亢奋烦躁的情绪。

综合楼二楼调度管理各房间为扇形平面，通长外窗上下较窄，但窗外口为喇叭状，比相同的窗口视野增大。既满足视线与热工需要，同时又强化了独特的建筑外部形象。底层招待所客房半沉入地下，戈壁地平似乎高过头顶，透过凸出的落地窗向外瞭望，不难进入唐诗人岑参的"平沙莽莽大淇风尘"的塞外意境。

土堡式院落，土质外墙四角微耸，稳固地坐落在大地之上，建筑同大地浑然一体，

获得了大地的生命。当远行的客人进入庭院之内，立即就被另一派清凉温馨的景象所吸引，而把风尘干渴和疲劳，统统阻挡在厚墙之外。抵制风沙和歹人骚扰的沙漠土筑民居那种深沉内向、厚重封闭的建筑性格，显示河西、中西亚建筑的强烈地域性。

敦煌航站楼建筑，通过土黄、粉白、厚墙、方堡、天井、龛洞……这些特定的地域的民族的地方的建筑词汇，进行语法的组合和修饰，令人仿佛徜徉在河西、中西亚的大漠沙海这一特定场景之中，意识到"我已置身于敦煌"。

大西北建筑的主体是人——大西北人（生活在这里的人和来到这里的人），表现他们，满足他们，是大西北建筑地方格调的灵和魂。吸取丝路地域文化营养，借鉴河西和中西亚干旱地域建筑形式和手法，使其在格调上同绚丽的敦煌古文化以及佛教、伊斯兰教文化混存的地域建筑格调相协调。旅客大厅外墙上"移植"了莫高窟大小参差高低错落的龛洞和窗口，以及综合楼借用中西亚大陆大量民居和礼拜堂的白色主调。表现了当地两大宗教信仰的各族居民以及他们千百年来对人类世界美好未来的祈祝，满足了佛教徒、穆斯林的心理或情感的享受，以及其他游人对于宗教气氛的熏陶。

敦煌航站楼是敦煌的空中门户，是航空旅游接触敦煌的第一印象，观光莫高窟等古迹的前奏；也是游览后的尾声，离去前的最后一瞥。建筑创作的任务，是在旅游观光者同"敦煌"、"莫高窟"、"丝路"之间架起一座感知的桥梁，选择带有乡音的语言，告诉人们："这里就是世界唯一的敦煌"，而不是其他什么别的地方，要人们注意它、确认它、记住它。为了实现这一特定而艰难的主题，就必须创新，突破常见航站楼的概念模式，而寻求"敦煌的"独特。在平面构思中，选用"圆""方"两种截然对比的图形构成航站楼主体，寓有"天圆地方"古老空间概念的象征意义，隐喻航空使人类把天空同大地连接，航空站则是人们往返于天空大地之间的门槛。在功能分配上，方形平面部分布置旅客在"地上"的迎送活动；圆形部分则布置与"天空"有关的航空调度管理内容。在造型立意上，一个是从大地上隆起的土黄色封闭"方堡"；另一个则是由于两层通窗而有轻盈"凌空"之感的白色"螺旋体"，以及阶然耸起的塔台，具有盘旋腾起的趋势，以诱导"大地—航空站—天空"的联想，并在所建立的"功能—形式"的系统中，突出建筑形象等方面的鲜明个性。

具有时代的血肉、历史的基因、理性的追求和现实的依托，以及在这些意义上的创新，才能为当代建筑"机器"注入活的生命和个性。航站楼创作中，着意当代人们意识中的那种对于强烈反差高调对比等非理性手法的时代感。运用诸如方与圆、敦实与轻盈、封闭与通透、粗犷与细致、重彩与洁白、佛教气氛与伊斯兰意味、古风与新潮、庄重与怪相、协调与反协调等戏剧性的表情，大声呼喊自己在时代中的存在。

敦煌新航站楼屋顶具有轻盈、奋力向上的动势，隐喻了石窟壁画飞天的形象，令到达空港的宾客与建筑产生共鸣。结合佛教文化符号，将莲花花瓣抽象画应用到屋顶与墙面交错的建筑构件，隐喻敦煌所特有的佛性。墙面元素是对莫高窟形象的抽象提炼，用矩阵式的方窗与不规则的玻璃幕墙边缘处理。外围护表皮运用米黄色石材，与大漠黄沙色调取得呼应，横线条的石材拼接，隐喻汉代关长城肌理。航站楼建筑处在特定的时空之中，具有明显的地域性和时代性，同时航站楼的地域性设计师在综合地域自然、文化、经济技术环境因素的作用下，借鉴当代建筑设计原理，采用原型转译、符号隐喻、抽象模仿的设计方法，调和地域要素与航站楼空间形态的设计。

第三节　高科学与本土技术融合中的地域主义建筑探索

甘肃位于西北地区，地域辽阔，生态环境脆弱。探索具有地域适宜性的"低技术"策略，结合甘肃地区乡镇的地域特质，依托高校中对地域生态建筑与现代生土材料科学等领域的研究基础，提出本土营造是降低乡镇建设性碳排放的有效途径，也是建筑材料本土化的重要实践方式，更是实施生

态文明战略的重要举措。

在城市化的过程中，人类开始思考了，观念发生变化，一些生态性的建筑形式逐渐重新被人们所喜欢，生土建筑能够成为一个地区多年传承的建筑形式，必然是非常适合当地环境的，也因此有着巨大的生命力。生土可以就地取材，以此建造的建筑具有典型的地域特色，适合当地水文地质和降水条件，十分有利于环境保护和生态平衡，非常适合新农村建设的需要，在适宜建造生土建筑的农村，有着非常广阔的市场。生土建筑有着深厚的地域文化特性，不仅可以满足居住需求，还可能做旅游项目。

一、本土营造之源——乡土建筑的启示

我国是一个具有悠久历史、丰富传统经验和智慧的国家，通过运用传统智慧中的一些简单的建筑建造手法（如地域乡土建筑的营造）就能使低碳生态城的建设起到良好的效果。

西北地区历史文化、风土民情极为丰富，传统的乡土建筑也极具地域特征。在艰苦的条件下，当地居民学会了如何利用自然和顺应自然，如早在四千多年前，西北黄土高原上窑洞这一古老的"穴居式"民居形式就是对地域乡土材料（黄土层）的有效利用，在建筑学上属于生土建筑，其依山就势，凿洞而居，特点就是人与自然的和谐共生，简单易修、省材省料，坚固耐用，冬暖夏凉，舒适节能，创造了绿色建筑的先河。西北很多乡镇使用泥土建造的土房，厚重的夯土外墙维护结构及覆土平顶，在恶劣的气候条件下，有利于黄土热效应的保持，保暖节能。因此，现在常见的做法是将其与厚重的夯土、石墙建筑结合使用，利用其轻盈、灵活的性能，减轻建筑承重的同时达到环保节能的目的。

由于甘肃地区山地多，平原少，大多数乡镇交通不便，加之经济发展水平受限，外地建材供应困难，而当地土壤和物种丰富，本土化建材储备较多，居民对地域乡土建材（如土、石、木等）的使用程度较高，在宗教、民俗等传统文化及朴素的自然生态观下乡镇的地域传统格局被很好地继承。这种适应当地自然环境和文化传统的乡镇建设模式和因地制宜、就地取材的建造手法，对平衡人居环境与自然环境之间的矛盾有重要作用，体现了良好的地域适宜性，利于低碳生态目标的实现，是本土营造的源泉。

二、建筑实例解析

（一）毛寺小学

作为中国生土建筑研究的发源地，以兰州为中心的甘肃省，在这方面的研究工作取得一定的成果，除了20世纪80年代任震英所建的山庄窑洞外，2007年建成的庆阳市毛寺生态实验小学连获建筑设计大奖，这是由香港建筑师吴恩融、西安建筑科技大学教授穆钧设计的，当年，在香港勇夺"亚洲最具影响力设计大奖"，之后，在深圳举行的首届中国建筑传媒奖颁奖典礼上再次爆冷，捧走最重要奖项——最佳建筑奖。颁奖词说：毛寺生态实验小学，它结合地形条件，使用地方材料，营造出丰富、自然的室内外空间环境，并在自然通风采光，保温和粪便处理等方面独具匠心，用适用技术达到了节能和环保的要求。另外，当地工匠的营造、传统技艺和现代设计的结合，也使这个并非引人注目的建筑实践有了积极的社会意义，为新农村建设提供了一个范例（图9-3-1、图9-3-2）。

毛寺村气候特点是冬季寒冷、夏季温和，经济和建筑资源水平十分落后，以生土建筑为代表的窑洞是其传统建筑的主要方式。在这一地区针对冬季的热工设计是减少建筑能耗和环境污染最为有效的生态设计手段。而当地以生土窑洞为代表的传统建筑，蕴含着大量基于自然资源，且值得生态建筑设计借鉴的生态元素。与此同时，学校的设计与建造需要遵循4个基本原则：舒适的室内环境、能耗与环境污染的最小化、造价低廉以及施工的简便与可操作性。

为了顺应学校所处地形，10间教室被分为5个单元，布置于两个不同标高的台地之上，且使每间教室均能获得尽可能多的日照和夏季自然通风。场地中大量栽植的树木园艺，有助于为孩子们创造一个舒适愉悦的校园环境。教室的造型源于当地传统木结构坡屋顶民居，不仅继承了传统木框架建筑优良的抗

图9-3-1　毛寺小学1（来源：《基于传统建筑技术的生态建筑实践毛寺生态实验小学与无止桥》）

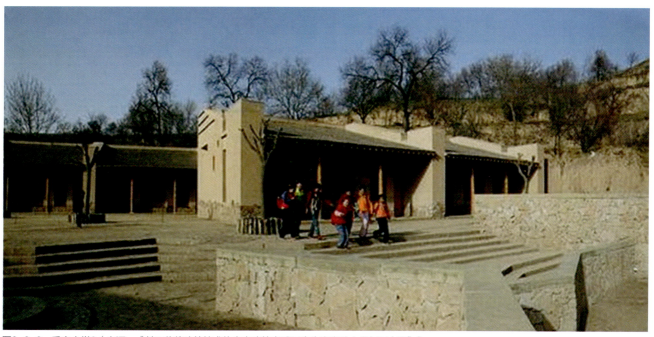

图9-3-2　毛寺小学2（来源：《基于传统建筑技术的生态建筑实践毛寺生态实验小学与无止桥》）

震性能，而且对于村民而言更容易建造施工。教室北侧嵌入台地，可以在保证南向日照的同时，有效地减少冬季教室内的热损失。厚重的土坯墙、加入绝热层的传统屋面、木框架双层玻璃等蓄热体或绝热体的处理方法可以极大地提升建筑抵御室外恶劣气候的能力，维护室内环境的舒适稳定。

为进一步提升教室的总体环境效果并顺应孩子们的活动特点，设计中还加入了许多细部处理。例如，根据位置的不同，部分窗洞采用切角处理，有助于提升室内的自然采光。在厚达1米的土坯墙体上加入了局部凹陷，被附以书架、座椅等功能，不仅满足了功能需要，而且为室内空间添加了许多生动的学习趣味（图9-3-3）。

"高科学+低技术"Eco-tech软件结合就地取材，以土坯、毛石、茅草、芦苇等蓄热和隔热性能俱佳的自然物料。村民协作，村民以简单工具采用本土传统建造技术进行，故成本远低于当地其他以常规方式建造的建筑，热工性能、减低能源消耗与保护环境方面更为优胜，更有益于生态。

建筑材料所有施工工具均为当地农村常用的手工工具。因此，整个施工所产生的能耗和污染远远低于常规的建造模式。与此同时，除少量的钢构架、玻璃、聚苯乙烯保温板材料外，绝大部分建筑材料都是"就地取材"的自然元素，如土坯、茅草、芦苇等。并且，由于这些材料所具有的"可再生性"，所有的边角废料均可通过简易处理，立即投入再利用。例如，土坯是由地基挖掘出来的黄土压制而成，而土坯的碎块废料又可混合到麦草泥中作为粘接材料。再如，剩下的椽头与檩头被再利用到围墙和校园设施建造之中（图9-3-4、图9-3-5）。

毛寺生态实验小学由当地村民直接参与进行的建造，向

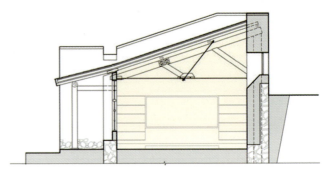
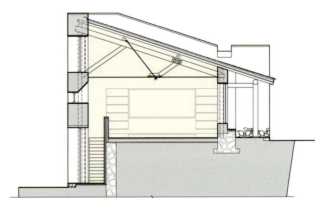

图9-3-4 毛寺小学剖面图（来源：《基于传统建筑技术的生态建筑实践毛寺生态实验小学与无止桥》）

图9-3-3 毛寺小学3（来源：《基于传统建筑技术的生态建筑实践毛寺生态实验小学与无止桥》）

图9-3-5 毛寺小学施工图（来源：《基于传统建筑技术的生态建筑实践毛寺生态实验小学与无止桥》）

图9-3-6 毛寺小学鸟瞰图(来源:《基于传统建筑技术的生态建筑实践毛寺生态实验小学与无止桥》)

当地村民们诠释了一条适合于发展现状的生态建筑之路。在有限的经济条件下,村民完全可以利用所熟知的传统技术和随地可得的自然材料,在改善自身生活条件的同时,最大限度地减少对环境的污染和破坏,并实现人与建筑、自然的和谐共生(图9-3-6)。

(二)兰州烧盐沟窑洞建筑群

烧盐沟的旧窑洞在建筑界有着非常高的知名度,很多人平常都不会在意身边的这些旧窑洞,而在中国建筑界,这些旧窑洞却是一个里程碑,这个叫作窑洞山庄的地方,是中国生土建筑研究的第一个试验基地,是中国生土建筑研究的发端处(图9-3-7、图9-3-8)。

在改造更新陕北窑洞的规划中,设计者奖可持续发展作为主导思想,应用新技术手段,深入挖掘古老的生态技术的价值,充分利用地能、风能、太阳能,形成自然平衡的生态窑洞体系。

在城市总体规划方面。近年来也出现了宏观性、整体性的环境设计思路。如著名科学家钱学森提出了"山水城市"的概念,吴良镛教授将其解释为:"山水城市——这'山水'——广而言之,泛指自然环境(natural

图9-3-7 兰州烧盐沟窑洞建筑群(来源:任震英先生家人 提供)

图9-3-8 兰州烧盐沟窑洞建筑群(来源:徐杨 摄)

environment），这'城市'——广而言之，泛指人工环境（human environment）。是否可以这样理解，'山水城市'是提倡人工环境与自然环境相协调发展，其最终目的在于'建立人工环境'（以'城市为代表'）与'自然环境'（以'山水'为代表）相融合的人类聚居环境。"这一注解把山水城市的概念从狭义的风景园林城市推广到具有普遍意义的人工环境自然环境相融合的范畴。

1980年秋，我国著名建筑规划大师、中国建筑学会副理事长任震英出访日本进行学术交流。在一次闲聊中，一日本建筑专家青木志郎说："莫高窟在中国，但莫高窟研究在日本；窑洞也在中国，但窑洞研究也将在日本率先开始。"这句话让任震英心里一震，一股莫名的痛楚涌起。回国后，他立即与有关部门沟通，着手在兰州开始进行生土建筑研究。在兰州发起并创建中国建筑学会生土建筑分会。

之后，任兰州市副市长的任震英倡导改良窑洞建筑，在白塔山后山揖峰岭坡面上，因地制宜利用陡峭沟壑建起了50孔新式窑洞居室，面积达1500多平方米，这些窑洞建筑新颖，宽敞舒适，别具一格，每孔窑洞宽3.46米，深6～8米或8～10米不等，高达3.93米。传统窑洞存在的阴、暗、潮、闷及抗震能力差等缺陷已基本消除，而且平均造价只有市区楼房的三分之一。据冬季4个月采暖期测试，其中有两个月可以不必耗能采暖，有的已与太阳能使用结合起来，基本实现了冬季不用采暖设备。窑洞山庄建成后，先后接待过美国、日本、加拿大、菲律宾、德国、英国等生土建筑专家，受到他们的一致好评。

生土建筑是世界上应用史最悠久且分布最广泛的传统建筑形式，可以就地取材，易于施工，造价低廉，冬暖夏凉，节省能源；它又融于自然，有利于环境保护和生态平衡。同时，生土建筑具有非常显明的地域性特点，对于保护传承传统文化有着非常好的作用，用新技术建造的生土建筑，实现的人与自然的和谐，即解决了人的居住需要，又延续了地方建筑风格。

（三）白塔山生土生态园

生土分会工作人员胡万荣介绍，兰州市城市建设设计院的生土建筑试验项目——白塔山生土生态园获得第七届中国威海国际建筑设计大奖赛铜奖，是西北唯一的一个获奖项目。白塔山生土生态园主要由三层十八间窑洞构成，一层为三间复合土夯土式窑洞；二层为六间免烧黄土砖窑洞；三层为九间免烧黄土砖窑洞；设计有太阳能过廊，园区内采用风力发电机供电。建筑材料使用了几种生土建筑材料，特别是免烧黄土砖和免烧粉煤灰砖的使用，开辟了生土建筑材料免烧砖的先河。值得一提的是，生态园整个园区所有建筑物和构筑物没有使用钢筋、水泥和烧结黏土砖，周围相应设施均为环保设计，比如太阳能和风力发电，完全达到了就地取材，因地制宜，节能环保的生态特点（图9-3-9）。

图9-3-9　白塔山生土生态园（来源：https://image.baidu.com/search/detail）

第四节 基于陇地语境的地域主义建筑手法

一、陇地语境中的地域主义建筑探索

19世纪80年代,西方建筑思想理论连同其元话语纷纷输入中国大陆。在渴望"现代化"的视角里,东部沿海和中原的建筑是当然的主流。西部建筑仅是主流与边缘的一种对照。后现代主义等诸多建筑思想理念,认定语言和思维模式的运作规则就是建筑的思维模式和操作规则,不顾建筑的物质性技术性。但是在落后穷困的敦煌,最反感脱离实际的空话大话。甘肃建筑师从中探寻一条切合甘肃西部实际的"现时·实地·现实"的创作道路。

"现时"是建筑与人共处此地的天时;"实地"是建筑与人共处此时的地利;"现实"则是顺应此时此地。三者是一个不可分割的整体。"现时·实地·现实"既是甘肃的建筑道路、创作立足点,也是作品的品评标尺。

1. 正视"再复述"的城市建筑现象。对于再复述,其关键不在于再复述与否,而在于建筑师的素质和自律,要根据"再复述"的利、弊才能确定其取舍。

2. 正视甘肃的地缘性差异。西部甘肃建筑无论从何种理解出发,必将会以是一种带有地缘落差的图景。正视地缘的落后差异,恰是西部人的坦荡求实和坚强。只有这样才能创造真正的有生命力的城市建筑。

3. 正视西部甘肃建筑的道路。一条道路,是跟在主流之后"再复述"下去;另一条,走一条"现时·实地·现实"为原则和目标的道路,创造出所应具有的甘肃品位的建筑。也许那时才会出现真正意义上的"西部城市建筑"甘肃景观。

二、建筑实例解析

(一)金昌文化中心

金昌的镍矿储存量居世界第三,堪称中国的"镍都"。金昌当地是典型的中国北方气候,干燥寒冷、日照充足。当地的山形天际线平缓,有着强烈的垂直肌理。

金昌文化中心是具有气候适宜性设计在地域性表达方面的艺术潜力。建筑受当地气候和地貌特点的影响,最主要的特点是,在建筑西南侧沿主立面有一条通长的通道,并且被理性地分解为西乡实墙和南向玻璃交错的曲尺形,这个立面形象既是对当地丘陵地貌特色的一种表达,同时也能很好地满足吸纳冬季日照,保持室内温度的要求(图9-4-1~图9-4-5)。

图9-4-1 金昌文化中心1(来源:周涛 摄)

图9-4-2 金昌文化中心2（来源：周涛 摄）

图9-4-3 金昌文化中心3（来源：周涛 摄）

图9-4-4　金昌文化中心4（来源：周涛 摄）

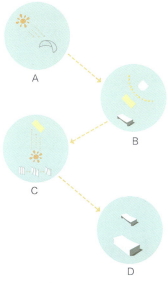

图9-4-5　金昌文化中心5（来源：刘文瀚 改绘）

金昌文化中心的设计师在探索体型设计和被动式设计在表现地域文化潜力方面的一次尝试，也是对拓展绿色建筑概念的艺术表现的一次尝试。这种尝试得到了金昌当地政府与人民的支持与认可。绿色建筑可以有比简单的技术至上论更丰富的内容；绿色建筑也不是对建筑艺术创作的束缚，而刚好相反，是深入发掘地域性、实现技术与艺术统一的良好契机。同时在此建筑中设计师很好的利用材质、肌理准确地表达了金昌地区地貌特征，并成功地运用现代建筑的手段，抽象地诠释了甘肃传统建筑的特征符号。

（二）秦安大地湾博物馆

大地湾史前遗址博物馆结合当地水源、电源等条件、便于建设；位于游客主要来向，便于管理；选择地下或半地下形式等要求；明确了"尽量减少人工干扰痕迹，追求'大象无形'的造型设计意境；建造生态的、绿色的、可持续发展的遗址博物馆建筑"的设计理念。该建筑由甘肃大地湾文物保护研究所委托中国建筑设计研究院进行方案设计。

博物馆的建筑设计构思依照规划中"保护遗存现状及其环境和真实全面地保存并延续其历史信息与全部价值"的原则，并根据该遗址的史前聚落发展阶段完整的特点，试图将与环境博物馆陈列与展示的关系作为建筑设计的出发点，重构一种既与此地的自然景观相吻合，同时又能反映出史前人类聚落空间的演变的恰当气氛（图9-4-6～图9-4-8）。

建筑形体的构思来源于当地的土坎沟壑和惯常的村落夯土建筑，基本是一种横向发展的土墙的概念，且墙的方向和转折都与南侧的土坎有所呼应，整体建筑仅有一层的建筑高度与土坎相仿。从停车场进入馆前，沿两条建筑之间逐渐下沉的夹道前进，一种此地常见的沟渠感觉。视觉的尽端处是展厅的入口，在后夹道转折向左继续下降直到河道边，与河道的水面植被相接。

展览室由河边山地逐渐升高，也是史前聚落（房屋遗址）发展的隐喻（即大地湾考古所发现的史前房屋建筑遗址

图9-4-6　秦安大地湾博物馆1（来源：周涛 摄）

图9-4-7　秦安大地湾博物馆2（来源：周涛 摄）

图9-4-8 秦安大地湾博物馆3（来源：周涛 摄）

由圆形地穴式经近似于方形的半地穴式到晚期平面起建的大型建筑，展示了我国房屋建筑的发展历程）。展厅与夹道的内空间采用同一标高，也强调了这种暗示。并且将开窗部位尽量降低，隐藏在下沉的夹道之中，在这下沉空间中室内外的参观者可以无阻碍地通过玻璃相互观望，而远处则看不到这些，从而达到一种纯粹的形态表现。展厅的开窗和封闭的原则是面对展示景观的部分尽量开敞，所以除内侧夹道外。主要有三处大窗：一处是面向遗址保护区的土坎。可以直接看到土坎墙面上的红烧土文化层。还有是展厅的两端，条状的展厅中部的转折，不但是为了形成入口空间，更主要的是可以使两端的景窗有明确的指向性，一端朝向河道，是与古人共享同一自然环境的姿态，另一端朝向古村落模拟区。从而自然地由展陈区过渡到模拟的环壕村落（原始村落复原）之中。

展厅室内空间的布局有别于通常的序厅、展厅系列分区模式。采用连贯流畅的参观方式，布展方式建设采用土墙面开有洞或龛的夯土展墙。以两条高度不等并错落间断的展墙为主（一条可以穿过屋面纳进阳光，另一面较矮以利于空间的连贯），展厅的外墙壁不开窗处也可兼做展墙壁，这种墙壁的位置可能是时而室内时而室外。再次强调了空间的流动性以及墙壁设计概念的连贯性。两侧的开敞报告厅兼展厅，意在公众的开放性参与，可以体现灵活的展出方式，同时这种重叠的利用可以避免不常用空间的闲置。建筑材料室内外统一，除适当的玻璃外。基本以夯土墙（或土坯墙）草泥面和水泥面为主。用夯土为主要的表现材料可以直观地反映史前聚落夯土建筑的历史和地域建筑特征。室外水泥地面朴实无华也是与整个建筑的气氛表现相协调。同时是对史前遗址中原始水泥地面的提示。这座面积不到3000平方米的房子只有一层高，舒展地平卧在清水河南岸的阶地上，一端稍向下沉。在古河道边探出头；另一端渐向上走，从河岸爬向山坡。整个建筑从形体到色彩都与它背后的梯田状的山体很接近。不留意的话很可能不会注意到山脚下还有这么一个现代建筑，而这正是设计最原始的意图——"以无形成就大象"，体现了博物馆建筑与遗址的文化内涵以及遗址的环境风貌协调统一的构想，造就了博物馆建筑的特殊性和大地湾史前遗址博物馆的独特性。

在大地湾遗址博物馆设计中，设计结合当地黄土沟壑的地貌特色，将建筑做成平行错动的折线体，并以夯土饰面，使之融入遗址区的环境中。大地湾遗址的"文化层"（对坡坎中显露出不同时期文物残片状态的描述）特点，建筑室内外以土墙为背景展示文物。在设计中，用墙的转折、空间高低的变化、地面的起伏以及开窗的方向性形成了参观流线从馆区入口到门厅，从室内展览到室外古河道场景直到遗址体验区的衔接和导引。使空间设计与展线组织的结合。由于遗址博物馆的展览属于专题类展览，展览相对固定，又因为博物馆内展览往往要与室外遗址区展示相结合，所以一般在创作初期要了解或参与研究展陈方案和展线布局，如果展陈设计滞后还没到位，也可预先提出设想。因为遗址博物馆的空间设计与展陈方式和展线组织息息相关，或者说建筑的空间构成对展陈流线有很强的导引作用，建筑空间的形态和氛围要与展陈内容相呼应。

大地湾博物馆其建筑造型从传统的陇地建筑中寻找建筑元素，利用夯土墙沟坎，创造出陇地特有的史前聚落景观，从建筑到景观，从细部到材料，每一项都体现出陇地传统夯土建筑稳重、巍然的气质。

（三）嘉峪关城市博物馆

嘉峪关市是我国西部重镇，位于甘肃省西部，河西走廊的西端。嘉峪关是万里长城的最西端，是我国古代重要的关隘，其关城保存完好，气势依旧。同时，嘉峪关市也是我国西部一个新兴的工业化城市，酒泉钢铁公司是国内著名的大企业。嘉峪关科技馆就建在这样一个大环境中（图9-4-9～图9-4-12）。

图9-4-9 嘉峪关城市博物馆1（来源：李玉芳 摄）

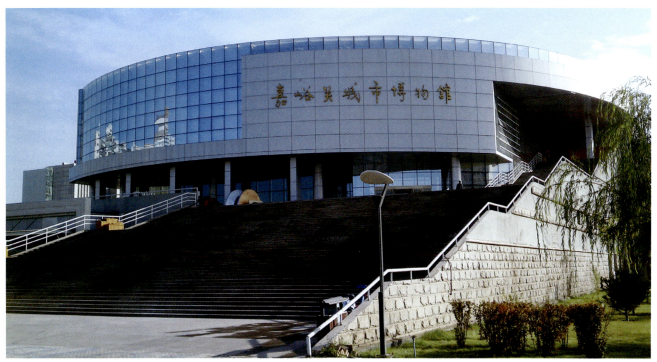

图9-4-10　嘉峪关城市博物馆2（来源：周涛 摄）

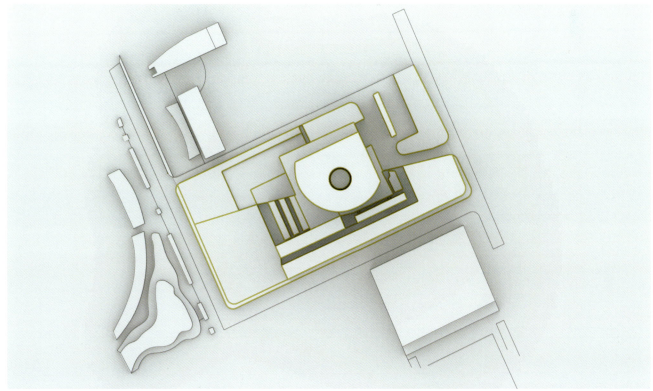

图9-4-11　嘉峪关城市博物馆3（来源：刘文瀚 绘）

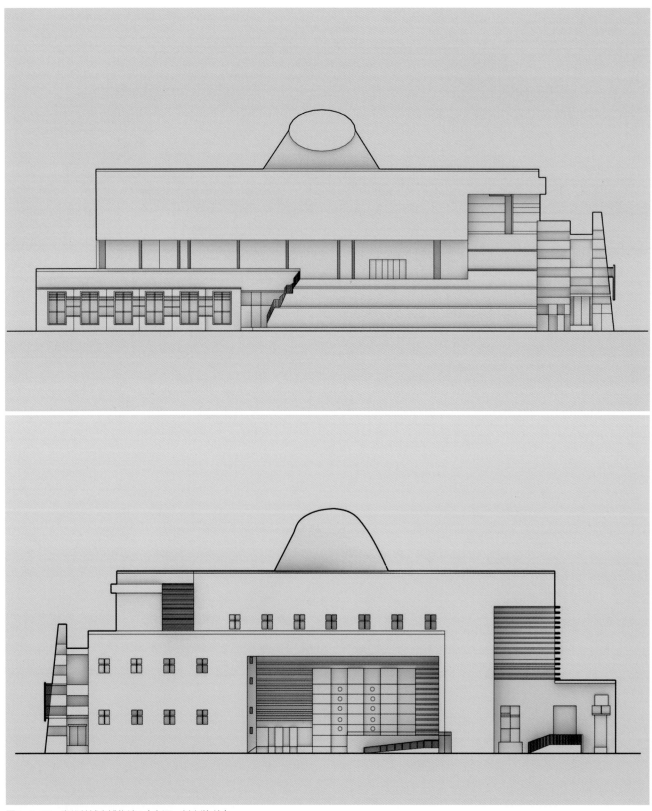

图9-4-12 嘉峪关城市博物馆4(来源:刘文瀚 绘)

嘉峪关城亲临现场后所体验到的那种美又是影视作品里无法比拟的，其质朴、粗犷、坚实留给笔者极深的印象。祁连雪山、蓝天、白云、戈壁共同构成一幅壮美的画面。这种初始的，也可以说是近乎原始的感性印象成为设计中所要表达的地域特征的源泉之一。

建筑最终如何能与环境融为一体，体现特定的地域性，设计中首先考虑到城市的肌理特征。源于城市脉络与肌理的思考更多的是逻辑的分析。建筑的总体格局与城市空间网络相吻合。考虑到与雄关广场的关系及城市人流方向，科技馆主立面向西。在此基础上将与嘉峪关城楼的轴线相平行的轴线系统引入科技馆的设计中的大台阶、中庭等空间均与此轴线有或多或少的呼应，历史的因素在这里再次出现，并与现代的设计交融。其次，建筑的形体应十分简练特征明显，大的几何形体的变化与对比所形成的整体感，与其所处的环境，特别是粗犷的戈壁相适应。

通过对城市格局的分析我们发现，嘉峪关市存在两个重要的因素，城市自身便存在着历史与现代的两个体系，其一是古老的关城，其二是现有的新的城市格局。嘉峪关关城位于嘉峪关市西部，关城城楼的主轴线是东西向的。现在的城市格局是随着酒泉钢铁公司的发展而逐步形成的，有着明显的方格网秩序。嘉峪关城楼的轴线与现有的城市网络之间存在一个大约10度的夹角。古老的关城与新兴的城市格局成为我们重要的设计源泉。

嘉峪关市位于我国大西北祁连山脚下，是戈壁滩上一块绿洲，可以说祁连雪山、戈壁风光与嘉峪关城是这里最典型的地方。笔者以前并未到过大西北，初来嘉峪关后，其质朴、粗犷、坚实的气质留下极深的印象。在参观嘉峪关城楼时，天气晴好，远处的祁连雪山与蓝天、戈壁共同构成一幅壮美的画面。设计构思正是在这种感性印象（形象思维）以及对城市肌理的理性分析（逻辑思维）中逐步形成的。

嘉峪关城所提供的信息也成为设计的重要依据，对它的分析也是建筑形象的重要来源，其许多形象特征也以一种新的方式出现，均可在科技馆的设计中找到它们的影子。科技馆最为重要的特征之一便是巨大的台阶。大踏步台阶向广场一侧打开，并形成一个巨大的基座，其上部为圆形的展厅。基座外饰石材，上部圆形展厅采用铝板、玻璃等材料。基座及展厅在形式、色泽、质感等多方面的变化及对比与传统城楼上下之间的对比相类似。结合影视厅需独立对外的使用要求，在其外侧单独设有一块大面积实墙，墙面有侧角，与传统城墙相类似。其表面所开的不规则的孔洞、鲜明的色彩及突出的阳台等，则又体现出明显的现代特征。

此建筑利用外部形态和内部空间的塑造很好地呼应了嘉峪关的城墙文化及其所在地区的河西走廊地域文化。

第五节　传统形制与现代建筑手法的互动生成与杂糅

近年来，由于全球化、现代化的强势，在建筑设计领域，在统一思想追求现代的同时，建筑设计师也意识到，全球化的模式会对建筑设计带来建筑设计的趋同和对地域环境的漠视。站在中国，甘肃建筑设计的角度，接受着普世的现代建筑观的同时，是不是仍然不应该放弃适宜本土地域的建筑观的探索。

一、陇地当代建筑设计中的杂糅之境

身处中国西部，甘肃现代建筑设计，受到来自西方和东部沿海地区的双重中心的影响，不管自愿还是抗拒，似乎不得不接受主流理念的熏陶，在建筑设计领域，必然会体现在不同程度的追随和自愿或无奈的地域自我意识的薄弱上。

如果衍生到本质，这种全球化的西方建筑观传达的实际上是价值观，他们对于建筑设计，同时也涵盖了对于社会百态的理解和判断。而这种趋势到达中国，在产生变化的同时，也已经引起了对于传统价值体系的挑战、文化结构的冲击和建筑理论的迷失。由于中西传统价值理念的差异，在实践西方建筑设计理论的同时，中国建筑师意识到它们在中国"平稳落地"的问题，开始致力于西方建筑理论体系和中国

建筑甚至社会传统的结合上，并做出探索。

因此，我们可借用"Hybrid"这一感念来描述甘肃地区当代建筑的探索。"Hybrid"原意为"杂交生成的生物体，混合物，混合词；混合的。"此处我们可将之解释为"互动生成"或"杂糅"，可形象地表达出甘肃当代的地区交融、民族交融以及传统与现代交融的建筑创作与探索之态（图9-5-1）。

（一）空间跨度中的多重理念之冲突与融合

"中西建筑的结合，可以看到从两个方向出发的探索：一是改革中国传统做法以适应新的结构；二是改造西方形式，使之适于中国欣赏习惯"。从近代西方现代与中国传统的首次碰撞开始，这两种思路可以概括大部分的关于现代与传统相融合的探索，但究竟怎样才能设计出最适合的建筑，建筑界仍然在探讨与实践中。

20世纪西方建筑理论和实践迅速发展，从现代主义的成熟到后现代主义的萌芽，而中国建筑师在改革开放前，接受的主流理念是传统的美学观念和现代主义的功能主义。当时，中国建筑设计在现代主义建筑理论和实践尚未成熟发展，又同时接受后现代主义等新兴理念的洗礼，这种飞跃性的发展，必然会造成中间某些环节的缺失，其中最主要的应该就是传统和现代的矛盾以及地域性的缺失。

后现代主义所提倡的多元折中与中庸兼容、大众化与民俗化双重译码与雅俗共赏的对应关系等内在物质，与中国传统文化特质有着很大程度的契合，它尊重传统、追溯文脉的思想，在国内也引起了很大的共鸣，建筑师开始了对于民族传统和后现代建筑的融合的探索。在尝试过"大屋顶"这一民族形式未能得到很好融合之后，在后现代思潮的影响下，"借助'符号''变形'的设计手法，以'文脉'的理念，尝试中国传统的后现代建筑表达"。其中自然产生了一些值得推敲和借鉴的作品，然而与之相对的是，后现代主义的历史文脉，被曲解为一些概括简化、快餐式的未加理解的拼贴被赋予建筑，是后现代建筑发展的歧路。

我们反对现代主义下的国际式建筑对地域和文化的忽视，认为后现代的某些文脉思想尚更符合东方文化关于串通承继的理念，同时也要注意到，它们产生的背景都是西方典型价值观，而在价值观上，中西方有着长久的分歧和差距，这是渗透于社会中的，即使国际化的交流，极大地挑战着东方传统的价值观，但至少如今还未改变这一渗透民族骨髓的根本理念。由此可见，即使全球大同是一种趋势，在其中保持自我意识的独立仍然不可也没有被丢弃。

（二）时间跨度中的多重理念之矛盾与渗透

建筑不是独立于社会文化之外的，要建立自己的建筑观，我们不得不从传统的价值观等哲学范畴来分析其对于建筑的本质渗透。东西方若从传统理念上去追溯，向来就有着很多差异，甚至是截然不同的主流理念。不同传统的自然观、世界观必然会对建筑设计赋予在本质上就不同的概念。

中国古代哲学自然观的基本特征是尊重自然、顺应自然。中国古代哲学流派观点纷杂，有部分甚至截然对立，但在自然观上几乎都是一致的，就是追求和谐，讲求"天人合一"。中国传统的价值观中，不论是建筑的打造，还是环境的营造，自然都是必须被首先考量的因素。老子在《道德

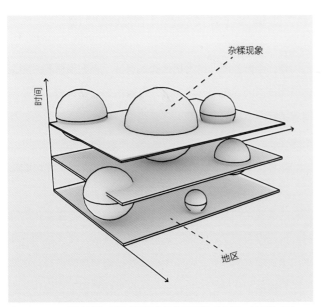

图9-5-1 不同地域在不同时间段内的杂糅现象（来源：刘文瀚 绘）

经》中说道："人法地，地法天，天法道，道法自然"。这其实就是在讲人与自然间的有机联系，自然是居于最高一层。在建筑营造上，能达到的最高境界便是人、建筑、自然环境的和谐统一。中国园林的著作《园冶》中，用"虽由人作，宛自天开"来形容园林营造的最高境界，这是中国传统价值观在园林中的体现。

崇尚自然，尊重自然，和谐的自然观，是一种传统的价值评判，也是一种理念和特征，可以渗透到很多方面。在建筑领域，这种思想可以形成具有传统特色的建筑价值观和发展观。而历史上，大到都城的选址、规划布局，小到建筑的面阔、进深、高度等，都以自然环境作为参考。而这种理念的表现，不仅仅在于对于自然外在的重视，也在于对于内在文化的理解。例如对于本土文化的理解、对于本土材料的巧用、建筑空间对本地民众习俗的适应等。

再拓展开来，就可以发现，中国传统对自然的尊重、对和谐的追求，是讲求一种平衡，人与自然的平衡，那么建筑，作为人为的产物，是不应该破坏这种平衡的。如果仅仅搬用外来的理论理念，实践于本土，必然破坏本土地域的自然环境、文化传统与居住民众间源远流长的平衡。

日本对于中国传统哲学的研究向来热衷且深入，日本著名的建筑设计师限研吾曾经以"负建筑"的概念与现状所追求的功利建筑模式相对抗，他认为高大的建筑承载了人类太多的欲望和炫耀的心理，它破坏了和谐完美的自然界，充满了侵略性；安静而温和的建筑，不会破坏自然，而是竭尽全力的和自然融为一体。这种建筑理念与中国哲学中天人合一、顺其自然、因地制宜的思想不谋而合，体现了东方传统价值观的和谐观点，值得深究。中国哲学讲求世界万物的和谐平衡，而如今的建筑风潮，使得建筑师和开发商都刻意将建筑物建的醒目招摇，强调其视觉效果，消耗巨大资源，且无法回归泥土，循环平衡，完全破坏了生态的平衡。

而真正中国建筑的传统，应该是体现"天人合一"理念的传统，它不在大屋顶，不在琉璃瓦，不在木结构，也不在四合院，而在中国人的心里，是千百年来中国人对于自然的尊重和适应，由此产生的生活环境的和谐。

二、陇地当代"互动生成"建筑设计观下的探索

全球化趋势在中国建筑设计界引发的思考，中国传统在建筑中深入骨髓的渗透，都在表明，不管是在全球浪潮中进行着多种建筑理念实践的中国，还是更加边缘跟随趋势而走的甘肃，其建筑设计在接受西方理念的同时，仍然需要从传统价值观出发，建筑观的确立，在于建筑本质的理解，那么，建立适宜的建筑观，才是可持续发展的根本。

从甘肃建筑设计现状出发，结合地域传统，笔者认为，我们需要的是一种和谐的、与甘肃建筑环境适宜的建筑，它不张扬，形式、技术偏向简洁，不追随某种趋势，关注使用者的感受，关注与自然的和谐。

具体涵盖以下几个方面：

第一，摒弃中心，找回边缘的自我意识。关注本土地域，研究材料和技术，建筑的这种本土语言同样也能反映时代，这些建筑语言表现的不仅仅是建筑对于地域适应性，也隐含着本土社会、文化中很多传统价值理念，符合建筑作为物质本身的自然规律。不论传统与现代，以本土实际出发，不要追求所谓的"时代"和"地域"，而使甘肃建筑以符合地区实际情况、适宜于当时实地的面貌出现；

第二，追溯本质，发掘建筑的朴实魅力。摒弃中心理念，是要确立自我位置，但是同时也要避免直接将中国传统建筑的片段搬用在如今的建筑上，以后现代手法拼贴组合，注重表层的模仿，而未能深入其本质精髓。建筑的本质在于空间，考虑功能以"天人合一"的意识去实现是组织空间的出发点，甘肃建筑设计，从建筑的本质出发，将外观的时尚暂且搁置其后，适度的满足使用者对于建筑的需求，发掘建筑朴实外观下的适用魅力；

第三，建立全面的技术观，从追"高"中慢下来。我们要突破僵化的技术"时代"观，提倡当用则用，技术和形式都用符合"此时此地此人"的原则的。坚持一种全面考量的技术观，建筑技术的使用要和地域相结合，进行比较、协调，只有选择适宜的技术发展路线，才能避免脱离了实际社

会经济发展水平的而去盲目追"高";

第四，尊重自然，节制欲望，建立本土适宜平和的建筑观。建筑地域性的价值标准，并不是建立在高技术、高造价、流行的就是好的基点之上，在我们的视角里，应该是适合的就是好的。在甘肃这个整体环境下，放远眼光，尊重自然，并结合自身经济状况、科技力量，节制那些违背自然规律的"人定胜天"的无止欲望，不追求过高过新，适可而止，在地域本土上建立朴实平和、适宜当时实地的建筑评价体系、建筑史观和建筑观。

三、建筑实例解析

（一）甘肃画院

1. 立意

1985年东南大学"正阳卿"小组接受了甘肃画院和敦煌研究院的规划设计任务。他们意识到，由于长期生活在江南地区，要想在兰州做设计，必须踏勘和调查当地的自然环境、人文环境和建筑实况。经过一番从兰州到敦煌的了解和考察，被一种强烈的地域特色所感染，粗犷浑厚的气质与江南水乡清秀典雅的情趣形成了鲜明的对比。那么在不同的地域环境下怎样做好设计呢？人们常说建筑是人类文化的一个组成部分，可是建筑又不同于绘画、书法和雕刻等其他艺术，它们常常强调表现精神特性，或是气氛的瞬间显现，可以采用夸张个性及主观的表现手法，为人们提供了一个广阔的想象或幻想的天地。而建筑创作则受着各种各样的客观现实条件的制约，不可能随心所欲地发挥个性，尤其在不同地区环境下做设计更不应生搬硬套，只能在不同的时间、地点、环境和物质条件的许可下进行创造，力图做出能满足各种需求和适合于当地、当时环境又具鲜明特色的作品。

2. 基地与规划

在兰州市中心东北角，近年来滨河路南侧已开发新建了多处高层建筑，使该地段开始获得了新的生命力，将逐步成为城市中心的延伸地段，它正朝着现代化城市发展的方向迈进。在滨河大道北侧的黄河溢水道是堤岸及雁滩公园之间的一块约50米×500米狭长地段即为需要规划设计的甘肃画院和敦煌研究院基地范围。在堤岸上已经形成了一片绿带，并点缀了多处建筑小品，其中还保留着若干棵生机盎然的苍老古树，环境优美宁静，为城市居民提供了良好的休憩交往的最佳场所。身处其境，可以眺望远处重叠的山脉和近处雁滩公园秀丽的景色，景观层次丰富迷人。基地东端为一水塘，在这块狭长的基地上经过几个方案比较，多方磋商研究，现将甘肃画院布置在基地东端与相邻的二期工程省美术馆组成一个整体。在东头低洼地的水塘里配置有高低错落多层面的桥、廊、亭和榭，供休息垂钓，成为画家们陶冶情趣的胜地，亦可对市民开放，共享佳景。而敦煌研究院是一座体量较大的建筑物，将它布置在基地西端，与堤岸高低错落的地形相结合，使这一组建筑群在尺度和体量上与雁滩公园，堤岸绿带融合为一个整体，并且开阔了滨河大道沿堤岸一带的景区，使其有着良好的视野和景观（图9-5-2）。

3. 平面布置

画院内的各种活动室均围绕着一个外院和一个内庭布置。室内中庭为二层空间，以玻璃顶篷覆盖，使它具有半室外空间的效果，可作为画家们聚会和交往的场所。底层的试笔室、创作室、客房及二层的展览室、客房等均围绕着内庭布置，都能够获得共享内庭空间的乐趣，增强了内部空间和谐与活跃的气氛。试笔室和展览室又面向着雁滩公园，可以饱览外部景观。底层的创作室设在内庭和外院之间，外院内设有桥、亭和水池，通过创作室的过渡，使内庭与外院在空间上获得贯通流动的效果。鉴赏室布置在外院北侧，用廊子与外院间分隔出一个长条形小内院，既丰富了外院的空间层次，又保证了鉴赏室不受人流交通的干扰，获得安宁的环境。迎宾室设在靠近入口处，便于接待，并可得到外院和外部空间良好的景观。建筑入口设在西侧，使其与第二期工程省美术馆组成一个整体，并有着方便的联系，也可以二馆各自单独开放使用，在管理上互不干扰（图9-5-3）。

图9-5-2 甘肃画院1（来源：周家名 摄）

画院内共设少、个套房，供国内外画家居留住宿时作画用。每个套间客房内均设卧室一间和画室一间（兼作会客），各有独用的卫生间。在底层的每个套房前均有一个尺度适宜的室外小庭院，院内铺地和花草绿化布置得朴素雅致，为画家创造了一个与居室相结合的户外舒适的小环境。办公及管理用房设在主要入口的南侧，厨房和车库设在东北角，建筑周围有足够的绿地及环形消防车道。

4. 造型和色彩

由于基地的环境要求，建筑尺度和体量不宜过大，应精巧适度。兰州市周围环山，滔滔黄河纵贯全城，如此开阔粗犷的城市大环境景象，在建筑格调上亦应与其适当地呼应，既求朴实浑厚又要做到活泼典雅脱俗。使朴素的大块墙面和悬挑在墙外立贴式的结构骨架楼层形成鲜明的对比。立贴式墙面处理手法常见于江南一带的民居建筑中，在这里也采用了这样手法，其目的在于更能烘托大块墙面的厚实感，而在立贴式作法的尺度上略大于江南民居建筑的惯例，也可以说是无论东西南北、古今中外的办法，只要适合的就可以"拿来"。屋面坡度平级，使与当地居民建筑相协调。在实墙上的小窗洞口配以窗策细部，使之粗中有细，淳厚而不笨拙，力图表现西北地区的建筑特色。墙面色彩用朴素的黑、白、灰三色组成。以白为色调，显示浑厚而典雅的格调，犹如一

图9-5-3 甘肃画院2（来源：周家名 摄）

幅水墨图画。坡屋面上用深蓝色釉面瓦饰面，使整个建筑格外清新醒目（图9-5-4）。

5. 传统与现代

甘肃画院是供国内外画家们聚会，研究画艺的场所，而中国传统书画艺术在世界画坛中独树一帜，画院的建筑造型艺术也应考虑将中国传统建筑中的优秀部分结合的问题。关于传统的继承革新问题，建筑界探讨甚多，尤其近年来更为重视，这和世界上发达国家一样，刮起了"文化热"之风。实际上对于发达国家来讲是一种文化寻根的回归心理。因为一个民族常常在"物化"的过程中，即在原来物质上很穷，又拼命想快一点富起来的时候，往往容易忽略自己原有的精神财富。当物质财富发展到相当富裕的程度则产生了追求精神上的满足，以致有认同的回归需求。这是西方国家走过的路。如今我们刚刚从与世隔绝状态走向改革开放之路，和外来文化必然有碰撞，而西方文化是多方位、立体式地涌进，怎么可能不被渗透呢？这并不奇怪，本来人类文化应该是互补的。

由于初次接触，往往会出现忽视传统或迷信传统的两种倾向，主要是我们作为接受外来文化的主体，其素质应该是高层次的，就能够吸收外来文化以滋补自己。一方面努力学习西方科学技术的进步文明，另一方面应该维护自己传统文化精神，弘扬其优秀部分。尊重传统却不能食古而不化，学习国外先进经验而不能盲目搬用。我们在甘肃画院设计中关于"传统"吸取的方式并不只是形似，而更多地从内涵上去体现。尽可能充分地利用国内现有的物质技术条件（全部建

（a）入口外景

（b）在堤岸上的景观

（c）庭院内景

（d）外部细观

图9-5-4　甘肃画院3（来源：《传统与现代建筑文化互补的尝试——甘肃画院设计》）

筑材料和设备均为国产）并赋予建筑以新的形态。将近年来国外流行的中庭空间与我国传统的庭园处理手法相融合，组成一个新顺的有机的内院、外院空间形态，是一次传统和现代建筑文化互补的尝试。

时至今日，此建筑建成以三十余载，仍是本地区内建筑的成功案例。

（二）槐园

槐园建成于1997年，由兰州理工大学设计艺术学院首任院长徐捷强教授设计与主持建造，是于1.7亩场地上建起的三进院落，因保留原有三颗古槐，故此命名"槐园"。院落中有山有水、有廊有亭、有楼有榭、草木丰盈、鸟语花香，十几年来，槐园成为设计艺术认的精神象征、艰苦奋斗、追求美好。皋兰巍巍，金城绵延；红柳飒爽，槐园秀美。

1. 立意之初

20世纪90年代初，设计艺术学院所在办公地在现在槐园旁边的二层小楼上，当时第一任院长徐教授看着窗外堆放杂物的一片空地以及设计院短缺的办公和教室空间，槐园的初步就这样产生了。在设计之初，徐院长想采用中国庭院园林的手法设计这样一个传统四合院，结合山、水、树，当时正好空地内有三棵大槐树和一棵椿树，槐树完好地保留下来，这就是槐园的由来。

2. 平面布置

槐园最大的困难就是地形紧张，也正是这个困难，才创造了这样一个富有园林趣味院落的空间。槐园由三进院落组成，第一进院落是刚进门，照壁与左侧的房子形成的院落空间，这也是空间序列的起始；绕行照壁右侧走廊与左手的槐树景观和亭子形成第二进院落，进入院落，映入眼帘的是榭、小桥流水、若隐若现的假山和古老的槐树，这也是整个序列空间的高潮之处，槐园的主导空间，以曲径通幽的方式，让行人产生联想，以最少的元素表达更大的空间。院落内北侧二层建筑旁的大青与门口的二青遥相呼应，空间的轴线正好是正南正北的轴线，这个轴线以隐约的方式存在，但对空间存在着控制力；通往第三进院落，可绕假山而行，可步小桥之上，亦可穿假山之内，增加了院落的趣味空间，从高潮的空间过渡到三进院落，由南侧的三层与东侧的二层形成一个院落，西倚假山，穿过假山，亦可到后面的储藏空间（图9-5-5）。

3. 细部造型与色彩

整个院落以素雅为基调，屋顶形式采用传统卷棚形式，既不张扬，又显得平和；各建筑采用砖混结构，将中国传统建筑符号恰当地运用至砖混建筑中；兰州地区城市风貌冬季多呈灰色调，故特采用洋红色砖，夏季红绿相映，秋季色彩斑斓，冬季无雪时暖意袭人，雪天时赤雪相映（图9-5-6）。

此院落处于黄土高原地区，相比于南方的树木繁盛、清雅幽静，所处的环境略显荒凉，但却营造出北方小庭院的勃勃生机，最有价值的是，该院落巧妙地利用原有地形和场地内的景观，将中国古典园林的手法布与重重限制的庭院内，并且其低造价和低成本也是该建筑的一大难点和亮点，在繁华与宁静内，取得了均衡，塑造了满园的生机。

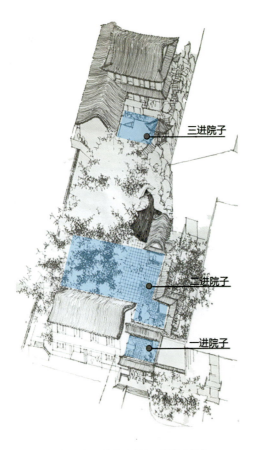

图9-5-5　槐园空间示意图（来源：徐捷强 绘）

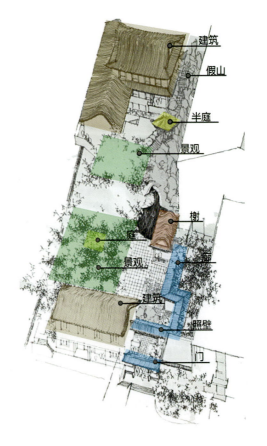

图9-5-6 槐园冬景（来源：周涛 摄）

（三）临夏奥体中心建筑群

临夏是东西文化交融的代表地之一，建筑艺术特色鲜明，有东方"小麦加"之称。风格迥异的民族建筑融汇与同一座城市之中，绿色茵茵的清真寺，直耸云霄的唤醒阁，独特的阿拉伯建筑风格，使你恍然走进"天方夜谭"中的神话世界；红园、东公馆、蝴蝶楼集中国传统建筑艺术于一身，独具江南水乡风格。回族砖雕、汉族木刻、藏族彩绘艺术的完美结合，阿拉伯建筑与中国古典建筑艺术的巧妙运用，使临夏成为领略民族建筑艺术，了解中国伊斯兰文化的胜地。

1. 奥体中心体育场

临夏市奥体中心体育场坐落于临夏规划新城核心区域，总体项目用地容积率0.40，建筑密度57%，绿化率16%。体育场占地面积41134 平方米，建筑总面积28452 平方米，选址位于南滨河东路以西，折龙岩南路以南，南滨河路东侧地块，总用地面积71970平方米。体育场由三层观众席和国际标准体育场组成，是一座以大中型体育比赛、训练为主，兼顾市民休闲、健身、娱乐等功能于一体的大型体育设施，总座席规模为固定座席20410座，其中观众座席20287个（包括活动座席250个，主席台座席88 个，及无障碍座席35 个）。建成后将成为临夏标志性文化设施之一（图9-5-7～图9-5-9）。

设计灵感来源于牡丹花瓣的结构体系现代体育建筑讲求结构选型与使用空间的统一，以求获得大跨度功能空间经济性和艺术性的完美结合。纵观世界历史上的诸多著名体育建筑，都是合理融合大跨度结构形式和使用空间的统一体，以体现结构的力量美、逻辑美，实现大空间的经济性和舒适性。临夏体育场的设计立意，正是取材于临夏市河州最大的特色：牡丹、彩陶、彩绘，寓形于意。造型以彩陶圆润的弧线为灵感，采用不对称的起伏高低，与内部的功能布置结合，东侧为最高宽缓降至南北侧最低薄处再起伏至西侧的次高点。结合现代建筑手法，营造出富有城市体育文化特色的景观节点。

图9-5-7 临夏市奥体中心鸟瞰图（来源：杜博斯克设计事务所 提供）

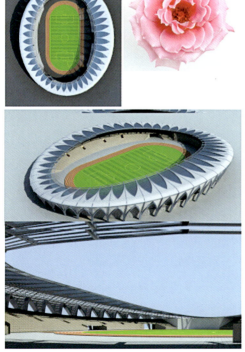
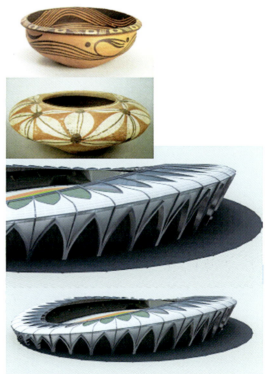

图9-5-8 体育场设计理念（来源：杜博斯克设计事务所 提供）

图9-5-9 体育场立面（来源：杜博斯克设计事务所 提供）

作为本设计主题的牡丹花在自身构造上有独特的优势，其外瓣就是一个薄壳的空间，可以表达为一个合理的大跨度结构，且形态十分优美。与内部的功能布置紧密结合，场馆南北无看台区为整个外壳的两个最低点，西侧看台最大密集区为本案造型的最高点，朝大夏河方向展现本案最为恢宏的一面，东侧看台区为次高点。整个形体跌宕起伏，大气而富有动感。

2. 奥体中心体育馆

随着社会经济文化高速发展，体育运动逐渐成为人们日常生活中不可或缺的部分，在社会文化活动中扮演着日益重要的角色。与此同时，对于体育场馆的社会效益和经济效益的重视程度日益增加。

带着对该问题的思考，本方案在满足体育馆多功能，多用途的基础上，立意将体育运动与文化休闲活动结合起来，在理性考量的基础上，赋予建筑以诗意，使其成为环境及人们日常生活中，一个自然有机而又令人难以忘怀的组成部分。建成后的体育馆，应能在喧嚣繁华的现代都市环境中，为人们提供一个宁静优雅的交流场所，同时又能通过舒展有力的建筑形象体现现代体育运动追求，"更高，更快、更远"的精神。雄鹰展翅腾飞的形态形成了轻盈有力的建筑形象，展现了现代体育精神。

在总平面布局中首先注重平面的紧凑合理性，通过对区位及体育馆功能定位的深入分析，将基地主入口面向城市路口，并留出了面积较大的馆前集散广场，有利于在举行大型比赛大量人流进入和疏散。使舒展有力的建筑形态能与面向城市道路界面以产生更多的联系和对话。

体育馆基底平面是一个长轴126米、短轴86.4米的椭圆形，构成了以一个椭圆体形为建筑设计符号的体量。同时立面设计体量以雄鹰的展翅腾飞的形态来策动全局的设计，注重建筑的细部，深入推敲体量的进退、虚实和律动而舒展的线条更加强调了体育建筑的风貌，轻盈的屋面向外延伸，也体现了腾飞和具有力量感的建筑形象（图9-5-10～图9-5-13）。

1）比赛大厅中心的比赛场地设计为44米×25米多功能的比赛场地，可用于篮球、排球、羽毛球、乒乓球、手球等多项比赛，首层设置运动员区、贵宾区、媒体区、竞赛管理用房等功能用房，分区明确，各功能紧密联系，提供赛时各个功能分区的高效运行。

二层为观众活动区，观众从北向室外台阶直接到达二层观众入口大厅，进入座席区。并且二层出入口周边设置环状的疏散平台。比赛大厅位于体育馆内的西侧，共设4889个座席，其中固定座席4451个，活动座席424个，无障碍座席14个。比赛大厅看台西侧中心部位为主席台，主席台可由一层贵宾区内设的楼电梯直接到达，主席台设置无障碍席位4个。普通观众席设无障碍座席10个，可从一层西侧的无障碍入口乘电梯直接到达。观众看台主要设置在二层、三层，并由二层平台组织疏散。

2）练习场地位于体育馆东侧，可进行篮球、羽毛球、排球、乒乓球、体操等训练项目，并附设更衣淋浴用房，方便使用。练习馆和主场通过运动员检录大厅相联系，便于赛时运动员热身后便捷的检录并进入赛场。

此建筑以翱翔的雄鹰造型寓意西部地区经济的蓬勃发展，表达了对西部地区发展的美好愿景和对人居环境的企盼，同时来塑造建筑的整体形象。外装修材料以钛锌板、涂料、面砖为主，建筑材料的运用体现了与当地地域传统文化的传承与尊重，形成一个有地域特色，大气与细致并重具有当地审美特征的建筑。

图9-5-10　体育馆1（来源：杜博斯克设计事务所 提供）

图9-5-11 体育馆2（来源：杜博斯克设计事务所 提供）

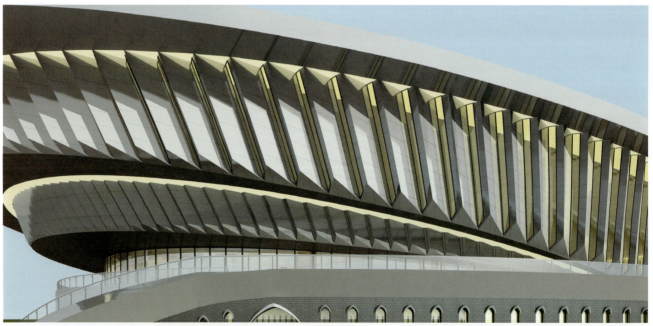

图9-5-12 建筑细部 （来源：杜博斯克设计事务所 提供）

3. 民族大剧院

中华回乡文化园位于永宁县纳家户清真大寺北侧，紧临京藏高速公路永宁出口处，依托古老的纳家户清真大寺和回族风情浓郁的纳家户村所建，以展示伊斯兰建筑文化、礼俗文化、饮食文化、宗教文化、农耕与商贸文化为特色。

大剧院的设计灵感来自于中东地区位于阿曼马斯喀特的清真寺，充分体现民族文化特色，以伊斯兰建筑中的穹窿（圆顶），水池，几何植物装饰图案为基本设计元素，渗入

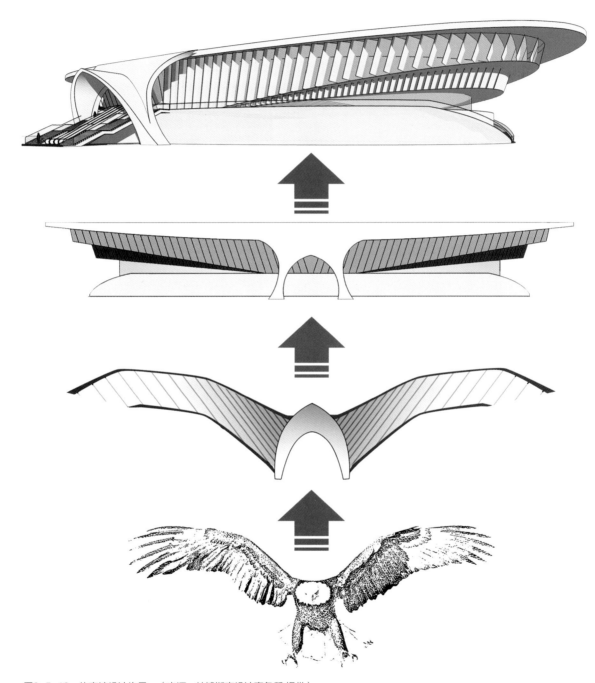

图9-5-13 体育馆设计构思 （来源：杜博斯克设计事务所 提供）

现代建筑设计手法。

临夏民族大剧院坐落于临夏规划新城核心区域，是体现民族文化与现代科技结合的最高艺术殿堂，预计投资2.2亿。建成后将成为临夏标志性文化设施之一。大剧院的设计灵感来自于中东地区位于阿曼马斯喀特的清真寺。

大剧院平面是最大直径90米的穹顶，在设计充分体现民族文化特色，在景观水池的衬托下形成富有诗意的美景。在灯光的效果下，形成不同色彩同时具有虚实变化的绚丽效果，如凝重的古典音乐，轻快的圆舞曲，轻盈而悠扬，充分表现出现代艺术文化建筑的特性。铝锰镁板和阳光板构成富有变化的外轮廓，用轻型网架结构进行支撑。使用具有民族特色的尖顶拱造型绕建筑一周形成灰空间（图9-5-14）。

大剧院地上建筑面积15000平方米，建筑总高度约46米。为了在保持穹顶高度的同时避免空间上的浪费，将大剧院内部主体向上抬高一层。下部用来设置贵宾厅，组织大面积的装卸场地，以满足装卸演出布景，道具、器材及停车的需要。避免了地下室的大面积开挖。大剧院可容纳1052位观众，其中包括乐池的可活动座椅102个。观众厅分为池座可容纳860人，楼座可容纳192名观众观看演出。

舞台是整个剧场的核心，采用国际上通行的"品"字形舞台。并拥有一个由两部分组成面积为120平方米的可升降乐池，可容纳100人的交响乐队。舞台使用可伸缩荧幕的设计，能够满足电影放映的要求。设计了特殊的管弦乐围板。举行管弦乐演出时，可以很方便地将它移出到适当位置，将舞台部分分割，从而将两个空间转换成了一个空间。使舞台能够完成复杂的剧幕场景变换，充分满足了音乐剧、歌剧、芭蕾、交响乐，戏剧和综合文艺演出的不同需要，使观众能够享受全面的舞台艺术魅力。

此建筑设计概念以伊斯兰教建筑中的穹窿（圆顶），水池，几何植物装饰图案为基本设计元素，渗入西方建筑设计手法。在围合广场的中央设计一个巨大的水池让建筑的光影投射在水面上使剧院的建筑得以延伸。剧院内部的内部穹顶，拱形结构和一楼的拱门在内部营造出巨大的空间感，光线从拱形的穹顶倾泻而下，在内部形成一个巨大的光影（图9-5-15、图9-5-16）。

图9-5-14 民族大剧院（来源：杜博斯克设计事务所 提供）

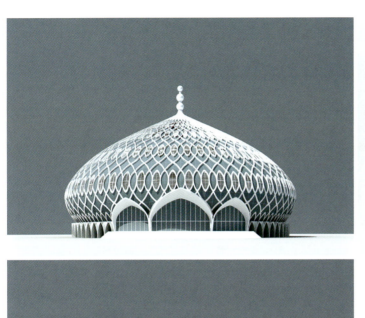

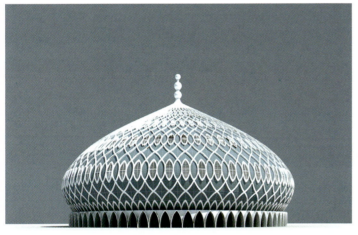

图9-5-15 民族大剧院立面（来源：杜博斯克设计事务所 提供）

玻璃、铝板、装饰用铝板，石材构成富有变化的外轮廓，用轻型网架结构进行支撑。使用具有民族特色的尖顶拱造型绕建筑一周形成灰空间。在灯光的效果下，形成不同色彩同时具有虚实变化的绚丽效果，如凝重的古典音乐、轻快的圆舞曲，轻盈而悠扬，充分表现出现代艺术文化建筑的特性。

该建筑很好地融合民族文化，体现出甘肃地区民族团结，既融入了民族特色，又利用现代建筑的高科技技术，民族团结和民族合作的良好势态。

4. 城展馆、科技馆、循环经济展示馆（三合一馆）

古朴的文化容器：三合一馆应当是文化的完美容器，应结合上位规划、城市设计及周边项目，并考虑项目内部之间建筑群体的空间关系，合理确定建筑空间形态、体量、尺度，建筑风格、色彩和轮廓线。体现地域主题文化特色和建筑艺术特性，具有较强烈的地域文化和地域识别感，打造新区地标式建筑群，创造具有地域特色的建筑风貌和城市景观（图9-5-17、图9-5-18）。

绿色的活动场所：三合一馆应当为市民提供在绿色生态氛围的场所可能，本设计结合既有规划资源，在平面和空间上都追求山水的环境营造；

开放的空间理念：三合一馆应当为市民提供开放的交流空间，本设计在内部空间设计中注重多个层面的交流开敞，

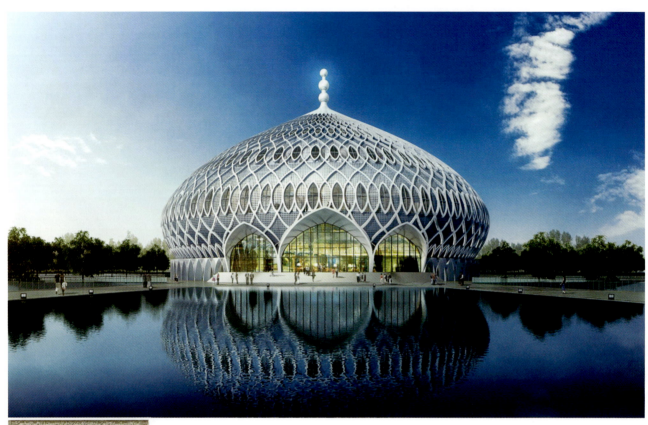

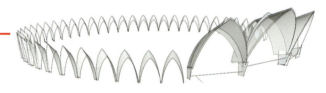

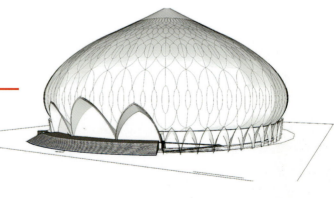

图9-5-16　民族大剧院构思（来源：杜博斯克设计事务所 提供）

图9-5-17 城展馆、科技馆、循环经济展示馆（三合一馆）——"甘肃临夏之花"鸟瞰图（来源：杜博斯克设计事务所 提供）

图9-5-18 城展馆、科技馆、循环经济展示馆（三合一馆）——"甘肃临夏之花"入口（来源：杜博斯克设计事务所 提供）

在纵横的不同尺度上为广大市民提供了丰富的交流空间。

设计中我们立足实现该三合一馆的现代性演变、开放性演变、多功能演变和故事性演变，使其形成社会性、开放性、多功能复合的信息中心。三合一馆在低碳建筑方面，做出了积极的探索。

三合一馆主体立面采用模拟电子显示器的点式开洞元素作为立面的活跃元素，通过孔洞将临夏地图勾勒出来，以LED灯光将建筑的主立面作为城市的展示屏呈现给市民。门厅立面采用具有传统纹饰的马家窑肌理，辅以展现马家窑历史内涵的浮雕装饰，共同衬托三合一馆的文化积淀（图9-5-19、图9-5-20）。

概念1：三合一馆象征临夏之花，中国花儿之乡临夏是"中国花儿之乡"、"牡丹之乡"，方案以花瓣聚合的形态把三个馆作为三朵花瓣聚合而成.具有极强的向心性，三合一馆整体寓意着聚合、团结，象征临夏文化的交融，天时、地利、人和，同时运用现代科技的流线型造型，数字化建构，塑造完美的花的造型。

这里是"中国花儿之乡"，临夏是中国花儿两大体系——河州花儿和洮岷花儿的发源地，"花儿"文化经久不衰。"花儿"是流行甘肃、青海、宁夏、新疆等广大地区的一种民歌，是当地各民族中广为流行的口头文学形式。河州"花儿"曲令之多，位列世界山歌之最。在临夏，你可以听到最地道的"花儿"。无论是田间地头，还是山间小道，处处飘荡着"花儿"美妙的旋律。

概念2：马家窑文化临夏州历史源远流长，文化遗迹众多，素有中国"彩陶之乡"的美誉。三合一馆对马家窑文化元素进行提炼，将建筑门厅部分抽象为马家窑彩陶，通过建筑的形体、表皮等使地方文化得到传承，同时采用层层悬挑的构造做法，寓意马家窑文化的再生。

三合一馆对马家窑文化元素进行提炼，将建筑门厅部分抽象为马家窑彩陶，通过建筑的形体、表皮等使地方文化得到传承，同时采用层层悬挑的构造做法，寓意马家窑文化的再生。这里是"中国彩陶之乡"，临夏是古黄河文化发祥地和远古人类生息繁衍地之一，这块沃土蕴藏着极为丰富的古文化遗存。以"马家窑"文化为代表的各类文化遗址星罗棋布，"半山文化"、"齐家文化"因最早在这里发现而命

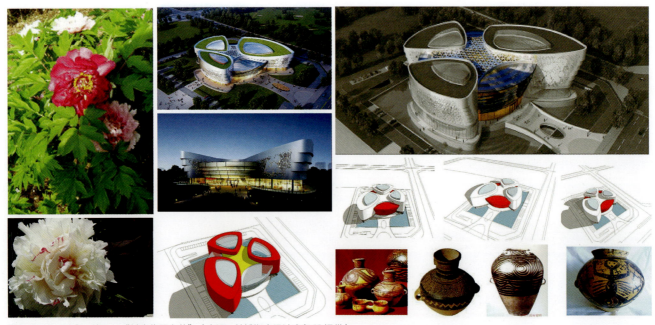

图9-5-19 三合一馆——"甘肃临夏之花"（来源：杜博斯克设计事务所 提供）

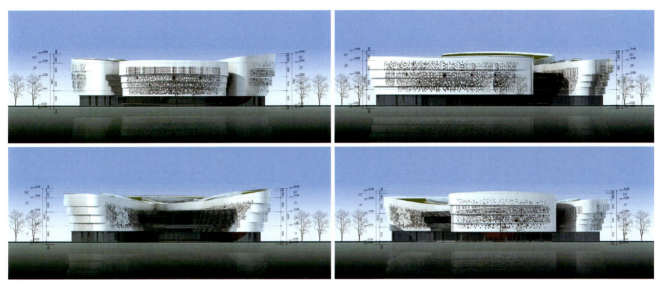

图9-5-20 三合一馆——"临夏之花"立面（来源：杜博斯克设计事务所 提供）

名。这里是中国新石器文化遗存最集中、考古发掘最多的地区之一。现珍藏于中国国家博物馆被郭沫若先生命名"彩陶王"的国宝就出土于临夏。河州彩陶多姿多彩，马家窑文化（马家窑类型、半山类型、马厂类型），齐家文化，辛店文化和寺洼文化四个文化类型各具风韵。各种陶器造型迥异，有瓶、盆、壶、钵、瓮、罐、碗等，表面饰以精美的花纹，纹饰多以黑、橙、褐、红、灰色为主的平行线、曲线、交叉线、同心圆、涡形纹组成。

第十章　甘肃地域建筑传承总体策略与思路

20世纪80年代初期，中国多数建筑师主要关心的是创造一种怎么样的建筑风格，而对如何去创造这种风格则缺乏研究，有人主张要吸取中国传统建筑经验，而对究竟有哪些传统经验可以为我所用则无心探讨；至于建筑自身是什么，更极少有人追问。甘肃本土建筑则经历了民族与工业、发达地区与欠发达地区、传统与现代、甘肃地域多民族间的建筑文化冲击与交融，呈现出一种新的建筑形式。在现代化潮流中，如何传承、发展陇地地域建筑文化成为陇地当代建筑文化使命。在新与旧，地域性与现代性寻求综合，探寻开放的地域建筑创作之路，是摆在我们建筑设计师面前的一个古老的新课题。

第一节 甘肃当代建筑实践存在的问题与误区

一、观念层面——黄土文明的守望与传承

20世纪80年代，西方建筑思潮涌入我国建筑界，为我国建筑设计带来了新气象，我国建筑设计思想领域受到多种建筑思潮的冲击。我国未曾发展成熟的现代建筑遭遇了后现代主义、新理性主义、新地域主义、解构主义、新现代主义、高技派等不同建筑思潮的冲击。这个时期以往对于传统理念的单一理解被颠覆了，在不同理论指导下对于传统开始有了各种层面、不同方向的尝试。虽然不是所有的尝试都取得了成功，但是开拓了现代与传统的融合、发展的新局面。甘肃地处于落后的西部地区，信息技术、新的观念的接受要比其他发达地区滞后。这些在建筑文化上的封闭与滞重，影响了我们对传统建筑文化的态度，导致了主张传承者的封闭与滞后。

二、认识层面——对具象符号的依赖

在各种因素导致传承者封闭滞后的同时，作为某种程度上的悖论，不管是建筑师还是大众，都对那些"看上去很美"的传统建筑形式表达出某种欣赏和依恋的文化情节。所以，为了满足所谓的大众需求或跟随潮流，越来越多的仿古建筑、仿古商业街出现在人们的视野。

而对乡村居民而言，对外界丰富多彩的城市生活的向往，使得自上而下的"时尚化"、"化妆式"建筑形式出现于村庄的营建当中，大量缺少分析的建筑形态移植过来。一些地方集中财力、物力和人力树起综合典型，出现了模式化标准，并不同程度地引发了各种农村建设攀比，很多村庄建筑形式混乱，盲目使用不适合当地文脉的符号，或简单复制传统形态，使村庄建筑呈现出部分营造技术粗糙的现象。

三、方法层面——对乡土建筑文化的挖掘流于表层

乡土建筑文化是陇地地域多民族文化融合的精髓，但是由于我们对乡土建筑文化的忽视，即使在大力提倡乡土建筑文化时代，我们对于其的挖掘也仅仅流于表层。从日本建筑的经验而言，大致分了两个阶段。第一阶段是以丹下健三等建筑师的对日本传统建筑的形式进行提炼与模仿阶段，这主要集中在"形"的把握上；第二阶段是以安藤忠雄为主的建筑师，以极为现代的建筑形式，来体现和模仿日本传统建筑的气质和氛围，这主要集中在"神"的把握上。而反观我们的研究与设计实践，在这两方面上都对乡土建筑文化的精髓挖掘不足。

四、操作层面——地域建筑意识的觉醒与建构方式的有待成熟

甘肃处于欠发达地区，改革开放以来，人们的物质生活在极大提高的同时，对于生活环境的质量要求也越来越高，古老精湛的传统建筑在大拆大建中遭受了巨大的毁坏。随着越来越多的古建筑被纳入国家文物保护单位，历史文化名镇名村逐渐进入人们的视野，陇地地域的建筑意识逐渐觉醒。但是，传统的建构方式由于继承者较少，也没有与快速的现代化技艺相互结合，使得传统的建构方式没有趋向于完善，处于不成熟阶段。

同时，村庄建设缺乏适宜的建构方式体系，以及适宜的建筑设计、施工、验收等方面的规范及教程。

第二节 甘肃当代建筑之"形、境、意"传承

一、"形"之传承：视觉相似感受下传统元素的外在物质形态

（一）陇地传统建筑造型传承

传统元素的"形"是指，传统元素的外在物质形态，是传统建筑文化有形的部分。当代建筑设计中，通过借鉴传统建筑造型与构图、建筑材料以及建筑色彩，取得在外观形态上与传统建筑相似或相近的视觉感受。将传统的元素融入建筑物外观构成中，从建筑物的"形"中可以辨别出传统元素，获得类似于传统建筑的认同感。研究传统建筑形的元素可以帮助我们更好地解读传统建筑。

传统木构架建筑在建筑史上已经完成了其使命，但是传统建筑的形象并没有因此从民族的文化记忆中消失。中国传统建筑造型继续在当代代建筑创作中充当灵感来源，在探索传统建筑与现代建筑设计结合的过程中，出现过几种不同的阶段。模仿传统建筑造型是现代建筑转型初期的设计手法。这种方式作为造型艺术创作的重要手段，虽然为大家所熟知，但是单纯模仿传统建筑的造型已经不适宜当代的设计氛围。经济在进步，时代在发展，大众的审美品位也在进一步提高，一味模仿传统形式并不是继承传统的可取之道。

在当代建筑设计中，运用现代观念对的传统建筑造型进行提炼，使用现代建筑材料与技术对传统建筑造型要素进行再现，结合当代建筑的功能性、技术性和艺术性对传统造型再演绎，才是对传统建筑元素"形"的传承方式。

20世纪初的建筑师对于传统建筑的模仿，最初就是从这个最突出的特征——屋顶的形式开始的，当然这一时期建筑与传统元素结合较为生硬，基本上是简单的叠加和堆砌元素。后来者对于传统大屋顶的使用更为娴熟，但也暴露了其弊病，毕竟是小进深木结构建筑中的结构形式，在当代体量建筑中使用会造成很大的材料与空间的浪费。于是，对于大屋顶的抽象表达在当代建筑中有着新的探索。

除了屋顶，屋身具有丰富的传统特色元素，其横向构图与竖向线条常常被现代建筑引用，而且典型的窗与门的形象也在现代建筑中有所表现。在当代建筑设计中对于传统建筑的构件与细部的引用，是另一种传统与现代的结合。

兰州市金城关造型采用传统的古建形式。其体型尺度、空间轮廓、装饰色调都有陇地传统建筑风格。由墨绿色的琉璃屋面使建筑富有立体感的阴影变化，并结合现代建筑简洁明快的特点。主要色调是红、白、绿的搭配，展现出如同传统宫殿般的庄严美，展现了高贵、庄重的美感。（图8-1-16）

还有典型的传承传统造型的建筑如：邓宝珊将军纪念馆、七里河区兰工坪的槐园等，他们的造型、色彩、材料都传承了传统建筑的某些方面，成为新的地域建筑形式，前面章节已介绍过，在这里不再赘述。

（二）陇地传统建筑材料传承

中国传统建筑与世界其他建筑体系主要以砖石结构为主不一样，是唯一以木结构为主的体系。选择木材作为主要建材并非只因为取材来源广泛，而且因为其代表了一种价值观，对于生命生生不息、欣欣向荣的崇拜以及继承传统的价值观。材料是达到建设目的的手段，务实的中国人并没有赋予其更多的精神意义，不像西方建筑与邻国日本对于材料的理解有较为精神化的理解方式。

陇地文化与南方不同，南方地区住宅院落很小，四周房屋连成一体，南方名居多使用穿斗式结构，房屋组合比较灵活。南方园林不需要很大的地盘，就可以营造出仙境。南北民居的差异比较明显。首先，屋面用料的差异。南方民居均采用较大坡度的屋面，用小青瓦相扣铺就。其次，北方民居采用平屋面或采用烧瓶的坡屋顶，屋面材料有的采用三合土，铺瓦的瓦片厚而大。南方雨水多，必须防漏，屋顶材料要求高。北方干燥，屋顶材料要求不如南方高，在外墙用料上，南方民居采用砖砌空斗墙较多，也有木板围就的，而北方民居采用三合土筑墙、土坯墙和砖实墙。至于层数和层高，南方民居特别是在县城民居建筑中，以二层砖木结构为

主，房子层高较高。北方民居一般为单层，层高不高，开间比南方民居小。

传统陇地建筑的装饰与结构并不通过材料达到一致，而是相互分离的两部分，这是民族传统务实性的体现，同时也与现代建筑创作有异曲同工之妙。现代建筑的装饰并不必须表现结构材料，而是与传统建筑相同装饰与结构式分离的两个系统。因而，传统材料的重现，往往不表现在结构上而表现在装饰上，传统材料的使用并不影响建筑的结构性能。

秦安的大地湾博物馆是一组具有陇地地域特色的文化建筑。其体型尺度、空间轮廓、装饰色调都有陇地传统建筑般黄土高原的感觉。结合当地的黄土沟壑地貌特色，将建筑做成平行错动的折线体，并以夯土饰面，使之融入遗址区的环境中，主要色调是土黄色。

（三）陇地传统建筑色彩传承

传统建筑一个重要组成部分是色彩，陇地传统建筑亦是如此，它在以上特点的形成中起着极其重要的作用。梁思成先生说："从世界各民族的建筑看来，中国古代的匠师可能是最敢于使用颜色、最善于使用颜色的了。这一特征无疑是和木材为主要构件的结构体系分不开的。"[①]因此，某种意义上说，中国传统建筑也是色彩装饰的建筑。

在约7000年前的新石器时代，华夏先民们就开始在建筑物上添加色彩。在唐宋以后，建筑向精致华丽的风格发展，这不仅是色彩的种类地大幅度增加，而且也建立了一套色彩准则。时至明清，建筑色彩的运用已有等级严格的规制供营造匠师参考。

总的说来，中国传统建筑色彩具有较长期的稳定性，并遵循一定的规则。中国传统建筑色彩的运用与中华民族审美心理有着极其密切的关系。中国人在汉代形成的阴阳五行学说认为天地万物都是由金、木、水、火、土五种基本元素构成。季节的运行、色彩的分类、方位的变化，都与五行密切相关。根据《周礼考工记》中的记载，东方对应青色，南方对应赤色，西方对应白色，北方对应黑色，天对应玄色，地对应黄色，不同的颜色包含着不同的象征意义。在官式建筑中暖色调的朱红，用于房屋的主体部分和门窗，冷色调蓝绿色用于檐下阴影部分；重要纪念性的建筑如宫殿、坛、庙等，以黄色和红色为主色调，并配以具有不同等级的黄、绿或蓝色的琉璃瓦，并使用一层乃至三层的汉白玉台基和栏杆；民居、园林建筑的主调为黑、白两色。所以，中国传统建筑色彩丰富而有规律可循，并且附着许多精神象征意义。

陇地建筑则就地取材，色彩多呈黄土沟壑的颜色，与生活的环境融为一体。由于陇地是多民族杂居的地域，不同民族的建筑也呈现了不同民族人民的性格、审美和建筑色彩，色彩的选用代表了他们的性格，奔放、热情、低调、内敛、憨厚与朴实（图10-2-1、图10-2-2）。

（四）非建筑传统元素

中国传统元素并非只表现在传统建筑之中，可以提示着建筑的传统归属感的符号可以来自传统文化的各个方面。在当代建筑创作之中有许多沿用各种艺术相互交融与烘托的作品，从具有中国传统审美特征的其他艺术形式作为当代建筑创作的灵感来源，在塑造建筑造型的同时体现传统元素。当

图10-2-1　甘南卓尼县禅定寺（来源：李玉芳 摄）

---

① 梁思成. 中国古代建筑史六稿绪论，建筑历史与理论第1辑[M]. 南京：江苏人民出版社，1981，11.

图10-2-2　白银市靖远县平堡村（来源：安玉源 摄）

代建筑设计与非传统建筑元素相结合的做法，是一条超越建筑专业领域局限寻找传统继承法则的新路。在艺术领域内，各门类间相互借鉴是有利于自身发展的。当代建筑并不拘泥于从传统建筑中寻找创作的灵感。

陇地建筑对于传统建筑的理解并没有仅仅停留在建筑领域内部，将传统的材料与现代的材料并置，来表达对历史和未来的描绘。斜向的屋面映射了陇地建筑的坡屋顶，简洁的矩形平面与陇地的传统四合院格局相互协调，非对称的形体呼应街道转角空间。

陇地传统的建筑结构形式往往与本地地方特有的材料和资源状况有着密不可分的联系，一种成熟的结构形式往往正是来自于对地区自然环境中特定的材料的成功理解和合理利用——许多地区的地方材料采用特有的加工技术和砌筑方式，加上材料本身的色彩和肌理构成，形成该地区的建筑文化特色，比如历史上的埃及建筑、伊斯兰建筑等都是地方材料与工艺相结合而创造出辉煌建筑成就的最好例证，上一章所举的建筑师王小东的例子——新疆国际大巴扎中"砖"的应用及其砌筑工艺对整个建筑的浓重民族特色的体现就起到了至关重要的作用。

当今，大量的新材料、新结构和新技术不断地在建筑中应用，传统的建筑材料和建造技术受到很大的冲击和挑战，但传统的建筑材料和建造技术在经济性和适宜性以及体现建筑的民族性与地方性方面还存在着一定的优势。在新的时代背景下，挖掘至今仍有实用价值的地方材料和适宜技术，使它们与现代的科学建造方法与建造技术相结合，创造出新的具有地方建筑特色适宜材料与建造技术，是当代世界建筑师在建筑创作中应该注意的一个重要课题。

陇地传统建筑除了官式建筑以外，各地民居建筑与园林建筑都相当丰富，其中建筑材料的应用、色彩搭配规律、结构和构造方式的提炼等对于发展我们自己的建筑理论、建筑创作来说具有很多的启示和可取之处。

其实，建筑的形式与内在的象征是有很大的关联的，中国传统建筑最常用的象征手法为：数的象征、色彩的象征与物品的象征，其都是应用基本的形式因素来完成的。

二、"境"之传承：理性感知下生活庭院的空间形态

（一）陇地传统建筑生活庭院

"境"与"形"的表达在空间上是一对互补的概念："形"表示的是实体的存在，"境"则表达空间的形态。中国传统建筑以群体为主，类似于中国的绘画艺术，注重建筑群空间的营构，其空间是在时间的节奏中流动的，是一种"可观"、"可行"、"可居"、"可游"的空间艺术，所表现出来的空间观念是横向的、平衡的，给人的审美感受则是舒缓的、直观的、世俗的，表现的是建筑空间的流动美。也正如梁思成所言："一般地说，一座欧洲建筑，如同欧洲的画一样，是可以一览无遗的；中国的任何一处建筑，都像一幅中国的手卷画，手卷画必须一段段地逐渐展开看过去，不可能同时全部看到。走进一所中国房屋，也只能从一个庭院走进另一个庭院，必须全部走完，才能全部看完。"[①] 传统建筑空间主要由两种设计思想所控制，因此表现在空间上就

---

① 梁思成. 凝动的音乐[M]. 北京：百花文艺出版社，1998：291.

有庭院与园林两种截然不同的表现方式并列存在。

建筑的外在形式总是为内容服务，传统建筑形式体现着在它背后的内在秩序和理性。建筑群对称安排，有条不紊，秩序井然，体现着强烈的伦理色彩和浓郁的理性精神。陇地历史上处于封闭的内陆腹地，民风民俗都朴实而具有独特的特点，民居建筑依然如此。院落外各立面展现的是封闭的后檐墙外观，灰调、粗糙、厚实、冷峻；而院落内具有浓郁的内向界面，各单体建筑面向庭院的二维主立面，为庭院空间提供了明显的内向界面，大多数院落的四面屋身处于金柱位置并充满着柔美的木质门窗纹理。这种浓郁的内向界面强化了庭院的内向品格；四面廊道亦里亦外、亦外亦里的"过渡空间"、"中介空间"具亲和力，在金柱浓郁、内向品格的木质墙面的衬托下，使廊道更带有明显的室外内化性。如"胡家大庄"等。

透过正院与偏院，正房与厢房，外院与内院，前庭与后庭等空间的主从、内外划分，庭院组群充分适应了封建礼教严格区分尊卑、上下、亲疏、贵贱、男女、长幼、嫡庶等一整套的伦理秩序需要。如南北宅子、贾公馆、胡家大庄等正是中国传统的庭院式布局，体现了儒家的"礼"文化意象。

同时，如胡家大庄等这样的民居四合院，四面房屋四面廊道的院落，很好地体现了中心庭院的明亮空间、檐廊"灰"空间、室内"暗"空间的层层过渡关系，这也体现出中庭式院落空间由公共空间到模糊空间再到私密空间的层次关系，这种层次关系展现的建筑形态的内向品格，室内外空间的有机交融，以及对庭院内花木扶疏的自然景观的收纳渗透等，都表现出天水民居庭院式布局审美上的人伦之"乐"，即"乐"的感情教化与和谐作用（图10-2-3）。

（二）陇地传统建筑的空间组织特点

陇地传统建筑是作为一个群体的组合来展现美的，其基本的单位是院落。传统建筑空间布局基本就是理性的庭院，园林很少，基本没有。这两者运用了完全不同甚至是相反的

图10-2-3 胡氏民居（来源：李玉芳 摄）

设计理念，体现了传统审美的多样性。在传统建筑院落的住宅正室中对称、秩序起着主导作用，而在园林中则运用非对称、虚实变化、层次对比等空间组织手法来表现丰富的空间景观。传统建筑群体间的联系、过渡、转换，则构成了丰富的空间序列，可以错落有致，不同的空间组合形成空间的变化美。园林中不同形态空间的运用，从不同角度组合出不同的景色，空间的灵活多变，依靠灵活的空间分隔，隔出大小不一的空间。

1. 空间连续性

传统木结构建筑的梁柱结构有利于促成空间连续性的原则。梁柱结构的优点在于所有的墙都不承重，只是围护结构而非承重结构。因此，墙的位置与墙上的开洞都可以随空间的需要作出调整，这一点为空间的设计和组织提供了便利。在现代建筑设计中这种空间的连续性被重视并运用在围合空间组织中。陇地传统建筑再设计时同样充分考虑了内院部分，运用传统建筑空间处理手法，创造了具有连续性的院落空间，并且用柱廊的方式限定与外界的分隔，既界定了空间又充分顾及了空间的视觉连续性。

青城的高氏祠堂由山门、过厅、雨廊、大殿组成，总体方案为方形八卦，院内四合小院成四宝聚珠之势，东西各设厢房和耳房。山门为悬山顶砖木结构，青瓦朱门，脊高檐

图10-2-4　榆中县青城镇高氏祠堂及罗家大院（来源：李玉芳 摄）

飞，正中悬挂"高氏祠堂"四字匾额，门外有镇宅石狮子二座，旗杆二根，坐南向北，耸立街心。此处的雨廊、过厅作为连续空间连接着大殿和厢房（图10-2-4）。

2. 空间层次

传统建筑空间设计可以用庄子对于精神自由用"游"来象征，空间的设计就是一次连贯的游览过程，一个层次分明的表达过程。"游"是体会道的方法，也是体现道的结果，并尽其极致，称之为逍遥游。这种空间表达方式与中国山水画有异曲同工之妙。这种表现方式和园林中造景、设计游览路线一样，体现在建筑上就是形成空间的层次，运用游览层次将空间界定分区，配合动线连续性，引导游经各种不同空间景致与各种角度的空间体验，产生连续重叠的景观得到精神上丰富印象。传统建筑常以有限的外在空间表达无限的内价精神意境，思想在有限中无限扩大。传统园林设计在建筑空间中自然地导入了时间维度，还运用层次，分成各种特色空间，配以山水木石等不同景物构成丰富的空间形态，依时令变化展现其景色多样性。（见第八章第五节槐园介绍）

3. 空间虚实对比

通过不同尺度的空间对比，寓大于小，小中求大，达到空间变化无限的感觉或浓缩真实尺度，小中见大。特别当经过一系列压缩过的小空间而转入另一层次时，空间放缩的感觉可由对比而放大。

陇地传统建筑空间、园林空间形态中有很多值得借鉴的东西：比如对传统四合院中的"庭院"空间在建筑空间塑造中的意义及在古代人们日常生活中的作用的探讨：

对传统模数制建筑空间的基本单元"间"的意义与应用的深入挖掘；

对"步移景异"的园林设计中"流动空间"的意义的深入探寻与挖掘；

对各地民居建筑中结合地方气候条件和地理特征所形成的特有建筑空间环境的深入研究；

对群体建筑设计中的空间序列问题的深入探讨等。

然而，单纯从形式与空间入手终究是落于下乘的，只有结合文化、意境的塑造才能创作出高水平的作品。

三、"意"之传承：感性感知下建筑艺术的情景交融

"意即意向，属于主观范畴；境即景物，属于客观范畴。"[①]意境作为中国古典美学的重要范畴，具有丰富的文化内涵和多姿的美学神韵。意境是中国艺术一个重要的美学特征。它的本质追求是意与境相交融，重虚拟传神，追求客观对象的美与主观心灵的感悟性结合。中国古代艺术中的意境，能够划分出许多代表不同艺术的审美内涵。建筑艺术的意境首先就表现为"情景交融"。意境是一种人类特有的精神境界，离开了人的意境没有任何意义，因为人的存在建筑的意境才存在。由于人们处在建筑中，建筑才能被人感知，由此产生了意境，从而使人与建筑在精神层面上达到一种和谐。

传统建筑的意境是依托于文化，基于文化底蕴的联想。不同文化的观赏者不会得到同样的感受。建筑是表现文化的。从意境的定义我们可以得到这样一个结论，传统建筑的文化意境在于如何让观者产生一种文化上的共鸣。因此，我们说要对陇地传统建筑文化进行继承，不是简单地将传统建筑进行形象抽象化、符号化，而是需要深入挖掘一种可感知性更强的表达方式。在这一问题上，当代建筑师可谓进行了方方面面的探索实践，对于传统的理解可谓仁者见仁，智者见智。本章内容试从传统文化中，以人为本的追求、礼教的规范、天人合一这三个方面观念对于传统建筑的影响来解读传统元素"意"的表达。

在当代的社会背景下，陇地传统建筑文化的生存之道在于继承传统与时代创新相结合，用现代建筑形式体现传统审美，赋予传统元素新的表现形式。陇地建筑的发展，根本在于在传统文化中找到与现代理念的结合点，用现代技术体现传统的审美内涵。创新不是抛弃传统，而是在传统继承问题上大胆扬弃。只有这样，陇地传统建筑才能走出博物馆，走进现代生活，与时代共同进步，体现其强大的生命力与其普遍的适应性。

第三节 甘肃现代地域建筑风貌导则

一、导引要素

（一）建筑风格

对地域建筑特征风貌的延续，重点是乡土建筑、水域、水系周边建筑以及历史地段及街区的建筑风貌控制。

（二）景观版块

针对甘肃省内各民族地区建筑，特别是少数民族的特色建筑，以及各地域乡土建筑文脉和特色挖掘和分析，营造和而不同的乡土景观版块（单元）。

（三）色彩导引

主要包括城市的总体色彩、不同地域的区域色彩以及景观单元的色彩等。

（四）建筑界面

建筑底部功能与城市的界面空间之间的关系，建筑立面形式中历史信息的传递、解码与创新。

（五）标志建筑

地标性现代建筑的地域特色创新与城市文脉的延续。

（六）视觉走廊

凸显自然风景与历史人文气息，保留建筑、道路与山、水、河的对景关系，确保城市区域内新旧标志间的对话，如

---

① 彭一刚. 中国古典园林分析[M]. 北京：中国建筑工业出版社，2016，10.

兰州的白塔山建筑群、中山桥、兰山三台阁。

二、地域建筑的评价与要素构建层次

（一）对地域建筑的评价主要有以下几个方面：

建筑风格：夯土蕴含的厚重——新甘肃传统建筑风格。

建筑性格特征：顺应自然、封闭内敛、层次渐进、四面围合。

对于不同地域的建筑均应追求与当地文脉融合一体。宁静、悠远、简朴和不拘法度。

建筑立面、体量特征——文脉传承、尺度宜人。

群体建筑空间要素延续——建构"街—巷—院"三级空间延展，重点在于院落空间的拓扑变化。

地区传统的建筑结构形式往往与本地地方特有的材料和资源状况有着密不可分的联系，一种成熟的结构形式往往正是来自于对地区自然环境中特定的材料的成功理解和合理利用——许多地区的地方材料采用特有的加工技术和砌筑方式，加上材料本身的色彩和肌理构成，形成该地区的建筑文化特色。

（二）其要素的构建又呈现如下三个方面的层次

1. 传统地域建筑符号语言提炼与应用

典型历史建筑立面。

历史建筑立面代表性细部构成。

各代表性细部构建特征。

地域性历史建筑细部图则构成。

2. 现代建筑语言的地域化创新——吸收地域传统建筑形式语言、进行精致构造设计

根据自然景观的差异性的"场地适宜性"，融建筑于景——与山对话、水交融，建筑是自然景观的语素而非本体。

适应气候——遮阳、避雨灰空间。

鼓励现代高技术与地域建筑形态表达结合——结合现代建筑语言的地域性表达。

现代地域性建筑的材质色彩表征及运用，特别是以其面积、比例适宜性导引为重点。

3. 以城市肌理的延续和建筑尺度和和谐赖统一城市景观

城市的整体和谐不可能也不必要以某种历史或现在的风格演绎达成，从许多建筑成功案例以及陇地的古城镇建筑形态的和谐统一，我们可以得出的认识是城市建筑形态的和谐统一除了建筑风貌的和谐统一外，城市的肌理延续、建筑体量、细部尺度的统一恰恰是城市风貌整体和谐的重要原因。

三、建筑类型与风貌导引

在中国，传统的地域建筑往往存在一些不易克服的难点，例如受层数、结构、形式的局限，与现代建筑的功能、体量、空间等方面的适应性较差。所以，在地域传统风貌的控制方面应理性对待，分型考量。

功能类型：从住宅建筑设计和公共建筑设计两个"类设计"方面入手，住宅和小型公共建筑更宜采用地域性建筑风格。

高度体量：建筑的时代性与地域性问题在设计中广泛受到关注，通过具体建筑类型的分析，我们认为：从城市风貌的角度来看，传统地域建筑与大体量、超高层建筑在形式语言上差异很大，所以，现代高层与大体量建筑在地域性建筑形式表达方面总体淡出，也不宜采用先前某些城市强制性"穿衣戴帽"式的导引。我们可以力争在某些建筑类型，如多层、低层建筑以及高层建筑底层上有所作为，多元共处、显示特色、营造地域建筑风貌等。但是我们从上海金茂大厦、浙江钱江时代的高层建筑设计来看，也有地域特色建筑创新的发展空间，应引导此类建筑转变地域设计观念和方法，走与地域自然、文化、技术结合创新的路子。

所以，我们认为，建筑风貌的"类型"理性控制点主要在以下三个方面：

（1）高层——近人尺度，以1~3层为宜；

（2）多层——采用色彩、材料、体量穿插、竖向分段等设计手段；

（3）低层——传统形式；折中主义与现代语言的地域化。

四、建筑色彩的地域性导引

色彩作为一种视觉形象要素，在城市建设和改善生活环境中的作用十分突出。在城色彩选择及搭配方面，依据陇地地域建筑，色彩多为土黄色。陇地地域建筑色彩不一，任意而为主要道路边的色彩失调，红、黑、黄、绿等各种颜色都有，却没有一个主次关系和主导基调，可以说是杂乱无章，影响了陇地城市形象。因此，规划相宜的建筑色彩成为我们必须关注的问题。

城市的空间色彩设计是以自然美为主要美学特征的。河水、树林、阳光是处于纯自然条件下的色彩元素，因此，陇地地域建筑的主色调偏重于明亮的暖色调及舒适的冷色调。规划在空间色彩的处理上注重对自然环境、人文历史的特色保护，挖掘固有存在于城市发展脉络之中的色彩，为城市空间的可持续发展与城市文脉的建设起到关键的作用。在城市色彩控制上，规划将合作区划为色彩限制区、色彩主导区和色彩引导区。

五、风貌导引小结

营造陇地传统建筑特征的切入点：包括古建筑街区、文化区、自然景区、街道风貌、河道水系。

关键点：传承和现代融合——要素，特色与多元共存——区域，语义和语境和谐——细部处理，具体包括：

（1）地域建筑评价标准——以陇地历史与现代地域建筑特征为依据。

（2）再造陇地现代高原文化和重塑人文历史精神。

必须以水韵、陇魂为核心，集高原、山谷、平川地貌于一身，体现动静结合、刚柔并济、外扬内蓄的总体特征。挖掘高原文化内涵，体现灵活应变、玲珑剔透的内在特征，营造充满灵性的城市氛围。

（3）以地域建筑特征为营建形式趋向，协调建筑风格，营造精致和谐的建筑群体环境，塑造充满灵性的城市景观。

（4）地形与气候的再适应。地形和气候是地域主义建筑的本源，尤其是原生地域建筑，很大程度就是受到地形和气候的影响而形成的。[1]现代陇地传统建筑的营建应从中汲取营养，倡导新地域建筑的创新和发展。

第四节 基于陇地建筑的本体探索——地域建筑思潮新趋向

一、传统主题的深层挖掘

文化的本质就是传统，不同的民族、地区，其文化传统各不相同，尽管全球性的"文化趋同"是文化发展中的必然现象，但并不等于文化的全球一体化，文化更应该强调多元共生，共同发展。在建筑领域，保持建筑文化的多元化同样重要。

当代中国主要受三种文化的影响，其一，为融合着马克思，列宁主义，毛泽东思想，邓小平理论的社会主义文化；其二，为有着几千年历史的中国传统文化主要是指辛亥革命之前即未与西方文化大规模碰撞之前的传统中国文化；其三，为同样有着几千年历史并率先进入现代化的西方文化。[2]对于建筑创作和建筑理论的建立来说，中西文化的差异与比较尤为重要。

---

[1] 胡华，李彦广. 地域建筑之原生与创新[J]. 中外建筑. 2005（06）：58-59.
[2] 张法. 中西美学与文化精神. 北京：北京大学出版社. 1997. 2.

只要建筑是某种特定文化传统的表现形式和文化内涵的载体，其表达方式就会根据它所建造的文化氛围而呈现出不同的特色，从而完成建筑的创新。因此，在建筑创作实践中，不但要考虑建筑设计工作者的建筑文化素养，还要考虑建筑文化的受纳者，包括政府官员、广大业主，尤其是与建筑环境息息相关的最普通的老百姓的文化、审美和心理水平，以及现实的物质、经济条件。只有整体经济环境得到改善，社会整体文化、审美水平等都得到应有的提高，才能真正改变当前建筑理论、建筑设计与最后实施之间所普遍存在的脱节与不一致现象。

建筑的发展一方面取决于自身的生产水平，另一方面还取决于社会的消费水平。因此，科学技术的可能性并不等于现实性，并非总是科学技术越先进越好。特别是在许多发展中国家，有时新技术和传统技术的综合运用可能会产生更好的经济效益和社会效益。陇地建筑师也应提倡以一种务实的、全方位的分析，来确定每个地区对于技术手段的采用标准，提倡"适用技术"的概念，并在这方面取得了很突出的成就，这都是我们应该好好学习的。科学技术重视的是定量性与精确性，然而适用技术也并不是指古老传统遗留的、生产效率极低的手工艺技术，而是指适合本地区发展情况的适用技术。在这方面"先进"的技术同样可以继承传统或者与传统相结合来创造出建筑经济效益与建筑文化效益。

二、地域特色的内在追求

地域主义或地方主义建筑起源于西方，地域主义，主要是指建筑上吸收本地区民族的、民俗的风格，使现代建筑中体现地方的特定风格。地域主义不等于简单的仿古、复古或者落后的建造方式。王受之教授在他的著作《世界现代建筑史》中总结亚洲地方主义建筑的发展途径有四个：

第一是复兴传统建筑，其特点是把传统、地方建筑的基本构筑和形式保持下来，并加以简化处理，突出形式特征，突出文化特色。如我国建筑师冯纪忠20世纪70年代末在上海设计的方塔园建筑。

第二是发展传统建筑，其特点是应用明显的传统、地方建筑的符号来强调民族、地方传统和民俗风格。

第三是扩展的传统建筑，其方法是使用传统形式，扩展为现代的用途。例如，吴良镛先生设计的北京菊儿胡同住宅建筑群。

第四是对传统建筑的重新诠释，其方法是使用传统符号来强调建筑的文脉感。地域主义的建筑创作是在建筑创作中继承优秀传统文化、生活习俗的重要方法之一，应用和借鉴地域主义的方法对于我们创建有中国特色的建筑理论，提高建筑创作水平来说意义非凡。

如果我们对陇地乡土建筑考察，不难发现这些乡土建筑主要是在形式层面上体现与自然环境、与周围的建筑环境、与大的地域环境相协调——秦安大地湾博物馆寻求与周围建筑环境体量上的和谐；毛寺小学致力于地方建筑形式语言的运用以及与自然环境的有机结合；甘南藏族则以纯正边玛墙与现代建筑并置探索地域特色的手法创新等。

三、生态思想的实践探索

相比从1984年就出现的传统主题的挖掘和地域特色的追求，生态思想的实践探索是最近出现的新趋向。2007年建成的庆阳毛寺生态实验小学连获建筑设计大奖，学校的设计与建造遵循了4个基本原则：舒适的室内环境、能耗与环境污染的最小化、造价低廉以及施工的简便与可操作性。整个施工所产生的能耗和污染远远低于常规的建造模式。与此同时，除少量的钢构架、玻璃、聚苯乙烯保温板材料外，绝大部分建筑材料都是"就地取材"的自然元素，如土坯、茅草、芦苇等。并且，由于这些材料所具有的"可再生性"，所有的边角废料均可通过简易处理，立即投入再利用（图9-3-1～图9-3-6）。

四、技术手段的得体应运

在当今，建筑的研究领域的重点正在向人居环境科学领域不断扩展。绿色建筑、生态建筑、智能建筑、节能建筑都是当今世界的研究热点之一。建筑生态设计使得建筑师的社会责任感不断得到增强，也使得建筑创新的范围得到不断的扩展。这就意味着建筑创作应该更注重于关心人与自然、关心能源与环境、关心子孙后代与可持续发展、关心普通人的现实生活。

（一）高科技高生态

高生态的创造是依靠高科技作为有力保障的。生态可持续发展所需要的技术如太阳能的应用，雨水、中水的应用，废旧物品与建材垃圾的再利用（再循环），生态社区对三废的"零排放"（零消耗）需要技术支持。高质量的建筑空间环境、高质量的社区生态环境、高质量的城市生态环境、高质量的地球整体生态环境都离不开高科技的保障。对陇地生态传统建筑的设计，有以下内容：

（1）重视对设计地段的地区性的理解，延续地方场所的文化脉络；

（2）增强适用技术的公众意识，结合建筑功能要求，采用简单合适的技术；

（3）树立建筑材料和能量循环使用的意识，在最大范围内使用可再生的地方性建筑材料，争取重新利用旧的建筑材料、构件；

（4）针对当地的气候条件，采用被动式能源策略，尽量应用可再生能源；

（5）减少建造过程中环境的损害，避免破坏环境、资源浪费和建材浪费。

生态与可持续发展是一种比较先进的理念，它在当今是如此流行，以至于在众多建筑师的相当多优秀的建筑创作中都得到了应用。它同地方传统生态观念相结合就可以创作出优秀的作品，上面所讲的毛寺小学就是典型的生态技术传统建筑。

（二）高技术高情感

建筑关注的是提供人类高生活品质环境空间，其手段是在有限的经济条件下为人营造高质量的建筑环境。当代建筑比以往更加重视与人的工作、生活的紧密联系，更加重视人对建筑的接受过程，更加重视人在建筑中的各种体验、感受等心理状况。

因此，一方面我们要积极应用新技术、新理念来进行建筑创作，另一方面我们必须将技术进行改造，使其不仅满足人的物质空间环境的需要，还要与人类的生理与心理感受相适应。实际上，大多数建筑师并非严格地按某一方向进行创作，而是经常将几方面的因素综合考虑，创造性地解决问题。同时，这些建筑师没有一个是单纯从本土传统出发的，而是立足于本地区来吸收现代主义成果和外来文化，并运用适用技术（或先进技术）来创造真实的、有特色的、人性化的作品。这并不是时髦，更非怀旧。并且，由于陇地多民族地区文化传统、自然环境，经济发展和地区需求存在着种种差异，各地区的建筑师都运用不同方法来解决其所面临的问题，不存在一个共同的模式，建筑面貌也因而丰富多彩，呈现出地区的特色，但总体来说，与其他建筑风格相比较，显然更加符合生活在世界各地的普通人的审美要求。

五、本体取向的理性创新

建筑本体的存在基础来自人类的栖居需求，存在前提是必须有可以建造的基地，存在条件是必须采用一定的材料借助特定的建造手段。或者说，功能、环境和技术作为建筑本体存在的要件，超越了文化、民族等所有的差异。不管在什么文化背景下，充分考虑和满足使用者的功能要求，合理利用基地所提供的各种发展可能性，充分发挥材料的特性并且仔细推敲细部处理，是基于建筑本体的建筑设计的共同特征。而关于文化和传统的思考，只有在通过功能、环境或是技术的内在需求予以表达，才是有意义的。本体取向的理性创新，是超越民族特色、地区风格、时代精神之后在建筑本体意义上的理性重建。

文化与生活习俗是人民群众在社会生活中长期形成的，具有一种相对稳定的宏大力量，这些观念根植在人民群众的心灵深处，影响着人们的行为与心理。在调查中，笔者发现，一些优秀的固有文化或生活习俗经常被我们的建筑师所忽视，引起人们心理上的强烈不满。笔者认为，在设计中，我们应该重视对这些民俗文化的研究，并同今天建筑的发展结合起来，使我们走向人性与文化的复归。

当然，建筑创新问题是一个远远超越了设计领域的综合问题，受到经济发展、历史文化、社会心理等多方面因素的制约和影响，所以各领域的交叉合作是势在必行的。我们殷切地期望这种综合性研究能与实际的建筑创作早日接轨，为我们的人民提供更安全、舒适、美观而又有文化品位和内涵的优秀建筑。

最后，本章以吴良镛先生的一段话作为结束："面对基本社会过程中不断增长的世界化，面对使个体和集体状态统一化的压力，个性的觉醒是一种压倒一切的需要……在所有地区，捍卫特性不仅被看作是古老价值的复活，而且体现了对新的文化设想的追求。趋同现象下对现代化和地方特色的追求，是研究现代世界文化，包括建筑文化，不可忽视的两个方面。"

第十一章 结语

陇地当代建筑中对于传统元素的表达是陇地传统建筑文化与现代建筑文化在碰撞融合过程中产生的必然结果，它既是传统文化在当代建筑中的继承重现又是融合了当代先进材料和技术的创新重生。这是传统建筑文化强大生命力的表现，同时，必须认识到传统元素相对当代社会的滞后性，原样照搬传统元素不加批判的复制不能适应当代社会发展的需求。现代设计与传统元素的融合是一个发展进步的过程，其中既有成功的经验，也有失败的教训。这一过程中的尝试无论成功还是失败，都是我们分析归纳的研究素材与进一步探索的基础。这需要从成功中总结经验从失败中吸取教训。

传统元素在现代建筑发展中的实践经验启示我们，陇地建筑设计必须正确地处理好继承传统与时代创新的关系。

伴随着对于陇地建筑传统元素研究的深入，对于传统元素的认识也由单纯的外在形态布局渐渐发展到隐藏在形式背后的文化内涵的探究。关于这一点，侯幼彬先生在其《建筑美学》中曾将传统建筑传统划分为"硬传统"和"软传统"两种形式。硬传统是外在的、实体的，如传统建筑的斗栱、雀替、反宇屋檐等。软传统则是内在的、抽象的，如建筑表达的哲学内涵与建筑设计指导思想等。因此，我们说陇地建筑传统元素，不仅包括通过物质载体所体现出来的具体形态特征，而且包括蕴含于建筑空间布局中的文化内涵，即隐藏在建筑形式背后的价值观念、思维方式、哲学意识、文化心态、审美情趣，等等。

现代科学技术的进步使建筑材料与技术演变的速度远远地超过以往时代，这对于我们对于传统元素的继承与创新既提供了便利又带来了问题。在迅速发展的时代背景下继承传统元素，成为我们面对的新问题。关于这一点，我们也可以参考一衣带水的邻邦——日本。自明治维新以来，日本现代化发展速度非常迅速。在现代建筑的影响下有了很多大胆的尝试，但是在混凝土丛林的日本的城市中，却依然可以感受到其民族的文化性格。即便是材料与技术已经完全现代化了的住宅中也往往保留一间传统的和室作为传统继承最鲜活实际的佐证。这便是对于传统元素精神继承最好的例子。

日本建筑是把传统与现代、民族与现代建筑形式有机地结合的成功典范。日本建筑大师黑川纪章指出只有把看不见的传统、一种传统的真正内涵运用到现代建筑中去，才能体现出文化的意味和建筑的多样性。他说："东京这样的大都市，初来乍到的外国人会认为这是一个与洛杉矶没什么差别的现代都市。但长时间住在东京的人会一致认为东京绝对是日本式的。现代的技术、材料建造起来的东京，从外面乍一看很难说继承了日本的传统，但是在生活样式中，在对自然变化的敏感中，在秩序的感觉中，日本的传统生息于其中。"

在当代的社会背景下，中国传统建筑文化的生存之道在于继承传统与时代创新相结合，用现代建筑形式体现传统审美，赋予传统元素新的表现形式。中国建筑的发展，根本在于找到传统文化中找到与现代理念的结合点，用现代技术体现传统的审美内涵。创新不是抛弃传统，而是在传统继承问题上大胆扬弃。只有这样，中国传统建筑才能走出博物馆，走进现代生活，与时代共同进步体现其强大的生命力与其普遍的适应性。

从建筑历史的发展事实来看，西方现代建筑的诞生多多少少受到中国传统建筑的影响与启发。因而，中国传统建筑与现代建筑设计在天然上就存在相通之处，两者的结合是有基因基础的。但是东西方文化对于建筑的认识毕竟存在着较大的差异。从建筑传统上看，西方人重模仿，重建筑的实体造型，而中国人重物感，着意于对建筑空间的营构。中国传统建筑不是单体的庞然大物，而是虚实相间的庞大建筑群，单体体量不大但组合方式灵活自由，空间具有很强的流动感与层次性。西方建筑多以砖石结构为主，随着建筑内部空间的增加，建筑的体量就越大，室内外空间相对独立缺少联系。西方建筑着意于静态的造型美，形体各部分比例的和谐。

现代建筑所追求的空间的对比与变化、韵律与节奏、比例与尺度，以及各空间之间的衔接与过渡、渗透与层次、引导与暗示等，正是借鉴融合中国传统建筑空间观念而产生的结果。因而中国传统建筑与现代建筑在设计理念上存在有共通共融之处，这有利于从建筑理念角度把握两者的继承与创新关系。

建筑的民族化和现代化作为萦绕中国建筑师心头的梦想和挥之不去的心理情结。由人类认识的发展规律可以得知，在传统的继承中，人们往往首先会把注意力放在对传统元素"形"的沿袭上。我国现代建筑史上曾反复出现的运用大屋顶、贴琉璃瓦檐口、追求建筑形式上的绝对对称的做法来表现传统建筑与现代建筑的结合，这种做法实际上就忽视了传统建筑的内在含义。20世纪30年代对"中国固有式"的强调和50年代对"民族形式"的探索，也多停留于对建筑外在形式的继承。伴随着多年的探索与实践，终于在20世纪80年代西方后现代建筑理论登陆中国以后，中国民族的文化特质与后现代建筑的内在特质的共通与契合，传统与后现代找到了对接点。

共通与契合体现在多元折中、中庸兼容、雅俗共赏、大众化与民俗化等对应关系上。使中国传统建筑中体现的传统观念中庸平和、以人为本的设计观念、注重建筑与环境的整体意识以及多样化的民族风格，与后现代建筑尊重人的情感、尊重历史传统、讲究风格多样等理论观念不谋而合。因而，作为后现代建筑重要流派的新古典主义、新乡土主义、文脉主义、隐喻主义和装饰主义，也都能在中国的大江南北找到自己对应的身影。

这也充分说明，传统建筑形式与现代设计观念，民族自身特色与世界国际风格并不是水火不相容的，它们完全可以有机地融合在一起，使我们在利用世界先进的建筑技术和材料的同时，兼顾到传统建筑的思想精华，从而达到它们之间的完美结合。

传统与现代是一个永恒的话题，传统与现代结合的讨论将永远继续下去。在21世纪的起点，面对着全球经济一体化、文化多元化，中国建筑面临着新的挑战。中国建筑要走出一条传统与现代、民族与世界和谐发展之路，必须遵循设计理念和建筑技术协调统一的互动原则。伴随着建筑技术革新，设计理念也必须作出相应的调整，适时地去顺应时代发展的潮流。

在探求中国建筑传统与现代相结合的道路上，中国建筑师任重道远，我们在当代建筑创作中要立足于中国，立足于建筑自身，准确把握和理解建筑本体，将中国传统建筑精神同现代建筑技术手段相结合，必将会走出一条具有中国特色的当代建筑之路。

附 录

Appendix

甘肃省全国重点文物保护单位名录

甘肃省全国重点文物保护单位

序号	名称	地址	批次	类别	时代
1	万里长城——嘉峪关	嘉峪关市	第一批	古建筑	明
2	莫高窟	敦煌市	第一批	石窟寺	北魏至元
3	麦积山石窟	天水市麦积区	第一批	石窟寺	北魏至明
4	炳灵寺	永清县	第一批	石窟寺	西秦至明
5	榆林窟	安西县	第一批	石窟寺	北魏至元
6	拉卜楞寺	甘南藏族自治州	第二批	古建筑	清
7	鲁土司衙门旧址	兰州市	第四批	古建筑	明、清
8	兴国寺	天水市	第四批	古建筑	元代
9	武威文庙	武威市	第四批	古建筑	明
10	张掖大佛寺	张掖市	第四批	古建筑	西夏、清
11	圣容寺塔	金昌市	第五批	古建筑	唐
12	伏羲庙	天水市	第五批	古建筑	明、清
13	胡氏古民居建筑	天水市	第五批	古建筑	明、清
14	圆通寺塔	张掖市	第五批	古建筑	明、清
15	武康王庙	平凉市	第五批	古建筑	明、清
16	东华池塔	庆阳市	第五批	古建筑	北宋
17	凝寿寺塔	庆阳市	第五批	古建筑	五代、宋
18	红城感恩寺	兰州市	第六批	古建筑	明至清
19	永昌钟鼓楼	金昌市	第六批	古建筑	明
20	后街清真寺	天水市	第六批	古建筑	明至清

续表

甘肃省全国重点文物保护单位					
序号	名称	地址	批次	类别	时代
21	秦安文庙	天水市	第六批	古建筑	明至清
22	玉泉观	天水市	第六批	古建筑	元至清
23	张掖会馆	张掖市	第六批	古建筑	清
24	西来寺	张掖市	第六批	古建筑	明至清
25	张掖鼓楼	张掖市	第六批	古建筑	明至清
26	延恩寺塔	平凉市	第六批	古建筑	明
27	湘乐砖塔	庆阳市	第六批	古建筑	宋
28	罗川赵氏石坊	庆阳市	第六批	古建筑	明
29	兰州府城隍庙	兰州市	第七批	古建筑	清
30	五泉山建筑群	兰州市	第七批	古建筑	明至民国
31	金天观	兰州市	第七批	古建筑	清
32	青城古民居	兰州市	第七批	古建筑	明至民国
33	海藏寺	武威市	第七批	古建筑	明至民国
34	圣容寺	武威市	第七批	古建筑	明至民国
35	酒泉鼓楼	酒泉市	第七批	古建筑	清
36	崆峒山古建筑群	平凉市	第七批	古建筑	宋、明至清
37	塔儿庄塔	庆阳市	第七批	古建筑	五代
38	白马造像塔	庆阳市	第七批	古建筑	宋
39	脚扎川万佛塔	庆阳市	第七批	古建筑	宋
40	环县塔	庆阳市	第七批	古建筑	宋
41	肖金塔	庆阳市	第七批	古建筑	宋
42	塔儿湾造像塔	庆阳市	第七批	古建筑	宋
43	双塔寺造像塔	庆阳市	第七批	古建筑	宋
44	周旧邦木坊	庆阳市	第七批	古建筑	明
45	兴隆山古建筑群	庆阳市	第七批	古建筑	明至清
46	威远楼	定西市	第七批	古建筑	明至清
47	栗川砖塔	陇南市	第七批	古建筑	宋
48	洮州卫城	甘南藏族自治州	第七批	古建筑	明至清

参考文献

Reference

[1] 李江. 明清时期河西走廊建筑研究[D]. 天津：天津大学, 2012.

[2] 李江. 明清甘青建筑研究[D]. 天津：天津大学, 2007.

[3] 李鹰. 河西走廊地区传统生土聚落建筑形态研究[D]. 西安：西安建筑科技大学, 2006.

[4] 王巍. 河西走廊地区寨堡建筑——民勤瑞安堡建筑空间形态与建筑特色研究[D]. 西安：西安建筑科技大学, 2010.

[5] 靳亦冰, 马健, 王军. 甘肃陇东地区生土民居营建研究[J]. A+C, 2010：86-87.

[6] 侯秋枫, 唐晓军. 甘肃古民居建筑文化研究[J]. 丝绸之路, 2013：103-105.

[7] 李婧, 丁垚. 甘肃武都广严院及陇东南古建筑考察纪略[J]. 田野新考察报告, 2009, 01：146-153.

[8] 陆磊磊. 黄土高原地区传统民居夯筑工艺调查研究[J]. 建筑与文化, 2014：82-84.

[9] 高亚妮, 魏成. 甘肃天水民居建筑的地域特点[J]. 南方建筑, 2012：54-58.

[10] 侯秋凤. 甘肃天水明清民居研究[D]. 西安：西安建筑科技大学, 2006.

[11] 刘新宇. 清代陇中地区城镇地理研究[D]. 兰州：西北师范大学, 2014.

[12] 李茹冰. 甘肃回族穆斯林传统民居初探[D]. 重庆：重庆大学, 2003.

[13] 王建华, 侯秋凤. 陇东地区建筑气候设计研究[J]. 建筑设计研究, 2013：54-69

[14] 余永红. 陇南白马藏族民居建筑的地域文化特色[J]. 民族文化, 2011, 05：90-93.

[15] 齐洋. 浅谈甘肃省康县谭家大院古民居建筑特色[J]. 考古与考察, 2012, 04：36-37.

[16] 张驭寰. 中国风土建筑——陇东窑洞[J]. 建筑学报, 1981, 10：48-51.

[17] 何仁伟. 中国乡村聚落地理研究进展及趋向[J]. 土地利用与乡村地理, 2012, 08：1055-1062.

[18] 周宝玲. 临夏回族建筑特色[D]. 重庆：重庆大学, 2007.

[19] 陈建红, 李茹冰. 甘南临潭西道堂"乌玛"建筑特色探析[J]. 华中建筑, 2007, 25：105-108.

[20] 桑吉才让. 甘南藏族民居建筑述略[J]. 西北民族学院学报（哲学社会科学版·汉文）, 1999：78-83.

[21] 黄晶晶. 甘南藏区藏式建筑适应性研究[D]. 西安：西安建筑科技大学, 2009.

[22] 刘健, 李云峰. 甘南藏族民居建筑及其特点[D]. 甘肃高师学报, 2007：133-134.

[23] 周凌. 建筑的现代性与地方性-现代建筑地区化研究[D]. 东南大学, 2000.

[24] 周曦. 土材肌理与乡土文化意境营造研究[D]. 湖南大学, 2013.

[25] 李蕾. 建筑与城市的本土观——现代本土建筑理论与设计实践研究[D]. 同济大学, 2006.

[26] 刁建新. 传统文化与现代建筑创新之关联研究[D]. 天津大学, 2004.

[27] 夏明. 地域特征与现代建筑创新[D]. 同济大学, 2005.

[28] 邓庆坦. 中国近、现代建筑历史整合的可行性研究[D]. 天津大学, 2002.

[29] 郭宁. 精神寻找形式——现代建筑中的纯粹主义倾向[D]. 天津大学, 2005.

[30] 姚磊. 传统建筑现代表达之"言·象·意"[D]. 山东大学, 2011.

[31] 王晓. 表达中国传统美学精神的现代建筑意象研究[D]. 武汉理工大学, 2007.

[32] 辛伟. 现代建筑细部设计的地域性表达——以西北地区为例[D]. 西安建筑科技大学, 2008.

[33] 王育林. 现代建筑运动的地域性拓展[D]. 天津大学, 2005.

[34] 潘岳. 兰州建筑特色研究[D]. 兰州交通大学, 2013.

[35] 李杰, 孙明明, 王红. 民族建筑与自然环境之交融[J]. 贵州民族学院学报, 2005, 05: 138-140.

[36] 覃彩銮. 广西各民族建筑文化的交融[J]. 广西民族研究, 1997, 01: 106-112.

[37] 何频. 论区域协调发展与区域文化的交融[A]. 社会科学研究, 2006, 04: 54-56.

[38] Edward. T. Hall. Beyond Culture[M]. New York: Doubleday, 1976: 85-91.

[39] 陆邵明. 全球地域化视野下建筑语境塑造[J]. 建筑学报, 2013, 08: 20-25.

[40] 洪涛, 孙升. 基于"场所精神"再造徽州古聚落—江村古村落的保护和更新[J]. 工业建筑, 2014, 44（05）: 9-11.

[41] 张永清. 乡土建筑中场所精神的营造问题分析[J]. 大江周刊·论坛, 2013: 71-72.

[42] 李蕾. 建筑与城市的本土观[D]. 同济: 同济大学, 2006.

[43] 成亮. 西北地区河谷型城市空间发展模式研究—以天水为例[D]. 西安: 西安建筑科技大学, 2010.

[44] 贺夏雨. 河谷型城市空间演变研究—以延安为例[D]. 西安: 西安建筑科技大学, 2015.

[45] 于佰杨. 新地域主义建筑浅析[A]. 建筑设计, 2014, 4（32）: 赵宪军. 丝绸之路甘肃地域文化探析[J]. 中央社会主义学院学报, 2015, 03: 76-80.

[46] [意]布鲁诺·赛维（zeviB）. 建筑空间论—如何品评建筑[M]. 张似赞译. 北京: 中国建筑工业出版社. 1985: 98

[47] 李蕾. 建筑与城市的本土观[D]. 南京: 同济大学, 2006.

[48] 邵汉民. 中国文化研究二十年. 人民出版社. 2003. 466.

[49] 黎仕明. 清代甘肃城市发展与社会变迁[D]. 四川: 四川大学, 2007.

[50] 张锦良, 陈逸敏, 潘新琴, 陈滨, 李馨雨, 祁鸣鸣. "一带一路"背景下, 甘肃、青海两省丝路旅游联动发展前景研究[J]. 城市旅游规划, 2016, : 67-70.

[51] 田洋. 解析折衷主义在中国近代建筑中的形式语言[J]. 艺术科技, 2011: 194

[52] 王文卿. 传统与现代建筑文化互补的尝试——甘肃画院设计[J]. 建筑学报, 1991（8）: 43-45.

[53] 魏莹. 从传统价值观建立适宜地域的建筑观——甘肃建筑设计的边缘探索[J]. 甘肃科技, 2013, 29（24）: 131-133.

[54] 邢潍洮. 对兰州建筑设计业存在的若干问题的思考[J]. 甘肃科技纵横, 2007, 36（4）: 132-132.

[55] 向发敏, 杨永春, 乔林凰. 兰州城市建筑文化风格的演变与形成因素[J]. 建筑科学与工程学报, 2007, 24（2）: 86-90.

[56] 向发敏, 杨永春, 乔林凰. 兰州城市建筑文化风格与特色的历史演变及其成因分析[J]. 云南地理环境研究, 2007, 19（4）: 63-68.

[57] 薛超. 兰州近代建筑发展史略[C]. 中国近代建筑史国际研讨会. 2002.

[58] 马若琼. 浅谈兰州伊斯兰教建筑装饰艺术[J]. 敦煌学辑刊, 2011（4）: 79-83.

[59] 王鸿烈. 影响兰州城市建筑风格形成的几个因素[J]. 建筑科学, 2004, 20（4）: 84-86.

[60] 王烨. 当代建筑中传统元素"形、境、意"的表达[D]. 山东: 山东大学, 2010.

[61] 刁建新. 传统文化与现代建筑创新之关联研究[D]. 天津: 天津大学, 2004.

[62] 郝曙光. 当代中国建筑思潮研究[D]. 南京: 东南大学, 2006.

[63] 郭茜. 中国建筑在现代化进程中的发展趋向[D]. 山西: 太原理工大学, 2015.

[64] 万洁菲. 川西地区建筑创作中传统元素的继承与发展研究[D]. 成都: 西南交通大学, 2015.

[65] 樊怀玉, 鲜力群主编. 甘肃发展年鉴[Z]. 中国统计出版社. 2013: 254.

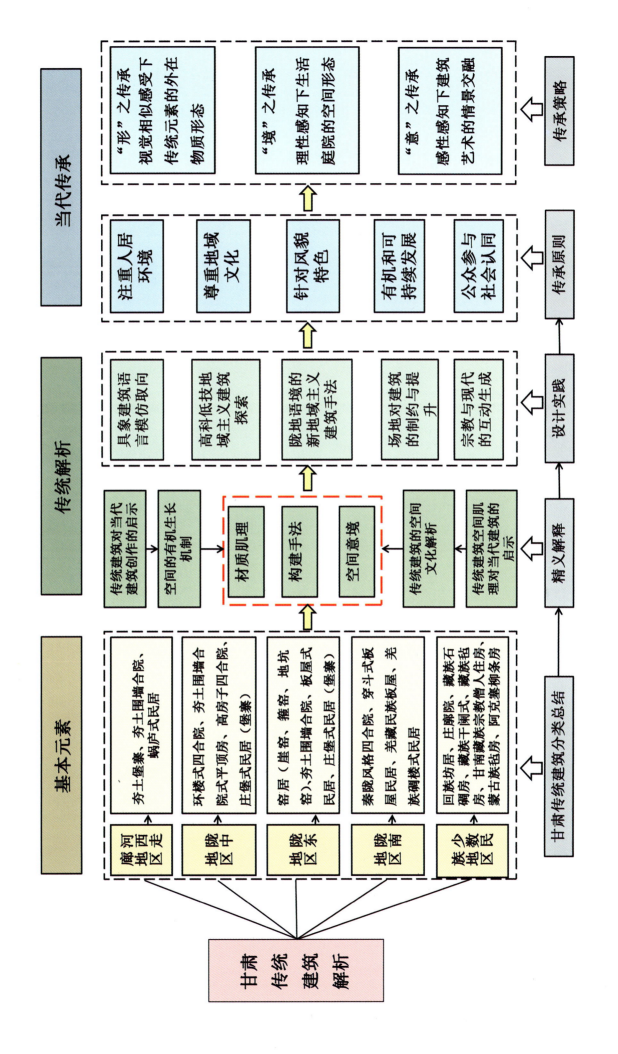

甘肃省传统建筑解析与传承分析表

后 记

Postscript

《中国传统建筑解析与传承　甘肃卷》调研和编撰工作历时一年多，它凝集着甘肃建筑界的精诚合作的汗水，市集体合作的智慧结晶。在工作启动之际，甘肃省住建厅指导成立了本书的编委会。由住建厅厅长、党组书记杨咏中同志担任主任委员，副厅长蔡林峥、副巡视员任春峰两位同志担任副主任委员，以及贺建强、张睿、刘奔腾、曹庆、章海峰、王春好、唐晓军、韩建平等九专家担任编委会成员。编委会成员来自甘肃省住房和城乡建设厅、兰州理工大学、西北民族大学、甘肃省建筑设计研究院、甘肃省城乡规划院长、甘肃省文物保护维修研究所等多家单位，直接指导和参与到整个工作流程中，为本书的面世提供了有力的保障。

在过去的一年多里，编写组成员走遍了陇原大地的山山水水，分赴河西走廊、陇中、陇南、陇东南及陇东地区实地考察踏勘，对当地典型的传统建筑和现当代建筑测绘和记录。在此，要特别感谢为调研工作尽其所能提供便利的各个地方政府，尤其是在炎炎夏日陪同编写组成员走完每一个传统建筑的工作人员。感谢他们提供宝贵的第一手资料，没有他们的付出与努力，对陇地特有的传统建筑精义则难以把握，更谈不上本书的编纂和面世了。同时，此书也得到国家自然科学基金《基于历史空间信息系统的河西走廊传统村镇形态变迁研究（项目批准号：51208283）》的支撑，为本书的前期研究提供了基础资料和相关成果。此外，本书还得到刘永德先生、赵金铭先生等诸多前辈谆谆教导，他们提出很多宝贵的意见和有益的建议，为本书此书倾注心血，在此一并叩谢。

甘肃地域辽阔，历史文化沉淀深厚，建筑精粹纷繁多样。受资料收集的困难限制，加之撰写时间仓促，难免出现挂一漏万的现象。再者，由于编写人员才疏学浅，书中各种不足之处希望得到各位前辈学人及广大读者的谅解和指导。